重点行业环境评估报告

（2022年）

生态环境部环境工程评估中心　编著

中国石化出版社
·北京·

图书在版编目（CIP）数据

重点行业环境评估报告 . 2022 年 / 生态环境部环境工程评估中心编著 .—北京：中国石化出版社，2023.11
ISBN 978-7-5114-7331-8

Ⅰ. ①重… Ⅱ. ①生… Ⅲ. ①企业环境管理 - 研究报告 - 中国 -2022 Ⅳ. ① X322.2

中国国家版本馆 CIP 数据核字（2023）第 190087 号

中国石化出版社出版发行
地址：北京市东城区安定门外大街 58 号
邮编：100011 电话：(010) 57512500
发行部电话：(010) 57512575
http：//www.sinopec-press.com
E-mail：press@sinopec.com
北京科信印刷有限公司印刷
全国各地新华书店经销
*
787 毫米 ×1092 毫米 16 开本 21.5 印张 456 千字
2023 年 12 月第 1 版 2023 年 12 月第 1 次印刷
定价：188.00 元

《重点行业环境评估报告（2022年）》编委会

前言 | PREFACE |

为深入贯彻习近平生态文明思想，完整、准确、全面贯彻新发展理念，落实精准治污、科学治污、依法治污，动态掌握行业环境保护发展趋势，提升重点行业环境管理水平，协同推进降碳、减污、扩绿、增长，推动经济社会高质量发展和生态环境高水平保护，生态环境部环境工程评估中心持续开展重点行业环境评估研究工作，依托重点行业环境评估优势和信息平台数据优势，充分利用环评、许可和执法督察等领域数据资源，从完善行业环境管理、促进绿色发展的角度提出针对性的对策建议，着力打造行业企业绿色标杆，得到了社会各界的特别关注。

本书共包括石化、制浆造纸、现代煤化工、生活垃圾焚烧发电、煤炭、钢铁、水泥、电解铝、水电、水运（港口）、陆上油气管线等11个重点行业环境评估报告。主要编写人员：石化行业：冉丽君、吴琼慧、王卫红、黄鹂，审核人员为沙克昌；制浆造纸行业：郭森、尹浩，审核人员为沙克昌；现代煤化工行业：罗霂、范娜、李昀潼、刘晓波、刘志学、刘静，审核人员为沙克昌；生活垃圾焚烧发电行业：吴家玉、帅伟、於华、齐硕、庞可、杨雾晨，审核人员为曹晓红；煤炭行业：李佳、康浩、李敏、安广楠、王临清，审核人员为曹晓红；钢铁行业：张承舟、王永强、王芸、苏垚、李中岳、张悦、齐硕、刘静，审核人员为沙克昌、郭涛；水泥行业：许红霞、冯向鹏、冯成、冷阳、于文超、齐硕、刘静，审核人员为沙克昌、郭涛；电解铝行业：郭涛、于文超、贾少华、齐硕，审核人员为沙克昌、郭涛；水电行业：林慧、温静雅、晁立强、陈豪，审核人员为葛德祥；水运（港口）行业：宣昊、陈建、郝杰华，审核人员为刘殊；陆上油气管线行业：胡强、吴展波、郝杰华、张宇琪、罗霖，审核人员为刘殊。统稿工作由刘磊、赵瑞霞、周炯、赵惠娴、胡征、周申燕完成。本书在编写和统稿过程中，中国环境科学学会环境影响评价专业委员会提供了技术支持，在此表示感谢。

因时间紧迫和工作经验、知识领域的局限，本书还存在一些不足之处，恳请读者批评指正。

目录 | PREFACE |

第一章

石化行业环境评估报告

第一节　石化行业发展现状

一、主要产品产能

2022年石化行业化工产能快速增长，产业规模进一步增大，我国石化行业的大国地位更加巩固。

1.炼油能力稳居世界第一

根据全国排污许可证管理信息平台初步统计，2022年我国以原油（含重油等）为原料的一次加工能力约为9.22×10^8t，较2021年提高了1.32%；约占全球总炼油能力18.00%，与2021年基本持平。受地缘政治和石油需求恢复影响，全球炼厂开工率不同程度有所回升，但受疫情和高位油价等影响，根据国家统计局数据，2022年原油加工量为6.8×10^8t，同比下降3.4%，平均开工率为74.4%，低于2019年疫情前水平。2019年至2022年中国炼油行业具体运行情况如图1-1、图1-2所示。

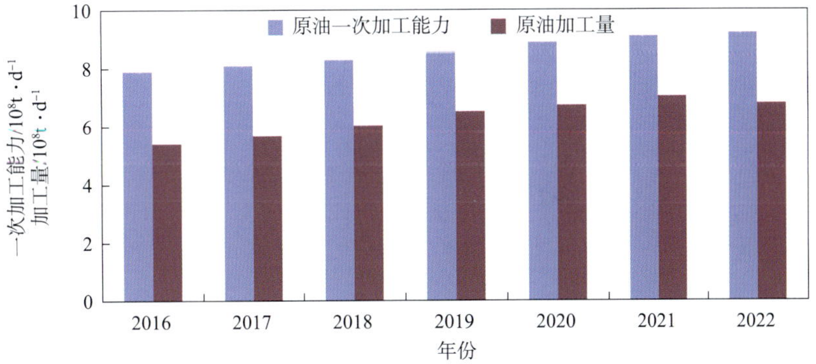

图1-1　我国原油一次加工能力及加工量趋势图

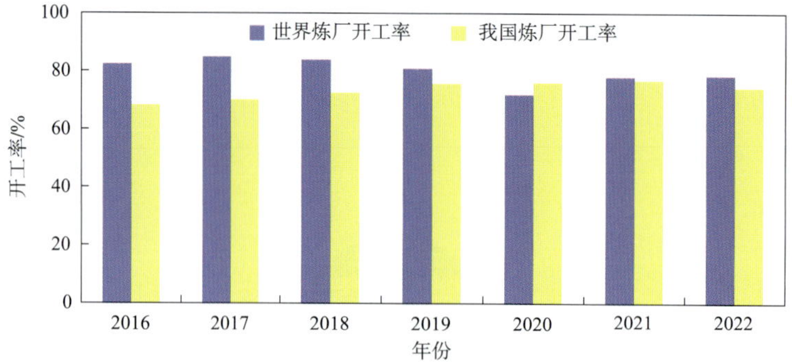

图1-2　我国及世界炼厂开工率变化趋势图

注：数据来源于全国排污许可证管理信息平台、国家统计局和2022年的国内外油气行业发展报告。

2. 乙烯产能首次跃升世界第一

继浙石化、镇海炼化、天津石化等百万吨级乙烯项目投运后，2022年我国乙烯产能持续较快增长，新增产量为585 × 10^4t/a，累计产量达4953 × 10^4t，约占全球乙烯总产能的22.7%，比2021年提高1.9%，首次超越美国位居世界第一。新增产能中油基、轻烃乙烯分别为340 × 10^4t、245 × 10^4t，分别占58%、42%。2022年我国乙烯产量与2021年基本持平，全年乙烯产量达2898 × 10^4t。受高成本和疫情影响，2022年我国合成材料产品产量略有下降，产量约为1.96 × 10^8t，降低1.4%，其中合成树脂产量为1.12 × 10^8t，增长1.5%；合成橡胶产量765.4 × 10^4t，下降5.7%。如图1-3、图1-4所示。

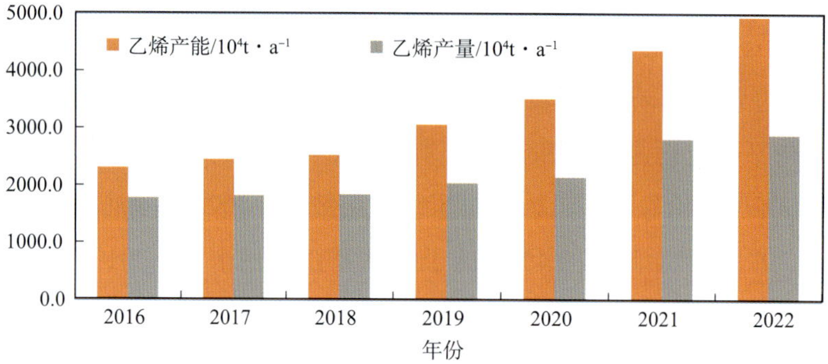

图1-3　我国乙烯产能及产量变化趋势图

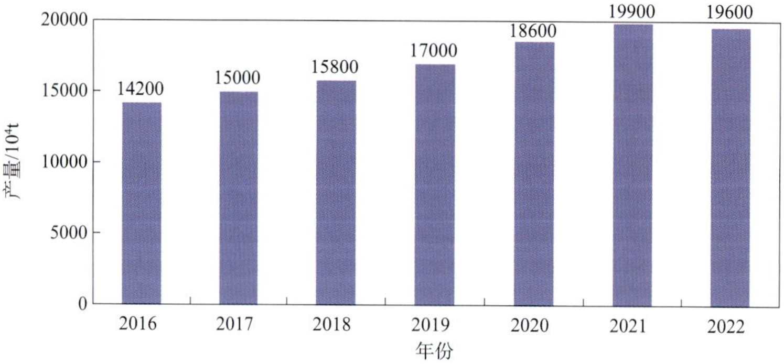

图1-4　我国合成材料产量变化趋势图

注：数据来源于2019~2022年的国内外油气行业发展报告。

二、规模布局

目前石化产能主要分布在长三角、珠三角、渤海湾三大石化产业集群，规模化优势越发明显。

1.产业进一步向消费地集中

从区域布局看，华东、东北、华南是全国炼油主要集中地，累计炼油能力达6.92×10^8t/a，占总能力的76%，较2021年增加1.8%，如图1-5所示。从省份布局看，山东、辽宁、广东和浙江4省炼油能力分别为1.98×10^8t/a、1.17×10^8t/a、0.98×10^8t/a、0.87×10^8t/a，累计炼油能力达5.00×10^8t/a，占全国总能力的54.23%。

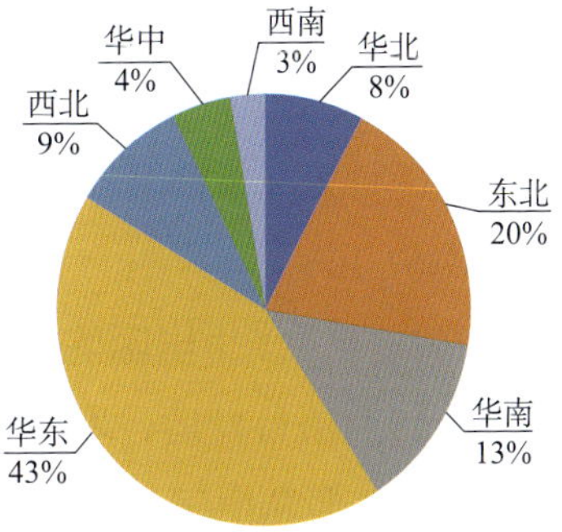

图1-5　我国炼油产能区域分布图

2.企业布局以沿海、沿江和依托油田布局为主

根据全国排污许可证管理信息平台数据，2022年全国石化企业分布以沿海为主，山东、江苏、广东、河北、浙江、辽宁6省份约占全国石化企业总数的58%，长江、黄河流域石化企业约占全国石化企业数量的30%，与2021年基本一致。原油加工及石油制品制造企业主要分布在山东、辽宁、河北、广东、江苏等省份，约占全国企业总数的61%；有机化学原料制造企业主要分布在山东、江苏、河北、河南、浙江、辽宁等省份，约占全国企业总数的57%；初级形态塑料及合成树脂制造企业主要分布在广东、江苏、山东、浙江、安徽等省份，约占全国企业总数的60%；合成橡胶制造企业主要分布在山东、广东、浙江、江苏等省份，约占全国企业总数的63%；合成纤维单（聚合）体制造企业主要分布在浙江、江苏、广东、福建等省份，约占全国企业总数的55%。

3.七大石化基地建设日趋完备

目前我国的炼油行业正向装置大型化、炼化一体化、产业集群化方向发展。《石化产业规划布局方案》提出，将建设七大石化基地。目前，浙江宁波、广东惠州、大连长兴岛、江苏连云港总体建立了包括炼油、乙烯到下游化工产品的石化产业链；上海化工园区和古雷石化基地尚未建设炼油项目，以乙烯为龙头发展下游精细化工；浙江舟山（宁波化工区拓展区）处于起步阶段，主要以浙江石油化工有限公司为主；河北曹妃甸仍处于规划阶段，如附表1所示。预计到2025年七大石化基地的炼油能力将占全国总产能的40%。

三、经营主体

从经营主体看，炼油行业以中国石油、中国石化两大集团为主，中国海油、中化、民企、外资企业等多元化主体共同参与，2022年中国石油、中国石化、中国海油和中化炼油能力约为6×10^8t/a；民企和外资炼油能力为2.9×10^8t/a，占总炼油能力的31.7%，占比较2021年略有下降。乙烯行业中国石油、中国石化和中国海油产能为2568.5×10^4t，占全国总产能的51.9%，民营乙烯产能为1648.5×10^4t，占全国总产能的三分之一，成为中国乙烯的重要组成部分。

从大型企业数量来看：全国千万吨级炼厂32家，累计炼油能力4.81×10^8t/a，占比为52.17%，其中民企千万吨级炼厂4家，累计炼油能力0.93×10^8t/a，且均为炼化一体化企业。全国百万吨级油基乙烯企业达18家，累计乙烯能力2628×10^4t/a，占国内油基乙烯总能力的67.16%。

2022年，多个国际炼化巨头在华投资，包括扬巴一体化基地扩建，巴斯夫湛江和中海壳牌二期项目投运，埃里克美孚惠州项目开工建设，中沙古雷150×10^4t/a产能乙烯获批，英力士收购中国石化天津南港乙烯，沙特阿美牵手浙石化，中海壳牌三期进入前期阶段等。

四、产业结构

1.炼油行业加快“减油增化”，乙烯项目大幅推进

在恒力石化、浙江石化、盛虹炼化等民企大型炼化一体化项目投运的同时，现有炼油企业持续推进“减油增化”，根据国家统计局数据，2022年汽柴煤油总产量约为3.66×10^8t，其中柴油同比增长17.9个百分点、汽油同比下降5.1个百分点、煤油同比下降24.9个百分点。石家庄炼化、乌鲁木齐石化、安庆石化、茂名石化等配套深加工、化工装置以实现“减油增化”。如某企业在原油加工能力不变的情况下，通过优化加工路线、延伸化工下游产业链，建成后汽油、柴油产量分别从220×10^4t/a、198×10^4t/a减至156×10^4t/a、101×10^4t/a，化工产品产量从20×10^4t/a增至134×10^4t/a。

乙烯作为化工产业生产水平的关键指标，其生产规模影响下游基础化工原料的规模。我国乙烯产能发展势头较快，已经超过美国，成为世界第一大乙烯产能国。2022年新增乙烯产能585×10^4t，取得环评批复的新增乙烯规模622×10^4t，2023年镇海炼化150×10^4t乙烯、洛阳石化100×10^4t乙烯已经取得环评批复，后续独山子石化、兰州石化、中化泉州、武汉石化、扬子石化、古雷石化、塔河炼化等百万吨级乙烯项目正在开展前期工作，预计乙烯产能会有较大的增加，同时带动下游化工产品建设项目。建议从严控“两高”项目盲目发展和提升资源能源综合利用的角度，引导企业提高新建乙烯项目的差异化，增加高附加值产品建设，而不是简单的化工产品产能扩张。

2.2023年炼油能力增长有限，绿色低碳发展继续深化

随着国内各个新建、改扩建炼油项目的相继投产，除烟台裕龙岛项目和华锦阿美炼化一体化项目在建外，中国石化古雷项目正在开展前期工作，预计2023年炼油能力变化不

大，今后一段时间的发展目标将围绕着减油增化转型开展。特别是“双碳”目标和环保要求的不断提高，炼油行业绿色低碳发展继续深化：一是绿色炼油技术持续推进，包括重油高效转化技术、二氧化碳捕集及合成化学品技术等；二是积极拓展绿电、绿氢、风电等领域，中国石化启动2×10^4t/a的绿电制氢项目，中国石油吉林石化与风光发电项目联合。

第二节　污染物排放

一、废水污染物排放

（一）少数企业源头控制装置废水产生

石化企业废水处理一般分为装置的预处理段和污水处理场。石化企业对单装置含油量高的污水进行预处理，并与系统污水压力输送结合，目前石化企业大部分安装隔油池或油水分离器。如电脱盐装置受原油品种波动、原油劣质化、掺炼污油等多种因素影响，切水石油类含量较高、乳化严重、携带悬浮颗粒沉降分离困难、反冲洗期间冲击大等，对后续污水处理场运行造成一定的困难，通常采用聚结+旋流溶气气浮除油技术除油，再送污水处理厂进行处理。石化企业污水处理场一般分为三部分：预处理部分、生化处理部分、深度处理部分。预处理部分包含沉淀、除油、混凝、中和等工艺；生化处理部分包括A/O生化池、沉淀池、催化氧化BAF、砂滤池、监控池等；深度处理工艺包含超滤、渗透和反渗透等工艺。

（二）排放量整体呈下降趋势

本次对全国排污许可证管理信息平台中石化行业3856家企业许可证年度执行报告中有效废水污染物排放数据进行评估，主要存在以下特点。

1.污染物排放主要集中在有机化学原料制造业，长江和黄河流域排放量约占总排放量的四分之一

2022年石化行业废水污染物化学需氧量、氨氮、总氮和总磷实际排放量分别为14.81×10^4t、0.49×10^4t、1.41×10^4t和0.078×10^4t。其中，有机化学原料制造业企业数量占石化行业企业总数的51.92%，化学需氧量、氨氮、总氮和总磷的排放量分别占石化行业的61.37%、52.58%、42.04%和61.42%，其趋势与2021年大致相同，如表1-1所示。

表1-1　2022年石化行业废水污染物排放量　　单位：t

行业类别名称	化学需氧量排放量	氨氮排放量	总氮排放量	总磷排放量
原油加工及石油制品制造	22451.94	858.60	3708.23	119.47
有机化学原料制造	90916.81	2577.87	5946.60	481.12
初级形态塑料及合成树脂制造	26067.95	1205.86	2821.72	120.06
合成橡胶制造	5282.17	201.72	433.35	31.56
合成纤维单（聚合）体制造	3430.83	58.97	1236.13	31.16
合计	148149.7	4903.02	14146.03	783.37

注：其中1245家企业化学需氧量排放量为0。

2022年长江流域石化行业废水化学需氧量、氨氮、总氮、总磷污染物排放量分别为28172.47t、1007.63t、3247.37t、213.86t，分别占全国行业排放总量的19.02%、20.55%、22.96%、27.30%；黄河流域石化行业废水化学需氧量、氨氮、总氮、总磷污染物排放量分别为6052.51t、261.87t、640.36t、47.55t，分别占全国行业排放总量的4.09%、5.34%、4.53%、6.07%。如图1-6所示。

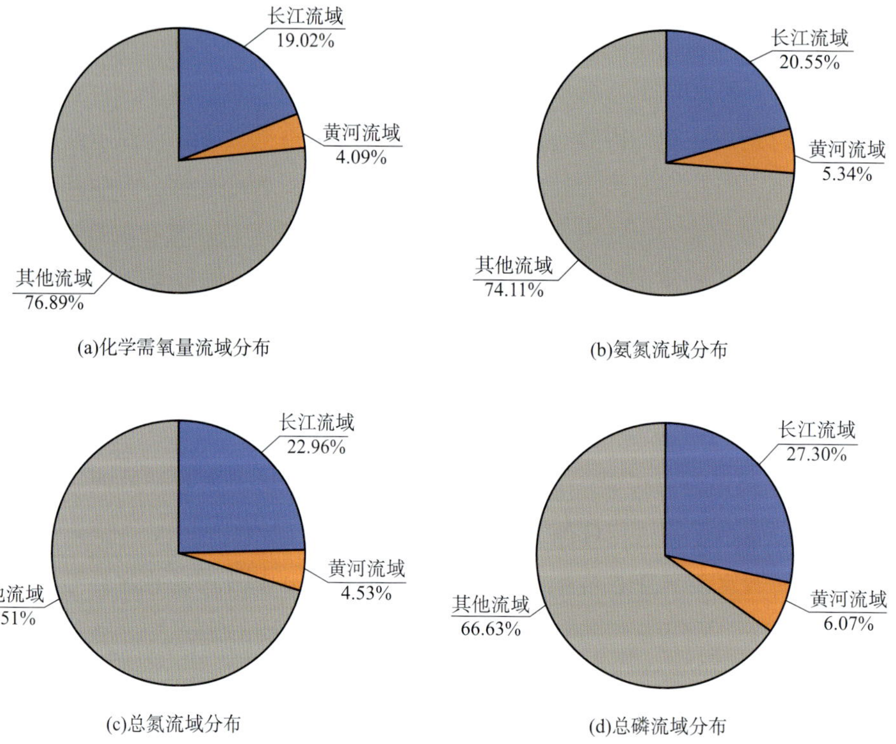

图1-6　重点流域石化行业废水主要污染物分布图

2.污染物排放量整体呈下降趋势，个别行业个别污染物排放量有所增加

根据全国排污许可证管理信息平台，通过统计2021年和2022年均有废水污染物排放量有效数据的企业发现，2022年石化企业化学需氧量、氨氮、总氮和总磷排放量整体均低

于2021年，分别较2021年下降14.26%、16.21%、14.15%、17.91%。从行业看，合成纤维单（聚合）体制造业氨氮排放有一定幅度增长，主要增量因部分企业新投产装置及生产运行时间增加；合成橡胶制造业总磷排放量小幅增长。如表1-2所示。

表1-2　石化行业废水污染物实际排放情况　　单位：t

行业类别名称	年份	化学需氧量排放量	氨氮排放量	总氮排放量	总磷排放量
原油加工及石油制品制造	2021	16371.88	663.11	2931.56	45.29
	2022	13205.56	486.06	2752.67	40.71
有机化学原料制造	2021	31067.47	1420.95	5025.612	271.49
	2022	26575.32	1200.89	4076.81	221.12
初级形态塑料及合成树脂制造	2021	13040.10	390.27	1230.77	29.45
	2022	12117.31	222.93	1012.83	17.33
合成橡胶制造	2021	1461.13	48.79	98.58	1.62
	2022	1375.34	43.42	82.91	1.95
合成纤维单（聚合）体制造	2021	3767.25	43.07	651.53	32.75
	2022	3065.60	52.69	606.412	30.80
合计	2021	65707.84	2672.38	9938.06	380.50
	2022	56339.13	2239.29	8531.64	312.36

注：①剔除数据包括2021年、2022年排放数据填报不全、排放数据明显异常等。②由于排污许可中废水间接排放量为企业出厂界的污染物排放量，因此废水污染物排放量统计数据不是行业最终排入外环境的排放量。

从化学需氧量排放量看：河北、广东、浙江等25个省（直辖市）2022年化学需氧量排放量均低于2021年；陕西、四川、浙江、广东等4省份与2021年基本持平；广西、海南2省份2022年化学需氧量排放量均有所增加。

从氨氮排放量看：甘肃、黑龙江、宁夏等27个省（自治区、直辖市）2022年氨氮排放量均低于2021年；海南、贵州基本持平；河南、广西2省（自治区）有所增加。

从总氮排放量看：广东、福建、山东等26省市2022年总氮排放量均低于2021年；江苏、河北与2021年基本持平；河南、宁夏、江西3省（自治区）2022年总氮排放量均有所增加。

从总磷排放量看：广东、湖南等21个省（直辖市）2022年总磷排放量均低于2021年；黑龙江、四川、重庆、新疆4省（自治区、直辖市）与2021年基本持平；河南、广西、辽宁、浙江、湖北、宁夏6个省（自治区、直辖市）排放量均有所增加。

3.污染物排放数据较全的省份中河北省炼油企业废水污染物排放绩效水平较高

根据2022年年度执行报告，统计了2个省份有废水污染物排放量和原油使用量有效数据的原油加工企业排放数据，如表1-3所示。

表1-3　2022年原油加工及石油制品制造业废水污染物排放绩效

省份	化学需氧量		氨氮		总氮		总磷	
	企业数/家	排放绩效/（kg/10^4t原油）	企业数/家	排放绩效/（kg/10^4t原油）	企业数/家	排放绩效/（kg/10^4t原油）	企业数/家	排放绩效/（kg/10^4t原油）
辽宁省	9	352.59	9	12.49	9	63.20	6	1.21
山东省	4	112.73	4	1.67	4	38.72	4	0.47
江苏省	6	219.81	6	6.88	6	67.56	6	0.71
河北省	4	41.41	5	0.62	3	8.52	3	0.29
广东省	5	75.22	5	0.69	4	25.00	1	0.91

通过分析以上有效数据发现，加工万吨原油排放化学需氧量、氨氮、总氮和总磷最少的省份是河北省。

二、废气

（一）不同区域有组织废气污染治理措施总体相似

根据全国排污许可证管理信息平台，本次评估统计了有组织排放口各项污染物采取的治理措施如表1-4所示。

表1-4　石化行业有组织废气主要标准要求及污染防治措施

排放口	执行标准	标准限值	污染物	污染防治措施
加热炉	GB 31570、GB 31571或地方标准	30~100mg/m^3	二氧化硫	低硫燃料或湿法脱硫（氨法、碱法、钙法等）
		50~180mg/m^3	氮氧化物	低氮燃烧或选择性催化还原法（SCR）脱硝或组合工艺
		10~180mg/m^3	颗粒物	湿式除尘、布袋除尘、电除尘
催化裂化再生烟气	GB 31570	100~200mg/m^3	氮氧化物	选择性催化还原法（SCR）脱硝或低温臭氧氧化脱硝工艺
		50~100mg/m^3	二氧化硫	湿法脱硫或干法、半干法脱硫
		10~50mg/m^3	颗粒物	机械除尘、电除尘或组合工艺
		0.3~0.5mg/m^3	镍及其化合物	
催化重整装置催化剂再生烟气	GB 31570	10~30mg/m^3	氯化氢	吸收法、吸附法
		20~80mg/m^3	非甲烷总烃	热力焚烧法、吸附法、吸收法或组合工艺
酸性气回收装置废气	GB 31570	50~400mg/m^3	二氧化硫	尾气焚烧或碱洗脱硫+硫黄回收尾气焚烧
		5~30mg/m^3	硫酸雾	碱洗、石灰石法脱硫、氢氧化钠法脱硫、碱洗+酸性气制硫酸以及二氧化硫转化器+吸收+臭氧+碱洗
废水处理有机废气	GB 31570、GB 31571或地方标准	2~4mg/m^3	苯	水洗+活性炭吸附、生物滴滤+碱洗、碱洗和催化燃烧法
		20mg/m^3、15mg/m^3	甲苯、二甲苯	
		60~120mg/m^3	非甲烷总烃	碱洗+生物滴滤法、吸附法、洗涤、热力焚烧法
其他有机废气	GB 31570、GB 31571或地方标准	20~120mg/m^3	非甲烷总烃	热力焚烧法、吸附法、吸收法或组合工艺

涉及工艺加热炉生产装置企业共429家，污染物种类主要包括二氧化硫、氮氧化物、颗粒物等。从污染物排放标准看，工艺加热炉废气主要执行《石油炼制工业污染物排放标准》（GB 31570—2015）、《石油化学工业污染物排放标准》（GB 31571—2015）或地方污染物排放标准，如山东省《区域性大气污染物综合排放标准》（DB 37/2376—2019）、江苏省《大气污染物综合排放标准》（DB 32/4041—2021）等。从污染治理设施工艺看，无论何种排放限值要求，采取的治理措施大体相同，普遍为二氧化硫采用低硫燃料或湿法脱硫，氮氧化物采取低氮燃烧或选择性催化还原法，颗粒物采用湿式除尘、布袋除尘、电除尘或组合工艺。

涉及催化裂化生产装置企业共108家，污染物种类主要包括二氧化硫、氮氧化物、颗粒物、镍及其化合物等，执行标准主要为《石油炼制工业污染物排放标准》（GB 31570—2015）。从污染治理设施工艺看，氮氧化物排放浓度限值无论是执行100mg/m^{3}还是200mg/m^3，污染治理设施基本相同，主要采用选择性催化还原法（SCR）脱硝或低温臭氧氧化脱硝工艺；二氧化硫排放浓度限值执行50mg/m^3，主要采用脱硫效率较高的湿式脱硫工艺，但仍有部分企业选择脱硫效率相对较低的半干法脱硫和干法脱硫工艺，二氧化硫排放浓度限值要求执行100mg/m^{3}的企业反而全部采用了脱硫效率较高的湿法脱硫工艺；颗粒物排放浓度限值执行10mg/m^3、20mg/m^{3}和30mg/m^{3}的企业大部分采用除尘效率较高的电除尘器或采用组合式处理工艺（如机械除尘器+湿式除尘器相结合），颗粒物排放浓度限值执行50mg/m^{3}的企业较多采用单一的机械除尘（如旋风除尘器）、过滤式除尘器（如袋式/滤筒式除尘器）和湿式除尘；镍及其化合物污染物采用的去除措施基本与颗粒物的相同。

涉及催化重整装置催化剂再生企业共计77家，污染物种类主要包括氯化氢、非甲烷总烃。从污染物排放标准看，催化重整装置废气污染物主要执行《石油炼制工业污染物排放标准》（GB 31570—2015），部分企业催化重整催化剂再生烟气非甲烷总烃执行地方标准，如山东省地方标准《挥发性有机物排放标准　第6部分：有机化工行业》（DB 37/2801.6—2018）、河北省地方标准《工业企业挥发性有机物排放控制标准》（DB 13/2322—2016）、天津市地方标准《工业企业挥发性有机物排放控制标准》（DB 12/ 524—2020）、江苏省地方标准《化学工业挥发性有机物排放标准》（DB 32/3151—2016）。从污染治理设施看：氯化氢排放浓度限值执行10mg/m^{3}和30mg/m^{3}的排污单位采取的污染物治理措施差别不大，基本以吸收法和吸附法为主；非甲烷总烃排放浓度限值执行30mg/m^{3}和60mg/m^{3}的排污单位主要采用热力焚烧法、吸附法，执行80mg/m^{3}的排污单位采用吸收法、吸附法。本次统计中仅两家排污单位催化重整装置废气挥发性有机物（非甲烷总烃）执行较严格的排放浓度限值20mg/m^3，分别采用吸附法和吸收法+热力焚烧法治理工艺。

涉及酸性气回收装置企业共106家，污染物种类主要包括二氧化硫、硫酸雾、硫化氢等。从污染物排放标准看，排污单位酸性气回收装置废气污染物二氧化硫主要执行《石油炼制工业污染物排放标准》（GB 31570—2015）、《硫酸工业污染物排放标准》（GB 26132—

2010）。从污染治理设施工艺看：大部分排污单位酸性气回收装置废气采用硫黄回收尾气焚烧去除二氧化硫，少部分采用组合式脱硫技术，如碱洗脱硫+硫黄回收尾气焚烧等；硫酸雾主要采用碱洗、石灰石法脱硫、氢氧化钠法脱硫、碱洗+酸性气制硫酸以及二氧化硫转化器+吸收+臭氧+碱洗等。

涉及废水处理有机废气收集处理装置废气企业共676家，污染物种类主要包括挥发性有机物（非甲烷总烃）、苯、甲苯、二甲苯等。从污染物排放标准来看，排污单位废水处理有机废气收集处理装置废气污染物主要执行《石油炼制工业污染物排放标准》（GB 31570—2015）和《石油化学工业污染物排放标准》（GB 31571—2015），非甲烷总烃还执行部分地方排放标准，如山东省地方标准《挥发性有机物排放标准第6部分：有机化工行业》（DB37/2801.6—2018）。从污染治理工艺看：苯系物主要采用水洗+活性炭吸附、生物滴滤+碱洗、碱洗和催化燃烧法的污染物治理技术；非甲烷总烃排放浓度限值执行120mg/m^{3}的排污单位主要采用碱洗+生物滴滤法、吸附法、洗涤、焚烧，排放浓度限值执行60mg/m^{3}的排污单位主要采用焚烧法、吸附法（二级化学过滤吸附）治理工艺。

涉及储罐、装载等有机废气排放口企业共676家，污染物种类主要包括挥发性有机物（非甲烷总烃）、二甲苯、甲苯、苯等。从污染物排放标准看，排污单位储罐、装载等有机废气排放口非甲烷总烃主要执行《石油炼制工业污染物排放标准》（GB 31570—2015）、《石油化学工业污染物排放标准》（GB 31571—2015），部分企业非甲烷总烃执行地方标准，如山东省《挥发性有机物排放标准　第6部分：有机化工行业》（DB 37/2801.6—2018）、《挥发性有机物排放标准　第7部分：其他行业》（DB 37/2801.7—2019）、《有机化工企业污水处理厂（站）挥发性有机物及恶臭污染物排放标准》（DB 37/3161—2018）、河北省《工业企业挥发性有机物排放控制标准》（DB 13/2322—2016）、江苏省《化学工业挥发性有机物排放标准》（DB 32/3151—2016）、天津市《工业企业挥发性有机物排放控制标准》（DB 12/524—2020）、四川省《四川省固定污染源大气挥发性有机物排放标准》（DB 51/2377—2017）等。从污染治理工艺看，排污单位主要采用去除效率较高的热力焚烧法和以吸附法为主的多种技术的组合工艺。

（二）排放量整体呈下降趋势，主要分布在山东、辽宁、广东等省份

本次对全国排污许可证管理信息平台中石化行业企业许可证年度执行报告中有效废气污染物排放数据进行评估。

1.石化行业废气污染物主要集中在原油加工及有机化学原料制造行业

2022年石化行业二氧化硫、氮氧化物、颗粒物和挥发性有机物排放量分别为2.29×10^4t、11.63×10^4t、1.56×10^4t和6.19×10^4t。其中，原油加工及有机化学原料制造业企业数量占石化行业企业总数的13.90%，二氧化硫、氮氧化物、颗粒物和挥发性有

机物的排放量分别占石化行业的46.94%、51.55%、32.95%和67.26%，其变化趋势亦与2021年大致相同，如表1-5所示。

表1-5　2022年石化行业废气主要污染物排放情况　　单位：t

行业类别名称	二氧化硫排放量	氮氧化物排放量	颗粒物排放量	挥发性有机物排放量
原油加工及石油制品制造	10748.38	59942.08	5128.88	41614.07
有机化学原料制造	6863.46	39938.94	4587.73	15498.17
初级形态塑料及合成树脂制造	4346.13	12907.21	5489.60	3219.41
合成橡胶制造	31.05	901.63	62.01	577.83
合成纤维单（聚合）体制造	908.14	2578.85	297.56	960.31
合计	22897.16	116268.71	15565.78	61869.79

2022年石化行业二氧化硫排放主要分布在辽宁、山东、内蒙古、重庆、新疆、浙江、福建和宁夏等省（自治区、直辖市），占全国排放总量的58.07%；氮氧化物排放主要分布在山东、辽宁、广东、浙江、福建、江苏和新疆等省（自治区），占全国排放总量的58.73%；颗粒物排放主要分布在辽宁、山东、浙江、内蒙古、新疆、广东和江苏等省（自治区），占全国排放总量的46.40%；挥发性有机物排放主要分布在山东、辽宁、广东、浙江、江苏和上海等省（直辖市），占全国排放总量的74.60%，如图1-7所示。

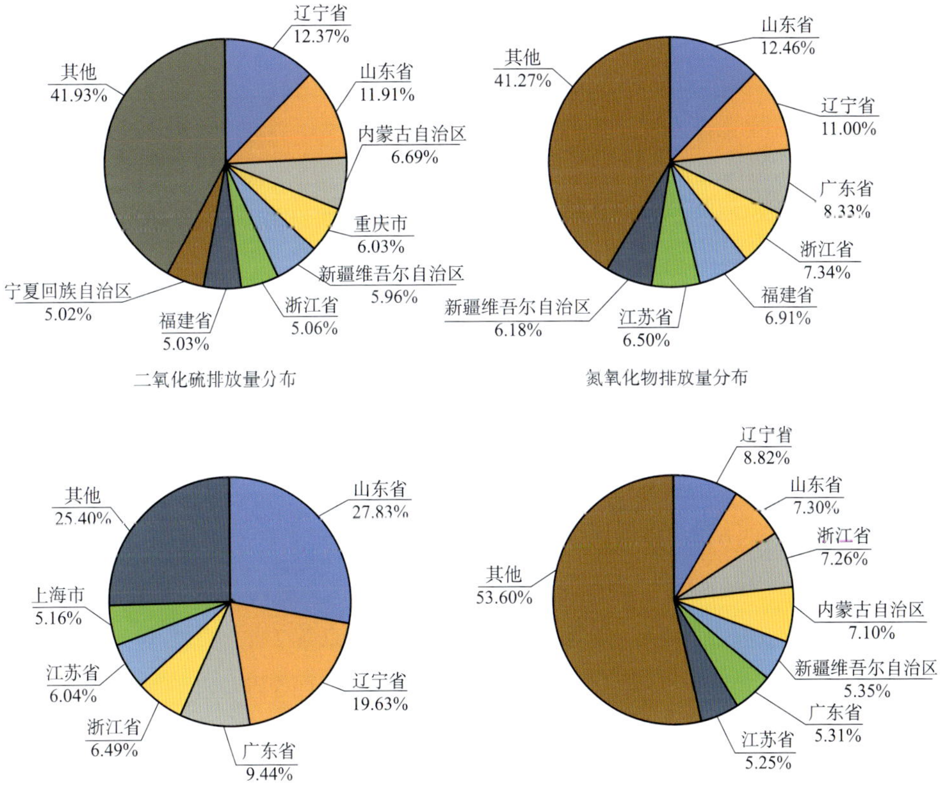

图1-7　全国主要省（自治区、直辖市）石化行业废气主要污染物排放量分布

2. 石化行业废气主要污染物排放量整体呈下降趋势，个别行业个别污染物有所增加

本次对全国排污许可证管理信息平台2022年和2021年石化行业均有废气污染物排放量有效数据的企业进行评估。通过统计分析发现，石化行业各污染因子排放量均呈下降趋势，二氧化硫、氮氧化物、颗粒物、挥发性有机物减排比例分别为3.77%、3.48%、13.46%和13.29%。从行业看，初级形态塑料及合成树脂制造业二氧化硫排放有一定幅度增长，主要增量受部分企业产品产量增加、超标排放影响。合成橡胶制造业氮氧化物排放量有小幅增长，挥发性有机物略有增加。合成纤维单（聚合）体制造业颗粒物排放量小幅增长，如表1-6所示。

表1-6　石化企业废气污染物实际排放情况　　单位：t

行业类别名称	年份	二氧化硫排放量	氮氧化物排放量	颗粒物排放量	挥发性有机物有组织排放量
原油加工及石油制品制造	2021	6107.73	48082.71	4718.01	23223.31
	2022	5744.77	47026.87	3867.52	19671.16
有机化学原料制造	2021	3390.58	21380.80	2434.55	6024.50
	2022	3224.92	19911.14	1936.69	5545.73
初级形态塑料及合成树脂制造	2021	1835.14	6168.81	3300.44	1343.88
	2022	1935.35	6156.00	3238.00	1215.50
合成橡胶制造	2021	6.03	45.12	53.05	225.09
	2022	4.36	51.18	21.14	227.24
合成纤维单（聚合）体制造	2021	489.66	1733.32	198.48	574.43
	2022	473.72	1575.43	200.86	559.81
合计	2021	11829.14	77410.76	10704.54	31391.22
	2022	11383.13	74720.63	9264.22	27219.55

从二氧化硫排放量看：辽宁、山西、江苏等19个省（直辖市）2022年二氧化硫排放量均低于2021年；海南、福建、重庆、青海、云南5省（直辖市）基本持平；安徽、内蒙古、河南、吉林、湖北、河北、宁夏7省（自治区）2022年二氧化硫排放量均有所增加。

从氮氧化物排放量看：黑龙江、江苏、山东等22省（直辖市）2022年氮氧化物排放量均低于2021年；湖南、吉林、重庆3省（直辖市）与2021年基本持平；安徽、陕西、湖北、宁夏、河南、广西6省（自治区、直辖市）2022年氮氧化物排放量均有所增加。

从颗粒物排放量看：辽宁、湖北、山东等19省（直辖市）2022年颗粒物排放量均低于2021年；黑龙江、江苏、青海、贵州、重庆、海南、北京等7省（直辖市）2022年颗粒物排放量与2021年基本持平；安徽、福建、湖南、浙江、广西5省（自治区）2022年颗粒物排放量均有所增加。

从挥发性有机物排放量看：江苏、山东、河北、浙江等21省（直辖市）2022年挥发性有机物排放量均低于2021年；青海、重庆、辽宁等8省份与2021年基本持平；陕西、新疆

2省（自治区）2022年挥发性有机物排放量均有所增加。

3.污染物排放数据较全的省份中河北、山东、广东省炼油企业污染物排放绩效总体较高

本次评估统计了2022年2家及以上省份有污染物排放量和原油使用量有效数据的炼油企业废气污染物排放数据，如表1–7所示。

表1–7　2022年原油加工及石油制品制造业废气污染物排放绩效

省（自治区）	二氧化硫		氮氧化物		颗粒物		挥发性有机物	
	企业数/家	排放绩效/（kg/10^4t原油）	企业数/家	排放绩效/（kg/10^4t原油）	企业数/家	排放绩效/（kg/10^4t原油）	企业数/家	排放绩效/（kg/10^4t原油）
山东	10	110.29	10	581.59	10	27.61	7	2781.8
辽宁	10	258.01	10	1040.76	10	339.38	9	2477.2
江苏	7	92.19	7	818.67	7	54.11	4	2226.2
河北	6	96.72	6	332.46	6	57.24	6	1360.5
新疆	5	172.09	5	1558.42	5	56.91	3	4360.7
广东	5	47.60	5	549.07	5	38.92	3	1731.3
陕西	3	92.09	3	1001.29	3	77.87	—	—
湖北	3	194.82	3	649.20	3	102.70	2	2088.2
黑龙江	3	155.50	3	1500.11	3	110.75	2	4944.4

通过分析有效数据2家以上的省份发现，加工万吨原油排放二氧化硫最少的省份是广东，加工万吨原油排放氮氧化物和挥发性有机物最少的省份是河北，加工万吨原油排放颗粒物最少的省份是山东。

三、固体废物

根据全国排污许可证管理信息平台：将固体废物纳入排污许可管理的3400家企业中，2268家企业设置了危废暂存场所，占企业总数的66.71%，储存面积为$35\times10^4m^2$，1267家设置了一般固体废物暂存场所或储存场，占企业总数的37.26%，储存面积为$49\times10^4m^2$。

2022年4月，生态环境部以环办固体函〔2022〕158号文出具了《关于同意中国石油化工集团有限公司开展“无废集团”建设试点工作的复函》，中国石化成为国内首家开展“无废集团”建设试点的企业。为落实相关工作，中国石化选取胜利油田、河南油田、燕山石化、天津石化、石家庄炼化、济南炼化、扬子石化、川维化工、广州石化、中科炼化、河南石油、催化剂公司等12家企业先行试点，江汉油田、北海炼化、巴陵石化、长岭炼化等成为“点对点”“白名单”和集团内部设施共享等首批适用支持性政策实施试点的企业。2023年5月，巴陵石化、长岭炼化作为中国石化集团内部共享危险废物利用处置设施政策支持性试点企业，依托长岭炼化CFB锅炉掺烧油泥项目、巴陵石化炼油部废碱焚烧装置，完成巴陵石化炼油油泥浮渣、废油泥及长岭炼化碱渣的集团内部定向利用，降低了危废外委处置的风险及成本，也避免了重复投资。

四、二氧化碳

1.二氧化碳排放控制进入试点示范阶段，技术经济可行性有待验证

2022年2月，中国石油启动了松辽盆地300万吨级CCUS重大工程示范项目。2022年8月，中国石化齐鲁石化—胜利油田百万吨级CCUS项目正式投运，目前主要通过汽车输送，齐鲁石化至胜利油田的百公里二氧化碳输送管道尚未投运。继在南海珠江口盆地海底启动我国首个海上二氧化碳封存示范工程后，2022年8月，中国海油、广东省发改委、壳牌（中国）有限公司和埃克森美孚（中国）投资有限公司，签署了大亚湾区CCUS集群研究项目谅解备忘录，拟共同建设中国首个海上规模化碳捕集与封存集群，储存规模约为1000×10^4t/a。

2.加工吨原油二氧化碳排放量略有下降

根据全国碳排放平台2021年度碳排放数据上报情况，剔除异常数据后，炼油企业二氧化碳排放量为1.859×10^8t。从排放源看，化石燃料燃烧产生的二氧化碳排放量为9252.2×10^4t，消耗电力对应的排放量为3132.2×10^4t，消耗蒸汽对应的排放量为4439.6×10^4t，分别占排放总量的49.8%、16.9%、23.9%。通过对比2021年与2020年两年均有有效数据的130家企业发现，加工吨原油二氧化碳排放量降低0.002t/t原油，下降了1个百分点。

从企业上报数据可以看出，受原油品质、加工规模、工艺流程、管理水平、回收再利用率、污染防治措施等多方面影响，不同规模炼油企业加工吨原油的二氧化碳排放量差异较大，从不足0.1t二氧化碳/t原油到1.69t二氧化碳/t原油不等。

五、小结

（1）部分区域执行的排放标准略有不同，但有组织废气污染治理措施总体相似。与2021年相比，2022年石化行业废气主要污染物整体呈下降趋势，污染物排放以山东、辽宁、广东为主，氮氧化物约占全国排放总量的四分之一，挥发性有机物占一半左右。通过统计数据较全的省份的炼油行业污染物排放绩效发现，加工万吨原油排放二氧化硫最少的省份是广东，加工万吨原油排放氮氧化物和挥发性有机物最少的省份是河北，加工万吨原油排放颗粒物最少的省份是山东。

（2）与2021年相比，2022年石化行业废水主要污染物整体呈下降趋势，其中有机化学原料制造行业排放约占行业排放总量的一半，长江、黄河流域约占全国行业污染物排放总量的四分之一。通过统计数据较全的省份炼油行业污染物排放绩效发现，加工万吨原油排放化学需氧量、氨氮、总氮和总磷最少的省份是河北。

（3）固体废物纳入排污许可管理的企业中，约三分之二设置了危废暂存场所，超过三分之一设置了一般固体废物暂存场所或储存场。2022年中国石化成为国内首家“无废集团”建设试点企业，探索了集团内外两个形式的点对点。

（4）二氧化碳排放控制进入试点示范阶段，技术经济可行性有待验证。2022年加工吨原油二氧化碳排放量较2021年下降了1%个百分点。

第三节　环境管理

一、主要环境管理政策

（一）关于严控“两高”项目盲目发展

1.绿色低碳发展持续深化

2022年3月，工信部等6部委联合印发了《关于“十四五”推动石化化工行业高质量发展的指导意见》（工信部联原〔2022〕34号），提出有序推进炼化项目“降油增化”，延长石油化工产业链；严控炼油新增产能，加快低效落后产能退出；优化调整产业布局，加快绿色低碳发展等。2022年6月，生态环境部联合6部委发布了《减污降碳协同增效实施方案》，在推进工业领域协同增效方面提出石化行业加快推进减油增化。

2.推广低碳技术

2022年12月，生态环境部印发了《国家重点推广的低碳技术目录（第四批）》，包括了石化行业的多孔表面高通量管高效换热技术和新型高效低能耗二氧化碳捕集技术。2022年2月，国家发改委等四部门发布《炼油行业节能降碳改造升级实施指南》《乙烯行业节能降碳改造升级实施指南》《对二甲苯行业节能降碳改造升级实施指南》。

3.推动碳环境影响评价

广东省环境厅印发《广东省石化行业建设项目碳排放环境影响评价编制指南（试行）》（粤环函〔2022〕70号），用于规范和指导广东省石化行业建设项目碳排放环境影响评价试点工作。

4.探索碳排放量控制

2022年6月，山东省生态环境厅、省发展改革委联合印发了《山东省高耗能高排放建设项目碳排放减量替代办法（试行）》，炼化、基础化学原料等“两高”项目实施碳排放量减量替代，明确了替代来源及核算方法。

5.明确石化行业纳入“两高”的具体范围

2022年至今，9省份已发文明确了石化行业纳入“两高”建设项目的具体范围，如表1-8所示。截至2022年年底，已有13省份明确了“两高”建设项目的具体范围，主要以炼油、乙烯及部分下游化工产品为主。

表1-8　部分省份石化行业纳入“两高”建设项目范围情况

省（自治区）	文件	石化行业纳入“两高”建设项目范围
山东	《关于“两高”项目管理有关事项的补充通知》（鲁发改工业〔2023〕34号）	汽油、煤油、柴油、燃料油、石脑油、溶剂油、石油气、沥青及其他相关产品（不含一二次炼油之外的质量升级油品）；乙烯、对二甲苯（PX）
安徽	《安徽省节能减排及应对气候变化工作领导小组关于印发安徽省“两高”项目管理目录（试行）的通知》（皖节能〔2022〕2号）	炼油、乙酸、乙烯、对二甲苯、丁二醇、二苯基甲烷二异氰酸酯、乙酸乙烯酯
河南	《关于印发河南省“两高”项目管理目录（2023年修订）的通知》（豫发改环资〔2023〕38号）	第一类：石化行业年综合能耗量5×10^4t标准煤（等价值）及以上项目。 第二类：年综合能耗1×10^4~5×10^4t标准煤（等价值）的原油加工及石油制品制造（2511）、乙酸（2614）项目
宁夏	《宁夏回族自治区“两高”项目管理目录（2022年版）》（宁发改规发〔2022〕1号）	汽油、煤油、柴油、燃料油、石脑油、溶剂油、润滑脂、液体石蜡、石油气、沥青及其他相关产品，乙酸、对二甲苯、乙烯（石脑烯烃类）
广东	《广东省“两高”项目管理目录（2022年版）》的通知（粤发改能源函〔2022〕1363号）	炼油、对二甲苯（PX）、甲苯二异氰酸酯（TDI）、二苯基甲烷二异氰酸酯、苯乙烯、乙二醇、丁二醇、乙酸乙烯酯、聚丙烯、聚乙烯醇、聚氯乙烯树脂、精对苯二甲酸（PTA）
河北	《关于加强新建“两高”项目管理的通知》（冀发改环资〔2022〕691号）	炼油，包括汽油、煤油、柴油、燃料油、石脑油、溶剂油、润滑脂、液体石蜡、石油气、石油焦、石油沥青及其他相关产品；乙烯、丙烯、对二甲苯、丁二醇、乙酸（利用捕集的二氧化碳为原料生产的乙酸除外）
陕西	《陕西省“两高”项目管理暂行目录（2022年版）》（陕发改环资〔2022〕110号）	炼油、乙烯、对二甲苯、丙烯、丁二醇、乙酸
内蒙古	《内蒙古自治区坚决遏制“两高”项目低水平盲目发展管控目录》的通知（内发改环资字〔2022〕1127号）	炼油
广西	《广西壮族自治区“两高”建设项目主要污染物排放管理办法（试行）》（桂环规范〔2022〕2号）	石化项目

（二）持续完善污染物排放管理

1.继续把好环境准入关

2022年12月，生态环境部发布了《石化建设项目环境影响评价文件审批原则》，在原有审批原则的基础上补充了温室气体排放影响评价、区域削减等减污降碳要求。

2.开展新污染物管控

2022年5月，国务院办公厅印发《新污染物治理行动方案的通知》（国办发〔2022〕15号），提出采取“筛、评、控”和“禁、减、治”的总体工作思路，聚焦石化等行业选取一批重点企业和工业园区开展新污染物治理试点工程，形成一批有毒有害化学物质绿色替代、新污染物减排以及污水污泥、废液废渣中新污染物治理示范技术。2022年12月，生态环境部发布了《重点管控新污染物清单（2023年版）》，对列入清单的14种新污染物提出了禁止、限制、限排等环境风险管控措施。石化行业有毒有害化学物质的生产和使用是新污染物的主要来源之一，但《重点管控新污染物清单（2023年版）》中仅包括了14种需重点管控的新污染物，仍有部分纳入优先控制化学品名录、有毒有害大气和水污染物名录的多环芳烃等持久性有机污染物未列入新污染物范围。目前污染物管控以排放标准为主，对于未纳入排放标准或未出台监测方法的有毒有害污染物管控手段有限。后续还需要加强研究，完善纳入新污染物管控范围的清单，同时优先从源头防控的角度减少污染物产生，逐步完善管控标准限值要求。

3.深入臭氧污染防治

2022年11月，生态环境部印发《深入打好重污染天气消除、臭氧污染防治和柴油货车污染治理攻坚战行动方案》（环大气〔2022〕68号），提出以石化等为重点加强挥发性有机物源头、过程、末端全流程治理，强化挥发性有机物、氮氧化物等多污染物协同减排。

二、环评审批

1. 2省（直辖市）上收了石化项目环评文件审批权限

2022年1月，河北省生态环境厅印发《河北省生态环境厅审批环境影响评价文件的建设项目目录（2022年本）》，将乙烯项目的审批权限上收至省级生态环境部门。

2022年12月，天津市生态环境局印发《天津市生态环境局审批环境影响评价文件的建设项目目录（2022年本）》，将列入国家能源发展规划中石化产业规划的扩建炼油项目，新建、扩建乙烯、苯乙烯、丙烯、对二甲苯（PX）项目环评文件审批权限上收至省级生态环境部门。

截至2022年年底，除山东省未将该行业纳入省级生态环境主管部门审批外，其他省份均考虑了将炼油、乙烯、对二甲苯（PX）、二苯基甲烷二异氰酸酯项目（MDI）等全部或部分石化行业建设项目纳入省级生态环境主管部门进行审批。

2.石化行业审批项目数量、投资上升趋势明显，减油增化趋势明显

全国共审批石化项目1174个，同比上升76.4%；涉及总投资额8881.42 × 10^8元，同比上升132.3%，其中环保投资402.22 × 10^8元，占比4.5%。从项目审批级别看，省、市、县审批的项目数量分别为65个、614个、495个，涉及总投资额分别为1885.7 × 10^8元、3810.8 × 10^8元、3184.9 × 10^8元。从建设性质看，审批的新建（含迁建）、改扩建、技术改造项目数量分别为627个、395个、152个，涉及总投资额分别为6501.1 × 10^8元、2081.9 × 10^8元、298.4 × 10^8元。新、改扩建项目审批数量同比上升87.2%，涉及总投资额同比上升141.1%，其中山东、浙江、广东、河北审批的项目数量较多，分别为276个、90个、78个、76个，累计占全国总量的49.3%，福建、山东、广东、浙江审批的项目总投资额较大，分别为1591.8 × 10^8元、1193.6 × 10^8元、893.5 × 10^8元、715.7 × 10^8元，累计占全国总量的49.5%。如表1–9所示。

表1-9　2022年石化行业建设项目环评审批情况

行业类别名称	审批数量/个	项目总投资/（10^8元）	环保投资/（10^8元）	项目类型			审批层级			环评文件类型	
				新建/个	改扩建/个	技改/个	省级/个	地市级/个	区县级/个	报告书/个	报告表/个
精炼石油产品制造	168	597.97	14.16	94	37	37	4	56	108	61	107
有机化学原料制造	656	6357.06	313.58	328	244	84	44	362	250	585	71
合成材料制造	350	1926.39	74.48	205	114	31	17	196	137	277	73
合计	1174	8881.42	402.22	627	395	152	65	614	495	923	251

从建设内容看：以减油增化为主，2022年涉及新增乙烯项目6个，其中新建或迁建4个，改扩建项目2个，新增乙烯规模共622×10^4t，分布在浙江、福建、海南、广西、广东和黑龙江等省（自治区）；通过结构调整实现减油增化项目4个，主要分布在黑龙江和河北地区；其余项目以工艺优化调整或产业链延伸为主。

投资额超过百亿元的石化项目共21个（11个新建项目、5个迁建项目、4个改扩建、1个技改项目），同比增长250%，其中辽宁省分布3个，广东、广西、内蒙古、山东、新疆地区分布各2个，海南、河北、黑龙江、江苏、云南、浙江省分布各1个。

涉及二氧化碳回收或综合利用的项目共25个，总投资38.4×10^8元，环保投资1.4×10^8元，其中8个项目为二氧化碳制化学品，包括甲醇、小苏打、聚碳酸酯等，主要位于山东（3个）、陕西（2个）、河南（1个）、安徽（1个）和内蒙古（1个）；5个项目用于油田驱油，主要位于吉林（2个）、辽宁（2个）和山东（1个）；13个项目为仅回收或生产液态二氧化碳；不涉及二氧化碳地下封存项目。

3.建设项目竣工环保验收情况

根据全国建设项目竣工环境保护验收信息系统，2022年全国共743个石化项目上传了自主验收信息，同比下降11.4%；实际总投资5209×10^8元，其中环保投资333.6×10^8元，占比6.4%。从建设性质看，新建、改扩建、技术改造项目分别为407个、209个、127个，分别占总数的54.8%、28.1%、17.1%。从项目审批级别看，部、省、市、县审批的项目数分别为3个、31个、374个、335个，分别占总数的0.4%、4.2%、50.3%、45.1%。如表1-10所示。

表1-10　2022年石化行业建设项目环评审批情况

行业类别名称	验收数量/个	实际总投资/（10^8元）	环保投资/（10^8元）	项目类型		审批层级			环评文件类型	
				新建/个	改扩建、技改/个	部省级/个	地市级/个	区县级/个	报告书/个	报告表/个
精炼石油产品制造 251	163	1550.8	168.2	92	71	12	63	88	96	67
有机化学原料制造 2614	320	1637.9	122.2	169	151	14	183	123	255	65
合成材料制造 265	260	2020.3	43.2	146	114	8	128	124	181	79
合计	743	5209	333.6	407	336	34	374	335	532	211

通过统计企业上报情况发现，687个验收项目建设内容与环评批复一致，其中52个项目

建设内容少于环评批复，4个项目建设内容与环评不一致，建设内容规模增加不超过30%。

三、排污许可

（一）排污许可证核发情况

1.总体情况

根据全国排污许可证管理信息平台统计，全国石化行业共计核发排污许可证5230张，较2021年增加5.5%，其中重点管理5138张、简化管理92张；3846家位于园区内，1384家企业未进园区，企业入园比例73.5%。从行业分类看，原油加工及石油制品制造企业678家、有机化学原料制造企业2841家、初级形态塑料及合成树脂制造企业1535家、合成橡胶制造企业129家、合成纤维单（聚合）体制造企业47家。

石化行业核发的排污许可证主要分布在山东、江苏、广东、河北、浙江5省份，占全国发证数量的52.7%。从数量变化看，除江苏、吉林和上海许可证数量有所降低，北京、天津、西藏没有变化，其他省份均有所增加。从行业分布看：原油加工及石油制品制造业、有机化学原料制造业核发许可证数量均以山东省最多，核发排污许可证数量分别为237张和655张，分别占全国原油加工及石油制品制造业、有机化学原料制造业的34.96%、23.06%；初级形态塑料及合成树脂制造业核发许可证居前3位的省份为广东、江苏和山东，核发排污许可证数量分别为239张、214张和208张，占全国的初级形态塑料及合成树脂制造业的43.06%；合成橡胶制造业核发许可证居前2位的省份为山东和广东，占全国的初级形态塑料及合成树脂制造业的44.19%。

2.重点流域许可证分布情况

长江流域核发石化企业排污许可证995张，占全国石化企业发证数量的比例为19.02%，较2021年约下降1个百分点；黄河流域核发石化企业排污许可证573张，占全国石化企业发证数量的比例为10.96%，与2021年基本保持一致。如表1-11所示。

表1-11　重点流域石化企业排污许可证核发情况　　单位：张

行业类别名称	排污许可证总数	长江流域	黄河流域
原油加工及石油制品制造	678	59	135
有机化学原料制造	2841	531	347
初级形态塑料及合成树脂制造	1535	376	86
合成橡胶制造	129	20	4
合成纤维单（聚合）体制造	47	9	1
合计	5230	995	573

3.重点区域许可证分布情况

京津冀、长三角、珠三角、汾渭平原等重点区域核发石化企业排污许可证分别为327张、

1114张、262张、134张，累计占全国石化企业发证数量的比例为35.12%。如表1-12所示。

表1-12　重点区域石化企业排污许可证核发情况　　单位：张

行业类别	排污许可证总数	京津冀	长三角	珠三角	汾渭平原
原油加工及石油制品制造	678	41	56	15	8
有机化学原料制造	2841	217	539	59	105
初级形态塑料及合成树脂制造	1535	51	477	164	20
合成橡胶制造	129	7	27	19	0
合成纤维单（聚合）体制造	47	1	17	5	1
合计	5230	327	1114	262	134

4.排放口及许可排放量

根据全国排污许可管理信息平台统计，2022年石化企业共有大气排放口30559个，其中主要排放口21557个，一般排放口7868个，其他废气排放口1134个；共有废水排放口5600个，其中直接排放口647个、间接排放口4953个。

根据全国排污许可证管理信息平台统计，2022年全国石化行业废水污染物化学需氧量、氨氮、总氮、总磷许可排放量分别为376599.8t/a、27453.3t/a、45510.6t/a、1163.8t/a，废气污染物二氧化硫、氮氧化物、颗粒物（烟尘）、挥发性有机物许可排放量分别为239977.5t/a、387930.3t/a、96629.1t/a、76150.4t/a。

5.固体废物纳入排污许可证比例大幅增加

根据全国排污许可证管理信息平台，截至2022年年底，共3400家石化企业将固体废物纳入排污许可证，约占行业许可证总数的65.01%，相比2021年21.75%的占比大幅增长。从行业划分看，产生固体废物的企业中原油加工及石油制品制造行业497家、有机化学原料制造行业1820家、初级形态塑料及合成树脂制造行业969家、合成橡胶制造行业83家、合成纤维单（聚合）体制造行业31家。从固体废物类型看，仅产生危险废物的企业1183家，仅产生一般固体废物的企业171家，两种同时产生的企业2046家，如图1-8所示。

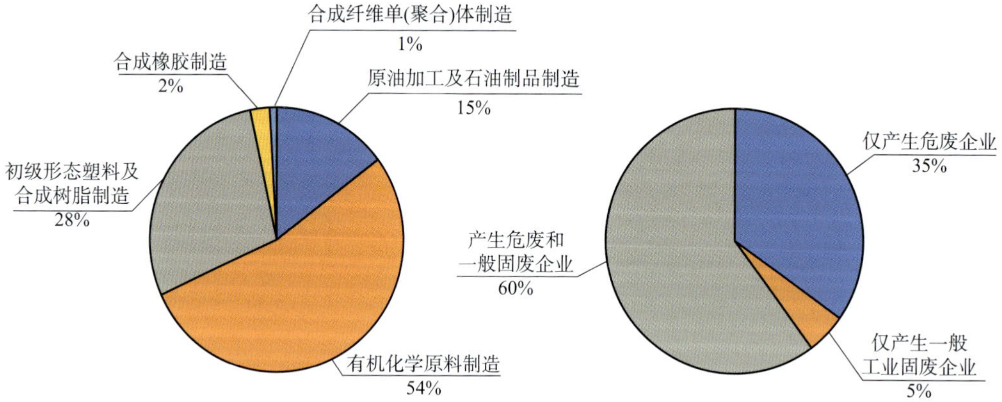

图1-8　固体废物纳入排污许可管理情况

（二）排污许可证执行情况

根据全国排污许可证管理信息平台，全国石化行业已发证的企业共计5230家，考虑141家持证不足3个月或2023年首次申领排污许可证，可不上报年度执行报告，另外5089家企业中有4883家上报了2022年年报，占总数的96.0%。

从行业类别看，原油加工及石油制品制造和合成橡胶制造行业执行报告提交率相对较好。与2021年相比，有机化学原料制造、初级形态塑料及合成树脂制造提交比例有所下降，合成橡胶制造、合成纤维单（聚合）体制造提交比例有所上升，原油加工及石油制品制造与去年持平。

从地区看，北京、海南、湖北、青海、西藏等5省（自治区、直辖市）提交率均达100%。与2021年相比，湖北、山西、贵州、福建4省份提交率均有所提高，北京、海南等6省（直辖市）无变化。

根据全国排污许可证管理信息平台数据，0.4%排污单位未填报废气实际排放量，9.8%排污单位未填报基本信息表和废气污染物排放浓度监测数据，约四分之一排污单位未填报废水污染物排放浓度监测数据和废水实际排放量统计表。从行业类别看，合成纤维单（聚合）体制造行业执行报告填报情况最好。与2021年相比，执行报告填报完整性有较大提高，如图1-9所示。

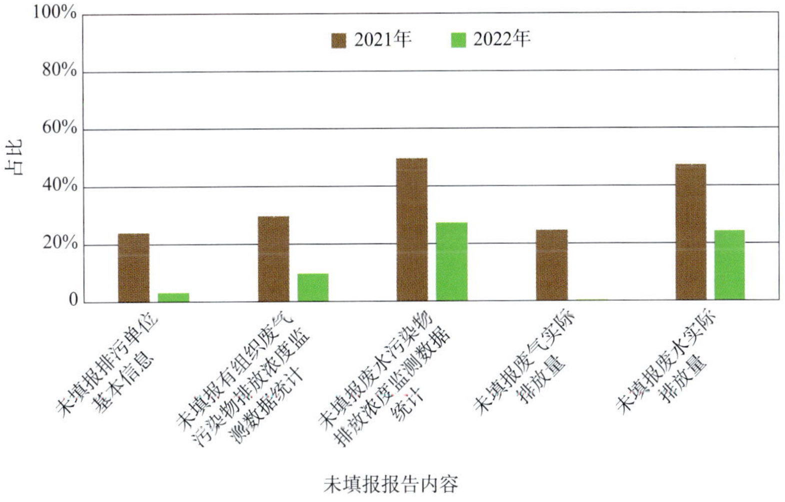

图1-9　2022年和2021年执行报告填报内容对比表

四、环境监管与执法

1.执法处罚情况

根据全国执法初步统计，2022年石化行业环境行政处罚案件共647件，处罚金额为

15767万元，案件数量较2021年1043件下降了38%。从违法行为看，主要集中在违反大气环境管理相关法律法规，占违法行为的44.2%。从罚款金额看，违反环境影响评价制度处罚金额最多，累计6768×10^4元，如表1-13所示。

表1-13　2021年石化行业生态环境行政违法统计情况表

主要违法行为	案件数量/件	占比/%	罚款数额/10^4元	占比/%
违反大气环境管理	311	48.1	4264	27.0
违反排污许可证管理	72	11.1	895	5.7
违反环境影响评价制度	69	10.7	6768	42.9
其他	68	10.5	1083	6.9
违反水环境管理	57	8.8	1220	7.7
违反固体废物管理	51	7.9	1475	9.4
违反自动监控环境管理制度	10	1.5	48	0.3
违反突发环境事件应急管理	8	1.2	12	0.1
违反声环境管理	1	0.2	2	0.0
总计	647		15766.83	

从处罚类型看，604件被处以罚款，2件被责令停产或整改，28件被处以罚款的同时被责令停产或者整改，13件其他。本次评估选择责令停产或整改并从政府公开信息可以查询的19件违法案件进行评估。通过评估发现：19件违法案件中，12件违反环境影响评价制度，主要为部分装置未取得环境影响评价手续就开工建设或投入生产；5件违反大气环境管理制度，其中2件污染物未通过污染治理设施直接排放，3件超标或超总量排放；2件违反排污许可管理制度，其中1件未核发排污许可证，1件排污口信息与排污许可证不一致。

从处罚额度看，罚款的618件违法案件中1万元以下（不含1万元）30件，（1~10）万元（不含10万元）289件，（10~100）万元（不含100万元）287件，100万元以上12件。

从违法行为看，行业出现了1例违反《噪声法》案例。通过对该公司厂界2个点位进行噪声监督性监测，其厂界夜间噪声值为60dB（A），超过《工业企业厂界环境噪声排放标准》（GB 12348—2008）3类功能区噪声限值5dB（A），违反《中华人民共和国噪声污染防治法》第二十二条排放噪声、产生振动应当符合噪声排放标准以及相关的环境振动控制标准和有关法律、法规、规章的要求，根据《中华人民共和国噪声污染防治法》第七十五条处2×10^4元罚款。

从省份分布看，涉违法行为立案数量最多的省份为山东省，占全国石化行业违法案件数量约23.65%，违法行为涉案罚款数额占罚款总额的17.47%。

从处罚公司类型看，647起案件中，有6家上市公司被处罚。

2.群众投诉举报情况

2021年石化行业共接到459次投诉举报，较2021年减少24.5%。从分布情况看，主要来自上海、河南、山东等省份，分别为140件、66件和52件，占投诉总数的56.21%。各省份信访举报数量如表1-14所示。

表1-14 信访举报统计表

序号	省（自治区、直辖市）	数量/件	占比
1	上海	140	30.50%
2	河南	66	14.38%
3	山东	52	11.33%
4	辽宁	43	9.37%
5	广东	28	6.10%
6	陕西	15	3.27%
7	新疆	14	3.05%
8	河北	13	2.83%
9	内蒙古	11	2.40%
10	江苏	11	2.40%
11	福建	11	2.40%
12	山西	8	1.74%
13	湖北	6	1.31%
14	云南	5	1.09%
15	四川	4	0.87%
16	浙江	4	0.87%
17	黑龙	4	0.87%
18	海南	4	0.87%
19	天津	3	0.65%
20	安徽	3	0.65%
21	湖南	3	0.65%
22	甘肃	2	0.44%
23	贵州	2	0.44%
25	吉林	2	0.44%
26	江西	1	0.22%
27	广西	1	0.22%
28	重庆	1	0.22%
29	北京	1	0.22%
30	宁夏	1	0.22%

投诉举报途径涉及微信、电话、网络、来信、内部情况、网民留言、来访7种方式，以电话、网络和微信为主，占投诉数量的96.9%，如图1-10所示。

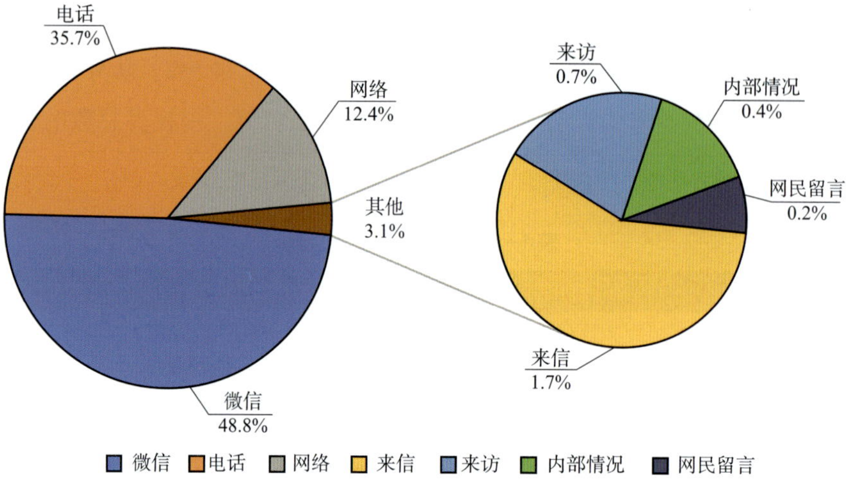

图1-10 群众投诉举报方式统计图

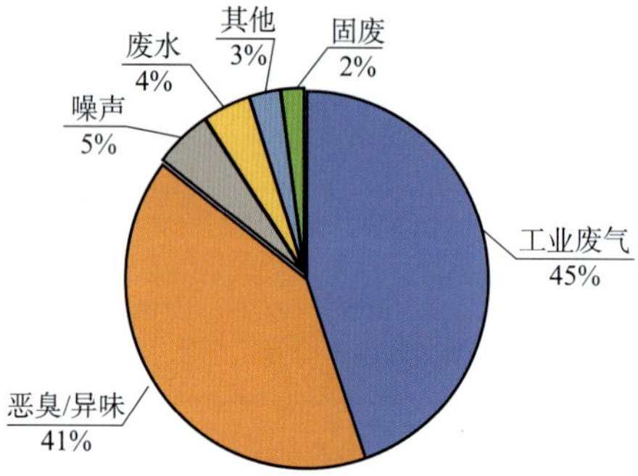

图1-11 群众投诉举报内容统计图

从投诉内容看，涉及恶臭/异味、工业废气、废水、噪声等，其中涉及工业废气、恶臭异味的次数最多，分别为205次、187次，占总投诉举报数量的86%，如图1-11所示。

从处理结果看：生态环境执法部门就459次投诉举报进行了现场检查。通过对举报内容进一步评估发现，148次投诉检查中未发现企业存在问题，其余311次为企业存在或部分存在举报问题，占投诉总数的68%。属实的311次投诉中，180次投诉为企业非正常运行或检维修期间问题，占投诉总数的58%；63次投诉为企业达标但仍有异味或其他大气问题，占投诉总数的20%；47次投诉为企业存在手续不全、超标排放等问题，占投诉总数的15%。

3.监督帮扶情况

2022年监督帮扶工作中石化行业共有914家企业发现存在问题，发现问题次数共2650次，主要问题包括未落实挥发性有机物（VOCs）专项治理问题、环评及排污许可制度类、治污设施安装与运行类、其他环境管理问题、污染源自动监测类，分别占发现问题总数的40.75%、26.45%、11.81%、10.98%和10.00%，如图1-12所示。

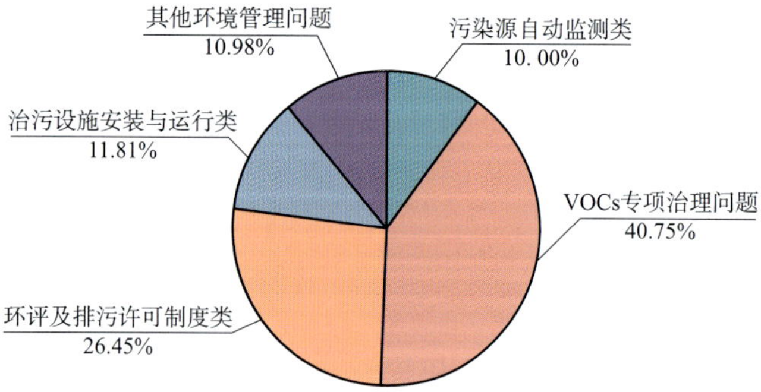

图1-12 监督帮扶内容统计图

从问题类型看：占比最高的挥发性有机物专项治理问题主要是有机废气收集处理问题（如含挥发性有机物工艺废气未按要求收集处理、现场抽测设备或管线存在泄漏等），敞开液面逸散问题（如与挥发性有机物物料接触的开式循环水未按要求进行监测修复，含挥发性有机物的废水集输、储存、处理系统不符合规定等），涉挥发性有机物原辅料储存、输送等不符合要求和未按要求开展挥发性有机物治理设施去除效率检测等；环评及排污许可制度类问题主要是未建立台账或台账记录不规范、排污口设置不规范、未按许可证要求开展监测并保存原始记录以及实际建设情况与环评和排污许可不符等；污染源自动监测类问题主要是在线设备运行维护不规范和未按照排污许可要求安装自动监控设施或联网；治污设施安装与运行类问题主要是治污设施运行不规范、工业粉尘无组织排放、治污设施不正常运行等情况；其他环境管理问题主要是台账记录、监测报告造假等管理问题，如表1–15所示。

表1–15 石化行业环保监督帮扶问题情况一览表

问题类型	具体问题类型	2022 年发现问题次数 / 次	涉及企业数量 / 件
挥发性有机物专项治理问题	含挥发性有机物工艺废气未按要求收集处理	200	175
	与挥发性有机物物料接触的开式循环水未按要求进行监测修复	155	148
	涉挥发性有机物原辅料储存、输送等不符合要求	129	121
	现场抽测设备或管线存在泄漏	127	98
	未按要求开展挥发性有机物治理设施去除效率检测	124	122
	含挥发性有机物的废水集输、储存、处理系统不符合规定	108	101
	储罐附件、浮盘附件、呼吸阀等未保持密闭	87	70
	未按频次开展 LDAR 检测	70	68
	储罐类型不匹配或不满足运行维护要求	36	31
	未按照要求装载挥发性有机液体	19	19
	未按规范要求使用油气回收系统	12	11
	无法提供所使用挥发性有机物物料挥发性有机物含量的相关资料	8	8
	卸油和储油阶段不满足规范要求	2	2
	油气回收三项或密闭点位油气泄漏指标检测不合格	2	2
	未进行挥发性有机物废气分质收集处理	1	1
环评及排污许可制度类	未建立台账或台账记录不规范	174	164
	排污口设置不规范	130	125
	未按许可证要求开展监测并保存原始记录	120	115
	实际建设情况与环评和排污许可不符	108	93
	排放口未纳入许可证或与许可证不一致	63	60
	排污许可证其他（发证质量）问题	60	55
	设有旁路排口但未纳入日常监管	30	28
	未取得排污许可证或届满未延续	9	8
	排污许可证其他问题	4	4
	未按排污许可证规定的方式或去向排污	3	3
污染源自动监测类	在线设备运行维护不规范	166	129
	未按照排污许可要求安装自动监控设施或联网	65	58
	在线监测设备不正常运行	32	27
	在线监测数据弄虚作假	2	2

续表

问题类型	具体问题类型	2022年发现问题次数/次	涉及企业数量/件
治污设施安装与运行类	治污设施运行不规范	90	82
	工业粉尘无组织排放	55	51
	治污设施不正常运行	41	39
	超标排污或未执行超低排放标准（其他）	38	34
	物料堆场未落实扬尘治理措施	26	26
	未安装治污设施	22	20
	通过旁路、暗管偷排污染物	11	11
	未要求进行无组织管控（氨、异味等）	8	8
	治理设施去除效率不满足要求	6	6
	建筑工地未落实“六个百分百”要求	5	5
	未安装油气回收设施	4	4
	采用单一低效的处理技术	3	3
	封闭不严有可见烟尘外逸	3	2
	未落实移动源管控措施	1	1
其他环境管理问题	其他环境问题	272	228
	台账记录造假（其他）	10	10
	未设置“一厂一策”公示牌	4	4
	应急减排清单与企业实际情况不符	2	2
	监测报告造假	1	1
	应急减排措施不符合编制技术指南要求	1	1
	应急减排清单与企业预案或“一厂一策”不一致	1	1

4.在线监测数据传输有效率超过95%，化学需氧量、氨氮达标率高于总磷、总氮

通过对原油加工及石油制品制造、有机化学原料制造及初级形态塑料及合成树脂制造业废水直排环境的国控重点污染源在线监测数据分析发现存在以下问题。

（1）原油加工及石油制品制造业废水外排环境的71家国控重点污染源企业中，化学需氧量和氨氮日均浓度在线监测数据传输有效率超过97%，日均浓度达标率分别为99.93%和99.75%；废水外排环境的31家国控重点污染源企业总氮、总磷在线监测达标率分别为94.68%和97.06%。

（2）有机化学原料制造业废水外排环境的84家国控重点污染源企业中，化学需氧量和氨氮日均浓度在线监测数据传输有效率超过97%，日均浓度达标率分别为99.7%和99.9%；废水外排环境的23家国控重点污染源企业总氮、总磷在线监测数据达标率分别为96.97%和95.17%。

（3）初级形态塑料及合成树脂制造业废水外排环境的51家国控重点污染源企业中，化学需氧量和氨氮日均浓度在线监测数据传输有效率超过95%，日均浓度达标率分别为99.88%和99.89%；废水外排环境的12家国控重点污染源企业总氮、总磷在线监测数据达

标率分别为94.94%和92.46%。

五、小结

（1）2022年环境管理政策导向以绿色低碳和完善污染治理为主。

（2）从建设项目环评审批权限看，河北、天津2省（直辖市）上收了石化项目环评文件审批权限。从建设项目审批看，石化行业审批项目数量、投资上升趋势明显，减油增化趋势明显；从地域分布看，主要分布在山东、浙江、广东、河北等省份，占全国总数的49.3%。地方上报的“两高”项目普遍开展了碳排放影响评价，以核算排放量为主，不涉及煤炭消费。竣工环保验收项目总体与环评批复一致，个别项目建设内容与环评不一致，规模增加在30%以内。

（3）2022年约三分之二的企业将固体废物纳入排污许可管理。从执行报告提交情况看，2022年石化行业年度执行报告提交率为96.0%，较2022年提交比例略有下降，主要由于执行报告质量不符合要求被管理部门退回。与2021年相比，执行报告填报完整性有所提高。为切实发挥企业环保责任作用，在充分利用污染防治攻坚战考核手段的基础上，运用平台提醒等智能化、抓正反两方面典型等法治化手段，推动企业提高排污许可证执行报告质量。同时强化非现场执法，通过运行执行报告数据倒逼企业提高执行报告质量，为切实建立以排污许可为核心的固定污染源监管体系提供支撑。

（4）根据全国执法统计情况，2022年执法处罚案件较2021年下降38%，主要集中在违反大气环境管理相关法律法规，案件以罚款为主，其中违反环境影响评价制度处罚金额最多。2022年投诉内容以工业废气、恶臭异味为主，其中68%的投诉属实，约二分之一问题出现在企业非正常运行或检维修期间。2022年监督帮扶企业问题主要集中在挥发性有机物专项治理问题、环评及排污许可制度方面。从在线监测数据分析，企业废水达标排放情况较好，在线监测数据传输有效率超过95%，废水中化学需氧量、氨氮达标率高于总磷、总氮。对于存在环境问题或收到群众投诉的企业，持续推进问题解决，在行业内推广好的做法，实现精准治污。对于自身环境管理能力不足的企业，在监督帮扶查找问题的同时，可协助企业寻找解决问题的办法，切实提高企业环境管理水平。

第四节　典型企业绿色发展水平评价

一、评价目标

本次评价指标体系在2022年研究基础上，进一步优化石油炼制行业绿色发展评价指标，扩大了炼油企业评价范围，选取常减压装置加工规模大于等于800×10^4t/a的石油炼制企业开展绿色发展水平评估。为更好反映企业绿色发展水平，将炼油乙烯一体化企业单独进行了评估。根据评估结果，提出石油炼制企业绿色发展过程存在的问题及建议，为推动行业环境管理水平提升提供一定的技术支撑。同时，考虑目前乙烯项目发展较快，为更好地掌握其发展水平，本次探索建立了独立乙烯企业的绿色发展评价体系，并选取9家独立乙烯企业开展评价。

二、绿色评价指标体系

石油炼制企业指标体系分2层：一级指标5项，二级指标22项，其中一级指标包含资源能源消耗指标、生产工艺与装置指标、环境管理制度落实情况（企业执行情况）指标、加工吨原油污染物排放量与环境保护的公众关系；二级指标权重值根据专家咨询法、层次分析法等确定，如表1-16所示。

表1-16　石油炼制企业绿色评价指标体系表

一级指标	二级指标
资源能源消耗指标	综合能耗/（kgoe·t^{-1}原煤）
	吨原油新鲜取水量/（m^3·t^{-1}原油）
	吨原油新鲜取水量炼化一体化
	加工吨原油二氧化碳排放量/（t·t^{-1}原油）
生产工艺与装置指标	原油一次加工装置政策符合性
企业执行情况指标	排污许可年度、季度执行报告是否按时提交
	排污许可证执行报告年报上报质量
	污染物排放浓度是否符合许可证要求
	污染物排放量是否符合许可证要求
	环境处罚情况
加工吨原油污染物排放量	加工吨原油COD排放量/（kg·t^{-1}原油）
	加工吨原油氨氮排放量/（kg·t^{-1}原油）
	加工吨原油总磷排放量/（kg·t^{-1}原油）
	加工吨原油总氮排放量/（kg·t^{-1}原油）
	加工吨原油二氧化硫排放量/（kg·t^{-1}原油）
	加工吨原油氮氧化物排放量/（kg·t^{-1}原油）
	加工吨原油颗粒物排放量/（kg·t^{-1}原油）
	加工吨原油挥发性有机物排放量/（kg·t^{-1}原油）
与环境保护的公众关系	信息公开情况
	突发环境事件发生情况
	是否进入工业园区
	群众投诉

与2021年相比，为更好区分不同企业的绿色发展水平，本次进一步凸显企业排污许可执行的差异性及环境处罚的情况，将原来一级指标中的“环境管理制度执行情况”改为“环境管理制度落实情况指标”，其对应的二级指标修改为排污许可执行报告是否按时提交、排污许可证执行报告年报上报质量、污染物排放浓度是否符合许可证要求、污染物排放量是否符合许可证要求及环境处罚情况。

独立乙烯企业绿色发展水平指标体系层级分为2层：一级指标5项，二级指标19项。一级指标与石油炼制行业绿色发展评价指标体系基本相同，考虑数据可达性；二级指标取消了单位产品总磷排放量、单位产品总氮排放量，生产工艺与装置对应的二级指标为单套乙烯生产装置政策符合性，如表1–17所示。

表1–17　独立乙烯企业绿色评价指标体系表

一级指标	二级指标
资源能源消耗指标	综合能耗 /（kgoe · t^{-1} 原煤）
	单位产品新鲜取水量 /（m^3 · t^{-1} 产品）
	单位产品二氧化碳排放量 /（t · t^{-1} 产品）
生产工艺与装置指标	单套乙烯生产装置政策符合性
企业执行情况指标	排污许可年度、季度执行报告是否按时提交
	排污许可证执行报告年报上报质量
	污染物排放浓度是否符合许可证要求
	污染物排放量是否符合许可证要求
	环境处罚情况
加工吨原油污染物排放量	单位产品 COD 排放量 /（kg · t^{-1} 产品）
	单位产品氨氮排放量 /（kg · t^{-1} 产品）
	单位产品二氧化硫排放量 /（kg · t^{-1} 产品）
	单位产品氮氧化物排放量 /（kg · t^{-1} 产品）
	单位产品颗粒物排放量 /（kg · t^{-1} 产品）
	单位产品挥发性有机物排放量 /（kg · t^{-1} 产品）
与环境保护的公众关系	信息公开情况
	突发环境事件发生情况
	是否进入工业园区
	群众投诉

三、评价标准

本评价指标体系将行业绿色发展水平划分为三级，即先进水平、较高水平、一般水平，绿色发展等级对应的综合评价指标应符合表1–18的规定。

表1-18　千万吨级及以上石油炼制企业绿色发展综合评价指标

企业绿色发展水平	综合评价指标值（P）
绿色发展先进水平	$P \geqslant 90$
绿色发展较高水平	$80 \leqslant P<90$
绿色发展一般水平	$70 \leqslant P<80$

同时，本次评价采取一票否决权，选取的石油炼制生产企业应满足基础合规性要求，具体情况如下。

（1）应依法取得环评审批及排污许可证。

（2）近3年（含成立不足3年）应无较大及以上安全事故和突发环境事件。

（3）企业应未列入严重违法失信企业名单。

四、评价对象

本次评价范围在2022年研究的千万吨规模以上常减压装置的基础上进一步扩大，将常减压规模大于等于800×10^4t的石油炼制企业纳入评估范围。根据统计，目前常减压规模大于等于800×10^4t的石油炼制企业共43家（其中17家含乙烯生产装置）。由于中国石油天然气股份有限公司广东石化分公司和盛虹炼化（连云港）有限公司投产未满一年，暂不纳入本次评估范围，因此本次评估对象共41家，其中炼化一体化企业（含乙烯生产装置的企业）15家，石油炼制企业（不含乙烯生产装置的企业）26家，总炼油能力为5.34×10^8t，占炼油行业总产能的57.8%。从企业性质看，国企35家，占85.37%，其中中国石油25家、中国石化20家、中国海油2家、中化1家；民营（含合资）企业6家，占14.63%。

本次独立乙烯生产企业的评价范围主要为排污许可信息管理平台中已申领排污许可证的独立生产乙烯的有机化学原料制造企业。根据排污许可信息管理平台中筛选出的有机化学原料制造企业中独立乙烯生产的企业名单，乙烯生产装置仅包含采用油基裂解工艺进行乙烯生产且企业所含生产装置数量及类型相似的企业，共11家，中国石化海南炼油化工有限公司（乙烯厂区）刚投产，福建古雷石化有限公司于2021年下半年开始投产，其碳排放及综合能耗数据不满一年暂不纳入本次评价范围，纳入本次核算的企业共9家。总乙烯能力为965×10^4t，占油基乙烯总产能的24.7%。从企业性质看，国企4家，民营（含合资）企业5家。

五、数据来源

本次数据主要来源于全国排污许可证管理信息平台、碳排放系统、执法及投诉举报系统等，部分平台中缺失数据通过与中国石油、中国石化、中国海油、中化及相关企业进行数据补充、收集后，进行统计分析。

六、评价结果

为更好地对同类型企业进行对比分析，本次对13家炼化一体化企业及28家单纯石油炼制企业分别进行绿色发展水平评价。

（一）炼化一体化

根据石油炼制行业绿色评价指标体系及评价方法，对本次纳入评价范围的15家炼化一体化企业进行绿色发展水平评价。

从得分看：15家炼化一体化企业中，绿色发展水平处于先进水平（得分≥90分）的企业有5家，占比33.33%，包括4家中国石化企业、1家中国石油企业；绿色发展水平处于较高水平（80分≤得分<90分）的企业有8家，占比53.33%，包括3家中国石化企业、2家中国石油企业、1家中化集团企业、1家民营企业和1家中外合资企业；绿色发展水平处于一般水平（70分≤得分<80分）的企业有2家，占比13.33%，包括1家中国石化企业、1家中国石油企业，如图1-13所示。从图1-13可以看出，统计范围内的15家炼化一体化企业中，大部分炼化一体化企业的绿色发展水平较高。从企业性质看，中国石化的炼化一体化企业整体占比较高。

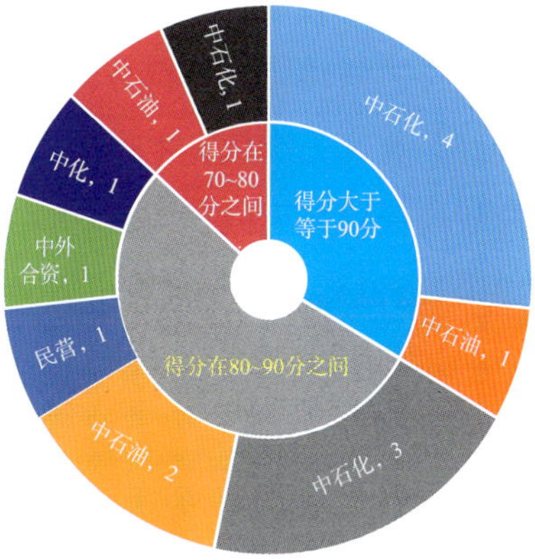

图1-13　炼化一体化企业绿色评价结果统计图

通过本次评估发现，纳入本次评价范围的15家炼化一体化企业均申领了排污许可证、进行了信息公开、污染物排放量均满足许可证要求。从图1-14可以看出，不同企业之间差异较大的指标主要为资源能源消耗、生产工艺与装置和与环境保护的公众关系指标。

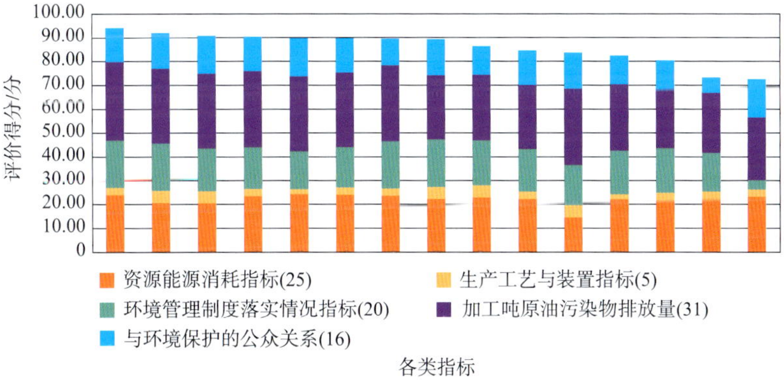

图1-14　炼化一体化企业绿色发展各指标评价结果统计图

资源能源消耗水平指标得分情况如图1-15所示，其差异主要体现在综合能耗方面，随着我国炼化一体化企业下游化工产业链的不断延伸，其综合能耗水平也相对会提高，受数据可得性限制，目前以加工吨原油（产品）作为综合性能源评价指标难以体现绿色GDP，后续会随着指标体系及数据来源的扩展不断完善评价标准。

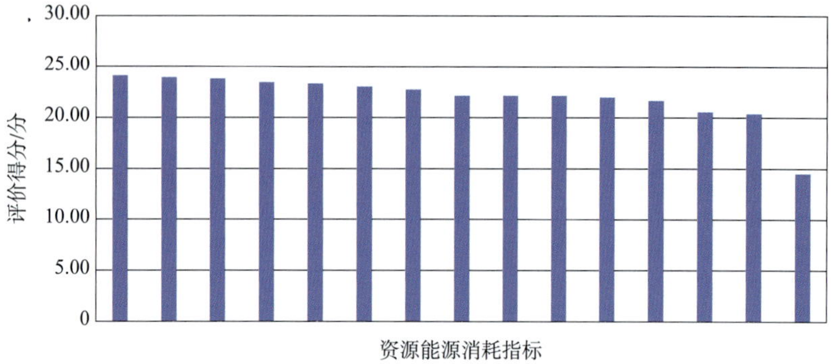

图1-15　炼化一体化企业资源能源消耗水平指标得分统计图

生产工艺与装置指标得分情况如图1-16所示，15家炼化一体化企业生产工艺与装置水平较好，普遍无淘汰类生产装置。其差异主要体现在装置规模的不同，5家企业单套常减压装置规模均大于或等于1000×10^4t/a，10家企业含有至少一套限制类（常减压规模为200×10^4~1000×10^4t/a）常减压装置。

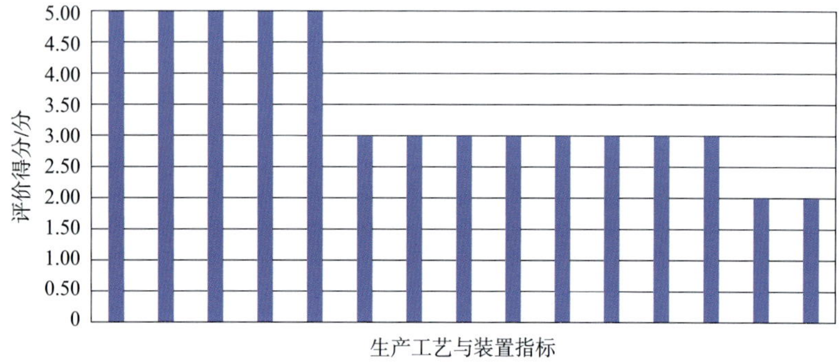

图1-16　炼化一体化企业生产工艺与装置水平指标得分统计图

环境管理制度落实情况指标得分如图1-17所示，其差异主要体现在排污许可证年度、季度报告是否按时提交及排污许可证执行报告质量情况等。

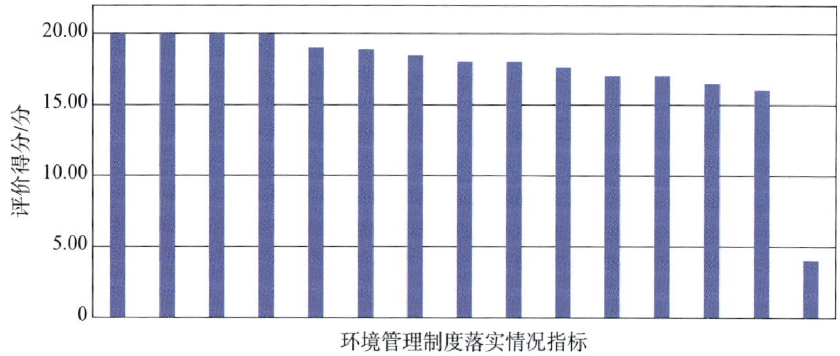

图1-17　炼化一体化企业环境管理制度落实情况指标得分统计图

炼化一体化企业加工吨原油污染物排放量指标得分如图1-18所示，其差异主要体现在废气污染物中的颗粒物、挥发性有机物的污染物排放绩效。

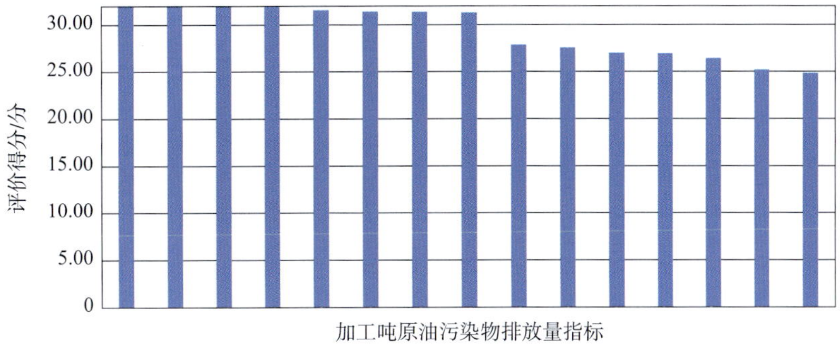

图1-18　炼化一体化企业加工吨原油污染物排放量指标得分统计图

炼化一体化企业与环境保护的公众关系指标得分如图1-19所示，其差异主要体现在突发环境事件、群众投诉等。

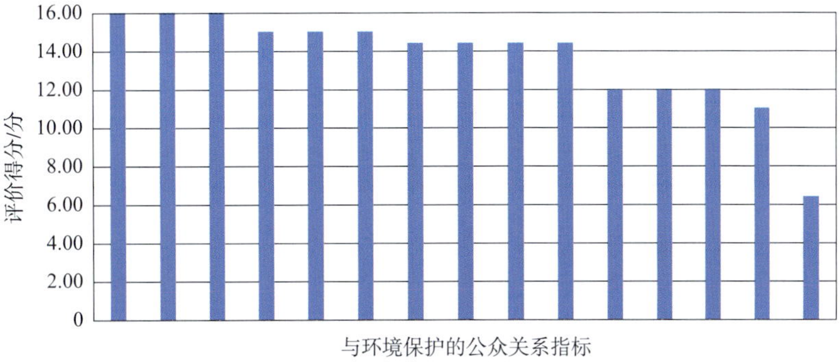

图1-19　炼化一体化企业与环境保护的公众关系指标得分统计图

（二）炼油企业

根据石油炼制行业绿色评价指标体系及评价方法，对本次纳入评价范围的26家常减压装置加工规模大于等于800×10^4t/a的石油炼制企业进行绿色发展水平评价。

从得分看：26家统计范围内的石油炼制企业中，绿色发展水平处于先进水平（得分≥90分）的企业有10家，包括中国石油4家、中国石化4家、中国海油1家、中外合资企业1家；绿色发展水平处于较高水平（80分≤得分<90分）的企业有11家，包括中国石化6家、中国石油2家、中国海油1家、中外合资1家、民企1家；绿色发展水平处于一般水平（70分≤得分<80分）的企业有5家，包括中国石化2家、中国石油2家、民企1家。具体得分情况如图1-20所示。

从评价结果（图1-21）看，炼油能力大于等于800×10^4t/a的石油炼制企业的绿色发展水平整体较好，其中绿色发展水平处于先进水平的占比达42.31%。从企业性质看，与民营企业相比，国有企业的绿色发展水平普遍较高，主要集中在中国石油、中国石化。

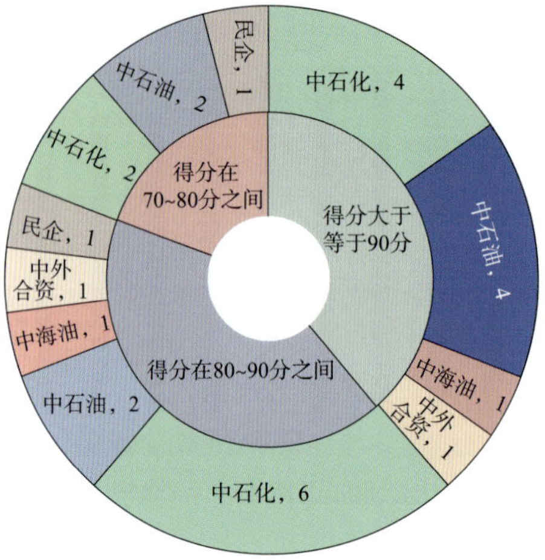

图1-20　石油炼制企业绿色评价结果统计图

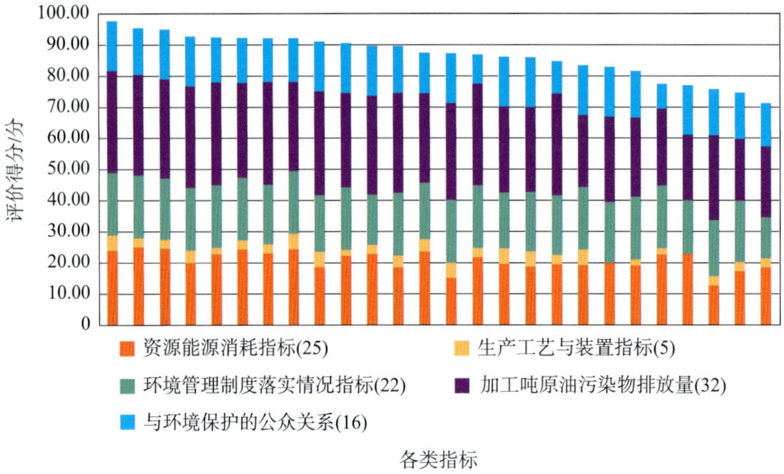

图1-21　石油炼制企业绿色发展各指标评价结果统计图

石油炼制企业资源能源消耗指标得分如图1-22所示，其差异主要体现在综合能耗和吨原油新鲜取水量等。

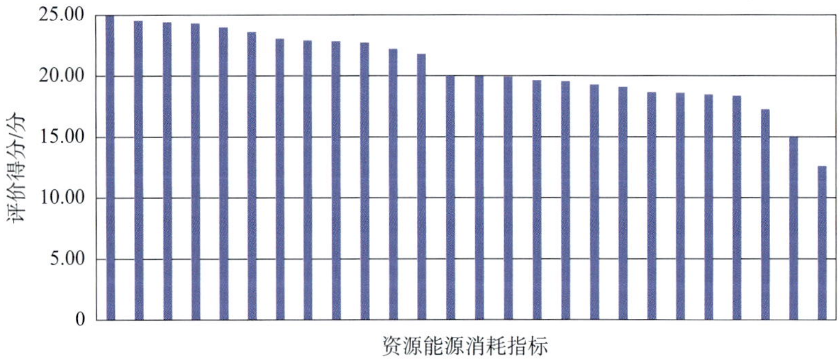

图1-22　石油炼制企业资源能源消耗指标得分统计图

石油炼制企业生产工艺与装置指标得分如图1–23所示，多数石油炼制企业生产工艺与装置水平较高，但不同企业之间生产工艺及装置规模存在一定的差异，其中7家企业单套常减压装置规模均大于或等于1000 × 10^4t/a，17家企业至少有一套限制类（常减压规模介于200 × 10^4~1000 × 10^4t/a）的常减压装置，2家企业常减压装置不符合产业政策要求。

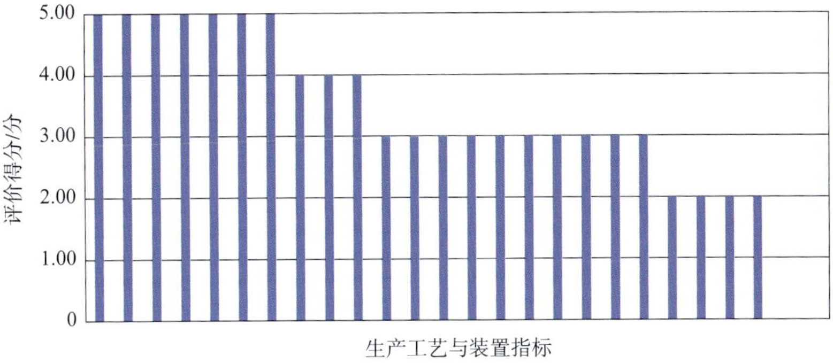

图1–23　石油炼制企业生产工艺与装置指标得分统计图

石油炼制企业环境管理制度落实情况指标得分如图1–24所示，多数石油炼制企业环境管理制度落实情况较好，其中11家企业环境管理制度落实情况为满分，多数企业按时提交年度、季度执行报告，未受到环境违法处罚，其差异性主要体现在执行报告填报质量方面，存在自行监测数据、实际排放量核算等关键内容的缺失。

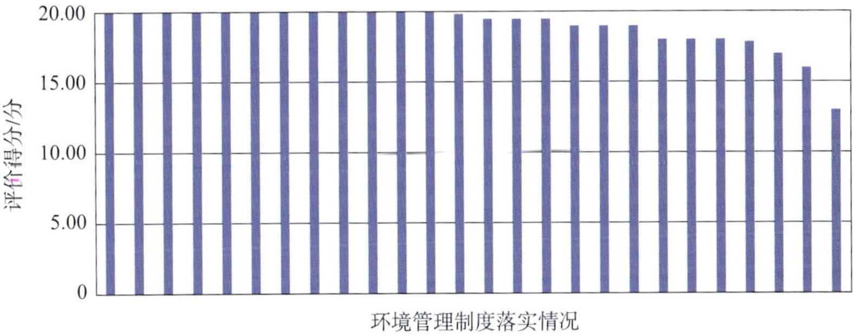

图1–24　石油炼制企业环境管理制度落实情况指标得分统计图

石油炼制企业加工吨原油污染物排放量指标得分如图1–25所示，14家企业加工吨原油污染物排放指标得分大于30分，5家企业加工吨原油污染物排放指标得分低于25分，其差异性主要体现在挥发性有机物的污染物排放绩效。

石油炼制企业与环境保护的公众关系指标得分如图1–26所示，11家企业该项指标为满分，均进行了信息公开、进入园区、未发生突发性环境事件、未受到群众投诉；4家企业该项指标得分为14分以下，发生过突发性环境事件或受到两次及两次以上群众投诉，其差异主要体现在突发环境事件发生、群众投诉等。

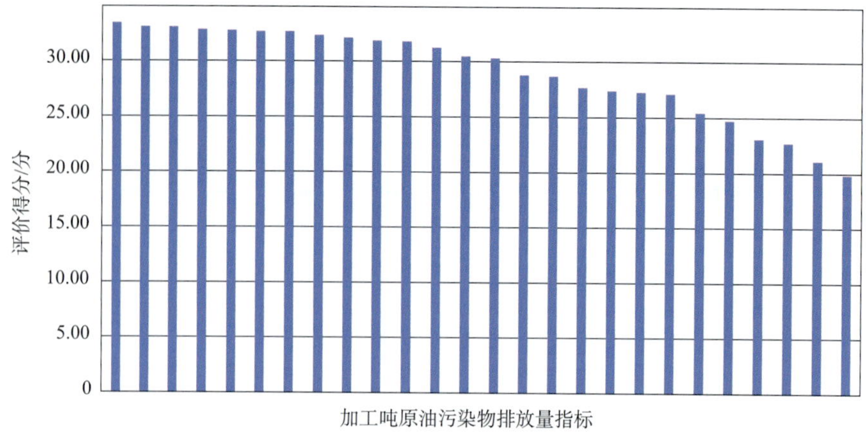

图1-25　石油炼制企业加工吨原油污染物排放量指标得分统计图

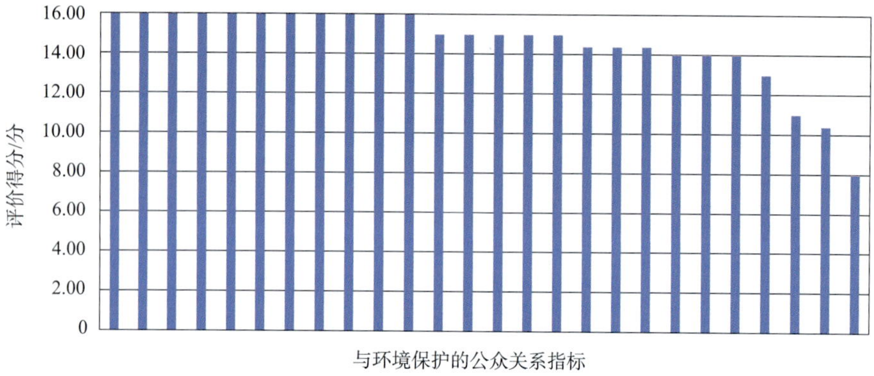

图1-26　石油炼制企业与环境保护的公众关系指标得分统计图

（三）独立乙烯企业

根据独立乙烯行业绿色评价指标体系及评价方法，对本次纳入评价范围的9家企业进行绿色发展水平评价。

从得分看：9家企业中绿色发展水平处于先进水平（得分≥90分）的企业有2家，占比22%；绿色发展水平处于较高水平（80分≤得分<90分）的企业有3家，占比33%；绿色发展水平处于一般水平（70分≤得分<80分）的企业有4家，占比为33.33%。如图1-27所示。

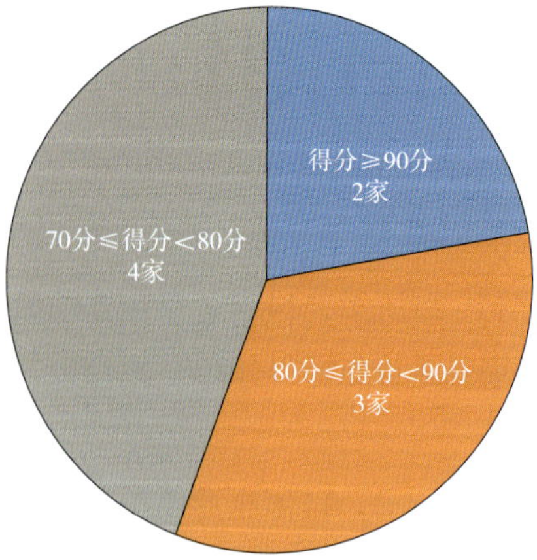

图1-27　企业得分情况统计图

从图1-28可以看出，9家独立乙烯生产企业的绿色发展水平整体处于中等水平，绿色发展水平提升空间较大。

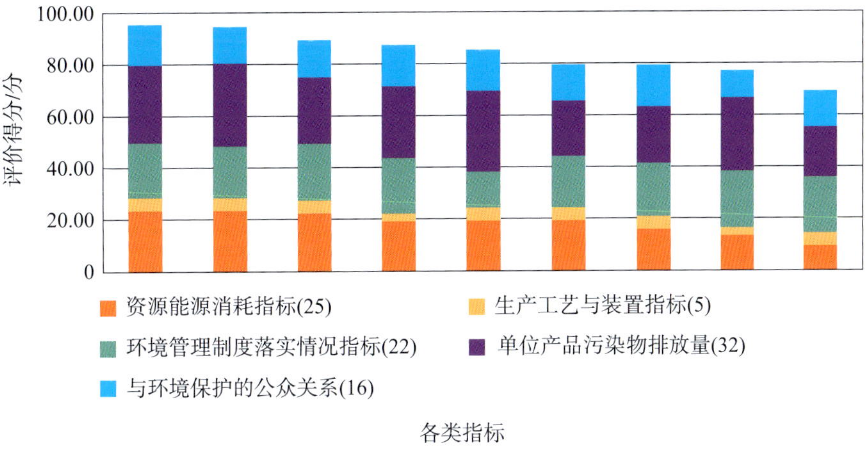

图1-28　企业绿色发展各指标评价结果统计图

通过本次评估发现，9家独立乙烯生产企业均申领了排污许可证、进行了信息公开、未受到环境处罚。从图1-28各项评价指标的评价结果看，各企业在资源能源消耗、生产工艺与装置、环境管理制度落实情况、加工吨原油污染物排放量以及与环境保护的公众关系指标方面存在不同程度的差异，其中不同企业之间差异较大的指标主要为资源能源消耗、环境管理制度落实情况以及单位产品污染物排放量指标。

从资源能源消耗指标看，差异主要体现在综合能耗、单位产品新鲜水取水量和单位产品二氧化碳排放量，如图1-29所示。

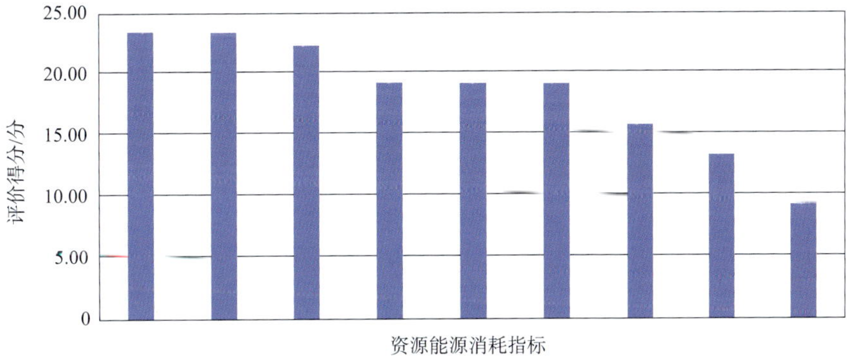

图1-29　企业资源能源消耗指标得分统计图

从生产工艺与装置指标看，9家企业生产工艺及装置水平均符合产业政策，其差异主要体现在装置规模。评价范围的企业中，7家企业单套乙烯生产装置规模大于或等于80×10^4t/a，仅2家企业乙烯生产装置规模小于80×10^4t/a，如图1-30所示。

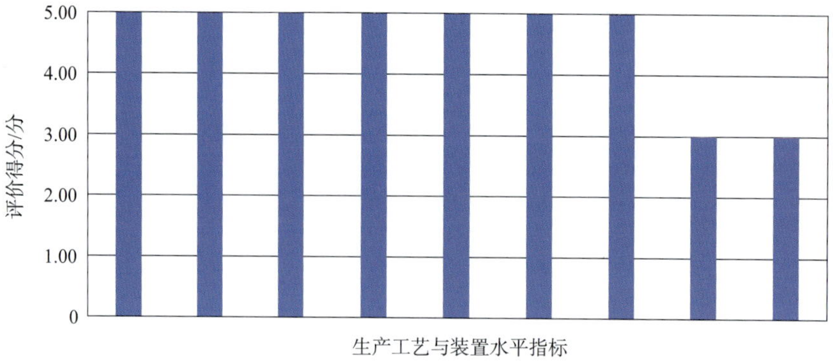

图1-30　企业生产工艺与装置水平指标得分统计图

从环境管理制度落实情况指标看，独立乙烯生产企业环境管理制度落实情况均较好，仅1家企业得分在20分以下，主要原因是存在超标情况，如图1-31所示。

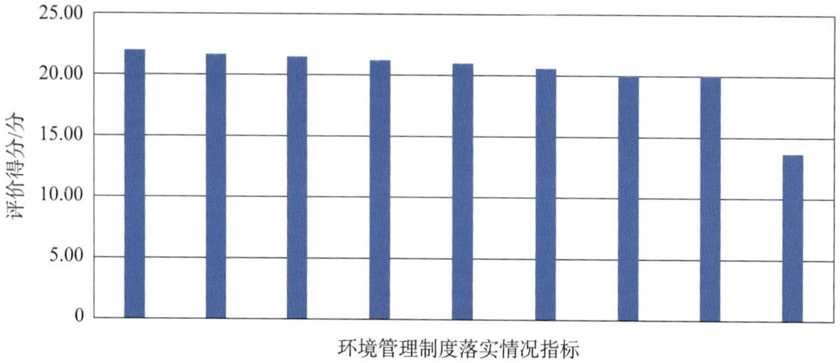

图1-31　企业环境管理制度落实情况指标得分统计图

从加工吨原油污染物排放量指标看，其差异主要体现在挥发性有机物的污染物排放绩效，如图1-32所示。

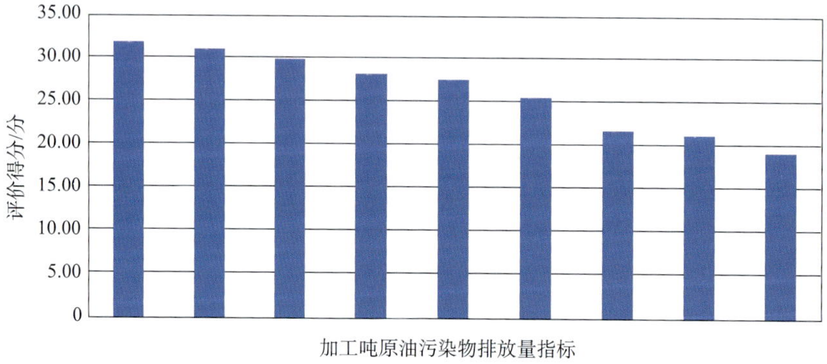

图1-32　企业加工吨原油污染物排放量指标得分统计图

从与环境保护的公众关系指标看，差异主要体现在未进入园区企业因与周边居民距离较近导致投诉较多，如图1-33所示。

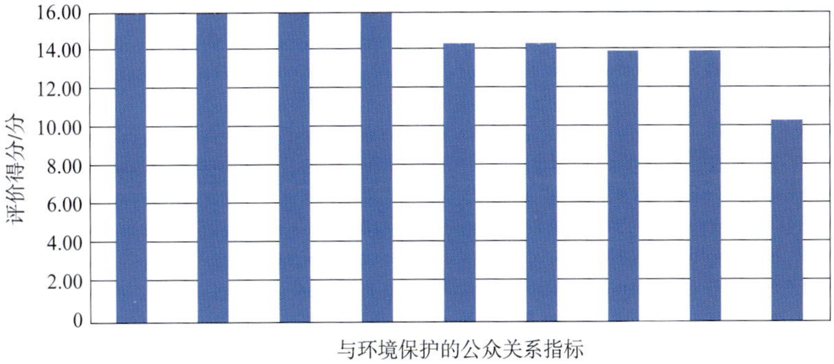

图1-33　企业与环境保护的公众关系指标得分统计图

七、小结

通过本次评估发现，纳入评价范围内的企业均申领了排污许可证、进行了信息公开。从各项指标的评价结果看，企业差异性较大的指标普遍体现在资源能源消耗、环境管理制度落实情况以及与环境保护的公众关系。在资源能源消耗水平方面，炼化一体化企业的资源能源消耗水平差距较大，受数据可得性限制，目前以加工吨原油（产品）作为综合性能源评价指标难以充分体现绿色GDP，后续会随着指标体系及数据来源的扩展不断完善评价标准。在生产工艺及装置水平方面，炼化一体化企业的生产工艺及装置水平较高，单纯石油炼制企业多数含有限制类常减压装置，个别企业含有淘汰类常减压装置。在环境管理制度落实方面，部分企业存在未按时提交年度执行报告或者季度执行报告，以及提交的执行报告存在一定的质量问题，许可证执行报告的治理还有较大提升空间。从污染物排放量指标看，企业得分差异性主要体现在挥发性有机物的污染物排放绩效。从与环境保护的公众关系指标看，未进入工业园区的企业更容易发生突发性的环境事件或收到环保投诉。

附表1　七大石化基地发展现状一览表

序号	名称	位置	产业定位	炼油规模	乙烯规模	PX规模	园区发展阶段	代表项目名称	主要石化企业
1	上海化学工业区	杭州湾北岸	规划形成以炼化为龙头，烯烃和芳烃及精细化工为中下游的产业链。目前仅形成以乙烯为龙头，以化工新材料为主导产业集群	规划建设 2000×10^4t/a 炼化一体化	120×10^4t/a	—	成熟园区	中国石化高桥石化漕泾炼化一体化项目（未建）	（1）上海赛科石油化工有限责任公司：109×10^4t/a 乙烯（下游 60×10^4t/a 聚乙烯、25×10^4t/a 聚丙烯）、60×10^4t/a 芳烃抽提、18×10^4t/a 丁二烯抽提、67.5×10^4t/a 苯乙烯、30×10^4t/a 聚苯乙烯、52×10^4t/a 丙烯腈； （2）上海高桥石油化工有限公司化工部：20×10^4t/a 苯酚丙酮、20×10^4t/a 丙烯腈－丁二烯－苯乙烯共聚物（ABS）树脂、10×10^4t/a 丁苯橡胶； （3）上海中石化三井化工有限公司：12×10^4t/a 双酚 A、40×10^4t/a 苯酚丙酮、33×10^4t/a 异丙苯； （4）上海华谊新材料有限公司：32×10^4t/a 丙烯酸及酯； （5）上海联恒异氰酸酯项目：24×10^4t/a 硝基苯、18×10^4t/a 苯胺、59×10^4t/a 粗二苯基甲烷二异氰酸酯（MDI）； （6）上海巴斯夫聚氨酯有限公司：21×10^4t/a MDI、22×10^4t/a 甲苯二异氰酸酯（TDI）、26×10^4t/a 二硝基甲苯（DNT）； （7）科思创聚合物（中国）有限公司：60×10^4t/a 聚碳酸酯、50×10^4t/a MDI、31×10^4t/a TDI、10×10^4t/a HDI； （8）三菱瓦斯化学工程塑料（上海）有限公司：8.2×10^4t/a 聚碳酸酯； （9）英威达尼龙化工（中国）有限公司：47×10^4t/a 己二腈、21.5×10^4t/a 己二胺、20×10^4t/a 尼龙 6，6 聚合物； （10）西萨化工（上海）有限公司：49×10^4t/a 苯酚丙酮、43×10^4t/a 异丙苯
2	宁波石化经济技术开发区	杭州湾南岸	以炼油乙烯为支撑，重点发展下游有机化工的石油化工产业，形成上下游一体化的石化产业链	2700×10^4t/a 炼油	220×10^4t/a 乙烯	220×10^4t/a	宁波基地为成熟园区	中国石化镇海炼化一体化项目	（1）镇海炼化分公司：2700×10^4t/a 炼油、100×10^4t/a 乙烯、59.5×10^4t/a 对二甲苯； （2）宁波镇海炼化利安德化学有限公司：67×10^4t/a 乙苯、30×10^4t/a 环氧丙烷和 60×10^4t/a 苯乙烯； （3）宁波中金石化有限公司：160×10^4t/a 对二甲苯、210×10^4t/a 芳烃； （4）宁波乐金甬兴化工有限公司：64×10^4t/aABS 树脂、12×10^4t/a 丁苯橡胶、10×10^4t/a 丁腈橡胶； （5）宁波富德能源有限公司：78×10^4t/a 乙烯丙烯、38×10^4t/a 聚丙烯和 43×10^4t/a 乙二醇； （6）宁波爱思开合成橡胶有限公司：5×10^4t/a 乙丙橡胶； （7）恒河材料科技股份有限公司：15×10^4t/a 石油烃树脂； （8）宁波天利树脂有限公司：3.5×10^4t/a 古马隆树脂、5×10^4t/a 碳九液体树脂； （9）宁波浙铁大风化工有限公司：10×10^4t/a 聚碳酸酯； （10）英力士苯领高分子材料（宁波）有限公司：20×10^4t/a 聚苯乙烯、1.5×10^4t/a 聚丙烯树脂基复合材料； （11）宁波镇海炼化有限公司：120×10^4t/a 乙烯

续表

序号	名称	位置	产业定位	炼油规模	乙烯规模	PX 规模	园区发展阶段	代表项目名称	主要石化企业
2	舟山绿色石化基地（宁波石化区拓展区）	舟山市岱山县西侧鱼山岛	现代大型一体化绿色石化产业基地	已建 4000×10^4t/a 炼油	420×10^4t/a	880×10^4t/a	舟山基地为起步阶段	浙石化炼化一体化项目	浙江石油化工有限公司：4000×10^4t/a 炼油、420×10^4t/a 乙烯、880×10^4t/a 对二甲苯、190×10^4t/a 苯乙烯、40×10^4t/a ABS 树脂
3	广东惠州大亚湾石化产业园区	惠州大亚湾	以炼油和乙烯项目为龙头，重点发展高附加值、高技术含量的石化深加工产品、高新技术材料、专用化学品和精细化工产品	已建 2200×10^4t/a，规划建设 2000×10^4t/a	已建 220×10^4t/a，规划 540×10^4t/a	已建 100×10^4t/a，规划 210×10^4t/a	成熟园区	中国海油惠州炼化项目（一期+二期）	（1）中国海油惠州石化有限公司（一期＋二期）：2200×10^4t/a 炼油、100×10^4t/a 对二甲苯、255×10^4t/a 芳烃、$30+70\times10^4$t/a 丙烯、14×10^4t/a 丙烯酸及酯、5×10^4t/a 苯丙树脂乳液、16×10^4t/a 甲基叔丁基醚（MTBE）、3×10^4t/a 戊烷 / 己烷、35×10^4t/a 粗甲苯； （2）中海壳牌石油化工有限公司（一期＋二期）：195×10^4t/a 乙烯、74.8×10^4t/a 丙烯、30×10^4t/a 苯酚、35×10^4t/a 丙酮、121.4×10^4t/a 聚乙烯、59×10^4t/a 环氧丙烷、126.7×10^4t/a 苯乙烯、70×10^4t/a 加氢汽油 / 未加氢碳五 / 未加氢碳九、26.2×10^4t/a 环氧乙烷、74.8×10^4t/a 乙二醇、34.7×10^4t/a1，3– 丁二烯、50×10^4t/a 聚醚多元醇、6×10^4t/a 丙二醇、56×10^4t/a 甲苯二甲苯混合物、23.8×10^4t/a 苯、17.568×10^4t/a 碳五、25×10^4t/a 正丁醇 / 异丁醇 / 辛醇、65.9×10^4t/a 聚丙烯、17×10^4t/a 多元醇、10×10^4t/a 聚合物多元醇； （3）惠州宇新化工有限责任公司：30×10^4t/a 异丁烯、30×10^4t/a 异辛烷、13×10^4t/a 甲基叔丁基醚、10×10^4t/a 乙酸仲丁酯、3.6×10^4t/a 丁烯、9×10^4t/a 异丙醇； （4）惠州忠信化工有限公司：25×10^4t/a 苯酚丙酮、16.4×10^4t/a 异丙苯、4×10^4t/a 双酚 A； （5）惠州兴达石化工业有限公司：30×10^4t/a 聚苯乙烯； （6）乐金化学（惠州）化工有限公司：45×10^4t/a（ABS–SAN）树脂； （7）惠州仁信新材料股份有限公司：30×10^4t/a 聚苯乙烯； （8）惠州市盛和化工有限公司：10×10^4t/a 不饱和聚酯树脂； （9）鑫双利（惠州）树脂有限公司：10×10^4t/a 不饱和聚酯树脂； （10）三菱化学化工原料（惠州）有限公司：10×10^4t/a α – 甲基丙烯酸甲酯； （11）惠州李长荣橡胶有限公司：3×10^4t/a 氢化溶液丁苯橡胶、30×10^4t/a 丁苯橡胶； （12）恒力石化（惠州）有限公司：500×10^4t/a 精对苯二甲酸； （13）惠州宇新新材料有限公司：15×10^4t/a 顺式丁烯二酸酐； （14）惠州大亚湾达志精细化工有限公司：8×10^4t/a 聚碳酸亚酯多元醇； （15）惠州伊斯科新材料科技发展有限公司：30×10^4t/a 戊二烯、10×10^4t/a 混二甲苯 / 混三甲苯 / 加氢碳九、5×10^4t/a 碳五石油树脂 / 未聚碳五 / 低值树脂 / 低聚物

续表

序号	名称	位置	产业定位	炼油规模	乙烯规模	PX 规模	园区发展阶段	代表项目名称	主要石化企业
4	江苏连云港石化产业基地	连云港徐圩新区	以炼油、乙烯、芳烃一体化为基础，以化工新材料和精细化工为特色	已建 1600×10^4t/a，规划 2400×10^4t/a	已建 110×10^4t/a，规划 190×10^4t/a	已建 280×10^4t/a	起步阶段	盛虹炼化 1600×10^4t/a 炼化一体化项目	（1）盛虹炼化（连云港）有限公司：1600×10^4t/a 炼油、、110×10^4t/a 乙烯、280×10^4t/a 对二甲苯、310×10^4t/a 脱戊烷油、44×10^4t/a 烷基化油、20×10^4t/a1，3- 丁二烯、40×10^4t/a 苯酚、25×10^4t/a 丙酮、3×10^4t/a 苯乙烯、60×10^4t/a 硫黄、350×10^4t/a 苯、200×10^4t/a 丙烷 / 丙烯、200×10^4t/a 抽出油、55×10^4t/a 加氢汽油、30×10^4t/a 乙酸乙烯、$100+90\times10^4$t/a 乙二醇、310×10^4t/a 脱戊烷油、140×10^4t/a 丙烷、150×10^4t/a 异戊烷油； （2）江苏虹港石化有限公司：240×10^4t/a 对苯二甲酸（PTA）； （3）江苏斯尔邦石化有限公司：240×10^4t/a 甲醇制烯烃装置生产乙烯、丙烯及衍生精细化工产品； （4）连云港石化有限公司：40×10^4t/a 高密度聚乙烯、125×10^4t/a 乙烯、23.75×10^4t/a 氢气、240×10^4t/a 乙烷、40×10^4t/a LDPE/ 高分子蜡、72×10^4t/a 环氧乙烷 /MEG/DEG/TEG、6×10^4t/a 1，3- 丁二烯、60×10^4t/a 苯乙烯、20×10^4t/a 异戊烯醇聚氧乙烯醚（TPEG）、20×10^4t/a 甲基烯丙醇聚氧乙烯醚（HPEG）； （5）江苏瑞恒新材料科技有限公司：55×10^4t/a 异丙苯、15×10^4t/a 环氧氯丙烷、65×10^4t/a 苯酚 / 丙酮、8×10^4t/a 硝基氯苯、1×10^4t/a 1，2，4- 三氯苯 /1，2，3- 三氯苯 /1，3，5- 三氯苯 / 混三氯苯、16×10^4t/a 液体环氧树脂、2×10^4t/a 固体环氧树脂、8×10^4t/a 1，2- 二氯乙烷、1×10^4t/a 间二氯苯、24×10^4t/a 双酚 A、13×10^4t/a 3- 氯丙烯； （6）连云港鹏辰特种新材料有限公司：3.4×10^4t/a 萘、48.1×10^4t/a 芳烃溶剂系列、4.9×10^4t/a 均四甲苯； （7）江苏思派新能源科技有限公司：4×10^4t/a 碳酸乙烯酯 EC、6×10^4t/a 电池级碳酸甲乙酯 / 二乙酯、7×10^4t/a 碳酸二甲酯； （8）连云港临海新材料有限公司：33.5×10^4t/a 煅后焦
5	大连长兴岛（西中岛）石化产业基地	大连长兴岛	以石化为支撑，构建炼化一体化格局	已建 2000×10^4t/a，规划 4000×10^4t/a	已建 150×10^4t/a	已建 450×10^4t/a	成熟园区	恒力石化 200010^4t/a 炼化一体化项目	（1）恒力石化（大连）炼化有限公司：2000×10^4t/a 炼油；150×10^4t/a 乙烯、450×10^4t/a 对二甲苯、130×10^4t/a 丙烯、170×10^4t/a 正构烷烃 / 异构烷烃、40×10^4t/a 聚丙烯、60×10^4t/a 甲醇、82×10^4t/a 甲基叔丁基醚； （2）恒力石化（大连）有限公司：1160×10^4t/a 对苯二甲酸（PTA）； （3）大连蒙连石油化工有限公司：20×10^4t/a 烷基化装置； （4）大连奥晟隆新材料有限公司：1.44×10^4t/a 其他合成纤维聚合体生产装置； （5）康辉大连新材料科技有限公司：7.5×10^4t/a PBS 类生物降解塑料、7.5×10^4t/a PBAT 生物降解塑料

续表

序号	名称	位置	产业定位	炼油规模	乙烯规模	PX 规模	园区发展阶段	代表项目名称	主要石化企业
6	曹妃甸石化产业基地	河北曹妃甸	以炼化一体化和下游化工主线	规划规模 1500 × 10^4t/a，远期规划建至 5000 × 10^4t/a	规划 120 × 10^4t/a，远期规划建至 400 × 10^4t/a	规划 450 × 10^4t/a 远期规划建至 550 × 10^4t/a	规划阶段	唐山旭阳石化 1500 × 10^4t/a 炼化一体化项目（未建）	—
7	漳州古雷石化基地	漳州古雷	以炼化一体化为基础，向下游产业延伸的石化产业基地	规划 1600 × 10^4t/a	已建 230 × 10^4t/a	已建 160 × 10^4t/a，规划 PX 生产能力 580 × 10^4t/a	成熟园区	中国石化古雷炼化一体化项目（未建）	（1）福建古雷石化有限公司：80 × 10^4t/a 乙烯、55 × 10^4t/a 裂解汽油加氢、35 × 10^4t/a 芳烃抽提、13 × 10^4t/a 丁二烯抽提、30 × 10^4t/a 乙烯 – 乙酸乙烯树脂（EVA）、10/70 × 10^4t 环氧乙烷 / 乙二醇（EO/EG）、60 × 10^4t/a 苯乙烯（SM）、35 × 10^4t/a 聚丙烯（PP）和 10 × 10^4t/a 热塑料性弹性体（SBS）、26 × 10^4t/a 双氧水和 20 × 10^4t/a 环氧丙烷； （2）腾龙芳烃（漳州）有限公司：316 × 10^4t/a 加氢裂化装置、160 × 10^4t/a 对二甲苯； （3）翔鹭石化（漳州）有限公司：450 × 10^4t/a 对苯二甲酸（PTA）； （4）星誉化工（漳州）有限公司：300 × 10^4t/a 减压蒸馏装置、130 × 10^4t/a 减黏裂化装置； （5）海顺德（漳州）特种油品有限公司：22 × 10^4t/a 脱芳溶剂油、23 × 10^4t/a 精炼石油、100 × 10^4t/a 高等级沥青、2000 × 10^4t/a 渣油； （6）古雷化学（漳浦）有限公司：26 × 10^4t/a 苯酐； （7）福建春达化工有限公司：12 × 10^4t/a DOP、4 × 10^4t/a DBP、14 × 10^4t/a HSZ； （8）腾龙化学（漳浦）有限公司：26 × 10^4t/a 苯酐； （9）漳州新阳科技有限公司：20 × 10^4t/a 不饱和聚酯树脂； （10）漳州奇美化工有限公司：45 × 10^4t ABS 及 AS、30 × 10^4t/a PS； （11）中怡化工（漳州）有限公司：10 × 10^4t/a 精细化工品，主要产品 20 多种； （12）福建惠成新材料有限公司：5 × 10^4t/a 顺酐酸酐衍生物，3000t/a 氢化双酚 A 和 200t/a 功能材料； （13）星誉化工（漳州）有限公司：130 × 10^4t/a 蜡油； （14）福建省福化鲁华新材料有限公司：6.6 × 10^4t/a 碳五树脂、12.5 × 10^4t/a 碳九树脂、4 × 10^4t/a 弹性体、2.5 × 10^4t/a SEBS 弹性体、2 × 10^4t/a 高纯 DCPD、2.5 × 10^4t/a 异戊胶乳； （15）福建盛桐化工有限公司：9 × 10^4t/a 甲基叔丁基醚（MTBE）、3.8 × 10^4t 丁烯 -1、4.36 × 10^4t 醚后碳四、年产 30 × 10^4t 异辛烷、6.1 × 10^4t 正丁烷、12 × 10^4t 异丁烷和 2 × 10^4t 丙烷； （16）福建中沙石化有限公司：150 × 10^4t/a 乙烯；乙烯下游规划建设 10/100 × 10^4t/a 环氧乙烷 / 乙二醇、40 × 10^4t/a HDPE、60 × 10^4t/a mLLDPE/HDPE 以及 5 × 10^4t/a 己烯 -1；丙烯下游规划建设 40 × 10^4t/a 聚丙烯（抗冲 / 无规）和 55 × 10^4t/a 聚丙烯（均聚 / 无规）。还有部分丙烯下游规划建设 25/15 × 10^4t/a 苯酚丙酮、27 × 10^4t/a 双酚 A 以及 29 × 10^4t/a 聚碳酸酯； （17）福建石化集团：20 × 10^4t/a 乙酸乙烯； （18）福建福化古雷石油化工有限公司：40 × 10^4t/a 己二腈、26 × 10^4t/a 丙烯腈

第二章

制浆造纸行业环境评估报告

第一节　制浆造纸行业发展现状与趋势展望

一、纸浆和纸产量总体稳步提升

随着供给侧结构性改革和环保政策的实施，2018年中小企业落后产能被淘汰，纸浆总体产量大幅度削减，2019年后行业整体稳定，造纸龙头企业开工率大幅增加，同时随着我国对纸浆的需求量日益增加，2021年、2022年纸浆生产量明显上升，到2022年全国总产量达到8587×10^4t，较上年增长5.01%，如图2-1所示。随着我国对纸制品质量要求逐渐提高，木浆造纸由于其纤维短且粗，强度和韧性较好等优点，木浆生产量逐渐增加，截至2022年，我国木浆产量达到2115×10^4t。

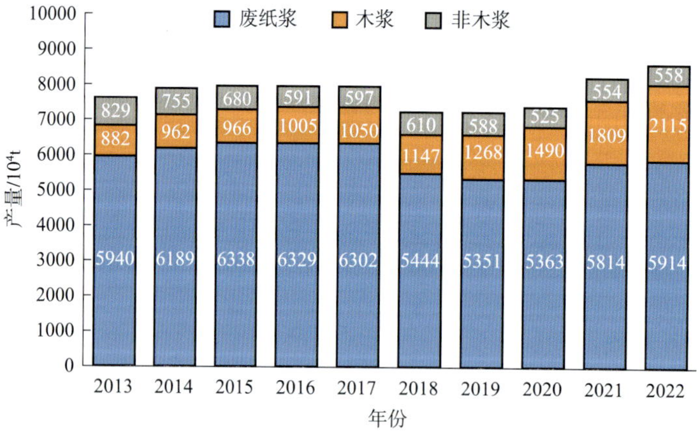

图2-1　2013~2022年纸浆产量变化情况

2022年，全国纸及纸板产量达12425×10^4t，较上年增长2.64%，如图2-2和图2-3所示。

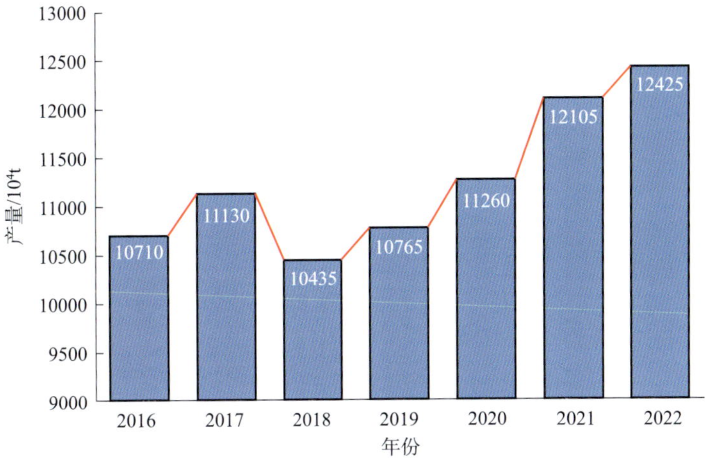

图2-2　2016~2022年纸和纸板产量变化情况

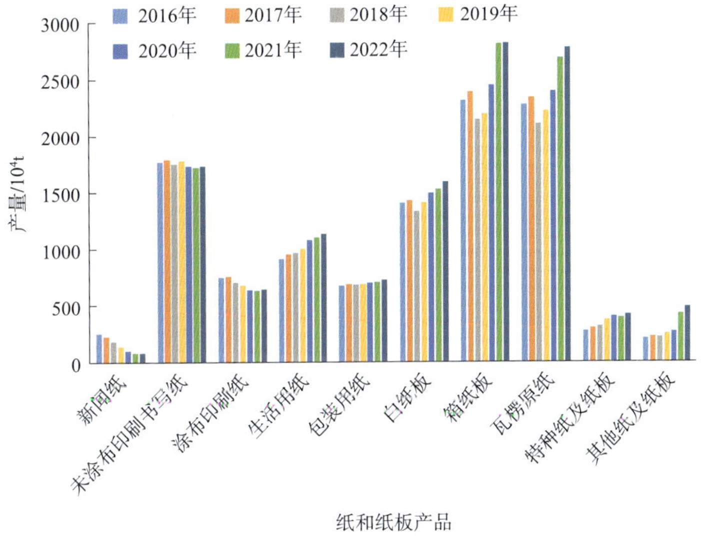

图2-3　2016~2022年纸和纸板产量变化情况

二、受政策影响行业原料结构发生变化

（一）废纸浆量有所回升，木浆产量大幅增长

受国家禁止废纸进口的政策影响，我国废纸浆产量从2016年开始下降，从2016年的6329 × 10^4t降至2019年的5351 × 10^4t，2020年开始回升，到2022年提高到5914 × 10^4t。在此政策带动下，木浆产量大幅增长。从2016年的1005 × 10^4t，提高到2022年的2115 × 10^4t，6年涨幅达110%。非木浆产量基本稳定。如图2-4~图2-6所示。

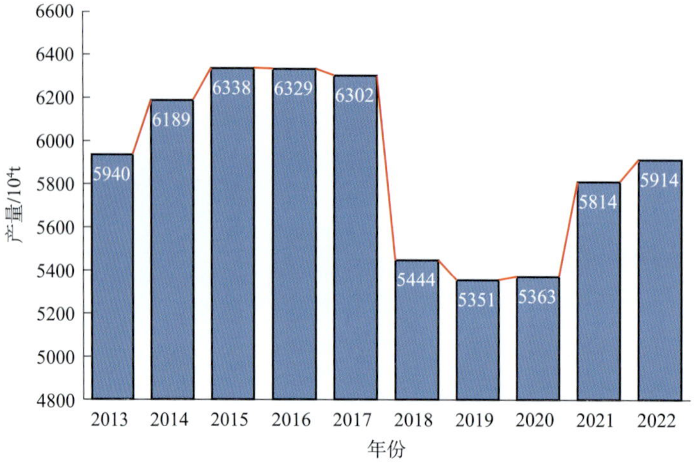

图2-4　2013~2022年废纸浆产量变化情况

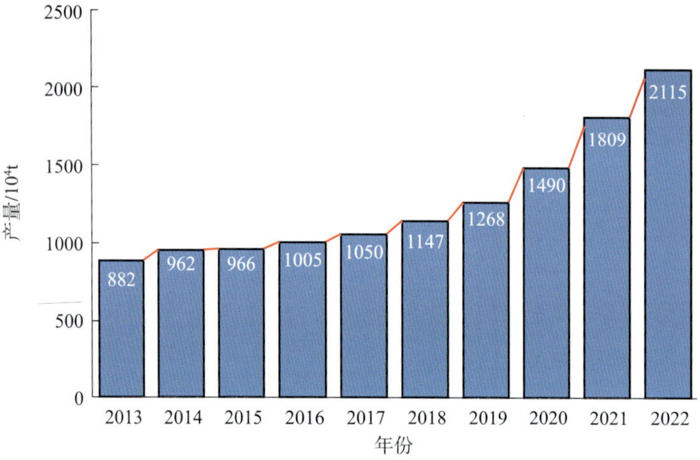

图2-5　2013~2022年木浆产量变化情况

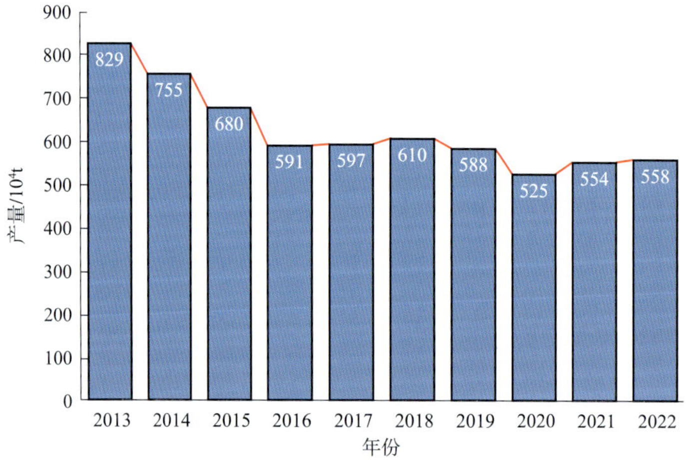

图2-6　2013~2022年非木浆产量变化情况

（二）进口废纸全面禁止，进口废纸浆量提升

2022年全国纸浆消耗总量为11295×10^4t，较上年增长2.59%，如表2-1所示。其中木浆为4328×10^4t，占纸浆消耗总量38.32%，进口木浆占19.81%、国产木浆占18.51%；废纸浆为6430×10^4t，占纸浆消耗总量的56.93%，进口废纸浆占2.97%、国产废纸制浆占53.95%；非木浆为537×10^4t，占纸浆消耗总量的4.75%。

表2-1　2016~2022年纸浆消费情况　　单位：10^4t

品种	消费量						
	2016	2017	2018	2019	2020	2021	2022
合计	9797	10051	9387	9689	10200	11010	11295
木浆	2877	3151	3303	3581	4046	4151	4328
1. 进口木浆	1881	2111	2166	2317	2556	2357	2237
2. 国产木浆	996	1040	1137	1264	1490	1794	2091
废纸浆	6329	6303	5474	5523	5632	6311	6430
1. 进口废纸浆	—	1	30	92	249	327	336
2. 国产废纸浆	6329	6302	5444	5431	5383	5984	6094
其中：进口废纸制浆	2308	2063	1457	930	620	48	51
国产废纸制浆	4021	4239	3987	4501	4763	5936	6043
非木浆	591	597	610	585	522	548	537

2017年，国务院印发了《禁止洋垃圾入境推进固体废物进口管理制度改革实施方案》，要求全面禁止洋垃圾入境。2022年，生态环境部、商务部、国家发改委、海关总署联合发布了《关于全面禁止进口固体废物有关事项的公告》，从2021年1月1日起，我国全面禁止以任何方式进口固体废物。受政策影响，国内进口废纸量从2016年的2850×10^4t降至2022年的57×10^4t，国内进口废纸的制浆量从2016年的2308×10^4t降至2022年的51×10^4t，如图2-7所示。

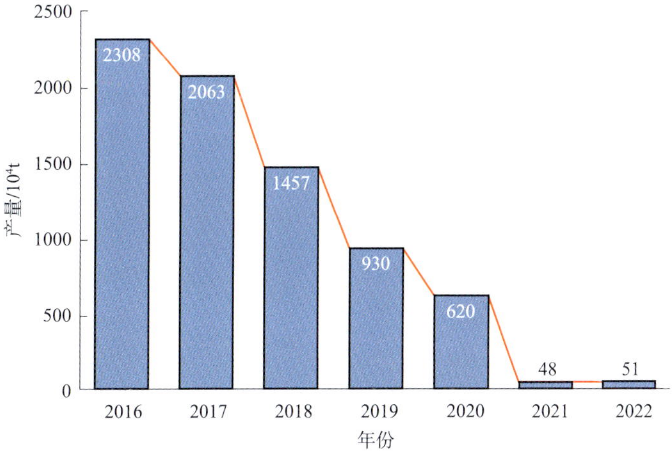

图2-7　2016~2022年进口废纸制浆量变化情况

一些废纸用量大的公司在海外布局，从进口废纸改成在第三国设立再生纸浆生产线，加工成废纸浆进口，因此从2017年开始，我国进口废纸浆量开始增长，从2017年的1×10^4t，增长到2022年的336×10^4t，如图2-8所示。

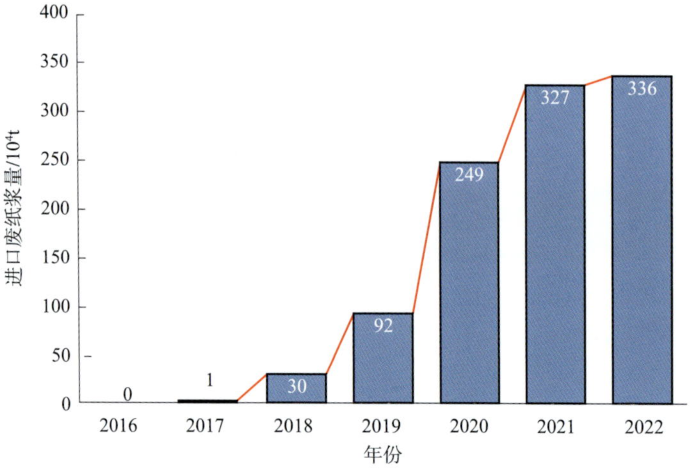

图2-8　2016~2022年进口废纸浆量变化情况

三、行业布局有向中西部地区转移的趋势

从产能上看，全国纸和纸板生产主要集中在中东部地区。2022年东部地区11省（自治区、直辖市），纸及纸板产量占比67.50%，较2016年下降7.60%；中部地区8省（自治区）占比19.60%，较2016年增长3.40%；西部地区12省（自治区、直辖市）占比12.90%，较2016年增长4.20%，如表2-2所示。可见近年来造纸企业有向中西部地区转移的趋势。

表2-2　2016年、2020年、2022年纸和纸板产量区域分布情况

	2016年		2020年		2022年	
	产量/10^4t	占比/%	产量/10^4t	占比/%	产量/10^4t	占比/%
东部地区	8153	75.10	8243	73.20	8387	67.50
中部地区	1758	16.20	1889	16.80	2432	19.60
西部地区	944	8.70	1128	10.00	1606	12.90
总计	10855	100	11260	100	12425	100

从企业数量上看：截至2023年5月，共核发制浆造纸行业（不包括纸制品制造）排污许可证2623张，其中纸浆制造行业企业78张，占总数的2.97%；造纸行业企业2545张，占总数的97.03%。

从分布上看：纸浆制造企业主要分布在广西、河北、山东、四川、广东等省份，许可证发放数量分别为17张、10张、9张、8张、4张；造纸企业主要分布在广东、山东、河北、浙江、四川等省份，许可证发放数量分别为303张、282张、263张、206张、157张。

四、未来行业将推进绿色转型

政策、资源、环境、市场是影响造纸行业可持续发展的主要因素。目前，国家对造纸行业的扶持和保障政策保持稳定，资源仍是国内外、多种原料保证的格局，环境保护治理会继续保持严管态势，国内市场呈缓慢增长趋势。

面对新机遇新挑战，造纸行业将以供给侧结构性改革为抓手，提高行业生产力水平、转变发展方式，从数量增长转向质量增长、结构优化，进一步提高发展质量和经济效益，实现健康、理性和平稳发展。

未来，造纸行业应该继续坚持现有造纸产业发展政策中提出的造纸原料政策，发挥造纸行业循环经济的优势，在目前木材和非木材纤维原料总量不足的情况下，抓好废纸资源回收和利用。进一步健全、完善国内废纸回收体系，加大国内废纸回收力度以提高数量，强化国内废纸分类以提高质量，科学利用好国内、国外两个渠道资源；通过利用国外的优质纤维资源改善国内回收废纸制浆的质量，推进国内林纸一体化工程建设和科学利用好非木材原料，逐步增加国内纤维原料供应量，保障造纸工业可持续发展。

第二节　污染物排放

一、废水

（一）大多数企业对废水增加三级深度处理

根据全国排污许可管理信息平台统计，制浆企业废水处理一般分为物化+生化的二级废水处理和三级深度处理。

制浆造纸工业废水主要来自制浆产生的蒸煮废液、洗浆漂白过程中产生的中段水及抄纸工序中产生的白水，具有水量大、化学需氧量浓度高、难降解有机物多等特点，多年来废水和化学需氧量排放量均位于我国42个工业行业的前3位。自从《制浆造纸工业水污染物排放标准》（GB 3544—2008）正式实施开始，大部分企业在物化+生化的二级废水处理工艺的基础上，增加末端废水三级深度处理工艺，以期快速实现达标，三级深度处理工艺一般采用混凝沉淀、气浮、高级氧化等方法，可在一定程度上去除色度和化学需氧量。

化学法制浆的水污染产生环节主要包括备料、蒸煮、洗涤、筛选净化和漂白。其中漂白废水量最大，达30~50m^3/t浆，废水化学需氧量浓度为2000~4000mg/L，且含有较高浓度的可吸收卤化物，直接送废水处理站；其次是蒸煮提取产生的黑液，一般为8~10m^3/t浆，化学需氧量浓度高达100000~150000mg/L，一般送碱回收系统进行资源化处理；再次是筛选废水，多为6~8m³/t浆，其废水多呈碱性且化学需氧量浓度不高，一般都是逆流回用，并送碱回收系统处理；备料洗涤水通常产生量为2~3m³/t浆，其废水泥沙含量较高，且含有少量有机溶出物，一般直接送废水处理站。化学法制浆源头减排的关键在于黑液的高效分离和漂白废水的减量。目前国内普遍采用的处理技术为中浓氧脱木素技术及中浓漂白技术。

化学机械法制浆的水污染产生环节主要包括备料、挤压撕裂、漂白、筛选净化。其中漂白产生的压榨洗涤废水量最大，为10~15m³/t浆，废水中细小纤维等固体悬浮物含量较高，化学需氧量浓度约为10000mg/L；其次是筛选净化产生的尾渣水，为6~8m³/t浆，废水含有粗纤维、泥沙等杂质，固体悬浮物含量很高；再次是备料洗涤水，一般为2~3m³/t浆；最后是挤压撕裂机产生的废水，约为1m³/t浆，废水中粗纤维含量高。这些废水常规处理方式都是直接排到废水处理站，废水量达20~30m³/t浆。虽然与化学法制浆相比，化学机械法制浆废水量和污染负荷大幅降低，但由于各工序废水特性差异不大，并不能像化学法制浆那样把高污染的黑液单独分离出来送碱回收系统，所以其废水化学需氧量浓度比化学法制浆中段废水高多倍。

根据全国排污许可管理信息平台统计数据，纸浆制造和造纸企业共涉及900个废水直接排放口，其中82.11%的排放口直接进入江河、湖、库等水环境；涉及1278个废水间接排放口，其中58.69%的排放口进入工业废水集中处理厂，30.59%的排放口进入城市污水处理厂。

（二）废水污染物排放量同比2021年排放有增有减

本次对全国排污许可证管理信息平台中纸浆制造和造纸行业1885家企业许可证年度执行报告中有效废水污染物排放数据进行评估，主要存在以下特点。

1.化学需氧量、氨氮排放主要集中在造纸行业

2022年纸浆制造和造纸行业1885家企业的废水污染物化学需氧量、氨氮实际排放量分别为199266.02t、1962.51t，其中造纸企业数量占企业总数的97.51%，化学需氧量、氨氮的排放量占比分别为96.01%、93.11%；纸浆制造企业数量占企业总数的2.49%，化学需氧量、氨氮排放量占比分别为3.99%、6.89%，如表2–3所示。

表2–3　2022年制浆造纸行业废水污染物排放情况

行业类别	企业数量/家	化学需氧量/t	氨氮/t
纸浆制造	47	7956.55	135.31
造纸	1838	191309.47	1827.21
总计	1885	199266.02	1962.51

2.氨氮排放量总体呈下降趋势，部分省份部分污染物排放量有所增加

根据全国排污许可证管理信息平台数据，2022年有废水污染物排放量有效数据的纸浆制造和造纸企业共1885家，2021年有废水污染物排放量有效数据的纸浆制造和造纸企业共1965家。通过统计发现，2022年纸浆制造和造纸企业化学需氧量排放量比2021年有所增加，增加量为20903.25t，其中纸浆制造行业增加量为183.87t，造纸行业增加20719.38t；氨氮排放量比2021年有所下降，下降量为640.73t，其中纸浆制造行业增加量为23.09t，造纸行业减少量为663.82t，如表2-4所示。

表2-4　2021年和2022年制浆造纸行业废水污染物排放情况

行业类别	年份	企业数量 / 家	化学需氧量排放量 /t	氨氮排放量 /t
纸浆制造	2021年	49	7772.68	112.22
	2022年	47	7956.55	135.31
造纸	2021年	1916	170590.09	2491.03
	2022年	1838	191309.47	1827.21

通过统计分析发现，内蒙古、陕西、重庆、广西、福建、安徽、江西、天津、云南、湖北、四川11省（自治区、直辖市）2022年废水化学需氧量和氨氮排放量均低于2021年；浙江、江苏、湖南、海南、吉林、新疆、山西7省（自治区）2022年化学需氧量和氨氮排放量均高于2021年。

从化学需氧量排放量看，云南、山东、广西、安徽、湖北、福建、天津、江西、内蒙古、宁夏、四川、陕西、重庆、贵州、甘肃、上海16个省（自治区、直辖市）2022年化学需氧量排放量均低于2021年；新疆、黑龙江、山西、海南、辽宁、吉林、湖南、河北、河南、江苏、广东、浙江12省（自治区、直辖市）2022年化学需氧量排放量均有所增加。

从氨氮排放量看，四川、湖北、河南、云南、天津、江西、安徽、福建、广西、河北、重庆、陕西、广东、内蒙古、辽宁、黑龙江16个省（自治区、直辖市）2022年氨氮排放量均低于2021年；新疆生产建设兵团及甘肃、上海、宁夏、山西、新疆、吉林、贵州、海南、湖南、江苏、浙江、山东12省（自治区、直辖市）2022年氨氮排放量均有所增加。

二、废气

（一）行业废气处理技术大部分较为成熟

由于制浆方法及工艺不同，产生的废气环节和成分也各不相同。非木材制浆厂大气污染物排放主要来源于蒸煮工段产生的蒸煮废气硫酸盐法制浆产生的臭气及碱回收炉产生的废气等。木材制浆工艺产生的废气和采用的生产工艺有很大的关系，其中主要分为硫酸盐

法制浆和机械法或化学机械法制浆。

木材硫酸盐法制浆大气排放的来源有：木片储存场、蒸煮工段、纸浆洗涤工段、漂白工段、漂白剂制备车间、黑液蒸发浓缩工段、生物质锅炉、碱回收炉、白液制备、石灰窑、贮槽等。木材机械法制浆及化学机械法制浆过程中，大气污染物的排放主要来自水厌氧或兼氧微生物处理过程中会产生的甲烷及含硫化物的臭气、辅助锅炉产生的废气、备料过程中排放的挥发性有机物。其中主要的废气排放集中在锅炉烟气、碱回收炉烟气、石灰窑烟气、焚烧炉烟气等。

目前，国家和各省市均没有针对制浆造纸行业的废气排放标准，因此行业遵循国家和各省市的大气污染物排放标准、恶臭污染物排放标准。

根据全国排污许可管理信息平台统计数据，纸浆制造和造纸企业共涉及1594个大气主要排放口，2617个大气一般排放口，主要污染物治理技术主要有袋式除尘、低氮燃烧、活性炭吸附、水喷淋、SNCR、SCR、UV光氧、RTO燃烧等。

（二）颗粒物、二氧化硫排放量整体呈下降趋势

本次对全国排污许可证管理信息平台中制浆造纸行业2589家企业许可证年度执行报告中有效废气污染物排放数据进行评估，主要存在以下特点。

1.制浆制造和造纸行业颗粒物、二氧化硫、氮氧化物污染物排放97%以上集中在造纸行业

2022年纸浆制造和造纸行业2589家企业的颗粒物、二氧化硫、氮氧化物排放量分别为22693.45t、92072.84t、229775.02t，其中纸浆制造行业排放量分别为695.57t、1427.18t、6642.88t，造纸行业排放量分别为21997.88t、90645.66t、223132.14t，如表2-5所示。

表2-5　2022年制浆造纸行业废气主要污染物排放情况

行业类别	企业数量/家	颗粒物/t	二氧化硫/t	氮氧化物/t
纸浆制造	75	695.57	1427.18	6642.88
造纸	2514	21997.88	90645.66	223132.14
总计	2589	22693.45	92072.84	229775.02

2.制浆造纸行业废气颗粒物、二氧化硫排放量总体呈下降趋势，各省份主要排放量整体呈现下降趋势，部分省份有所增加

根据全国排污许可证管理信息平台数据，2022年有废气污染物排放量有效数据的企业共2589家，2021年有废气污染物排放量有效数据的企业共2677家。通过统计发现，由于2022年颗粒物、二氧化硫排放量明显下降，氮氧化物排放量有所上升，如表2-6所示。

表2-6　制浆造纸企业2021年和2022年废气污染物实际排放情况

行业类别	年份	企业数量/家	颗粒物/t	二氧化硫/t	氮氧化物/t
纸浆制造	2021	74	340.14	557.41	4120.44
	2022	75	695.57	1427.18	6642.88
造纸	2021	2603	139465.84	148796.97	179514.35
	2022	2514	21997.88	90645.66	223132.14

通过统计分析发现：广西、云南、黑龙江、天津、四川、江西、福建、宁夏、山西9省（自治区、直辖市）2022年废气主要污染物排放量均低于2021年；辽宁、甘肃、内蒙古、湖南、新疆、吉林、海南、上海、广东9省（自治区、直辖市）2022年各污染物排放量均高于2021年。

从颗粒物排放量看：广西、云南、黑龙江、四川、福建、江苏、江西、贵州、浙江、重庆、河北、河南、山西、宁夏、陕西、天津、安徽17省（自治区、直辖市）及新疆生产建设兵团2022年颗粒物排放量均低于2021年；辽宁、湖北、内蒙古、湖南、山东、海南、甘肃、吉林、新疆、上海、广东11省（自治区、直辖市）2022年颗粒物排放量均有所增加。

从二氧化硫排放量看：广西、云南、江西、黑龙江、四川、福建、湖北、河北、天津、宁夏、河南、山西12省（自治区、直辖市）及新疆生产建设兵团2022年二氧化硫排放量均低于2021年；贵州、辽宁、陕西、浙江、内蒙古、湖南、山东、海南、江苏、甘肃、重庆、吉林、新疆、上海、安徽、广东16省（自治区、直辖市）2022年二氧化硫排放量均有所增加。

从氮氧化物排放量看：广西、云南、黑龙江、天津、四川、江西、山东、福建、陕西、宁夏、山西11省（自治区、直辖市）2022年氮氧化物排放量均低于2021年；辽宁、河南、安徽、甘肃、贵州、江苏、内蒙古、湖南、浙江、湖北、新疆、河北、吉林、海南、重庆、上海、广东17省（自治区、直辖市）及新疆生产建设兵团2022年氮氧化物排放量均有所增加。

三、固体废物

制浆造纸行业的固体废弃物包括原生浆生产中的原料备料废渣、碱回收车间白泥、废水处理污泥以及二次纤维利用过程中产生的脱墨污泥等。其中，干法备料废渣的主要成分为树皮、植物碎屑和尘土、砂砾等，不含化学药品等污染成分。禾草制浆和木材制浆备料产生的草屑和树皮产生量虽大，但相对较易处理，且已有一些可行的治理措施，如采用定点焚烧草屑锅炉和树皮锅炉等设备处理，环境污染程度较小。但由于碱回收产生的白泥、废水处理厂产生的污泥和废纸制浆脱墨污泥的产量规模巨大、成分较复杂、污染程度高、治理难度大等问题，近年来一直是各行业开发利用的研究热点。

第三节　环境管理

一、主要环境管理政策

近年来，国务院、发改委、工信部、生态环境部等部门陆续印发了造纸工业相关政策，旨在引导行业向绿色化、一体化方向发展。

（一）推动行业绿色化、一体化发展

2021年，《中华人民共和国国民经济和社会发展第十四个五年规划和2035年远景目标纲要》提出，改造提升传统产业，扩大轻工、纺织等优质产品供给，加快化工、造纸等重点行业企业改造升级，完善绿色制造体系；国务院出台了《关于加快建立健全绿色低碳循环发展经济体系的指导意见》（国发〔2021〕4号），提出加快实施造纸等行业绿色化改造，加强废纸等再生资源回收利用，提升资源产出率和资源回收率；国家发改委出台了《关于推进污水资源化利用的指导意见》（发改环资〔2021〕13号），提出重点围绕造纸等高耗水行业，组织开展企业内部废水利用，创建一批工业废水循环利用示范企业、园区，通过典型示范带动企业用水效率提升。2022年，生态环境部联合多部委出台了《黄河生态保护治理攻坚战行动方案》（环综合〔2022〕51号），提出推动造纸等重点行业实施清洁生产改造，创建一批造纸等行业工业废水循环利用示范企业和生态工业示范园区；国家发改委出台了《关于加快废旧物资循环利用体系建设的指导意见》，提出鼓励造纸等生产企业发展回收、加工、利用一体化模式；工信部发布了《废纸加工行业规范条件》（2021年第38号），从企业选址、资源能源消耗、环境保护等方面对废纸加工企业提出了具体要求。

（二）废纸进口管理日趋严格

我国废纸进口自2014年开始趋严，2015年实行废纸申报配额制度及申请资格管理制度；2017年，《进口废纸环境保护管理规定》《禁止洋垃圾入境推进固体废物进口管理制度改革实施方案》等政策出台，废纸进口标准趋严；2018年，中共中央、国务院《关于全面加强生态环境保护坚决打好污染防治攻坚战的意见》明确“全面禁止洋垃圾入境”，力争 2020 年底前基本实现固体废物零进口；2020年，生态环境部、商务部、发展改革委、海关总署联合发布《关于全面禁止进口固体废物有关事项的公告》，明确自2021年1月1日起禁止以任何方式进口固体废物。

（三）推动行业低碳发展

2022年，工信部联合生态环境部等多部委出台了《关于推动轻工业高质量发展的指导意见》（工信部联消费〔2022〕68号），提出有序推进轻工业碳达峰进程，绘制造纸等行业低碳发展路线图。

二、建设项目环境影响评价情况

（一）部分省份明确制浆造纸项目由省级审批

2021年以来，全国有10省份在发布的分级审批规定中明确了制浆造纸项目的审批权限。其中贵州、新疆、广东、上海、西藏、重庆、陕西、甘肃、四川等省（自治区、直辖市）均明确制浆造纸项目全部或部分由省级生态环境主管部门审批，辽宁省则规定制浆造纸项目由市级生态环境主管部门审批，且不得授权派出分局或调整到下级部门审批。

2021年1月，贵州省生态环境厅发布了《贵州省省级生态环境部门审批环境影响评价文件的建设项目目录（2021年本）》（黔环通〔2021〕2号），明确除废纸（或溶解浆）以外的纸浆、纤维浆等制造项目均由省级生态环境部门审批。

2021年3月，新疆维吾尔自治区生态环境厅印发了《新疆维吾尔自治区建设项目环境影响评价文件分级审批目录（2021年本）》，明确纸浆造纸和造纸全部（手工纸、加工纸制造除外）由自治区生态环境厅审批。

2021年4月，广东省生态环境厅发布了《广东省生态环境厅审批环境影响报告书（表）的建设项目名录（2021年本）》（粤环办〔2021〕27号），明确化学法（含化学机械法）制纸浆项目由广东省生态环境厅审批。

2021年5月，辽宁省生态环境厅发布了《辽宁省生态环境厅审批环境影响评价文件的建设项目目录（2021年本）》，明确纸浆制造、造纸项目由各市环评审批部门负责审批，不得授权派出分局或调整到下级部门审批。

2021年8月，上海市生态环境局印发了《上海市生态环境局审批环境影响评价文件的建设项目目录（2021年版）》，明确纸浆制造全部由上海市生态环境局审批。

2021年8月，西藏自治区生态环境厅发布了《西藏自治区生态环境厅审批环境影响评价文件的建设项目目录（2021年本）》，明确纸浆制造和造纸（含废纸造纸）项目由西藏自治区生态环境厅负责审批。

2021年10月，重庆市生态环境局发布了《重庆市建设项目环境影响评价文件分级审批规定》，明确纸浆制造和造纸（含废纸造纸）项目由重庆市生态环境局负责审批。

2021年11月，陕西省生态环境厅发布了《陕西省生态环境厅审批环境影响评价文件的建设项目目录（2021年本）》，明确纸浆制造和造纸（含废纸造纸）项目由陕西省生态环境厅局负责审批。

2021年11月，甘肃省生态环境厅发布了《甘肃省生态环境厅审批环境影响评价文件的建设项目目录（2021年本）》，明确制浆和制浆造纸项目由甘肃省生态环境厅局负责审批。

2023年3月，四川省生态环境厅发布了《四川省生态环境厅关于优化调整建设项目环境影响评价文件审批权限的公告》（2023年第7号），明确纸浆制造（不含废纸制浆、机械制浆）项目由省生态环境厅审批。

（二）部分地区探索造纸行业碳排放评价

2021年，福州市生态环境局发布了《关于福州市重点行业建设项目碳排放环境影响评价的指导意见》（榕环保综〔2021〕62号），浙江省生态环境厅印发了《浙江省建设项目碳排放评价编制指南（试行）》（浙环函〔2021〕179号），海南省生态环境厅印发了《关于试行开展碳排放环境影响评价工作的通知》（琼环函〔2021〕260号），江苏省生态环境厅印发了《江苏省建设项目碳排放环境影响评价技术指南》（苏环办〔2021〕364号）；2022年，上海市生态环境局印发了《上海市建设项目环评和产业园区规划环评碳排放评价编制技术要求（试行）》，将造纸行业纳入开展碳排放环境影响评价工作的重点行业。

（三）环评审批情况

2022年，全国共审批制浆造纸项目110个，与2021年相比下降6.0%；涉及总投资921.86 × 10^8元，与2021年相比下降33.5%；其中环保投资54.87 × 10^8元，占总投资的6.0%（表2-7）。从环评类别上来看，报告书70个，报告表40个；从审批级别上看，省级审批8个，市级审批46个，区县级审批56个；从建设性质上来看，新建项目52个，改扩建项目58个。

表2-7　2021~2022年制浆造纸行业建设项目环评审批情况

行业类别		审批数量/个	项目总投资/10^8元	环保投资/10^8元	项目类型		审批层级			环评文件类型	
					新建	改扩建	省级	地市级	区县级	报告书	报告表
2021	纸浆制造	13	670.70	93.81	4	9	6	6	1	13	0
	造纸	103	714.68	29.82	36	67	2	52	49	81	22
	合计	116	1385.38	123.63	40	76	8	58	50	94	22
2022	纸浆制造	11	433.68	34.06	4	7	4	6	1	11	0
	造纸	99	488.18	20.81	48	51	4	40	55	59	40
	合计	110	921.86	54.87	52	58	8	46	56	70	40

总体上看，2022年制浆造纸项目新建项目和改扩建项目数量基本持平，主要分布在广东、河北、河南、江西、浙江等省份，各省项目审批数量分别为17个、12个、11个、10个、13个。

单看新建制浆项目：2021年新建项目共4个，主要分布在广西、四川两省（自治区），其中广西3个，四川1个；2022年新建项目共4个，主要分布在广西、安徽、湖北等3个省

（自治区），其中广西2个，安徽、湖北各1个。从分布上看，制浆项目有向中西部地区发展的趋势。

（四）环境保护验收情况

2022年，全国制浆造纸项目开展环境保护验收的共计87个，与2021年相比增长93.33%；涉及总投资171.95×10^8元，与2021年相比增长28.48%；其中环保投资13.33×10^8元，占总投资的7.75%，如表2-8所示。

表2-8　2021~2022年制浆造纸行业建设项目环保验收情况

行业类别		审批数量 / 个	项目总投资 /10^8 元	环保投资 /10^8 元
2021	纸浆制造	1	7.22	6.64
	造纸	44	126.61	13.62
	合计	45	133.83	20.26
2022	纸浆制造	1	0.1	0.003
	造纸	86	171.85	13.33
	合计	87	171.95	13.33

从分布上看，2022年开展环境保护验收的项目主要集中在山东、浙江、广东等省份，验收项目数量分别为12个、12个和11个。

（五）建设项目事中、事后监管情况

2021年和2022年建设项目环评文件技术复核时，共发现 8个制浆造纸项目（含配套热电设施）存在问题，主要问题包括污染源源强核算内容不全或者核算方法错误、环境影响预测方法错误、所提环境保护措施不符合相关规定、遗漏评价因子等方面。

三、排污许可证制度全面实施情况

（一）排污许可证核发情况

根据全国排污许可证管理信息平台统计：全国纸浆制造和造纸行业共计核发排污许可证2623张，其中重点管理 2163张、简化管理384张，无明确管理方式76张；938家位于园区内，1685 家企业未进园区，需要进行整改的17家。从行业分类看，纸浆制造企业78家，造纸企业2545家，如表2-9所示。

表2-9　制浆造纸企业排污许可证核发情况

行业类别	行业代码	许可证核发总数 / 张	需要整改企业数 / 家	重点管理 / 张	进入园区企业 / 家
纸浆制造	C221	78	0	72	34
造纸	C222	2545	17	2091	904
合计		2623	17	2163	938

纸浆制造和造纸行业核发的排污许可证主要分布在广东、山东、河北、浙江、四川、广西6省（自治区）占全国发证数量的52.98%，如表2-10所示。纸浆制造行业核发许可证数量以广西、河北、山东、四川、广东最多，核发排污许可证数量分别为17家、10家、9家、8家和4家，分别占纸浆制造行业的21.79%、12.82%、11.54%、10.26%和5.13%。造纸行业核发许可证居前5位的省份为广东、山东、河北、浙江、四川，核发排污许可证数量分别为307张、291张、273张、206张和165张，分别占全国造纸行业的11.70%、11.09%、10.41%、7.85%、6.29%。

表2-10 制浆造纸企业各省市排污许可证核发情况

省（自治区、直辖市）	排污许可证核发数量/张	占全国发证数量百分比/%	省（自治区、直辖市）	排污许可证核发数量/张	占全国发证数量百分比/%
广东	307	11.70	辽宁	55	2.10
山东	291	11.09	吉林	35	1.33
河北	273	10.41	山西	35	1.33
浙江	206	7.85	陕西	29	1.11
四川	165	6.29	重庆	28	1.07
广西	148	5.64	贵州	25	0.95
江苏	146	5.57	天津	23	0.88
福建	137	5.22	新疆	23	0.88
河南	135	5.15	上海	21	0.80
湖南	124	4.73	内蒙古	15	0.57
安徽	95	3.62	甘肃	11	0.42
江西	87	3.32	宁夏	6	0.23
云南	69	2.63	新疆生产建设兵团	6	0.23
湖北	63	2.40	海南	5	0.19
黑龙江	58	2.21	西藏	2	0.08

（二）排污许可执行情况

大多数纸浆制造和造纸企业均提交了2022年度及各季度执行报告，但纸浆制造和造纸企业执行报告填报质量总体而言尚有较大提升空间，基本信息填报不全、污染防治设施运行情况空缺、自行监测及实际排放情况填报不全等问题较为突出。

第四节 行业绿色发展水平评估

一、评价目标

本次评估以了解目前制浆造纸企业绿色发展水平，促进制浆造纸企业绿色发展为目标，在建立制浆造纸行业绿色发展评价指标体系基础上，选取10万吨级及以上制浆造纸企业开展绿色发展水平评价，并结合评价结果就制浆造纸行业绿色发展情况进行总结评估。

二、评价指标体系及标准

（一）评价对象

本次评估选取24家木浆生产企业作为评价对象进行绿色发展指标体系评价，最低产能为10×10^4t/a，总产能为1743.1×10^4t/a，其中包括化学制浆企业14家，化学机械制浆企业10家。

（二）绿色评价指标体系

由于制浆造纸企业中制浆工艺差异，生产工艺与装置评价指标也有所区别，经与造纸行业专家讨论研究后，分别建立化学法制浆企业和化学机械法制浆企业两类评价指标体系。两类指标体系均分为2层：5项一级指标，26/25项二级指标。一级指标包含资源能源消耗指标、生产工艺与装置指标、环境管理制度执行情况指标、加工吨浆污染物排放量、与环境保护的公众关系；二级指标权重值经制浆造纸行业专家研究讨论后确定，包括吨浆综合能耗、吨浆新鲜取水量、吨浆原料使用量、制浆装置政策符合性等26/25项指标，如表2-11~表2-12所示。

表2-11　化学法制浆企业指标体系

一级指标	二级指标	数据来源
资源能源消耗指标	吨浆综合能耗 /（kgce · t^{-1}浆）	排污许可平台
	吨浆新鲜取水量 /（m^3 · t^{-1}浆）	排污许可平台
	吨浆原料使用量 /（t · t^{-1}浆）	排污许可平台
生产工艺与装置指标	制浆装置政策符合性	排污许可平台
	氧脱木素	排污许可平台
	筛选工艺	排污许可平台
	黑液提取率 /%	排污许可平台
环境管理制度执行情况指标	环境影响评价制度实施情况	四级联网平台
	排污许可证未存在整改事项的比例	排污许可平台
	排污许可证执行报告上报情况	排污许可平台
	污染物排放浓度达标情况	在线监测数据
	污染物排放量达标情况	排污许可平台
加工吨浆污染物排放量	吨浆废水排放量 /（m^3 · t^{-1}浆）	排污许可平台
	吨浆 COD 排放量 /（kg · t^{-1}浆）	排污许可平台
	吨浆氨氮排放量 /（kg/ t^{-1}浆）	排污许可平台
	吨浆二氧化硫排放量 /（kg/ t^{-1}浆）	排污许可平台
	吨浆氮氧化物排放量 /（kg/ t^{-1}浆）	排污许可平台

续表

一级指标	二级指标	数据来源
加工吨浆污染物排放量	吨浆颗粒物排放量 /（kg/ t^{-1} 浆）	排污许可平台
	吨浆一般固体废物产生量 /（kg/ t^{-1} 浆）	暂不列入，后续数据齐全后再列入
	吨浆危险废物产生量 /（kg/ t^{-1} 浆）	暂不列入，后续数据齐全后再列入
	吨浆总磷排放量 /（kg/ t^{-1} 浆）	暂不列入，后续数据齐全后再列入
	吨浆总氮排放量 /（kg/ t^{-1} 浆）	暂不列入，后续数据齐全后再列入
与环境保护的公众关系	环境处罚情况	行政处罚系统
	群众投诉情况	执法系统
	突发环境事件发生情况	各省网站
	是否进入工业园区	排污许可平台

表2-12　化学机械法制浆企业指标体系

一级指标	二级指标	数据来源
资源能源消耗指标	吨浆综合能耗（kgce · t^{-1} 浆）	排污许可平台
	吨浆新鲜取水量 /（ m^3 · t^{-1} 浆）	排污许可平台
	吨浆原料使用量 /（t · t^{-1} 浆）	排污许可平台
生产工艺与装置指标	制浆装置政策符合性	排污许可平台
	磨浆	排污许可平台
	是否有碱回收装置	排污许可平台
环境管理制度执行情况指标	环境影响评价制度实施情况	四级联网平台
	排污许可证未存在整改事项的比例	排污许可平台
	排污许可证执行报告上报情况	排污许可平台
	污染物排放浓度达标情况	在线监测数据
	污染物排放量达标情况	排污许可平台
加工吨浆污染物排放量	吨浆废水排放量 /（ m^3 · t^{-1} 浆）	排污许可平台
	吨浆 COD 排放量 /（kg · t^{-1} 浆）	排污许可平台
	吨浆氨氮排放量 /（kg · t^{-1} 浆）	排污许可平台
	吨浆二氧化硫排放量 /（kg · t^{-1} 浆）	排污许可平台
	吨浆氮氧化物排放量 /（kg · t^{-1} 浆）	排污许可平台
	吨浆颗粒物排放量 /（kg · t^{-1} 浆）	排污许可平台
	吨浆一般固体废物产生量 /（kg · t^{-1} 浆）	暂不列入，后续数据齐全后再列入
	吨浆危险废物产生量 /（kg · t^{-1} 浆）	暂不列入，后续数据齐全后再列入
	吨浆总磷排放量 /（kg · t^{-1} 浆）	暂不列入，后续数据齐全后再列入
	吨浆总氮排放量 /（kg · t^{-1} 浆）	暂不列入，后续数据齐全后再列入
与环境保护的公众关系	环境处罚情况	行政处罚系统
	群众投诉情况	执法系统
	突发环境事件发生情况	各省网站
	是否进入工业园区	排污许可平台

三、数据来源

本次核算的产品产能、原料消耗、新鲜取水量、污染物排放量、污染物排放达标情况等数据来源于排污许可平台、碳排放系统，环境违法处罚等信息管理平台。

四、评价结果

参加评价的24家企业中，有4家企业由于木浆生产线停产或产量远低于排污许可产能，未参与评价。

根据本行业绿色评价指标体系及评价方法，对本次纳入评价范围的20家制浆造纸企业进行绿色发展水平评价。从得分看，20家制浆造纸企业中，绿色发展水平处于先进水平（得分≥85分）的企业有1家，占比5%；处于较高水平（70分≤得分＜85分）的企业有12家，占比60%；处于一般水平（60分≤得分＜70分）的企业有6家，占比30%；处于较差水平（得分＜60分）的企业有1家，占比5%。

从图2-9可以看出，不同制浆造纸企业在资源能源消耗、生产工艺与装置配置、加工吨浆污染物排放量3个指标差距较大。总体而言，各企业在资源能源消耗指标、生产工艺与装置指标、环境管理制度执行情况指标、加工吨浆污染物排放量、与环境保护的公众关系等方面仍有较大上升空间。

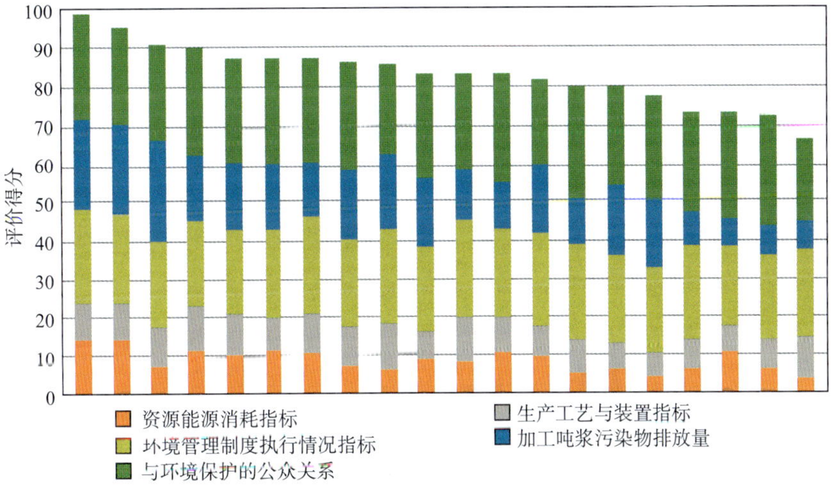

图2-9 制浆造纸企业绿色发展指标评价结果统计图

从资源能源消耗看，各企业分值相差最高为10分，其中二级指标中吨浆综合能耗、吨浆新鲜取水量、吨浆原料使用量差距均很大，如图2-10所示，由此可见制浆造纸企业在资源能源消耗方面还有很大提升空间。

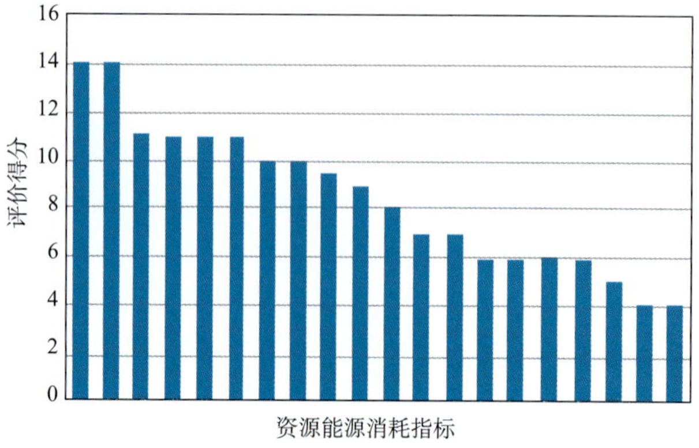

图2-10　制浆造纸企业资源能源消耗指标评价结果统计图

从加工吨浆污染物排放量看，各企业分值相差最高为19分，如图2-11所示，特别是在吨浆废气排放方面较为突出。

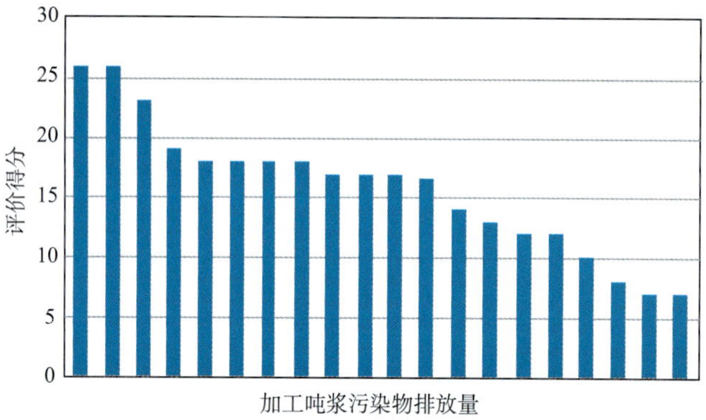

图2-11　制浆造纸企业加工吨浆污染物排放量指标评价结果统计图

在生产工艺与装置指标方面，最大分差达到5分，如图2-12所示，个别企业黑液提取率仅为90%，还可以进一步提升。

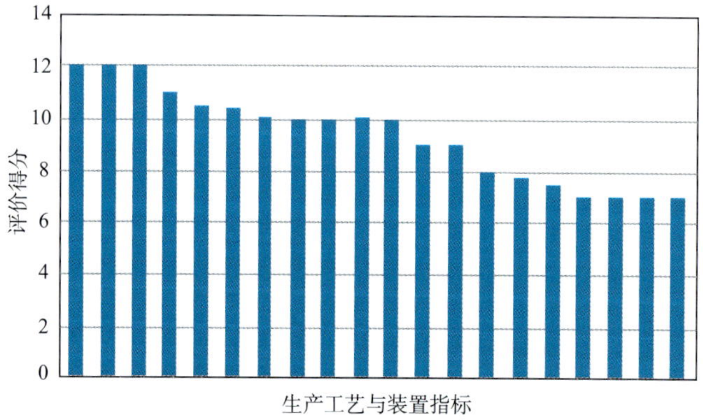

图2-12　制浆造纸企业生产工艺与装置指标评价结果统计图

在环境管理制度执行情况方面，各企业间差距较小，如图2-13所示。差距主要体现在与环境保护的公众关系方面，如图2-14所示，个别企业2022年被投诉次数达到了42次，说明企业需要改进的方面较多，提升空间较大。

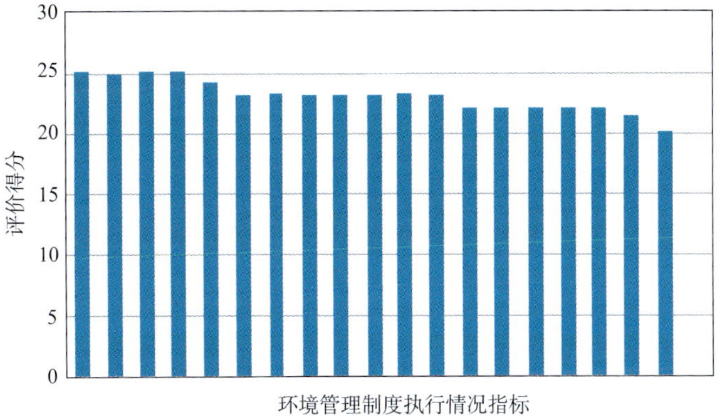

图2-13　制浆造纸企业环境管理制度执行情况指标评价结果统计图

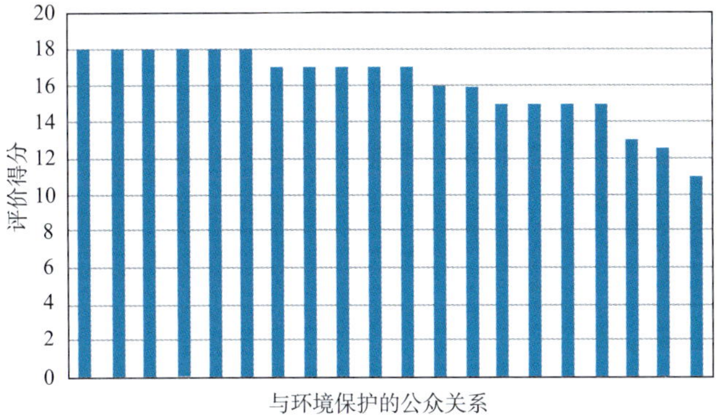

图2-14　制浆造纸企业与环境保护的公众关系指标评价结果统计图

本次制浆造纸行业绿色发展评价指标体系属首次开展研究，在指标体系、数据完整性和准确性方面尚有不足之处，在后续研究工作中将逐步完善。

第三章

现代煤化工行业环境评估报告

第一节 现代煤化工行业发展现状

一、规模布局

2022年我国新投产甲醇制烯烃企业3家，新增烯烃产能116万吨/年；1家煤制天然气企业完成扩建，新增产能10.2亿立方米/年；新增煤制乙二醇企业2家、焦炉气制乙二醇企业2家，新增产能290万吨/年。截至2022年年底，国内煤基烯烃企业30家，总产能1825.2万吨/年，产能利用率92.5%；煤制天然气企业4家，总产能61.4亿立方米/年，产能利用率 99.2%；煤制油企业10家，总产能905.5万吨/年，产能利用率95.1%，另有1家煤油共炼企业，产能45万吨/年；煤制乙二醇企业32家，乙二醇总产能1137.5万吨/年，产能利用率39.6%。较2021年，煤制油、煤制天然气、煤制乙二醇产能利用率均有较为明显的提升，如图3-1所示。

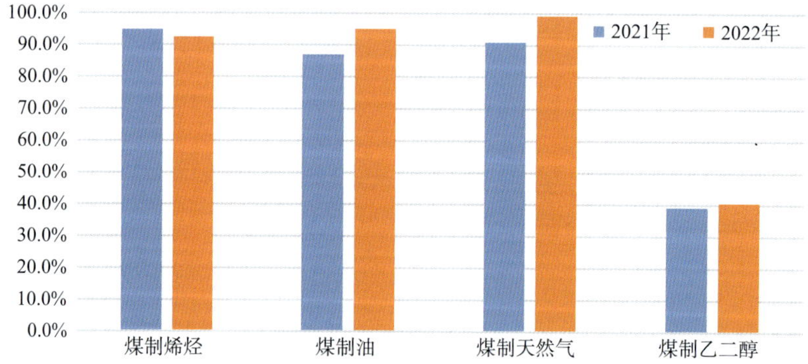

图3-1 2021~2022年现代煤化工产能利用率变化情况

我国现代煤化工企业主要依托大型煤炭生产基地，多分布于水资源缺乏、煤炭资源丰富的西部地区。煤制烯烃企业分布于内蒙古、新疆、宁夏、陕西、安徽、甘肃、青海等省（自治区），陕西、宁夏、内蒙古、新疆四省区煤经甲醇制烯烃产能占全部煤经甲醇制烯烃产能的90%，如图3-2所示。煤制天然气企业全部位于内蒙古自治区和新疆维吾尔自治区，如图3-4所示。煤制油企业分布于内蒙古、宁夏、陕西、山西、云南等省（自治区），其中晋陕宁蒙4省（自治区）占全国总产能的97%，如图3-3所示；煤制乙二醇企业在空间分布上相对分散，在陕西、宁夏、内蒙古、河南、河北、山东等12省（自治区）均有分布，黄河沿线9省（自治区）产能约占总产能的三分之二，如图3-5所示。

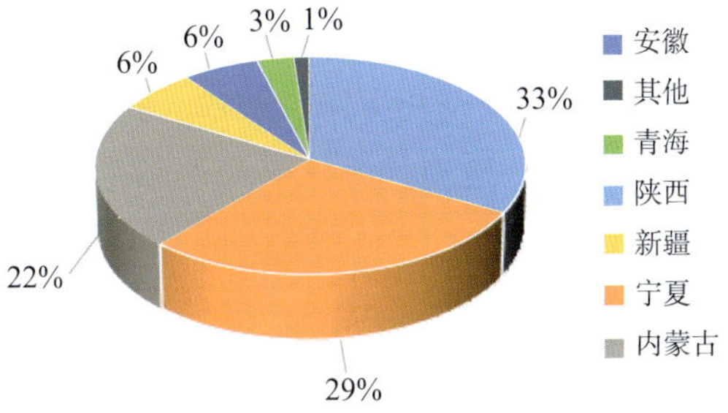

图3-2　煤经甲醇制烯烃产能分布

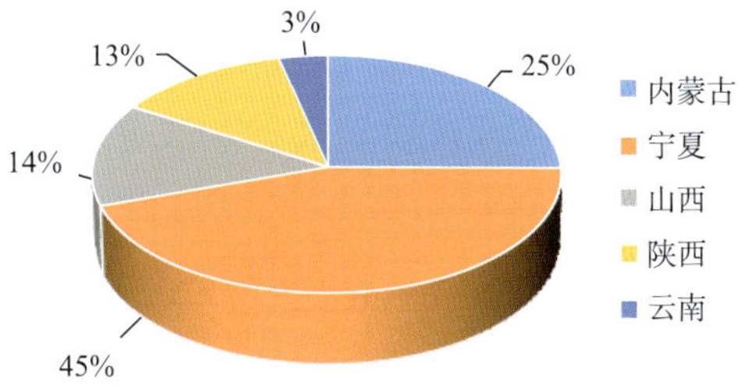

图3-3　煤制油产能分布

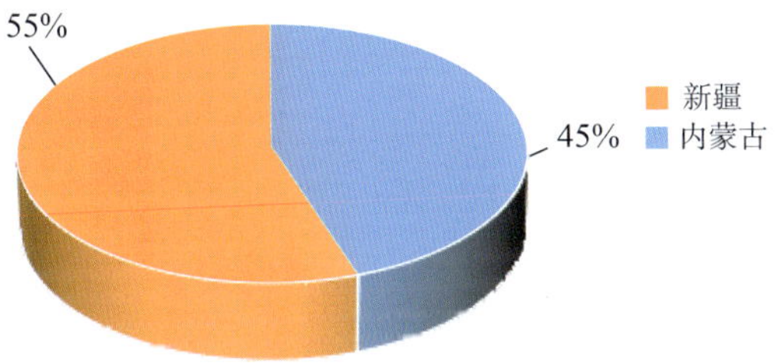

图3-4　煤制天然气产能分布

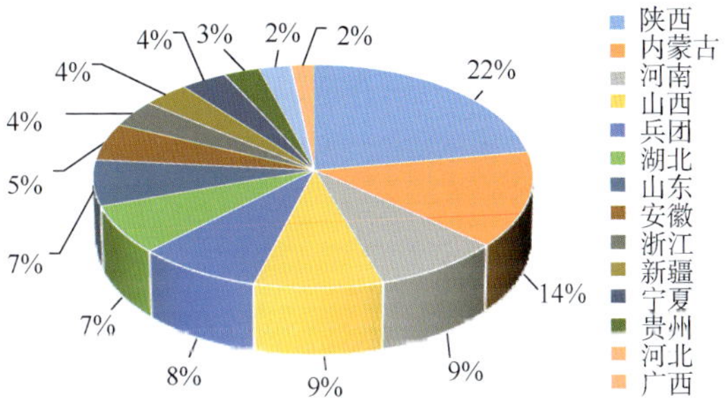

图3-5　煤制乙二醇产能分布

二、现代煤化工产业发展重点区域

2017年，国家发展和改革委员会、工业和信息化部联合印发《现代煤化工创新发展布局方案》，提出“规划布局内蒙古鄂尔多斯、陕西榆林、宁夏宁东、新疆准东4个现代煤化工产业示范区”，同时提出了“每个示范区‘十三五’期间新增煤炭转化量总量须控制在 2000×10^4t以内（不含煤制油、煤制气等煤制燃料）”“编制好总体规划，开展规划环境影响评价”“做好规划水资源论证，落实水资源条件”“结合示范区发展情况适时进行评估，建立示范区的动态调整机制”等要求。

内蒙古鄂尔多斯、陕西榆林、宁夏宁东发展起步较早，投产企业数量较多，煤制天然气、煤制油、煤制烯烃、煤制乙二醇产能分别占国内总产能的23.1%、84.5%、45.0%、

35.4%，初步呈现集群发展趋势；新疆准东起步相对较晚，目前尚无已投产的现代煤化工企业。

1.宁东能源化工基地现代煤化工产业示范区

2019年2月，宁夏回族自治区生态环境厅出具《关于宁东基地现代煤化工产业示范区总体规划环境影响报告书审查意见的函》（宁环环评函〔2019〕104号）。2019年5月，宁夏回族自治区人民政府以宁政函〔2019〕49号文批复了宁东能源化工基地现代煤化工产业示范区总体规划。

规划包括临河工业园区A区和煤化工园区，规划工业用地面积分别为18.06km^{2}和44.78km^2。规划到2025年形成400 ×10^{4}t/a煤制油、510×10^{4}t/a煤制烯烃、40×10^{4}t/a煤制乙二醇基础产业规模。截至2022年，宁东能源化工基地现代煤化工产业示范区已形成405×10^{4}t/a煤制油、260×10^{4}t/a煤制烯烃、40×10^{4}t/a煤制乙二醇产能规模。

2022年，宁东能源化工基地2022年二氧化硫、二氧化氮、PM_{10}、$PM_{2.5}$年均浓度和O_3 8小时浓度（95%）分别为17 μg/m^3、26 μ g/m^3、64 μg/m^3、26 μg/m^{3}和136 μg/m^3，$PM_{2.5}$较2021年度呈现反弹趋势（图3-6）。

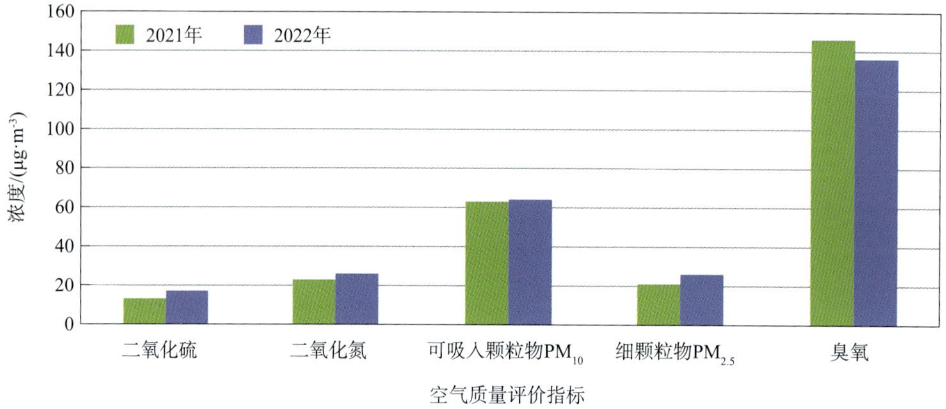

图3-6 宁东能源化工基地“十四五”期间环境空气质量

2.榆林现代煤化工产业示范区

2020年10月，陕西省生态环境厅以陕环环评函〔2020〕62号出具了《关于陕西榆林现代煤化工产业示范区总体规划环境影响报告书审查意见的函》。2020年11月，陕西省发展和改革委员会以陕发改能产业〔2020〕1656号文件批复了榆林现代煤化工产业示范区总体规划。

榆林规划在榆神片区（榆神工业区清水工业园）、榆横片区（榆横工业区能源化工产业区）、靖边片区（靖边能源化工综合利用产业园）发展现代煤化工，规划到2025年形成1000×10^{4}t/a煤制油品及化学品、500×10^{4}t/a烯烃、100×10^{4}t/a煤制芳烃、1500×10^{4}t/a粉煤热解等基础产业规模。截至2022年，榆林现代煤化工产业示范区已形成160×10^{4}t/a煤制油、240 × 10^4t/a煤制烯烃、220 × 10^4t/a煤制乙二醇、120 × 10^4t/a粉煤热解产能规模。

2022年，榆林市二氧化硫、二氧化氮、PM_{10}、$PM_{2.5}$年均浓度和O_3 8小时浓度（95%）分别为10 μg/m^3、34 μg/m^3、51 μg/m^3、25 μg/m^3和148 μg/m^3；环境空气质量与2021年总体持平（图3-7）。

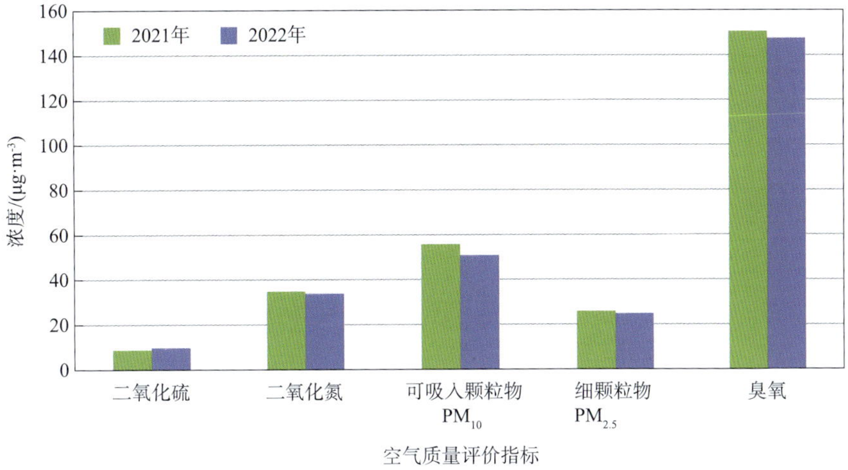

图3-7 榆林市“十四五”期间环境空气质量

3.鄂尔多斯现代煤化工产业示范区

2020年11月，内蒙古自治区生态环境厅出具《内蒙古自治区生态环境厅关于转发〈鄂尔多斯市建设国家现代煤化工产业示范区总体规划（修编稿）环境影响报告书〉审查意见的函》（内环函〔2020〕176号）；2020年12月，内蒙古自治区发展改革委、工业和信息化厅以内发改产业字〔2020〕1297号文件批复《鄂尔多斯市建设国家现代煤化工产业示范区总体规划（修编稿）》。

鄂尔多斯现代煤化工产业示范区规划在乌审旗苏里格经济技术开发区、准格尔旗大路工业园区、伊金霍洛旗蒙苏经济开发区、达拉特旗达拉特经济开发区、杭锦旗独贵塔拉工业园区、鄂托克前旗上海庙经济开发区、鄂托克旗鄂托克经济开发区等7个园区发展现代煤化工；规划至2025年形成1096 × 10^4t煤制油、733 × 10^4t/a煤制烯烃、40 × 10^4t/a煤制芳烃、216 × $10^8$$m^3$/a煤制天然气基础产业规模。截至2022年，鄂尔多斯现代煤化工产业示范区已建成257 × 10^4t/a煤制烯烃、117.6 × 10^4t/a煤制乙二醇、262 × 10^4t/a煤制油、14.2 × $10^8$$m^3$/a煤制天然气产能规模。

2022年，鄂尔多斯市二氧化硫、二氧化氮、PM_{10}、$PM_{2.5}$年均浓度和O_3 8小时浓度（95%）分别为10 μg/m^3、23 μg/m^3、51 μg/m^3、20 μg/m^3和148 μg/m^3；环境空气质量与2021年总体持平（图3-8）。

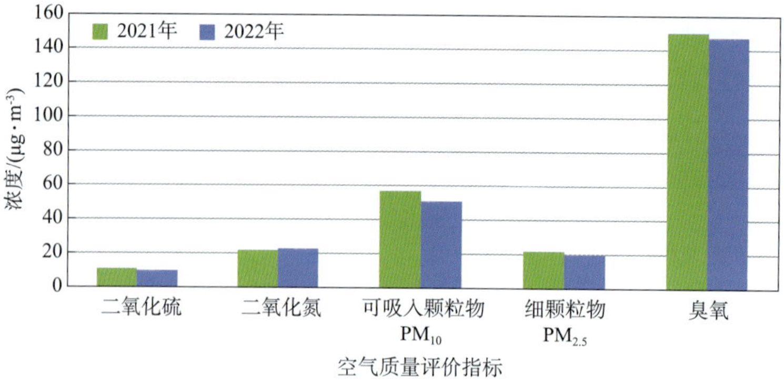

图3-8　鄂尔多斯市“十四五”环境空气质量

4.准东现代煤化工产业示范区

2020年12月，新疆维吾尔自治区生态环境厅印发《关于新疆准东现代煤化工产业示范区总体规划环境影响报告书的审查意见》（新环审〔2020〕241号）；2020年12月，新疆维吾尔自治区发展和改革委以新发改产业〔2020〕564号文件批复《新疆准东现代煤化工产业示范区总体规划》。

规划至2025年，形成360×10^4t/a煤制烯烃、60×10^4t/a煤制乙二醇、100×10^4t/a煤制芳烃、60×10^4t/a乙醇基础产能规模；规划至2030年，形成540×10^4t/a烯烃、200×10^4t/a芳烃、120×10^4t/a乙醇、120×10^4t/a乙二醇基础产能规模。截至2022年，准东现代煤化工产业示范区暂无现代煤化工产能。

2022年，准东现代煤化工产业示范区所在的昌吉回族自治州二氧化硫、二氧化氮、PM_{10}、$PM_{2.5}$年均浓度和O_3的8小时浓度（95%）分别为9 μg/m³、22 μg/m³、66 μg/m³、37 μg/m³和86 μg/m³；环境空气质量较2021年总体持平，$PM_{2.5}$年均浓度超标（图3-9）。

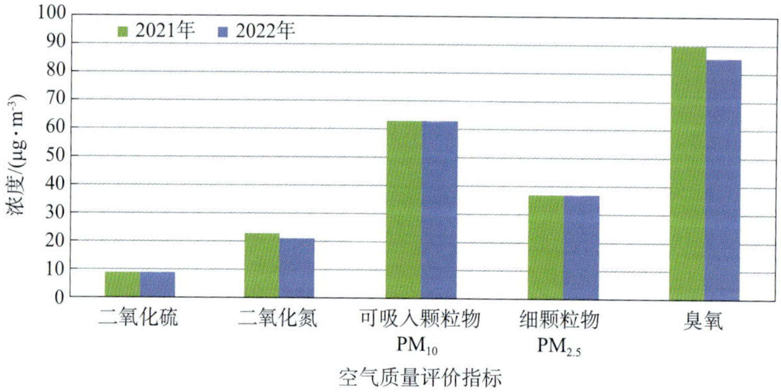

图3-9　昌吉回族自治州“十四五”环境空气质量

《国民经济和社会发展第十四个五年规划和2035年远景目标纲要》提出建设陕西榆林、内蒙古鄂尔多斯、山西晋北、新疆准东、新疆哈密5个煤制油气战略基地。目前，各地均未制定煤制油气战略基地发展规划。

三、现代煤化工发展趋势及方向

习近平总书记在2021年9月榆林考察时指出“煤化工产业潜力巨大、大有前途，要提高煤炭作为化工原料的综合利用效能，促进煤化工产业高端化、多元化、低碳化发展”。现代煤化工定位为石油化工的重要补充，整体处于升级示范阶段，推动现代煤化工绿色低碳化高质量发展，是深入打好污染防治攻坚战的迫切需求，也是实现碳达峰、碳中和的必然选择。

1.统筹规划是现代煤化工行业高质量发展的关键

富煤贫油少气是我国的基本国情，以煤为主的能源结构短期内难以根本改变。国家在“十四五”时期规划了5大煤制油气战略基地，有序发展煤化工势在必行，但从工艺成熟度、成本控制、碳排放水平等角度考虑，煤化工均不具备替代石油化工的条件。因此，现代煤化工定位为石油化工的重要补充，目前整体处于升级示范阶段，由国家统筹规划发展。2017年，发展改革委、国家能源局分别印发《现代煤化工创新发展布局方案》《煤炭深加工产业示范“十三五”规划》，对我国现代煤化工发展做了统筹考虑，明确了现代煤化工是国家统筹规划发展的行业，提出煤制烯烃、芳烃项目必须纳入《现代煤化工创新发展布局方案》，煤制油、煤制天然气项目须转为《煤炭深加工产业示范“十三五”规划》项目方可核准；2021年，中共中央、国务院《关于完整准确全面贯彻新发展理念做好碳达峰碳中和工作的意见》提出“未纳入国家有关领域产业规划的，一律不得新建改扩建炼油和新建乙烯、对二甲苯、煤制烯烃项目”。目前，国家正在研究制定“十四五”时期现代煤化工发展规划指导性文件，仍将统筹规划发展作为基本方针。

2.低碳发展是现代煤化工绿色高质量发展的主要方向

2020年9月，习近平总书记在联合国一般性辩论上庄严宣誓，中国将力争在2030年前实现碳达峰，2060年前实现碳中和。煤化工项目碳排强度较大，以煤制烯烃为例，单位产品二氧化碳排放量约为10.5t/t产品，远远高于以原油制乙烯的碳排放强度，2021年我国现代煤化工二氧化碳排放量约2×10^8t。基于我国富煤贫油少气的基本国情，推动现代煤化工低碳化发展，是实现碳达峰、碳中和的必然选择。《审批原则》依据《中共中央 国务院关于深入打好污染防治攻坚战的意见》提出了“将温室气体排放纳入建设项目环境影响评价”的总体要求，要求建设项目环评文件“核算温室气体排放量，推进减污降碳协同增效，推动减碳技术创新示范应用”。

现代煤化工项目二氧化碳排放中，约一半来自煤气化后的净化工艺废气，二氧化碳浓度最高可达90%以上，捕集工艺成熟、成本低，因此煤化工在二氧化碳气体捕集、综合利用等方面具备一定经济技术优势，具有很大的温室气体减排潜力。《高耗能行业重点领域节能降碳改造升级实施指南》将现代煤化工列入重点领域，提出了“依托项目周边二氧化碳利用和封存条件，因地制宜开展变换等重点工艺环节高浓度二氧化碳捕集、利用及封存试点”的降碳方向。《审批原则》据此提出“鼓励有条件的地区、企业开展重点工艺环节高浓度二氧化碳捕集、利用及封存等减污降碳协同治理工程示范”要求，推动企业开展减污降碳协同治理工程示范。

动力锅炉烟气和加热炉烟气是现代煤化工项目另一个主要的二氧化碳排放源。新建煤化工项目应优先选择电力驱动设备，或依托园区集中供热供汽；采用半/全废锅流程气化和热泵、热夹点、热联合等技术，优化热能供需匹配，提升余热余压利用水平，推动现代煤化工优化燃料结构，减少燃料煤使用，以实现减污降碳协同控制。

3.积极推动升级示范是行业高质量发展的必由之路

“十二五”以来，我国现代煤化工发展取得了较为显著的进展，企业连续稳定运行周期不断加长，生产工艺及技术装备持续更新，清洁生产和污染控制水平显著提升。但现代煤化工仍存在产业技术有待提升和优化、资源综合利用水平低等问题，以及单位能耗、碳排放水平等仍显著高于同类产品石油化工，行业整体水平亟待提升。《高耗能行业重点领域节能降碳改造升级实施指南》提出“依托项目周边二氧化碳利用和封存条件，因地制宜开展变换等重点工艺环节高浓度二氧化碳捕集、利用及封存试点”。石油和化学工业联合会编制了《煤炭工业“十四五”现代煤化工发展指导意见》，提出“重点突破富含油气的长焰煤粉煤热解干馏和半焦利用设备大型化技术，开展单系统百万吨级/年原料粉煤干馏装备的研究与工业示范。研发示范长焰煤热解产物的高质高效利用技术，发挥半焦低硫、低灰、低挥发分等特点，联产发电、气化、制氢、清洁供暖燃料等领域的应用技术”等示范重点。

第二节　现代煤化工行业环境管理现状

一、现代煤化工环境管理政策

（一）持续推进减污降碳和行业升级

2022年2月，国家发改委等4部门发布《现代煤化工行业节能降碳改造升级实施指南》，提出“加快研发高性能复合新型催化剂”“推动自主化成套大型空分、大型空压增压机、大型煤气化炉示范应用”“推动合成气一步法制烯烃、绿氢与煤化工项目耦合等前沿技术开发应用”“加快大型先进煤气化、半/全废锅流程气化、合成气联产联供、高效合成气净化、高效甲醇合成、节能型甲醇精馏、新一代甲醇制烯烃、高效草酸酯合成及乙二醇加氢等技术开发应用”“推动一氧化碳等温变换技术应用”“采用热泵、热夹点、热联合等技术，优化全厂热能供需匹配，实现能量梯级利用”“依托项目周边二氧化碳利用和封存条件，因地制宜开展变换等重点工艺环节高浓度二氧化碳捕集、利用及封存试点”“推动二氧化碳生产甲醇、可降解塑料、碳酸二甲酯等产品”“加强灰、渣资源化综合利用”等要求。

2022年3月，工信部等6部委联合印发了《关于“十四五”推动石化化工行业高质量发展的指导意见》(工信部联原〔2022〕34号)，提出“石化、煤化工等重点领域企业主要生产装置自控率达到95%以上，建成30个左右智能制造示范工厂、50家左右智慧化工示范园区”“促进煤化工产业高端化、多元化、低碳化发展，按照生态优先、以水定产、总量控制、集聚发展的要求，稳妥有序发展现代煤化工”“推动现代煤化工产业示范区转型升级，稳妥推进煤制油气战略基地建设，构建原料高效利用、资源要素集成、减污降碳协同、技术先进成熟、产品系列高端的产业示范基地”“推进炼化、煤化工与‘绿电’‘绿氢’等产业耦合示范，利用炼化、煤化工装置所排二氧化碳纯度高、捕集成本低等特点，开展二氧化碳规模化捕集、封存、驱油和制化学品等示范”等要求。

2022年6月，生态环境部联合6部委发布了《减污降碳协同增效实施方案》，提出“鼓励重点行业企业探索采用多污染物和温室气体协同控制技术工艺，开展协同创新。推动碳捕集、利用与封存技术在工业领域应用”。

(二)持续优化环境准入管理

生态环境部(原环境保护部)高度关注现代煤化工环境管理，于2015年印发《现代煤化工建设项目环境准入条件(试行)》(环发〔2015〕111号)(以下简称《准入条件》)，从规划选址、项目选址、污染防治、环境风险防控等方面对现代煤化工提出了准入要求，成为“十三五”期间各级生态环境部门审批现代煤化工建设项目环评文件的基本遵循原则。《国务院关于煤炭行业化解过剩产能实现脱困发展的意见》(国发〔2016〕7号)、《现代煤化工行业创新发展布局方案》(发改产业〔2017〕553号)等政策规划文件直接引用了《准入条件》，对规范现代煤化工项目环境准入、提升行业环境管理水平发挥了重要作用。

为深入落实“放管服”改革要求，推动行业高质量绿色发展和减污降碳协同发展，生态环境部于2022年12月印发《现代煤化工建设项目环境影响评价文件审批原则》(以下简称《审批原则》)，替代《准入条件》，指导各级生态环境部门规范现代煤化工建设项目环评文件审批，促进煤炭清洁高效利用。与《准入条件》相比，《审批原则》以推动行业高质量发展、减污降碳协同增效为目标，以严格环境管理、提升行业建设发展质量为导向，以协调一致、依法依规、有效指导为原则，根据最新管理要求，细化完善了项目选址、污染防治等内容；增加了规划相符性、污染物区域削减管控、减污降碳协同控制等内容。

1.明确提出规划相符性要求

《审批原则》依据《建设项目环境保护管理条例》第十一条第（一）款有关规定，明确提出了现代煤化工项目应“符合现代煤化工创新发展布局方案等有关产业规划”的要求。

2.完善选址布局要求

《审批原则》提出了“项目选址应符合生态环境分区管控”“避开生态保护红线”“尽可能远离居民集中区、医院、学校等环境敏感区”“新建、扩建现代煤化工项目应布设在依法合规设立的产业园区”等选址要求。此外，按照《中华人民共和国噪声污染防治法》《中华人民共和国长江保护法》《中华人民共和国黄河保护法》《地下水管理条例》等法律法规均对项目选址提出了新要求，《审批原则》提出“项目选址不得位于长江干支流岸线一公里范围内、黄河干支流岸线管控范围内等法律法规明确规定的禁止建设区域”的要求。

3.强调行业低碳发展和减污降碳协同增效

《审批原则》依据《中共中央 国务院关于深入打好污染防治攻坚战的意见》提出了“将温室气体排放纳入建设项目环境影响评价”的总体要求，要求建设项目环评文件“核算温室气体排放量，推进减污降碳协同增效，推动减碳技术创新示范应用”；针对煤化工工艺废气二氧化碳浓度高、捕集成本低等特点，提出“鼓励有条件的地区、企业开展重点工艺环节高浓度二氧化碳捕集、利用及封存等减污降碳协同治理工程示范”要求，推动企业开展减污降碳协同治理工程示范；从减少燃料煤使用角度，提出了“项目优先选择电力驱动设备，或依托园区集中供热供汽，原则上不得新增自备燃煤机组”“鼓励采用半/全废锅流程气化和热泵、热夹点、热联合等技术，优化热能供需匹配，提升余热、余压利用水平”等要求，推动现代煤化工优化燃料结构，实现减污降碳协同控制。

4.积极促进行业升级示范

《审批原则》继承了《准入条件》的精神，对新建项目明确提出“在煤炭分质高效利用、资源能源耦合利用、减污降碳协同控制技术等方面承担示范任务”的原则要求；在此基础上，针对性地提出了“鼓励有条件的地区、企业开展绿氢与煤化工项目耦合、重点工艺环节高浓度二氧化碳捕集、利用及封存等减污降碳协同治理工程示范”的具体要求，积极从低碳化发展角度推动行业示范；此外，《审批原则》提出了“新建、扩建项目应采用先进适用的工艺技术和装备，单位产品物耗、能耗、水耗、污染物排放量和资源综合利用等应达到行业先进水平”，旨在通过新建项目高水平实施推动行业整体水平不断升级。

5.着力推动区域环境质量

为降低项目建设对环境质量的影响，《审批原则》明确提出现代煤化工项目执行《关于加强重点行业建设项目区域削减措施监督管理的通知》（环办环评〔2020〕36号）要求，并就36号文中未明确的纳入削减的污染物项目、削减措施来源及与总量减排的关系进行了规定。此外，为落实《关于做好“十四五”主要污染物总量减排工作的通知》中

“新（改、扩）建项目主要污染物排放量区域削减措施涉及的重点工程减排量，在总量减排核算中相应予以扣减”的要求，提出“纳入区域重点减排工程的措施不能作为区域削减措施”。

二、现代煤化工环境影响评价管理

根据分级审批管理规定，煤制甲醇、煤制烯烃、煤制天然气、煤制油建设项目环境影响评价文件由生态环境部审批，其他现代煤化工项目环评文件由地方生态环境部门审批。

“十三五”期间，生态环境部共审批14项现代煤化工项目，其中煤制油4项，批复新增产能485 × 10^4t/a；煤制烯烃5项，批复新增产能360 × 10^4t/a；煤制天然气5项，批复新增产能180 × $10^8$$m^3$/a。“十四五”以来，生态环境部共审批2项煤制烯烃项目，批复新增产能390 × 10^4t/a。

“十四五”以来，各地审批现代煤化工项目环评文件数量较少。2021年地方生态环境部门共批复现代煤化工项目环评文件2项，2022年地方生态环境部门共批复现代煤化工项目环评文件2项。

三、现代煤化工排污许可管理

1.排污许可证申领与核发情况

根据排污许可分类管理名录，现代煤化工企业全部纳入排污许可重点管理。本报告研究范围内57家现代煤化工企业全部纳入排污许可重点管理，申领了排污许可证。

57家现代煤化工企业二氧化硫、氮氧化物、颗粒物、挥发性有机物许可排放量分别为4.73 × 10^4t/a、6.20 × 10^4t/a、1.65 × 10^4t/a、1.11 × 10^4t/a，如表3-1所示。煤制油、煤制天然气、煤制烯烃、煤制乙二醇的大气污染物许可排放量如图3-10所示。内蒙古自治区、新疆维吾尔自治区、宁夏回族自治区、陕西省4个地区的许可排放量较大，二氧化硫、氮氧化物、颗粒物、挥发性有机物在4个地区的许可排放量之和占全国总许可排放量的百分比分别为70.1%、63.1%、53.5%、45.2%，如图3-11~图3-13所示。

表3-1　分省（自治区、直辖市）统计各污染物的许可排放量　　单位：t/a

	二氧化硫	氮氧化物	颗粒物	VOCs 许可
安徽	717.35	2547.33	1294.58	207.37
兵团	523.14	879.90	169.04	65.16
甘肃	1.62	52.41	36.08	0.00
广西	248.51	585.51	123.00	47.72
贵州	1746.78	860.99	232.80	0.00
河北	314.96	266.83	71.89	0.00
河南	648.42	1894.27	293.20	297.92

续表

	二氧化硫	氮氧化物	颗粒物	VOCs 许可
湖北	3457.76	4456.07	1724.82	19.20
吉林	0.00	0.00	5.58	25.21
江苏	251.07	1371.57	184.21	698.61
辽宁	286.42	446.91	112.32	926.78
内蒙古	17267.24	14576.16	3908.24	597.90
宁夏	4352.53	8343.14	1798.84	184.97
青海	2098.92	2415.66	1845.10	0.00
山东	2154.64	3632.94	723.50	3361.24
山西	1365.47	2302.35	574.29	0.00
陕西	6679.34	10800.39	2453.36	3904.10
天津	28.89	250.51	118.84	143.51
新疆	4859.83	5400.42	660.38	338.10
云南	300.57	549.20	95.48	0.00
浙江	0.00	403.66	67.66	304.37
总计	47303.44754	62036.22639	16493.20329	11122.16302

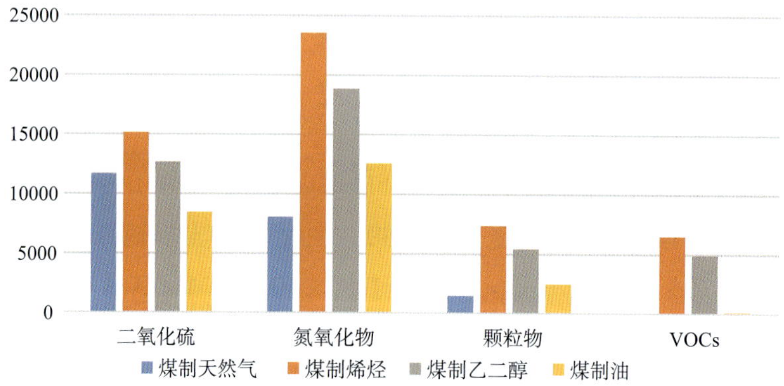

图3-10　各类型现代煤化工企业污染物许可排放总量

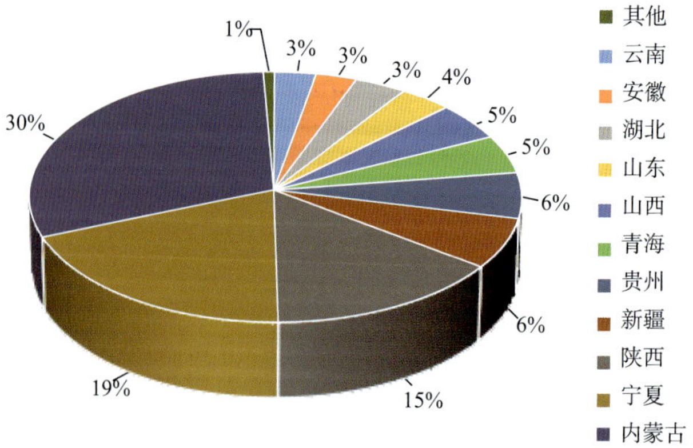

图3-11　2022年各省区市二氧化硫实际排放量占比

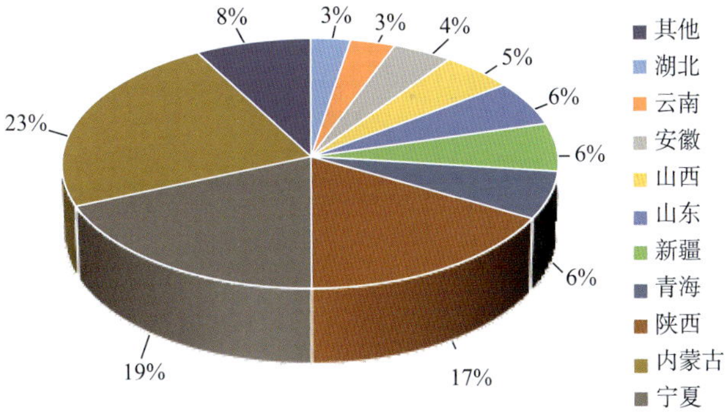

图3-12　2022年各省区市氮氧化物实际排放量占比

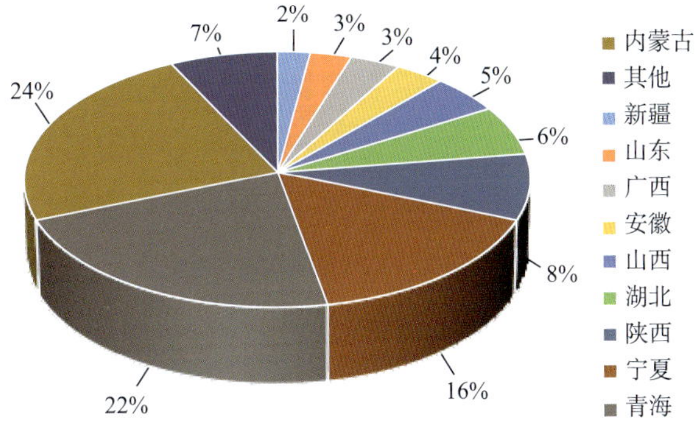

图3-13　2022年各省区市颗粒物实际排放量占比

2021年12月，生态环境部印发《关于开展工业固体废物排污许可管理工作的通知》，将工业固体废物环境管理要求纳入产废单位排污许可证，并同步印发了《排污许可证申请与核发技术规范 工业固体废物（试行）》（HJ 1200—2021）。截至2022年年底，57家现代煤化工企业中已有60家企业在排污许可证中载明了企业固体废物产生环节、产生量及暂存、处置管理要求。

2.排污许可执行情况

75家现代煤化工企业全部提交了2022年度排污许可执行报告，1家企业未按期提交2022年各季度排污许可执行报告，46家提交了2022年排污许可逐月执行报告。根据各企业提交的2022年度年排污许可执行报告，现代煤化工企业的氮氧化物、二氧化硫、颗粒物的排放量分别为2.065万吨/年、0.876万吨/年、0.290万吨/年。内蒙古、宁夏、陕西三省区2022年度二氧化硫、氮氧化物、颗粒物排放量分别占全国现代煤化工企业排放总量的64%、59%、48%，如图3-11~图3-13所示。与2021年相比，氮氧化物、二氧化硫、颗粒物排放总量均增加，如图3-14所示。

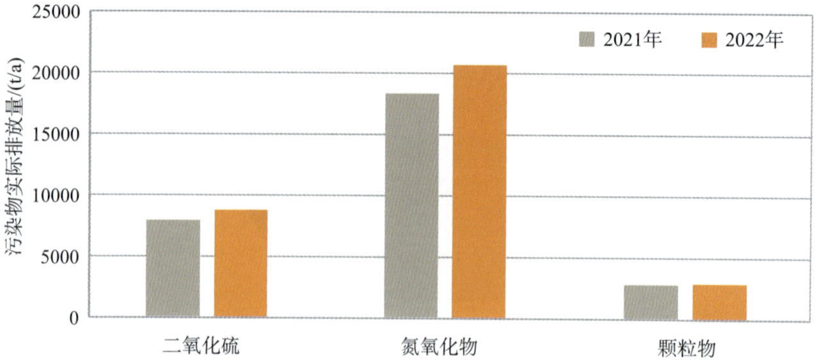

图3-14　现代煤化工企业大气污染物实际排放量

四、现代煤化工企业环境监管

1.环境行政处罚情况

根据全国环境违法行政处罚平台记录，2020~2022年，现代煤化工企业环境行政处罚案件71起，共涉及28家现代煤化工企业，其中陕西、内蒙古、山西、宁夏4省（自治区）涉案现代煤化工企业19家，共涉及58次行政处罚，如图3-15所示。71起案件中，涉及违反大气污染防治法案件32起、水污染防治案件11起、固体废物管理制度案件12起、违反环评制度及其他情况共16起。2020~2022年，全国现代煤化工企业环境违法行政处罚数量呈逐年减少趋势，如图3-16所示。

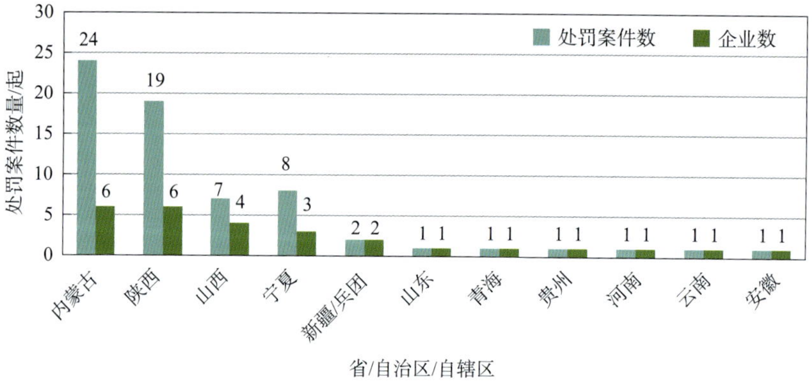

图3-15　2020~2022年现代煤化工行业环境违法行政处罚案件数量分布

从违法行为类型主要涉及大气污染、水污染、固体废物管理失责、违反环评制度等四方面，其中废气方面占比最高，占比约45%（包括恶臭/异味、工业废气违规排放）；其次是违反环评制度，占比约23%。

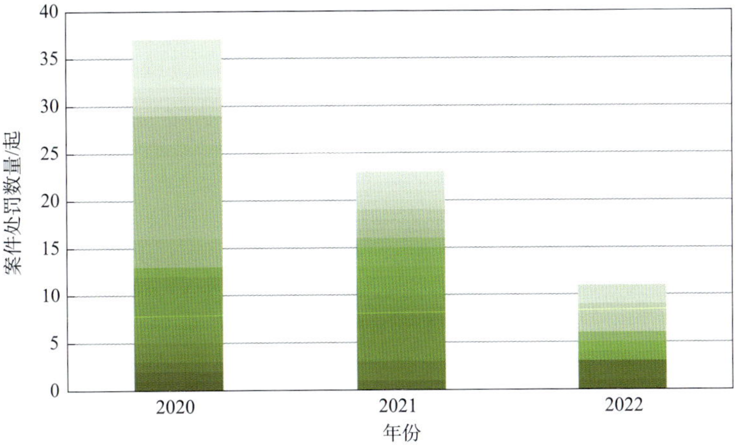

图3-16　2020~2022年现代煤化工行业环境违法行政处罚案件数量变化情况

注：图中颜色代表不同企业

2.环境投诉情况

根据全国生态环境信访投诉环境管理平台数据，现代煤化工企业中，“十四五”以来群众投诉共55次，涉及28家企业，2021、2022年分别出现33、22次。其中，内蒙古、山西、陕西、新疆（含兵团）4省（自治区）共涉22家企业，41次群众投诉如图3-17所示。

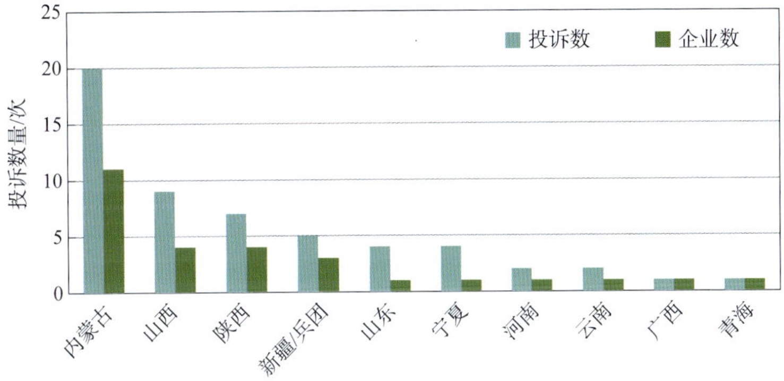

图3-17　“十四五”期间现代煤化工企业群众环境投诉情况

第三节　现代煤化工行业排放绩效评估

一、污染物排放标准执行情况

现代煤化工行业未制定国家或地方污染物排放标准。《现代煤化工建设项目环境影响评价文件审批原则》规定“在行业污染物排放标准出台前，原料煤输送、储存、预干燥等加工过程中含尘有组织废气执行《大气污染物综合排放标准》（GB 16297—2017）；加热炉烟气、酸性气回收装置尾气、甲醇制烯烃装置再生烟气以及含有机特征污染物的工艺废气等暂按《石油炼制工业污染物排放标准》（GB 31570—2015）或《石油化学工业污染物排放标准》（GB 31571—2015）相关要求控制；涉及后续产品加工的生产装置按相关行业排放标准控制”。

现代煤化工企业动力站废气执行《火电厂大气污染物排放标准》（GB 13223—2011）或相应地方标准，河北省、山东省、陕西省、新疆维吾尔自治区均出台了相应的燃煤锅炉或火电污染物排放标准，57家企业中，19家配套的动力站废气排放按火电超低排放要求进行控制。

根据《审批原则》，硫回收尾气二氧化硫排放浓度限值参照《石油炼制工业污染物排放标准》（GB 31570—2015）执行，涉及硫回收工序的企业中有18家执行《石油炼制工业污染物排放标准》，其中7家执行100mg/m^{3}浓度限值，10家执行400mg/m^{3}浓度限值；16家企业将硫回收尾气送至锅炉焚烧，焚烧烟气执行动力站烟气相应标准要求；仍有11家企业硫回收尾气二氧化硫排放浓度限值执行《大气污染物综合排放标准，其中6家执行960mg/m^{3}浓度限值。

现代煤化工加热炉烟气参照《石油化学工业污染物排放标准》（GB 31571—2015）执行（氮氧化物浓度限值150或180mg/m^3，部分企业执行《大气污染物综合排放标准》（GB 16297—2017）（氮氧化物浓度限值240mg/m^3；聚烯烃装置料仓废气参照《合成树脂工业污染物排放标准》（GB 31572—2015）执行（颗粒物20mg/m^3），个别企业执行《大气污染物综合排放标准》（GB 16297—2017）（颗粒物浓度限值120mg/m^3）。

废水排放方面，煤制油、煤制天然气企业全部实现废水不外排，煤制烯烃和煤制乙二醇企业的废水污染物均执行《水污染物综合排放标准》（GB 8978—1996）。

二、污染物控制措施及排放水平

（一）动力站锅炉烟气

现代煤化工企业废气二氧化硫排放源主要包括净化工段酸性气和动力锅炉烟气，其中锅炉烟气的二氧化硫排放量最多可占全厂二氧化硫排放量的98%，其脱硫措施主要包括氨法脱硫和石灰石石膏湿法脱硫，部分企业使用炉内喷钙+炉外干法组合脱硫工艺；锅炉烟气脱硝措施主要为SCR脱硝或低氮燃烧+SCR组合脱硝工艺，主要采用袋式除尘或电袋除尘工艺，湿法脱硫工艺的喷淋装置也能起到除尘效果。

根据排污许可执行报告数据，现代煤化工企业锅炉烟气SO_2平均浓度为0.30~53.80mg/m^3，氮氧化物平均浓度为2.70~93.00mg/m^3，颗粒物平均浓度为0.47~15.40mg/m^3，如图3-18所示。

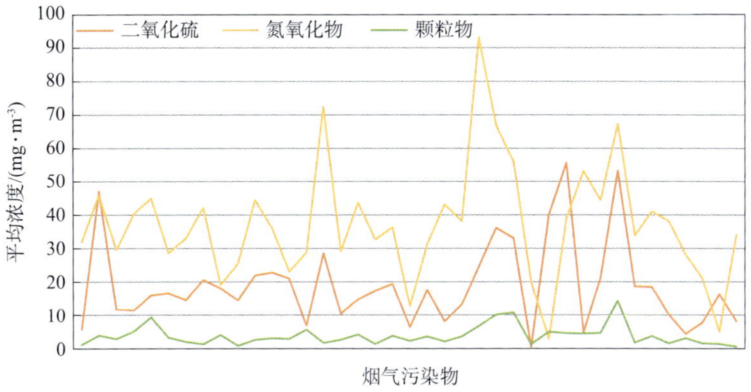

图3-18 典型企业动力站锅炉烟气污染物平均排放浓度

(二)备煤及煤炭储运

备煤及储运环节是现代煤化工企业重要的颗粒物无组织排放源，主要采取的排放控制措施为原料煤装卸系统、煤仓/堆场、备煤系统、输煤系统封闭+袋式除尘或喷雾抑尘措施。根据排污许可执行报告数据，现代煤化工备煤及储运环节颗粒物平均排放控制浓度介于0.50~50.10mg/m^3，如图3-19所示。

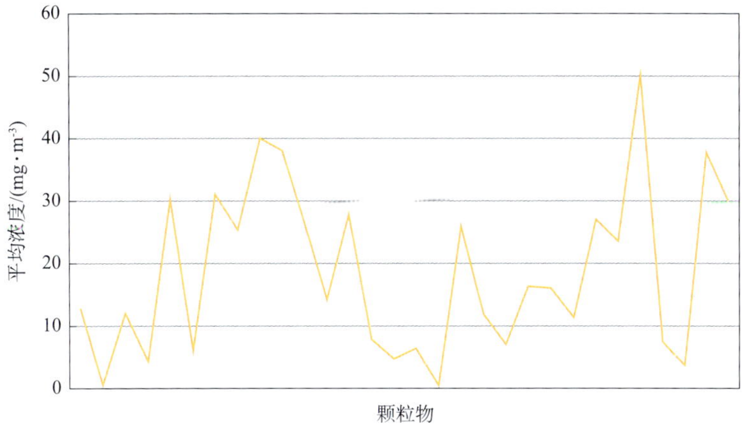

图3-19 典型企业备煤及储运环节颗粒物平均排放浓度

(三)工艺废气

现代煤化工酸性气多采用硫黄回收工艺处理回收其中硫黄，尾气采取焚烧法处理，部分企业将硫回收尾气并入锅炉烟气；气化、甲醇等装置工艺加热炉烟气是现代煤化工企业除锅炉烟气外氮氧化物排放主要来源之一，加热炉烟气普遍采用低氮燃烧工艺。大部分企业工艺加热炉烟气氮氧化物平均排放浓度能够控制在100mg/m^{3}以内；聚烯烃等装置工艺废气采用除尘措施以袋式除尘器为主；采用粉煤气化工艺的企业磨煤干燥机主要采用袋式除尘器除尘；乙二醇合成装置亚硝酸甲酯回收塔尾气可采用吸收法处理技术；乙二醇合成装置尾气可采用吸收、热氧化等处理技术；煤间接液化油品合成装置尾气可采用热氧化处理技术；酸性水汽提装置含硫污水储罐尾气收集后可采用吸附、吸收或进克劳斯尾气焚烧炉处理的技术；煤直接液化油渣成型装置尾气可采用吸收处理技术。

（四）挥发性有机物

现代煤化工行业的挥发性有机物排放分为有组织排放和无组织排放两大类。包括设备动静密封点泄漏、有机液体储存、废水集输储存处理过程逸散、工艺有组织排放、有机液体装卸挥发损失、循环冷却水系统释放、非正常工况（含开停工及维修）排放、火炬排放、固体物料堆存和装卸释放、燃烧烟气排放、采样过程排放、事故排放等12类源项。主要排放源为低温甲醇洗二氧化碳废气中含有大量挥发的甲醇、总烃、羰基硫、硫化氢等；污水处理池逸散的挥发性有机物主要有烷烃、烯烃、卤代烃、芳香烃、醇类和硫醚等。

1.低温甲醇洗尾气

低温甲醇洗二氧化碳放空尾气可采用水洗或热氧化（碎煤加压气化）处理技术；用低温甲醇洗过的高浓度二氧化碳废气作为载气输送煤粉的干煤粉气流床气化装置的粉煤仓过滤器尾气可采用水洗的处理技术去除尾气中的甲醇；50家涉低温甲醇洗工序的企业中，仅7家企业采取焚烧法，其余企业多将低温甲醇洗尾气，直接放空。根据《排污许可证申请与核发技术规范 煤炭加工—合成气和液体燃料生产》（HJ1101—2020）和《排污单位自行监测技术指南 煤炭加工—合成气和液体燃料生产》（HJ1247—2022），低温甲醇洗尾气中应控制并监测甲醇、硫化氢、非甲烷总烃，57家企业中有17家企业低温甲醇洗尾气放空且未监控非甲烷总烃。

2.储罐及装卸废气

含甲醇、乙二醇等易溶于水的化学品废气，宜采用水吸收或吸收+氧化燃烧处理。含油品类废气宜采用吸收、吸附、冷凝、膜分离等回收组合技术以及与蓄热式燃烧、蓄热式催化燃烧、催化燃烧等组合技术。

3.污水处理装置废气

气化工艺造气废水沉淀池废气常压固定床可采用焚烧处理技术；隔油池、气浮池等高浓度废气宜采用催化燃烧、焚烧等处理技术；曝气池等低浓度废气可采用生物法、吸附、焚烧等处理技术。截至2022年，仍有16家企业未对污水处理装置无组织排放采取收集处理措施。

（五）非正常工况废气

开停工过程中应优化停工退料工序，合理使用各类资源、能源，减少各类废物的产生和排放；生产装置吹扫过程应优先采用密闭吹扫工艺，以最大程度回收物料，减少排放；选用适宜的清洗剂和吹扫介质，扫气应接入有机废气回收或处理装置，可采用冷凝、吸附、吸收、催化燃烧等处理技术；在难以建立密闭蒸罐、清洗、吹扫产物密闭排放管网的情况下，采用移动式设备处理检修过程排放废气；生产设备在非正常工况下通过安全阀排出的含挥发性有机物废气应接入有机废气回收或处理装置。

第四节　现代煤化工绿色发展水平评估

一、评价对象

本次评价指标体系选取典型煤制烯烃、煤制天然气、煤制油、煤制乙二醇企业共32家进行绿色发展水平评价，其中煤制烯烃企业11家，产能占全国煤制烯烃产能的77.8%；4家煤制天然气企业全部参与评价；煤制油企业7家，产能占全国煤制油总产能的95.5%；煤制乙二醇企业10家，产能占全国煤制乙二醇总产能的29.4%。

二、绿色指标体系

本次绿色指标体系共设资源能源消耗、环境管理制度执行情况、污染物排放控制水平、环境守法情况等4项，包括一级指标4项，共设劣质煤利用情况、单位产品燃料煤消耗、单位产品原料煤消耗、单位产品新鲜水消耗、环境影响评价制度实施情况、固体废物纳入排污许可证情况、排污许可证执行报告上报情况、执行报告填写质量、污染物达标排放情况、单位产品二氧化硫排放量、单位产品氮氧化物排放量、单位产品颗粒物排放量、废水排放情况、废杂盐产生及综合利用情况、锅炉烟气二氧化硫控制水平、锅炉烟气氮氧化物控制水平、锅炉烟气颗粒物控制水平、备煤储运环节颗粒物控制水平、低温甲醇洗尾气非甲烷总烃控制水平、污水处理站无组织排放控制水平、减污降碳协同控制措施、环境违法处罚情况、群众投诉情况等23项二级指标，如表3-2所示。

三、数据来源

此次评价使用数据全部来自排污许可监督管理平台、环境执法行政处罚数据库、投诉举报系统，部分平台中缺失数据通过向相关企业进行数据补充、核实后统计分析。

表3-2　现代煤化工绿色发展指标体系

一级指标	一级指标权重	二级指标	二级指标权重	数据来源	赋分规则
资源能源消耗	17	劣质煤利用情况	2	排污许可平台	2分：使用劣质煤为原料； 0分：其他
		单位产品燃料煤消耗	5	排污许可平台	5分：<2t/t烯烃；<7t/10^4m^3天然气；<1t/t合成油；<1t/t乙二醇。 3分：2~4t/t烯烃；7~10t/10^4m^3天然气；1~1.5t/t合成油；1.0~1.5t/t乙二醇。 3分：4~6t/t烯烃；10~20t/10^4m^3天然气；1.5~2t/t合成油；1.5~2.0t/t乙二醇。 2分：>6t/t烯烃；>20t/10^4m^3天然气；>2t/t合成油；>2t/t乙二醇
		单位产品原料煤消耗	5	排污许可平台	5分：<3.6t/t烯烃；<26t/10^4m^3天然气；<4t/t合成油；<2t/t乙二醇。 4分：3.6~6t/t烯烃；26~33t/10^4m^3天然气；4~5t/t合成油；2~3t/t乙二醇。 3分：6~9t/t烯烃；>33t/10^4m^3天然气；5~6t/t合成油；3~4t/t乙二醇。 2分：>9t/t烯烃；>6t/t合成油；>4t/t乙二醇
		单位产品新鲜水消耗	5	排污许可平台	5分：<16t/t烯烃；<50t/10^4m^3天然气；<7t/t合成油；<10t/t乙二醇。 4分：16~22t/t烯烃；50~70t/10^4m^3天然气；7~10t/t合成油；10~15t/t乙二醇。 3分：22~26t/t烯烃；>70t/10^4m^3天然气；10~20t/t合成油；15~20t/t乙二醇。 2分：>26t/t烯烃；>20t/t合成油；>20t/t乙二醇
环境管理制度执行情况	22	环境影响评价制度实施情况	5	排污许可平台/自验收平台	5分：取得环评批复、完成竣工环境保护验收且开展了环境影响后评价； 4分：取得环评批复并完成竣工环境保护验收； 3分：取得环评批复； 0分：未取得环评批复
		固体废物管理纳入排污许可情况	3	排污许可平台	3分：排污许可证中载明固体废物产生情况及处置方式； 1分：排污许可证中未载明固体废物产生情况及处置方式
		排污许可证执行报告上报情况	4	排污许可平台	4分：上传2022年度、季度、月度执行报告； 3分：上传2022年度、季度执行报告； 2分：上传2022年度执行报告； 0分：应上传但未上传2022年年度执行报告
		执行报告填写质量	4	排污许可平台	2022年度执行报告完整填写得4分，原料数量、燃料数量、产品数量、耗水量、污染防治措施运行情况、台账管理及信息公开情况、主要排放口自行监测情况、一般排放口自行监测情况，每缺一项扣0.5分
		污染物排放达标情况	6	排污许可平台/生态环境执法平台	6分：2022年度在线超标数据数量<50个； 5分：2022年度在线超标数据数量50~100个； 4分：2022年度在线超标数据数量100~500个； 3分：2022年度在线超标数据数量500~1000个； 2分：2022年度在线超标数据数量>1000个
减污降碳协同控制水平	51	单位产品二氧化硫排放量	5	排污许可平台	5分：<0.25kg/t烯烃；<1.0kg/10^4m^3天然气；<0.1kg/t合成油；<0.05kg/t乙二醇。 4分：0.25~0.5kg/t烯烃；1.0~3.0kg/10^4m^3天然气；0.05~0.1kg/t合成油；0.5~1.0kg/t乙二醇。 3分：0.5~1.0kg/t烯烃；3.0~5.0kg/10^4m^3天然气；0.1~0.5kg/t合成油；1.0~2.0kg/t乙二醇。 2分：>1.0kg/t烯烃；>5.0kg/10^4m^3天然气；>0.5kg/t合成油；>0.5kg/t乙二醇

续表

一级指标	一级指标权重	二级指标	二级指标权重	数据来源	赋分规则
减污降碳协同控制水平	51	单位产品氮氧化物排放量	5	排污许可平台	5 分：<0.5kg/t 烯烃；<1.0kg/10^4m^3 天然气；<0.5kg/t 合成油；<0.5kg/t 乙二醇。 4 分：0.5~1.0kg/t 烯烃；1.0~3.0kg/10^4m^3 天然气；0.5~1.0kg/t 合成油；0.5~1.0kg/t 乙二醇。 3 分：1.0~1.5kg/t 烯烃；3.0~5.0kg/10^4m^3 天然气；1.0~2.0kg/t 合成油；1.0~2.0kg/t 乙二醇。 2 分：>1.5kg/t 烯烃；>5.0kg/10^4m^3 天然气；>2.0kg/t 合成油；>2.0kg/t 乙二醇
		单位产品颗粒物排放量	5	排污许可平台	6 分：<0.01kg/t 合成油；<0.1kg/t 乙二醇。 5 分：<0.05kg/t 烯烃；<0.1kg/10^4m^3 天然气；<0.1kg/t 合成油；<0.05kg/t 乙二醇。 4 分：0.05~0.1kg/t 烯烃；0.1~0.5kg/10^4m^3 天然气；0.05~0.1kg/t 合成油；0.2~0.5kg/t 乙二醇。 3 分：0.1~0.15kg/t 烯烃；0.5~1.0kg/10^4m^3 天然气；0.1~0.5kg/t 合成油；0.5~1.0kg/t 乙二醇。 2 分：>0.15kg/t 烯烃；>1.0kg/10^4m^3 天然气；>0.5kg/t 合成油；>0.5kg/t 乙二醇；未填报相关数据
		废水排放情况	5	排污许可平台 / 调研	5 分：不外排； 4 分：排放至园区污水处理厂； 3 分：排放至环境：
		废杂盐产生及综合利用情况	3	排污许可平台 / 调研	6 分：分盐并综合利用； 3 分：不分盐
		锅炉烟气 SO_2 控制水平	5	排污许可平台 / 生态环境执法平台	5 分：2022 年平均排放浓度 <10mg/m^3； 4 分：2022 年平均排放浓度 10~35mg/m^3； 3 分：2022 年平均排放浓度 35~50mg/m^3； 2 分：2022 年平均排放浓度 >50mg/m^3 或未填报该数据
		锅炉烟气 NOx 控制水平	5	排污许可平台 / 生态环境执法平台	5 分：2022 年平均排放浓度 <30mg/m^3； 4 分：2022 年平均排放浓度 30~50mg/m^3； 3 分：2022 年平均排放浓度 50~100mg/m^3； 2 分：2022 年平均排放浓度 >100mg/m^3
		锅炉烟气颗粒物控制水平	5	排污许可平台 / 生态环境执法平台	5 分：2022 年平均排放浓度 <5mg/m^3； 4 分：2022 年平均排放浓度 5~10mg/m^3； 3 分：2022 年平均排放浓度 10~30mg/m^3； 2 分：2022 年平均排放浓度 >30mg/m^3 或未填报该数据
		备煤及储运环节颗粒物控制水平	5	排污许可平台	5 分：2022 年平均排放浓度 <5mg/m^3； 4 分：2022 年平均排放浓度 5~10mg/m^3； 3 分：2022 年平均排放浓度 10~120mg/m^3； 2 分：2022 年平均排放浓度 >120mg/m^3 或未填报该数据
		低温甲醇洗尾气非甲烷总烃控制水平	3	排污许可平台	3 分：低温甲醇洗尾气采取焚烧措施； 2 分：直接排放； 0 分：直接排放且不监控非甲烷总烃浓度
		污水处理站无组织排放控制水平	3	排污许可证 / 调研	3 分：收集并采取焚烧措施； 2 分：收集并采取两级以上非焚烧措施； 1 分：收集后采取一级非焚烧措施； 0 分：不收集

续表

一级指标	一级指标权重	二级指标	二级指标权重	数据来源	赋分规则
减污降碳协同控制水平	51	减污降碳协同控制水平	2	调研	2分：低温甲醇洗尾气二氧化碳实施地质封存或利用/实施绿氢耦合； 0分：未采取上述减污降碳措施
环境守法情况	10	环境处罚情况	5	生态环境执法平台	2022年度每受到一次生态环境行政处罚，扣1分
		群众投诉	5	全国生态环境信访投诉举报环境管理平台	2022年度每收到一次群众投诉，扣1分

四、评价结果

参加评价的32家企业中，有4家企业得分高于85分，6家企业得分在80~85分之间，17家企业得分在70~80分之间，5家企业得分低于70分。煤制烯烃企业总体水平优于其他类型煤化工企业，如图3-20~图3-23所示。

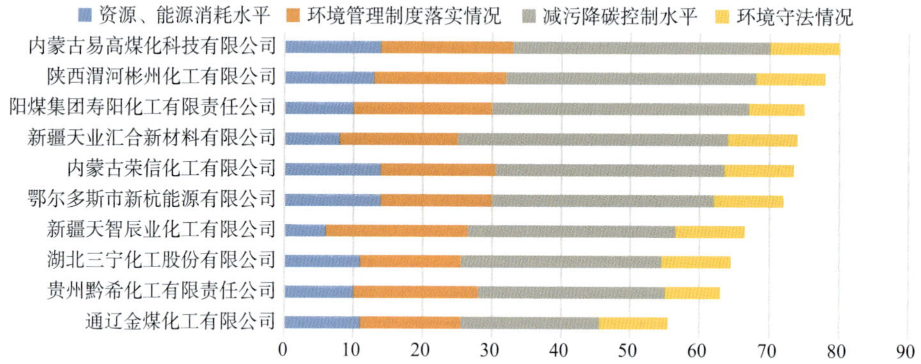

图3-20　煤制乙二醇企业绿色发展指标评价结果

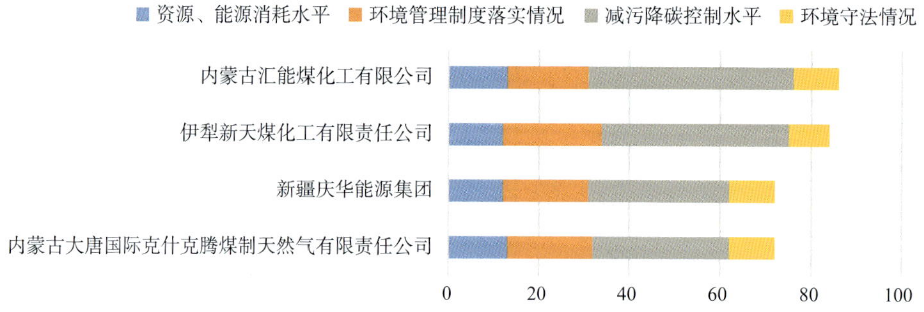

图3-21　煤制天然气企业绿色发展指标评价结果

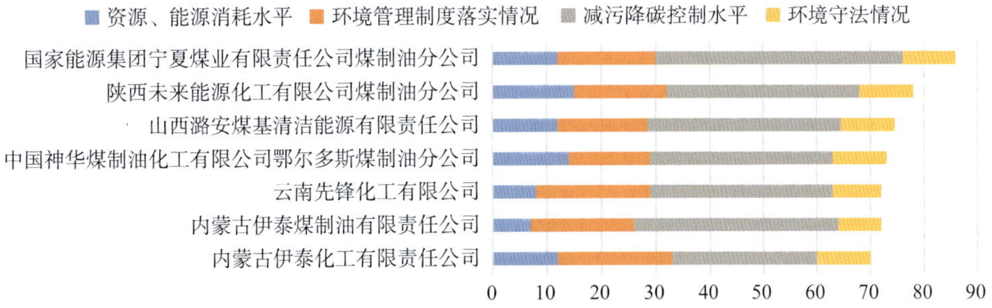

图3-22　煤制油企业绿色发展指标评价结果

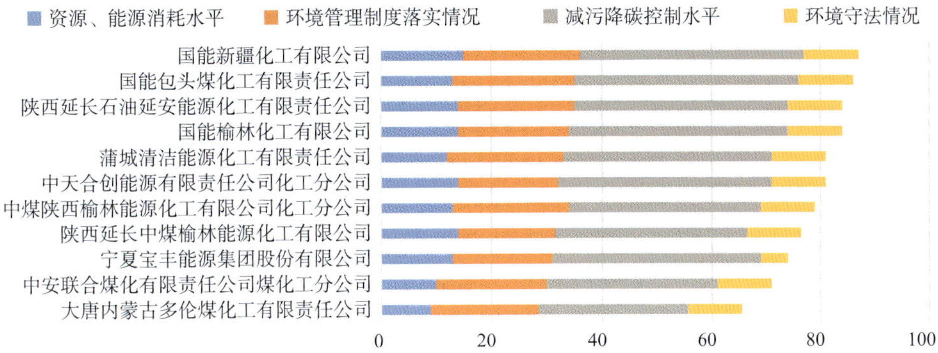

图3-23　煤制烯烃企业绿色发展指标评价结果

第四章 生活垃圾焚烧发电行业环境评估报告

第一节 行业发展现状

基于全国排污许可证管理信息平台和生活垃圾焚烧发电厂自动监测数据公开平台，对《国民经济行业分类》（GB/T 4754—2017）“生物质能发电（4417）”中主要以生活垃圾为原料，采取燃烧等方式发电的企业的生产运行情况进行了全面梳理，分析了2022年生活垃圾焚烧发电行业的规模布局、焚烧处理技术装备和垃圾焚烧处理情况。

一、规模与布局

2022年，全国持排污许可证的生活垃圾焚烧发电企业930家，建设焚烧炉2046台，焚烧处理能力104.53 × 10^4t/d，发电装机规模23026.67MW，总体呈现由东部向西部递减的趋势。山东、浙江、河南、河北、广东和江苏省的生活垃圾焚烧发电企业数量均超过60家，累计约占全国总企业数量的48%，处理能力和发电装机规模均处于全国前列，累计约占全国总处理能力和总发电装机规模的52%和51%。安徽、四川、福建、江西、湖南和湖北省的生活垃圾焚烧发电企业数量均超过30家，如图4-1~图4-3所示。

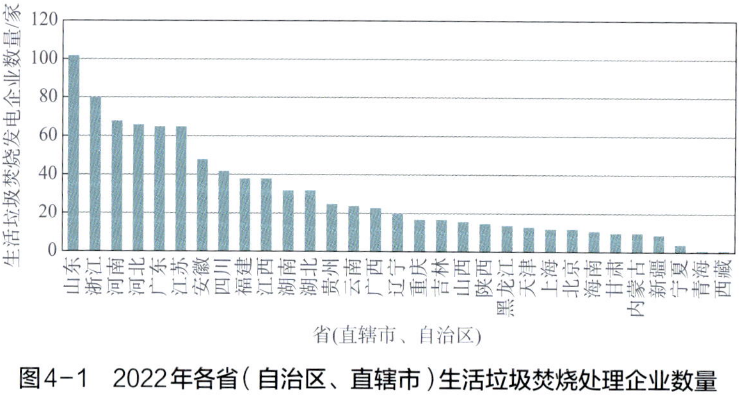

图4-1 2022年各省（自治区、直辖市）生活垃圾焚烧处理企业数量

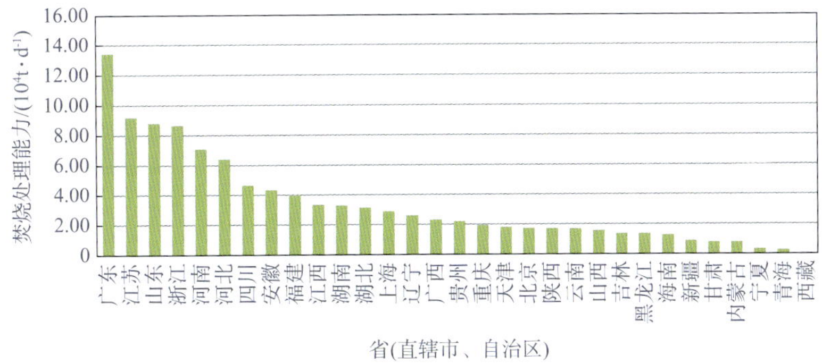

图4-2　2022年各省（自治区、直辖市）生活垃圾焚烧处理能力

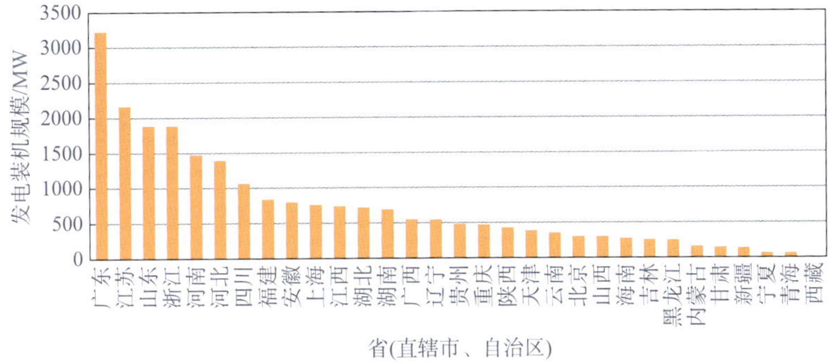

图4-3　2022年各省（自治区、直辖市）生活垃圾焚烧企业发电装机规模

国家发改委和住建部等出台的产业政策有效推动了全国生活垃圾焚烧发电行业的迅速发展。《“十三五”全国城镇生活垃圾无害化处理设施建设规划》和《“十四五”城镇生活垃圾分类和处理设施发展规划》均提出了大力发展生活垃圾焚烧的具体要求。在产业政策的有力推动下，2018~2022年全国生活垃圾焚烧发电企业数量增长1.74倍，焚烧处理能力增长1.36倍，发电装机规模增长1.51倍，如图4-4所示。

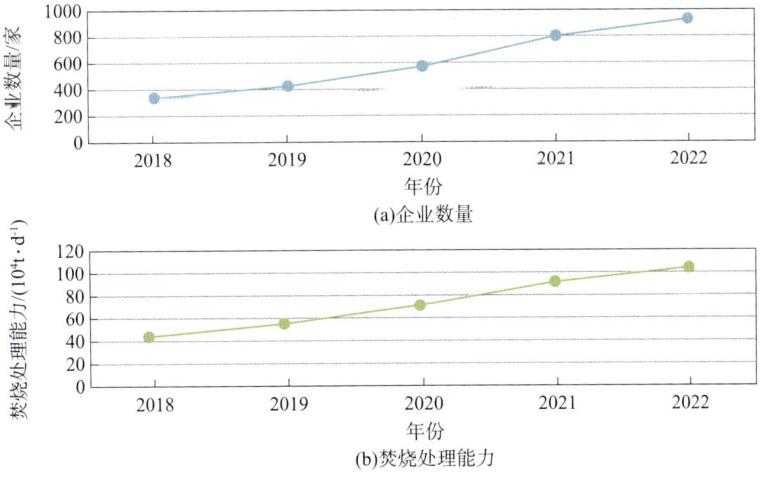

图4-4　2018~2022年生活垃圾焚烧发电行业增长情况

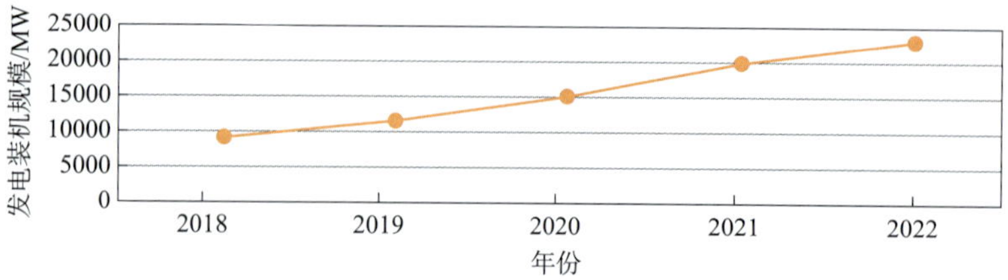

(c)发电装机规模

图4-4　2018~2022年生活垃圾焚烧发电行业增长情况（续）

二、焚烧炉技术

生活垃圾焚烧炉的单台处理能力以300t/d以上为主，炉型以炉排炉最多，较好落实了国家有关要求。《“十三五”全国城镇生活垃圾无害化处理设施建设规划》提出“不鼓励建设处理规模小于300 t/d的焚烧处理设施”。截至2022年年底，全国生活垃圾焚烧发电企业共建设各类焚烧炉2046台，其中300t/d及以上焚烧炉台数1963台，占比95.9%；300t/d以下焚烧炉数量仅占4.1%，如表4-1所示。

表4-1　2022年全国生活垃圾焚烧发电企业焚烧炉处理能力与炉型

单台处理规模/（t/d）	<300			300~600		≥600		合计
炉型	炉排炉	流化床	其他	炉排炉	流化床	炉排炉	流化床	
锅炉台数	71	7	5	1122	88	713	40	2046
锅炉台数总计	83			1210		753		
占比/%	4.1			59.1		36.8		100

三、焚烧处理量

全国生活垃圾焚烧发电企业2022年实际处理生活垃圾2.81 × 10^8t，人均生活垃圾焚烧处理量约为199 kg/a。广东、山东、浙江、江苏、河北、河南、四川、安徽和福建省的垃圾焚烧处理量均超过1000 × 10^4t/d，其焚烧处理垃圾总量占全国总量的65.35%，如图4-5所示。东部省（直辖市）在生活垃圾总焚烧处理量和人均焚烧处理量方面均明显高于中部和西部省（自治区、直辖市）。海南省的人均垃圾焚烧量超过400kg/a，浙江省、天津市和上海市的人均垃圾焚烧量超过300kg/a，江苏省、北京市、广东省、福建省、山东省、河北省和安徽省的人均垃圾焚烧处理量均超过199kg/a的全国平均水平。西藏自治区、新疆维吾尔自治区和内蒙古自治区人均垃圾焚烧量较低，与人口密度、经济社会发展情况和垃圾收运体系建设水平有关，如图4-6所示。

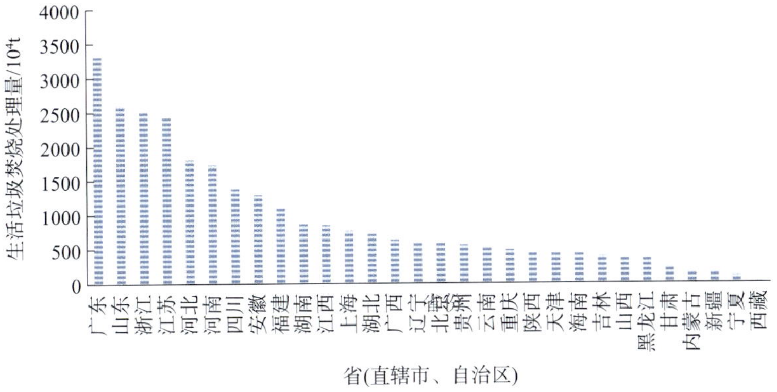

图4-5　2022年各省（自治区、直辖市）生活垃圾焚烧处理量

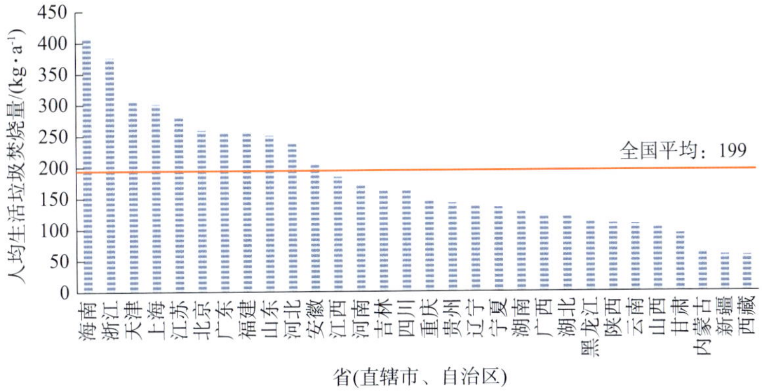

图4-6　2022年各省（自治区、直辖市）人均生活垃圾焚烧处理量

第二节　污染物排放

基于排污许可年度执行报告数据，分析了废气污染物（颗粒物、氮氧化物、二氧化硫等）、废水污染物（化学需氧量和氨氮）的污染物排放绩效，梳理了工业固体废物（废渣、飞灰）的排放情况，匡算了行业温室气体排放与替代减排情况。

一、废气污染物排放

生活垃圾的化学成分和热值会随着生活习惯和垃圾分类进度的不同产生较大波动，经焚烧产生的废气污染物主要为《生活垃圾焚烧污染控制标准》（GB 18485—2014）中给出排放浓度限值的9类污染物。其中，颗粒物的主要成分为不可燃或燃尽的无机物，如灰分、无机盐类、可凝结颗粒物等。酸性气体的主要成分为二氧化硫、氯化氢和氮氧化物等。其中，二氧化硫和氯化氢浓度主要受垃圾成分影响；氮氧化物浓度除与垃圾成分有关外，还受到燃烧温度等因素的影响。汞、镉、锑等重金属浓度与垃圾中的重金属含量成正相关性。二噁英类污染物产生的主要影响因素为燃烧温度、前驱体物质（含苯环有机物）、氯元素和铜、铁等金属元素含量。一氧化碳浓度受锅炉燃烧效果影响显著。

2022年全国生活垃圾焚烧发电企业共排放颗粒物、二氧化硫和氮氧化物 0.37×10^4、2.41×10^4、11.86×10^4t。生活垃圾焚烧发电企业处理吨垃圾的颗粒物、二氧化硫和氮氧化物的全国平均绩效排放量分别为0.0133、0.0858和0.4219 kg/t。

二、废水污染物排放

基于全国排污许可证管理信息平台中直接排放生产废水至外环境的生活垃圾焚烧发电企业排放数据统计，化学需氧量和氨氮的平均排放绩效分别为0.0636和0.0054kg/t。

三、固体废物排放

生活垃圾焚烧发电行业产生固体废物主要为炉渣和飞灰。其中，炉渣包括熔渣、玻璃、陶瓷类物质碎片、铁和其他金属及其他一些不可燃物质、没有燃烧完全的有机物，按照一般固体废物填埋处置或循环利用。飞灰主要为袋式除尘器截留收集的焚烧烟气中的颗粒物等，产生量约为垃圾焚烧量的2%~5%（炉排炉）或8%~13%（循环流化床）。据此估算，全国生活垃圾焚烧飞灰产生量约在 664×10^4~1543×10^4t之间。飞灰因含大量可溶性重金属和二噁英被《国家危险废物名录（2021年版）》列为危险废物，处置方式主要为按照《生活垃圾焚烧污染控制标准》（GB 18485—2014）要求利用水泥窑进行协同处置或螯合固化稳定后送至垃圾填埋场进行填埋处置。

四、温室气体排放与替代减排

生活垃圾焚烧发电行业避免了因垃圾填埋而产生的甲烷排放，还将热值转化为清洁低碳电力，碳减排作用显著，对我国实现“3060”目标具有重要支撑作用。根据《国家发展改革委办公厅关于印发省级温室气体清单编制指南（试行）的通知》（发改办气候〔2011〕1041号）方法匡算[①]，2022年全国生活垃圾焚烧发电企业因焚烧垃圾排放的二氧化碳总量约为 10065×10^4t，处理吨垃圾的碳排放量约为358 kg/t。以焚烧方式处理垃圾约可降低因填埋而产生的甲烷排放约 2017×10^4t（折合二氧化碳当量 50430×10^4t）。焚烧垃圾产生的电力可替代燃煤发电减排二氧化碳约 8001×10^4t。行业的温室气体减排效益十分显著，其中广东、江苏、浙江和河南省的替代碳减排总量排名全国前列，如图4-7所示。

① 未考虑企业外购电力、自用电和起停炉等情况消耗的化石燃料排放的温室气体。

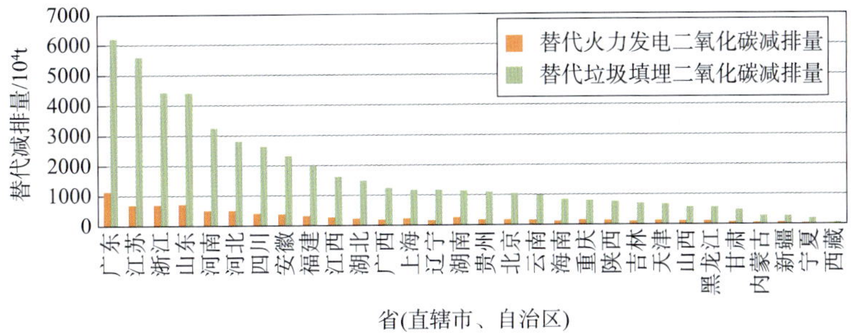

图4-7　2022年各省（自治区、直辖市）生活垃圾焚烧发电替代碳减排量

第三节　污染防治措施

基于排污许可证管理信息平台，全面梳理了生活垃圾焚烧发电企业废气和废水污染防治措施的装备情况。

一、废气

生活垃圾焚烧发电企业采用了控制焚烧温度、搅拌混合程度、气体停留时间及过剩空气率（合称“3T+E”）焚烧炉内烟气污染物控制措施，并在炉后安装了脱酸、脱硝、除尘与活性炭吸附等废气治理措施，主流技术路线为“选择性非催化还原（SNCR）脱硝、干法+半干法脱酸、活性炭喷射去除二噁英与重金属和袋式除尘器除尘”。部分企业在主流技术路线基础上，增加了湿法脱硫或SCR脱硝等深度治理措施。

1. 颗粒物

生活垃圾焚烧发电企业均按照《生活垃圾焚烧处理工程技术规范》（CJJ 90—2009）“烟气净化系统必须设置袋式除尘器”的要求采用袋式除尘器除尘。

2. 酸性气体

氮氧化物控制主要采用选择性非催化还原（SNCR）炉内脱硝技术，应用的焚烧炉数量占比达到68.82%。为进一步提升氮氧化物治理效果，23.61%的焚烧炉在SNCR基础上增加了选择性催化还原（SCR）炉外二级脱硝措施；6.3%的焚烧炉在炉内喷射尿素或氨水（SNCR）基础上，增加喷射其他固态脱硝剂的炉内脱硝设施（PNCR或SER），如图4-8所示。

二氧化硫和氯化氢控制采用干法+半干法措施的焚烧炉占比64.00%，是最普遍采用的脱酸技术；采用半干法措施的焚烧炉占总数量的23.82%；采用干法+半干法+湿法的焚烧炉数量占总数量的7.89%。采用其他脱酸技术的焚烧炉数量较少，累计占比低于3%。如图4-9所示。

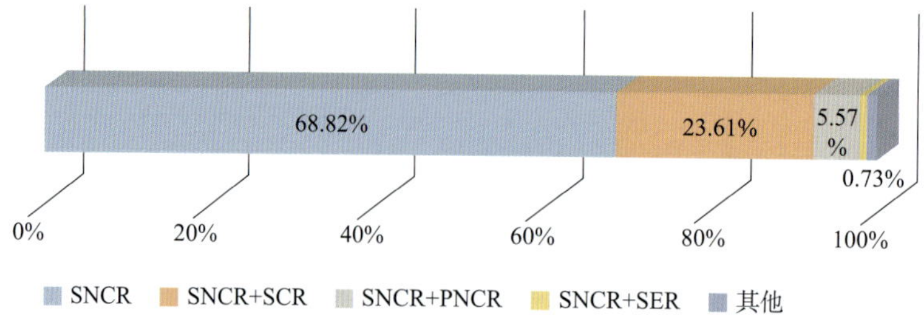

图4-8　2022年生活垃圾焚烧发电企业脱硝措施装备情况

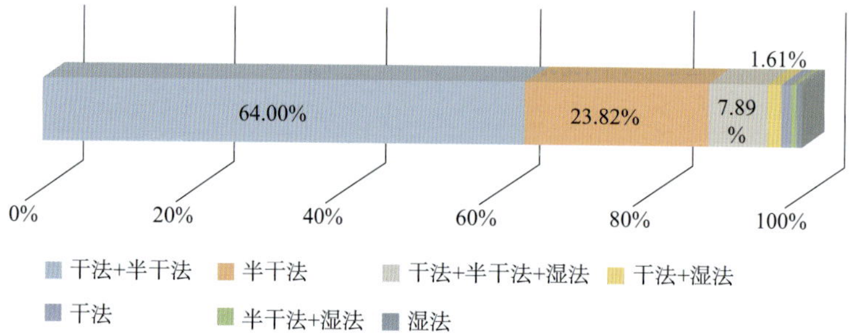

图4-9　2022年生活垃圾焚烧发电企业脱酸措施装备情况

3. 二噁英类和重金属类

2022年，全国生活垃圾焚烧发电企业二噁英类污染物的治理措施为采用“3T+E”降低产生量并采用活性炭喷射+袋式除尘器方式去除烟气中的二噁英类污染物。

生活垃圾焚烧烟气中的重金属主要包括汞、镉、铊、锑、砷、铅、铬、钴、铜、锰、镍及其化合物等。全国生活垃圾焚烧发电企业重金属类污染物的治理措施为活性炭喷射+袋式除尘器。

二、废水

生活垃圾焚烧发电行业产生的废水主要有垃圾渗滤液、工业废水、车辆清洗废水和生活污水等，其中垃圾渗滤液具有产生量大、污染物成分复杂和污染物浓度高的特点，是废水治理的重点和难点。

基于规范填报渗滤液处理设施情况排污许可证信息，渗滤液处理采用了物理、化学或生化（如：隔油、气浮、混凝、芬顿、A/O、A^2/O、生物膜法或超滤等）等组合处理技术处理生活垃圾渗滤液，其中10.15%的企业在上述措施后增加了纳滤系统；有86.50%的企业增加了纳滤+反渗透系统，如图4-10所示。此外，部分企业建设了机械蒸汽压缩（MVC）、机械蒸汽再压缩（MVR）等蒸发系统对垃圾渗滤液或反渗透系统产生的浓液进一步减量化处理。

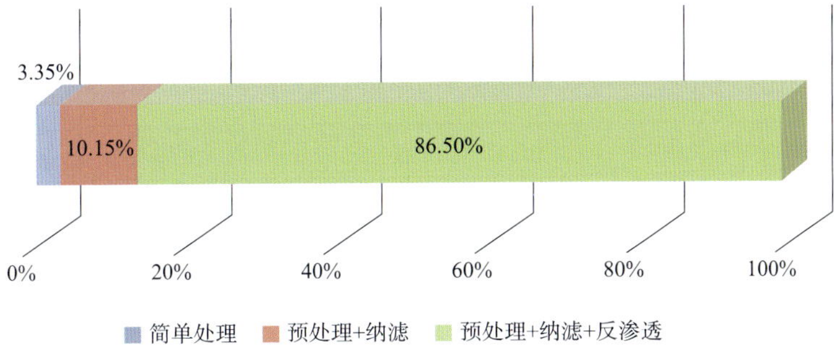

图4-10　2022年生活垃圾焚烧发电企业渗滤液治理措施

第四节　环境管理

国家和地方出台了一系列政策措施和管理规定，有力推动和规范了生活垃圾焚烧发电行业的快速、绿色、健康发展。

一、环境管理政策

在国家层面，优化区域布局、推行垃圾分类、突破关键技术与强化环境管理耦合推进，进一步巩固了垃圾焚烧在无害化处理方式中的主导地位。2021年2月2日发布的《国务院关于加快建立健全绿色低碳循环发展经济体系的指导意见》（国发〔2021〕4号）和2021年10月24日国务院印发的《2030年前碳达峰行动方案的通知》（国发〔2021〕23号）均要求大力推进生活垃圾减量化资源化，并特别要求推进生活垃圾焚烧处理，降低填埋比例。2021年5月6日，国家发展改革委和住房城乡建设部联合印发《"十四五"城镇生活垃圾分类和处理设施发展规划》（发改环资〔2021〕642号）提出了"十四五"时期，垃圾分类收运能力70×10^4t/d左右和城市生活垃圾焚烧处理能力占比65%左右的具体指标，并针对焚烧飞灰和垃圾渗滤液处理后的浓缩液处理等环境短板提出了治理要求和新技术试点示范要求。2022年4月1日生态环境部印发《"十四五"环境影响评价与排污许可工作实施方案》（环环评〔2022〕26号），针对生活垃圾焚烧发电企业环境社会风险较为突出的特点，提出了加强对垃圾焚烧发电等社会关注度高的新建项目有关舆情及突发性事件的调度和分析研判，指导做好分类分级处置的工作要求。2022年6月10日，生态环境部等7部委联合印发《减污降碳协同增效实施方案》（环综合〔2022〕42号），从加强生活垃圾减量化、资源化和无害化处理，持续推进生活垃圾焚烧处理能力建设以及升级改造垃圾焚烧设施，提升基础设施绿色低碳发展水平等方面提出了行业发展要求。2022年11月14日，国家发改委、住建部和生态环境部5部委联合发布《关于加强县级地区生活垃圾焚烧处理设施建设的指导意见》（发改环资〔2022〕1746号），要求在2025年以前，全国县级地区基本形成与经济社会发展相适应的生活垃圾分类和处理体系，按照3个区域类推进：一是京津冀及周边、长三角、粤港澳大湾区、国家生态文明试验区具备条件的县级地区基本实现生活垃圾焚烧处理能力全覆盖；二是长江经济带、黄河流域、生活垃圾分类重点城市、“无废城市”建设地区以及其他地区具备条件的县级地区，应建尽建生活垃圾焚烧处理设施；三是不具备建设焚烧处理设施条件的县级地区，通过填埋等手段实现生活垃圾无害化处理。针对县级地区生活垃圾产量小、地区分散的特点，指导意见要求开展小型焚烧技术攻关和焚烧试点，重点突破适用于不同区域、不同类型垃圾焚烧需求的100吨级、200吨级小型垃圾焚烧装备。

在地方层面，有序规划建设、规范掺烧管理与优化运行管理协同推动，并以政策或标准形式进一步加严污染物排放管控。为了更好落实《国家发展改革委等部门关于加快推进城镇环境基础设施建设指导意见的通知》（国办函〔2022〕7号），部分省市制定了实施方案或实施意见，进一步明确了省内2025年前生活垃圾分类收运能力、城镇生活垃圾焚烧处理能力、城市生活垃圾资源化利用和城市生活垃圾焚烧处理能力占无害化处理能力比重等具体发展指标。中部和东部部分省（直辖市）以政策或标准形式对行业的烟气污染物排放限值予以加严，颗粒物、二氧化硫、氮氧化物和氯化氢等浓度限值总体比生活垃圾焚烧污染控制标准（GB 18485—2014）下降一半以上。武汉市《2020年大气污染防治工作方案的通知》和《东莞市环境空气质量达标规划（2018–2025）》均要求有序实施烟气脱硝提标改造，改造后氮氧化物排放浓度不高于100mg/m^3。2020年2月21日，河南省污染防治攻坚战领导小组办公室发布《关于印发河南省2020年大气、水、土壤污染防治攻坚战实施方案的通知》（豫环攻坚办〔2020〕7号），要求在2020年底前，垃圾焚烧发电企业全面完成提标治理，焚烧炉烟气颗粒物、二氧化硫、氮氧化物排放浓度（1h均值）在基准氧含量（11%）的条件下分别不高于10、35、100mg/m^3，均为国家排放标准限值的约三分之一，采用氨法脱硝、氨法脱硫工艺的垃圾焚烧废气氨逃逸浓度不高于8mg/m^3。河北省、天津市、福建省、上海市、海南省、河南省和江苏省等先后出台了地方生活垃圾焚烧地方排放标准（或征求意见稿），各项污染物日均排放浓度限值或测定均值总体等同或严于欧盟标准（Directive 2010/75/EU）。更加严格的污染物排放浓度限值推动垃圾焚烧发电行业的绿色可持续发展和区域环境质量的持续改善，如表4–2所示。

表 4-2 国家和部分地方新建生活垃圾焚烧发电企业大气污染物排放标准

项目	取值时间	生活垃圾焚烧污染控制标准（GB 18485—2014）	河北省生活垃圾焚烧大气污染控制标准（DB 13/5325—2021）	天津市生活垃圾焚烧大气污染物排放标准（DB 12/ 1101—2021）	福建省生活垃圾焚烧氮氧化物排放标准（DB 35/1976—2021）	上海市生活垃圾焚烧大气污染物排放标准（DB 31/768—2013）	海南省生活垃圾焚烧污染控制标准（DB 46/484—2019）	深圳市生活垃圾处理设施运营规范（SZDB/Z 233—2017）	欧盟 Directive 2010/75/EU
颗粒物 /（mg·m^{-3}）	1h 均值	30	10	10	—	10 注	10	30	—
	24h 均值	20	8	8	—	10	8	10	10
氮氧化物 /（mg·m^{-3}）	1h 均值	300	150	150	150	250	150	80	—
	24h 均值	250	120	120	120	200	120	80	200（处理能力 6t·h^{-1} 以上） 400（处理能力 6t·h^{-1} 以下）
二氧化硫 /（mg·m^{-3}）	1h 均值	100	40	40	—	100	30	30	—
	24h 均值	80	20	20	—	50	20	30	50
一氧化碳 /（mg·m^{-3}）	1h 均值	100	100	100	—	100	50	50	—
	24h 均值	80	80	50	—	50	30	30	50
氯化氢 /（mg·m^{-3}）	1h 均值	60	20	20	—	50	10	8	—
	24h 均值	50	10	10	—	10	8	8	10
氟化氢 /（mg·m^{-3}）	1h 均值	—	—	—	—	—	2	2	—
	24h 均值	—	—	—	—	—	1	1	1
总有机碳 /（mg·m^{-3}）	1h 均值	—	—	—	—	—	—	10	—
	24h 均值	—	—	—	—	—	—	10	10
汞及其化合物 /（以 Hg 计，mg·m^{-3}）	测定均值	0.05	0.02	0.02	—	0.05	0.02	0.02	0.05
镉、铊及其化合物 /（以 Cd+Tl 计，mg·m^{-3}）	测定均值	0.1	0.03	0.03	—	0.05	0.03	0.04	0.05
锑、砷、铅、铬、钴、铜、锰、镍及其化合物（以 Sb+As+Pb+Cr+Co+Cu+Mn+Ni 计，mg·m^{-3}）	测定均值	1	0.3	0.3	—	0.5	0.3	0.3	0.5
二噁英类 /（ngTEQ·m^{-3}）	测定均值	0.1	0.1	0.1	—	0.1	0.05	0.05	0.1
氨 /（mg·m^{-3}）	1h 均值	—	8	8	—	—	—	—	—

二、环评文件审批

基于环评智慧监管平台数据分析，2017年以来全国共审批生活垃圾焚烧发电建设项目环评文件738个，含报告书719个、报告表19个。由于以掺烧其他固体废物为主的技改项目数量较多，2022年审批生活垃圾焚烧发电建设项目环评文件（均为报告书）总量多于2021年。如图4-11所示。

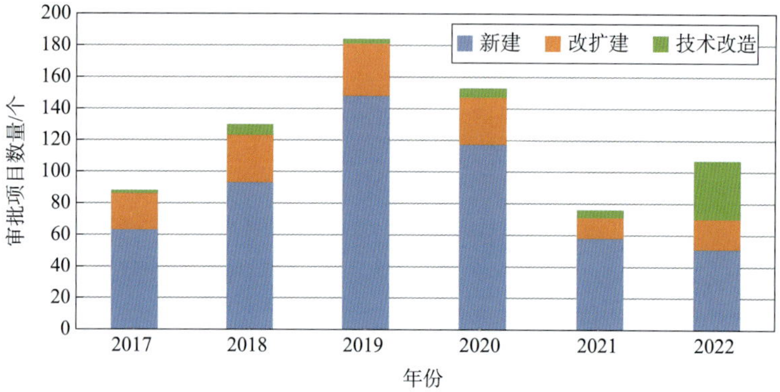

图4-11　2017~2022年垃圾焚烧发电项目审批数量

2022年，生活垃圾焚烧发电建设项目环评文件审批数量107个，其中新建项目51个，改扩建项目19个，技术改造项目37个，河北省、山东省和广西壮族自治区审批数量较多。新建、改扩建项目建设焚烧炉165台，单炉处理能力在300~1000t/d，共新增处理能力47100t/d，装机规模1091.6MW，涉及总投资288.1×10^8元，其中环保投资约50.61×10^8元，占比17.5%，如图4-12所示。

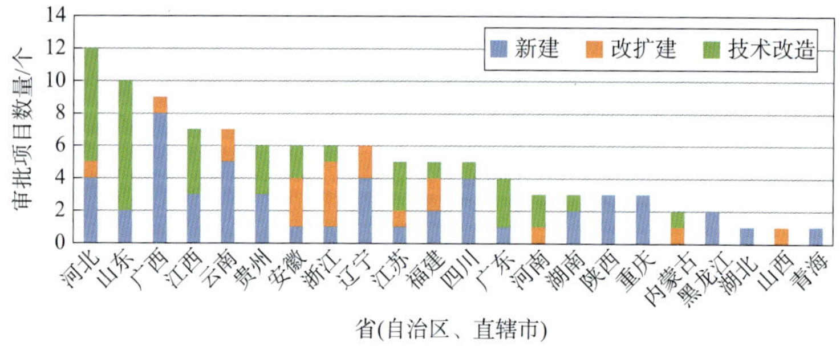

图4-12　2022年各省（自治区、直辖市）生活垃圾焚烧发电项目审批数量

2022年生活垃圾焚烧发电建设项目环评报告书以市级环境主管部门审批为主（69个），占比64.5%。区县级、省级环保主管部门分别审批项目24个和14个，占比分别为22.4%和13.1%。

掺烧固体废物发电项目数量占比过半，体现了充分利用现有焚烧处理能力、提高焚烧能力利用效率和企业效益的行业发展趋势。2022年共审批了54个掺烧固体废物的生活垃圾焚烧发电项目环评报告书（新建项目12个，改扩建项目9个，技改项目33个），占本年度本行业环评文件审批数量的一半以上。审批层级以市级为主，占比67.92%；区县级占30.19%；省级仅1个，占比1.89%。掺烧废弃物均为符合《生活垃圾焚烧污染控制标准》（GB 18485—2014）第6章对入炉废物的要求的城镇生活污水处理厂的污泥、其他一般固体废物或医疗垃圾。

三、排污许可管理

基于排污许可证管理信息平台，分析了2022年生活垃圾焚烧发电企业排污许可证发放情况和排污许可执行年报的报送情况。

1.排污许可证报送

2022年全国共核发了96张生活垃圾焚烧发电企业排污许可证，共注销了4张垃圾焚烧发电企业排污许可证。核发排污许可证的行业类别均为“生物质能发电–生活垃圾焚烧发电”，管理类别均为“重点管理”，其中首次申请的排污许可证为78张，其余18张为变更或重新申请。在申请生活垃圾焚烧发电行业排污许可证的26省份（自治区、直辖市）中，河南、湖南和河北省数量较多，分别为12、8和7张，如图4–13所示。

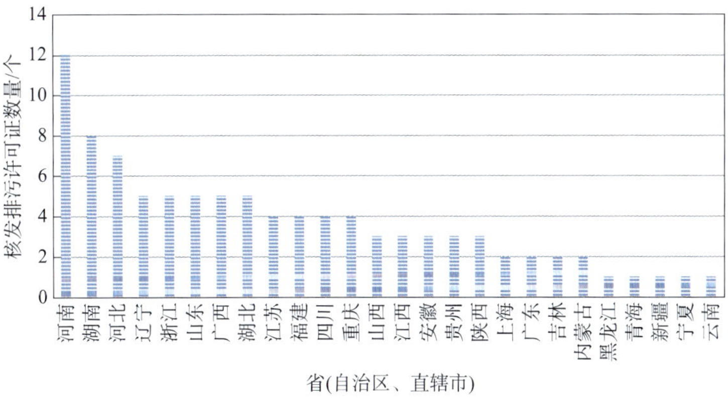

图4–13　2022年各省（自治区、直辖市）核发的生活垃圾焚烧发电项目排污许可证数量

2.排污许可证年报报送

《排污许可证申请与核发技术规范生活垃圾焚烧》（HJ 1039—2019）要求持证时间超过3个月的年度，企业应报送年度执行报告。在排污许可证“双百”检查的推动下，2022年生活垃圾焚烧发电行业年度执行报告报送情况较好。截至2023年3月底，生活垃圾焚烧发电行业完成提交2022年报的企业数量占比约为98%，18个省份企业年度执行报告提交率为100%，其余13个省份存在因关停或运行不足3个月而未报送执行年报的企业。

四、竣工环保验收

基于全国建设项目竣工环境保护验收信息系统，2022年共212个生活垃圾焚烧发电建设项目完成竣工环保验收，其中新建项目163个、改扩建项目39个、技改项目10个，涉及总投资共1142.77×10^8元，其中环保投资199.32×10^8元，占比17.44%。河北、河南和广东省验收项目数量较多，分别为26、21和18个，如图4-14所示。

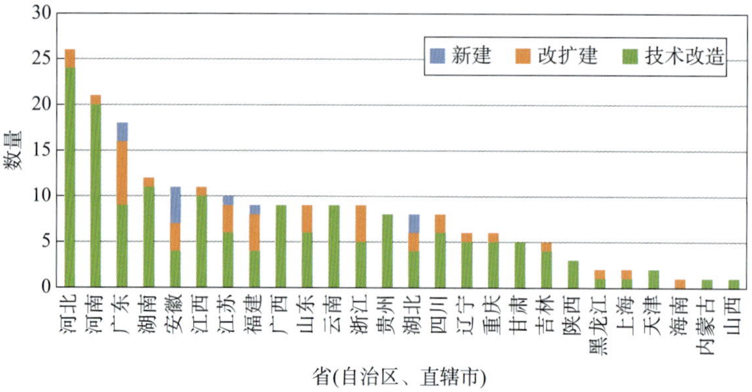

图4-14　2022年各省（自治区、直辖市）生活垃圾焚烧发电行业竣工环保验收省际分布

五、污染物达标排放情况

1. 废气污染物

2019年10月11日生态环境部发布《生活垃圾焚烧发电厂自动监测数据应用管理规定》（生态环境部令第10号）确定了以5项烟气污染物（颗粒物、二氧化硫、氮氧化物、一氧化碳、氯化氢）日均值数据是否满足《生活垃圾焚烧污染控制标准》（GB 18485—2014）或地方相关排放标准24h或日均浓度排放限值作为超标判定依据。2020~2022年，5种安装在线监测的烟气污染物日均值稳定保持总体达标。剔除在线监测数据的异常标记后，2022年二氧化硫、氮氧化物和氯化氢日均值均满足《生活垃圾焚烧污染控制标准》（GB 18485—2014）要求，个别企业排口出现颗粒物和一氧化碳日均值超标情况。

基于排污许可年报数据，2022年全国生活垃圾焚烧发电行业二噁英类，汞及其化合物，镉、铊及其化合物和锑、砷、铅、铬、钴、铜、锰、镍及其化合物的企业达标率均高于99%。厂界无组织污染物（颗粒物、硫化氢、氨和臭气浓度）总体实现达标排放。

2. 废水污染物

在废水污染物直接排放外环境的企业中，除1家企业化学需氧量和总磷存在超标情况外，其他企业均实现达标排放。

第五节　绿色发展等级评价

为深入打好污染防治攻坚战，持续提升生活垃圾焚烧发电企业环境管理水平和可持续发展能力，激发企业绿色转型内生动力，从焚烧企业生产工艺及污染治理设施建设、生产运行、污染物排放和环境管理等方面构建绿色发展指标体系，并基于排污许可、在线监测数据和环境执法数据，选取典型企业开展绿色发展水平试点评价，全面规范和提升行业环境治理水平，达到“以评促建、以评促改、以评促优、以评促管”的效果，为国家、行业和企业环境管理工作提供参考。

一、指标体系

本指标体系借鉴了国家发改委《垃圾焚烧行业清洁生产评价指标体系（征求意见稿）》、北京市《清洁生产评价指标体系 垃圾焚烧发电业（征求意见稿）》和《生活垃圾焚烧厂评价标准》（CJJ/T 137—2019）等文件的指标设计和赋分权重，在全面性、科学性、客观性和适用性原则基础上，结合国内外的相关研究成果以及行业建设运行、污染治理和环境管理特点与环境管理要求，从生产工艺及污染治理设施建设、生产运行、污染物排放和环境管理四个方面制定了行业绿色发展一级指标，权重分别占比22%、8%、48%和22%。在此基础上，进一步细化制定了21个二级指标。

本评价指标体系将企业绿色发展水平划分为三级，即先进水平、较高水平和一般水平。绿色发展等级对应的综合评价指标值应符合评价规定，如表4-3所示。

表4-3 生活垃圾焚烧发电行业绿色发展水平分级

企业绿色发展水平	综合评价指标值（K）
绿色发展先进水平	$K \geqslant 95$
绿色发展较高水平	$80 \leqslant K<95$
绿色发展一般水平	$K<80$

二、评价对象

2020年以来，中国城市环境卫生协会采用《生活垃圾焚烧厂评价标准》（CJJ/T 137—2019）对生活垃圾焚烧发电企业的生产设施（垃圾计量、接收、焚烧等9类）和运行管理（焚烧量、燃烧控制、烟气净化效果和综合管理等10类）情况进行了等级评价，并公示了20家AAA级评级企业的评级结果，其中广东省5家、陕西省4家、福建省和山东省各3家、北京市和辽宁省各2家、云南省1家。本次选取上述20家企业，从环境管理和绿色发展角度制定生活垃圾焚烧发电行业绿色发展指标体系，并开展试点评价。参与评价的20家企业共涉及66台炉排焚烧炉，垃圾焚烧能力为4.02×10^4t/d。

三、评价结果

基于2022年企业年度执行报告数据，采用生活垃圾焚烧发电绿色发展评价指标体系对20家生活垃圾焚烧发电企业开展的评价结果显示：5家企业获得绿色发展先进水平，在企业环境治理设施、环境管理和污染物排放等方面达到先进水平；15家企业获得绿色发展较高水平，总体绿色发展水平较高，如表4-4所示。

表4-4 2022年生活垃圾焚烧发电企业绿色发展评价结果

企业名称	省份	城市	评价等级
北京朝清环保能源科技有限公司	北京市	北京市	先进
青岛康恒再生能源有限公司	山东省	济南市	先进
青岛西海岸康恒环保能源有限公司	山东省	济南市	先进
东莞市科伟环保电力有限公司	广东省	中山市	先进
北京绿色动力环保有限公司	北京市	北京市	先进
湛江市粤丰环保电力有限公司	广东省	中山市	较好
粤丰科维环保投资（广东）有限公司	广东省	中山市	较好
厦门市政环能股份有限公司海沧厂	福建省	厦门市	较好
西安泾渭康恒环境能源有限公司	陕西省	西安市	较好
莆田市圣元环保电力有限公司	福建省	厦门市	较好
章丘绿色动力再生能源有限公司	山东省	济南市	较好
中山市广业龙澄环保有限公司	广东省	中山市	较好
瀚蓝（大连）固废处理有限公司	辽宁省	沈阳市	较好
中节能（西安）环保能源有限公司	陕西省	西安市	较好
光大环保能源（蓝田）有限公司	陕西省	西安市	较好
西咸新区北控环保科技发展有限公司	陕西省	西安市	较好
沈阳西部环境有限公司	辽宁省	沈阳市	较好
潮州深能环保有限公司	广东省	中山市	较好
昆明三峰再生能源发电有限公司	云南省	昆明市	较好
厦门市政环能股份有限公司后坑厂	福建省	厦门市	较好

在生产工艺及污染治理设施方面：2家企业的7台焚烧炉烟气停留时间高于2秒；7家企业的20台焚烧炉的炉渣热灼减率在5%以内。2家企业的4台焚烧线采用了“干法+半干法+湿法”先进脱酸技术，14家企业的24台焚烧线采用了“SNCR+SCR”“SNCR+PNCR”和“SNCR+SER”等先进脱硝技术。除1家企业外，其他企业处理渗滤液均采用了反渗透工艺。

在生产运行方面：20家企业的生产负荷率在73.95%~118.65%之间。生活垃圾焚烧发电替代填埋方式处理生活垃圾，避免了垃圾填埋产生以甲烷为主的温室气体排放，替代以火力发电产生上网电量，避免了化石能源转换为电能的二氧化碳排放，产生了良好的经济效益和环境效益。

在污染物排放方面：各企业的废水和废气污染物均实现了达标排放，颗粒物、二氧化硫和氮氧化物排放绩效较低的企业均采用了“干法+半干法”“干法+半干法+湿法”脱酸工艺和“SNCR+SCR”“SNCR+PNCR”等先进脱硝工艺。排放绩效较高的企业采用了“干法”脱酸和“SNCR”脱硝等烟气污染治理设施。

在环境管理方面，全部企业均未发生环境违法处罚和环保投诉，且按相关要求报送了排污许可执行年报或季报。

总体上看，评价等级为“先进”的5家企业均位于东部省份，生产负荷率均高于90%，经“SNCR”或“SNCR+PNCR”脱硝和“干法+半干法”或“干法+半干法+湿法”脱酸措施后，烟气颗粒物、二氧化硫和氮氧化物的排放绩效均位于参评企业前列，且在环境管理方面均得到满分。评价等级为“较好”的企业绿色发展水平总体较高，但在废气污染物治理设施建设（如仅采用SNCR脱硝或仅采用半干法脱酸）和污染物排放绩效等方面存在提升空间。

第五章

煤炭行业环境评估报告

第一节　煤炭行业发展现状

一、煤炭生产与消费

1.原煤产量增速持续加快

我国能源资源具有富煤、贫油、少气的特点，煤炭占我国一次能源资源的90%以上。根据《2022年度中国矿产资源报告》，我国煤炭资源储量约1622.88 × 10^8t，约80%分布在山西、陕西、内蒙古、新疆、贵州等省（自治区）。我国煤种类型齐全，但分布不均衡，以中、低变质烟煤和褐煤为主，无烟煤储量较少，仅占13%左右。

煤炭行业在“十一五”“十二五”期间经历了10年左右的高速发展，2016年煤炭产量降至34.1 × 10^8t；但受国内外经济形势影响，2017年开始持续反弹，2021年突破40 × 10^8t，2022年增速进一步加快，达到45.6 × 10^8t，同比增长10.41%。2006~2022年我国煤炭产量变化情况如图5-1所示。

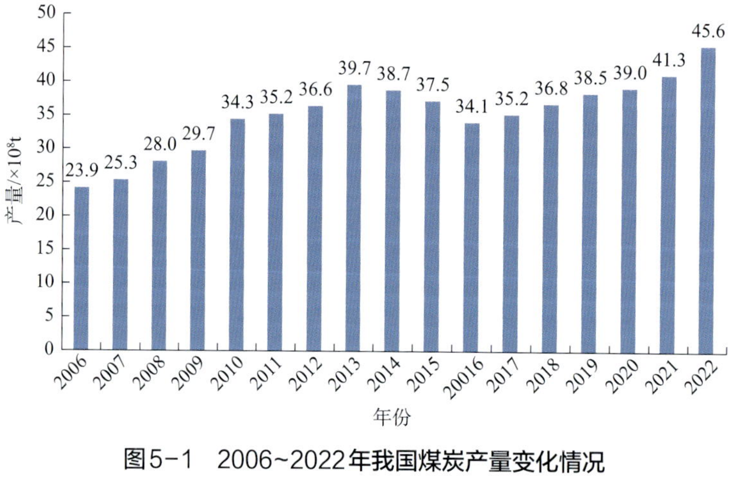

图5-1　2006~2022年我国煤炭产量变化情况

2. 煤炭消费占比出现回升

一直以来，煤炭资源是我国能源消费主体，2022年煤炭消费量达42.57×10^8t，同比增长4.3%；消费占比达56.2%，十余年来首次出现回升。“十一五”期间我国煤炭消费比例维持在70%左右，进入“十二五”后，煤炭消费比例逐步下降，2018年首次降至60%以下，2021年降至56%；2022年煤炭消费占比回升与国际形势、能源危机和气候异常等因素相关。2011~2022年我国煤炭消费占比情况如图5-2所示。

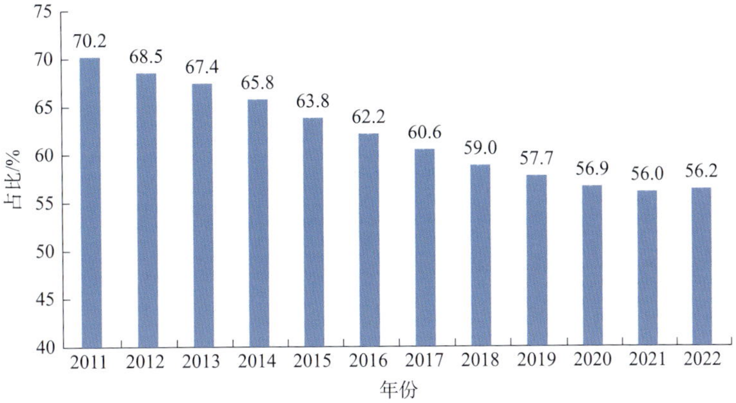

图5-2　我国煤炭消费占比变化情况

二、加强煤炭供给体系建设

2022年，煤炭市场实现了由严重供大于求向供需动态平衡的转变，产业结构持续优化，供给体系质量显著提升，夯实了国家能源安全和产业链、供应链安全的基础。截至2022年12月末，全国煤炭企业存煤6600×10^4t，同比增长26.6%；全国主要港口存煤5530×10^4t，同比下降6.8%；全国统调电厂存煤1.75×10^8t，同比增长6.0%，6月份以来存煤量持续保持在1.7×10^8t以上的历史高位。2022年，全国煤矿原煤入选率再次下降，降为69.7%，同比下降2.8个百分点。

我国煤炭进口量同比下降，煤炭转运能力持续提高。2022年，全国煤炭进口量2.93×10^8t，同比下降9.2%；出口煤炭400×10^4t，同比增长53.7%；煤炭净进口2.89×10^8t，同比下降9.8%。煤炭国内自给率始终保持在92%以上，实现基本自给，守住了工业和民生用能底线。全国铁路累计发运煤炭26.8×10^8t以上，同比增长3.9%；其中，电煤发运量21.8×10^8t，同比增长8.7%。全国主要港口内贸煤发运量约7.3×10^8t，同比下降1.8%。

三、结构与开发布局

1.深入推进结构性调整

“十三五”以来，煤炭行业深入落实党中央、国务院关于供给侧结构性改革的决策部署，截至2022年年底，全国累计退出煤炭落后产能超过10×10^8t、退出煤矿5600余处，全国煤矿数量减少至4400处左右，我国煤矿平均单井（矿）产能提高到120×10^4t/a以上。其中，年产120×10^4t以上的大型煤矿1200处以上、产能占全国的85%左右；年产千万吨级的生产煤矿79处，产能提高到12.8×10^8t/a。

2.布局持续向山西、陕西、内蒙古、新疆等地集中

我国煤炭生产开发布局持续深入调整，部分省（直辖市）因煤炭资源逐步枯竭、资源赋存条件差等，逐年减少或陆续退出，煤炭生产重心加快向山西、陕西、内蒙古、新疆等资源禀赋好的地区集中。根据《2022煤炭行业发展年度报告》，煤炭产量达到亿吨级的省（自治区）数量发生一定变化，2022年原煤产量超过1×10^8t的省（自治区）共6个，分别为山西、内蒙古、陕西、新疆、贵州、安徽，较10年前减少了3个，分别为河南、山东、云南；山西、陕西、内蒙古、新疆4省（自治区）原煤产量达到36.9×10^8t，占全国总产量的80.9%；山西和内蒙古年产原煤量均超过10×10^8t。鄂尔多斯市和榆林市原煤产量分别达到7.22×10^8t和5.82×10^8t。2022年主要产煤省区原煤产量如图5-3所示。

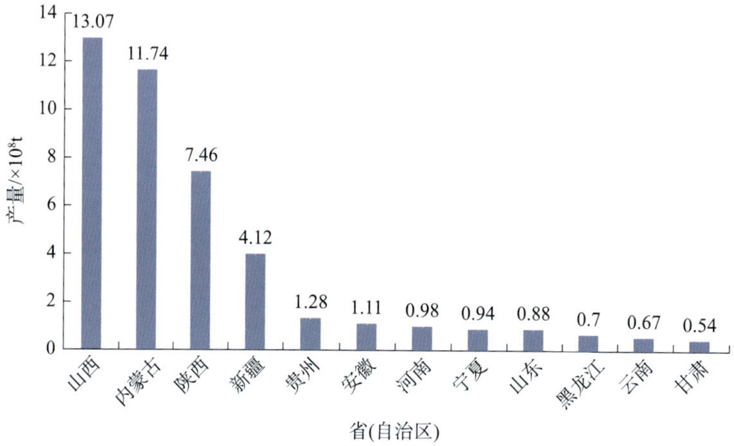

图5-3 2022年主要产煤省区原煤产量

四、煤矿企业

“十三五”期间，尤其是2020年以来煤炭企业战略性重组步伐加快，形成国家能源集团、晋能控股集团、山东能源集团、中煤能源集团、陕西煤业化工集团、山西焦煤集团等产量超过亿吨的大型煤炭企业，煤炭产业集中度大幅提升。煤炭企业战略性重组后，竞争力加快提升，2022年全国共15家煤炭企业原煤年产量超过5000×10^4t，总产量达到26×10^8t。其中，7家企业产量超过1×10^8t，总产量达到20.6×10^8t，占全国的比重约为45.2%。

第二节　环境管理

一、环境管理政策

2020年以来，生态环境部联合国家发展改革委、国家能源局等部门先后发布《关于进一步加强煤炭资源开发环境影响评价管理的通知》（环环评〔2020〕63号）、《关于加快做好释放煤炭先进产能有关工作的通知》（发改办运行〔2021〕702号）和《关于解决煤矿生产能力变化与环保管理要求不一致历史遗留问题的通知》（发改办运行〔2021〕722号）多项煤炭行业环境影响评价管理政策，从规范规划及规划环评管理、强化项目环评管理、解决行业突出环境问题、加强事中、事后监管等方面全面提升环境管理水平，服务能源保供。

2022年，积极开展黄河流域煤炭行业高质量发展环境管理政策研究，旨在解决生态恢复滞后、地下水资源保护、矿井水处理与利用、矸石处置等黄河流域煤炭行业突出生态环境问题。积极开展甲烷排放纳入环境影响评价管理的政策研究，以强化环评阶段甲烷排放控制的管理。为做好煤炭行业甲烷排放控制工作，启动《重点行业建设项目环境影响评价中甲烷评价编制技术指南》的研究编制工作，拟从甲烷源强核算、管控措施及监测等方面规范煤炭采选项目环评管理，发挥环评源头预防作用，助力煤炭行业甲烷减排。

二、环评审批

（一）规划环评审查情况

根据2016年国务院批复的《全国矿产资源规划（2016—2020年）》，我国批复的14个大型煤炭基地共规划162个国家规划矿区，其中新疆和蒙东（东北）2个煤炭基地的国家规划矿区数量最多，共71个，占总数的43.8%。

煤炭矿区规划环评执行率高。截至2022年年底，生态环境部已对125个煤炭矿区总体规划环评出具了审查意见，规划总规模约46.79×10^8t/a。我国14个煤炭基地内国家矿区规划环评审查情况如表5-1和图5-4所示。

2022年继续推进矿区规划环评技术审查，服务能源保供，全年生态环境部对5个矿区（新疆3处，宁夏和甘肃各1处）规划环评出具了审查意见，规划总规模22080×10^4t/a，其中4处为规划修编环评。

表5-1 煤炭基地内矿区规划环评审查情况

煤炭基地	矿产资源规划中矿区数量/个	实际国家规划矿区数量/个	取得规划环评审查意见的矿区数量/个	规划规模/（$\times 10^4$t·a^{-1}）
神东基地	15	15	13	88070
陕北基地	5	11	9	36520
黄陇基地	16	16	12	24271
晋北基地	6	6	6	42181
晋中基地	8	9	6	31593
晋东基地	4	4	4	18360
蒙东（东北）基地	33	33	16	43880
两淮基地	2	4	3	15405
鲁西基地	3	9	0	0
河南基地	6	6	3	10435
冀中基地	5	9	5	5715
云贵基地	16	17	13	18390
宁东基地	7	10	5	10140
新疆基地	34	38	28	120930
青海	2	2	2	1990
合计	162	189	125	467880

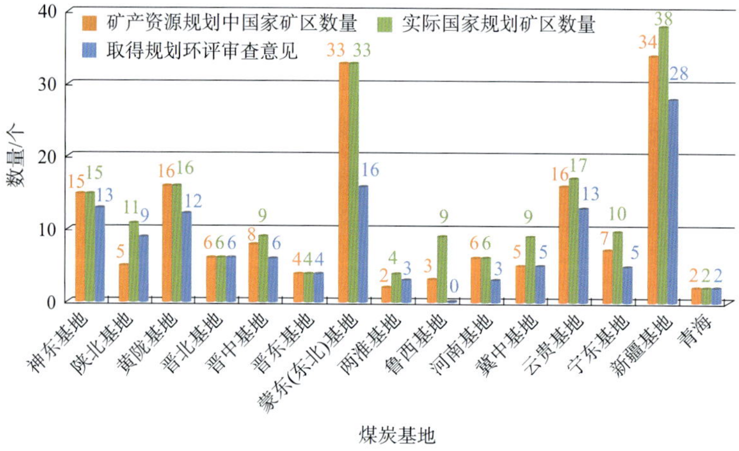

图5-4 煤炭基地内矿区规划环评审查情况

（二）项目环评审批情况

1.全国各级生态环境部门审批情况

根据环评智慧监管平台数据分析，2022年全国共审批煤炭采选建设项目255个，同比增长36.4%，批复总规模约44206 × 10^4t/a。

从审批项目数量上看：主要集中在山西、四川和贵州3省份，审批煤矿项目共152个，占全国的59.61%；其次为内蒙古、新疆、陕西和吉林4省（自治区），审批项目数量均在

10个以上。从批复规模上看，排在前3的分别是山西、新疆、内蒙古和陕西，批复规模达到36955 × 10^4t/a，占全国批复总规模的83.6%。具体分布情况如图5-5所示。

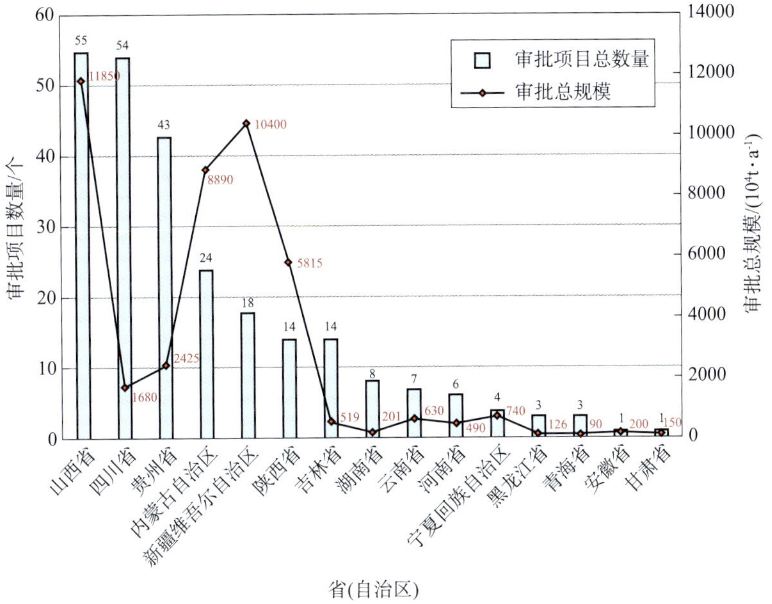

图5-5　2022年全国部分省(自治区)审批的煤矿项目分布情况

从规模上看，2022年全国审批的煤矿项目，平均单井规模达到172 × 10^4t/a，受资源禀赋和开采条件的影响，新疆、陕西、内蒙古、山西、安徽和宁夏6省(自治区)煤矿单井平均规模高于全国水平，尤其是新疆审批的煤矿项目平均单井规模已达到578 × 10^4t/a。各省审批的煤矿项目平均单井规模如图5-6所示。

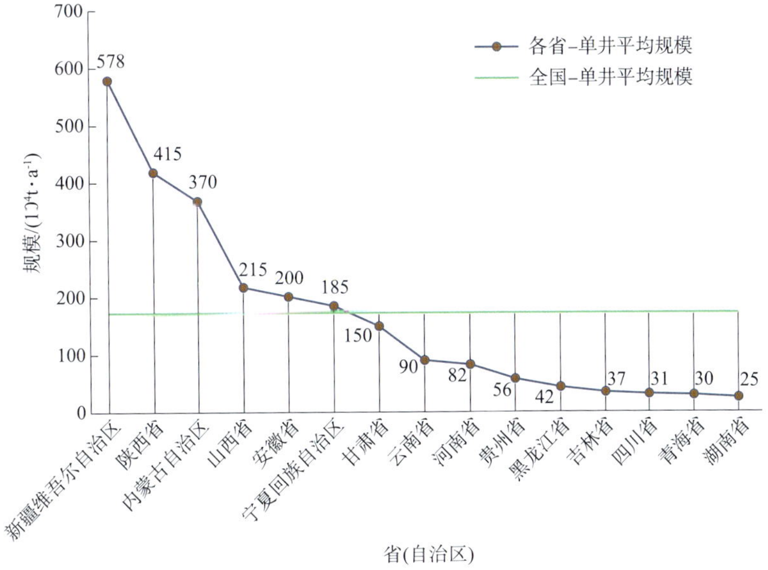

图5-6　2022年全国部分省(自治区)审批的煤矿平均单井规模

2.生态环境部审批情况

2022年生态环境部共批复23个煤矿项目，同比增长53.3%；批复总规模达到20120×10^4t/a，同比增长291%；工程总投资约1717.2×10^8元，环保投资62.2×10^8元，约占总投资的3.6%。

项目主要分布在新疆、内蒙古、陕西、云南、宁夏和山西，其中新疆项目数量和批复规模均最多，批复的10个项目总规模8350×10^4t/a，如图5-7所示。

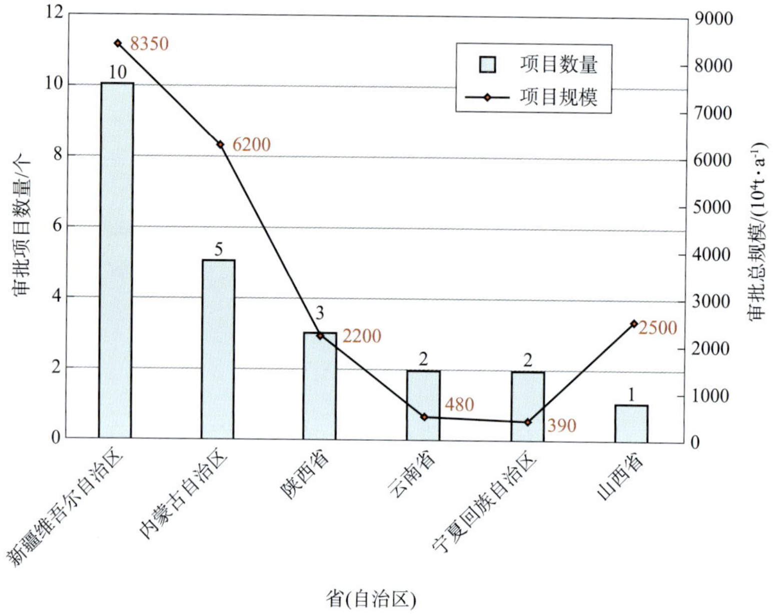

图5-7　2022年全国部分省（自治区）生态环境部审批煤矿项目分布情况

项目建设性质以新建为主，共17个；其次为改扩建项目，共6个。项目开采方式以井工为主，共19个，露天矿4个。从瓦斯等级上看，煤与瓦斯突出和高瓦斯煤矿共6个，约占四分之一。

3.地方生态环境部门审批情况

2022年地方生态环境部门共批复232个煤矿项目，同比增长34.9%；批复总规模约24086×10^4t/a。

项目主要集中在山西、四川、贵州、内蒙古、吉林、陕西等6省（自治区），共批复195个项目（占84.05%），批复规模约20279×10^4t/a（占84.19%）。其中，山西省批复项目数量最多、规模最大，共批复54个项目（占23.28%），总规模约9350×10^4t/a（占38.82%），如图5-8所示。

项目建设性质以改扩建为主，占78.4%；新建、技改项目分别占13.4%、8.2%。项目开采方式以井工为主，井工矿数量约占96.6%。

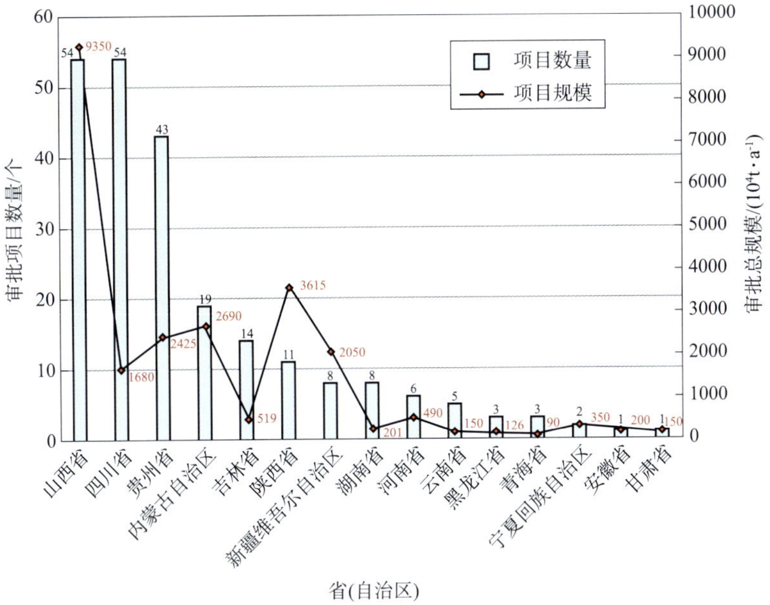

图5-8　2022年全国部分省（自治区）地方生态环境部门煤矿项目审批情况

三、事中、事后监管

（一）项目自验情况

根据全国建设项目竣工环境保护验收信息平台数据分析，2022年平台上公开验收调查报告的煤矿项目共135个，与2021年的148个相比减少了13个；建设规模约16368×10⁴t/a，同比减少30%。项目实际工程总投资约877.9×10⁸元，同比减少35.9%，实际环保投资约46.8×10⁸元，占总投资的5.3%。

从项目分布来看：企业自主验收的煤矿项目共涉及17个省（自治区、直辖市），主要分布在贵州、山西2省份，共69个项目（占51.1%）。其中，贵州省项目最多（占31.1%），如图5-9所示。

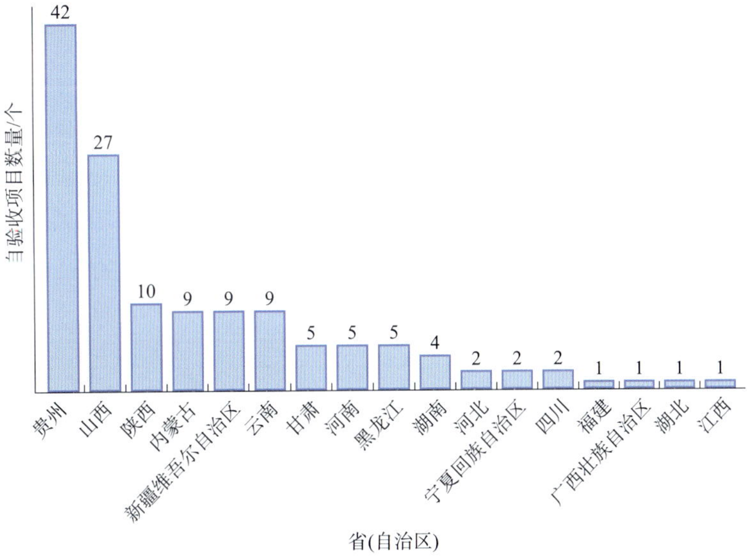

图5-9　2022年全国部分省（自治区）自验收项目分布情况

从建设性质来看，企业自主验收的煤矿项目以

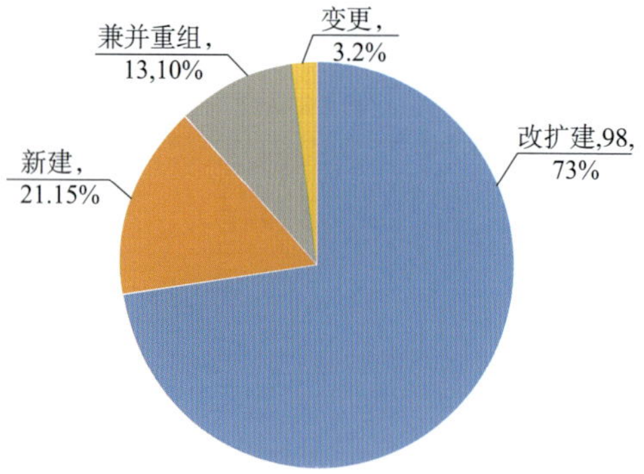

图5-10　2022年自验收项目建设性质情况

改扩建为主，其次为新建和兼并重组整合，分别占项目总数的73%、15%和10%，变更项目最少，数量仅占2%，如图5-10所示。

从开采方式看：企业自主验收的煤矿项目以井工开采为主，共122个（占90.4%），生产规模约14710 × 10^4t/a（占89.9%）；露天矿共13个（占9.6%），生产规模约1659 × 10^4t/a（占10.1%）。

煤矿企业“久试不验”问题有所缓解。对比验收平台上135个项目竣工时间和自验收时间发现：在竣工后12个月内公开验收报告达110个，占比82%，同比提升14个百分点；在竣工后12个月以上公开验收报告的项目共25个（占18%），如表5-2、图5-11所示。

表5-2　验收时限履行情况

公开验收时间	2021年		2022年	
	项目数量/个	占比/%	项目数量/个	占比/%
竣工后12个月内	100	68	110	82
竣工后13~24个月	14	9	13	9
竣工后25~48个月	12	8	3	2
竣工后49~60个月	4	3	1	1
竣工后61个月及以上	18	12	8	6
总数	148	100	135	100

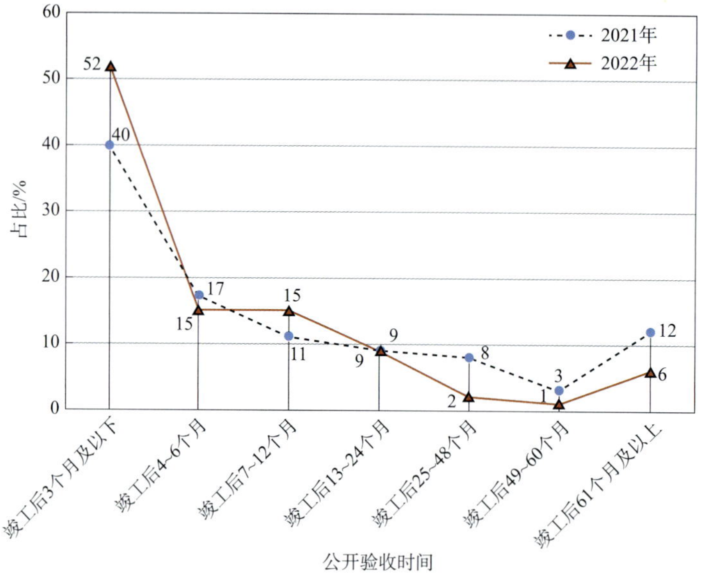

图5-11　2021与2022年企业验收时间对比情况

（二）环境影响后评价执行情况

为全力服务能源保供，解决煤矿批建不符等历史遗留问题，促进优质产能煤矿项目环评手续办理，2021年9月，国家发展改革委联合生态环境部在内的4部委发布了《关于解决煤矿生产能力变化与环保管理要求不一致历史遗留问题的通知》（发改办运行〔2021〕722号），对历史遗留问题提出了分类处置要求，其中对核定生产能力较环评批复能力增幅在>0%~<30%之间的项目（建设规模未发生重大变动），要求采取环境影响后评价完善手续，报原审批部门备案，由生态环境部备案的项目委托省级生态环境部门备案。2021年10月以来，地方生态环境部门共受理24个保供煤矿项目环境影响后评价，并完成16个项目后评价备案手续。

（三）监管执法处罚情况

根据全国执法平台数据分析，认为：2022年煤炭行业环境行政处罚案例共1331起，同比增长10.6%；罚款总金额26283.8 × 10^4元，同比增长43.1%。其中，煤矿项目处罚案例共1101起（占比82.7%，同比增加51.0%），罚款金额24752.6 × 10^4元（占比94.2%，同比增加77.5%）；选煤厂项目处罚案例共230起（占比17.3%，同比减少51.5%），罚款金额1531.2 × 10^4元（占比5.8%，同比降低65.4%）。

从违法行为看：处罚的1101起煤矿项目案例的违法行为主要有，违反大气污染防治管理制度（574起）、违反水污染防治管理制度（208起）、违反建设项目有关环境管理制度（未取得环评批复/未执行“三同时”制度/违反排污许可管理条例等）（165起）、违反固体废物管理制度（181起）、违反环境噪声污染防治管理制度（8起）和违反国家或地方生态保护制度（8起）等，分别占违法行为的50.2%、18.2%、14.4%、15.8%、0.7%和0.7%；处罚的230起选煤厂案例的违法行为主要有，违反大气污染防治管理制度（184起）、水污染防治管理制度（4起）、违反建设项目有关环境管理制度（未取得环评批复/未执行“三同时”制度/违反排污许可管理条例等）（26起）、违反固体废物管理制度（20起）、违反环境噪声污染防治管理制度（0起）起和违反生态保护制度（0起）等，分别占违法行为的78.3%、1.7%、11.1%、8.5%、0%和0%。如表5-3和图5-12、图5 13所示。

表5-3　2021与2022年煤炭行业生态环境行政违法情况对比

违法行为		2021年				2022年			
		数量/个	占比/%	罚款金额/（10^4元）	占比/%	数量/个	占比/%	罚款金额/（10^4元）	占比/%
违反大气污染防治管理制度	煤矿	332	43.6	2845.5	17.9	574	50.2	4221.3	16.2
	选煤厂	352	72.4	2118.4	44.4	184	78.3	1020.2	63.0
违反水污染防治管理制度	煤矿	209	27.4	5997.3	37.6	208	18.2	6924.1	26.6
	选煤厂	42	8.6	1004.7	21.1	4	1.7	20.0	1.2

续表

违法行为		2021年				2022年			
		数量/个	占比/%	罚款金额/（10^4元）	占比/%	数量/个	占比/%	罚款金额/（10^4元）	占比/%
违反建设项目有关环境管理制度	煤矿	110	14.4	4008.9	25.2	165	14.4	10832.1	41.6
	选煤厂	33	6.8	407.0	8.5	26	11.1	226.8	14.0
违反固体废物管理制度	煤矿	103	13.5	3039.9	19.1	181	15.8	3930.9	15.1
	选煤厂	56	11.5	1220.8	25.6	20	8.5	352.8	21.8
违反环境噪声污染防治管理制度	煤矿	6	0.8	21.9	0.1	8	0.7	40	0.2
	选煤厂	2	0.4	6.0	0.1	0	0	0	0
违反国家或地方生态保护制度	煤矿	2	0.3	20.0	0.1	8	0.7	74.6	0.3
	选煤厂	1	0.2	13.77	0.3	0	0	0	0

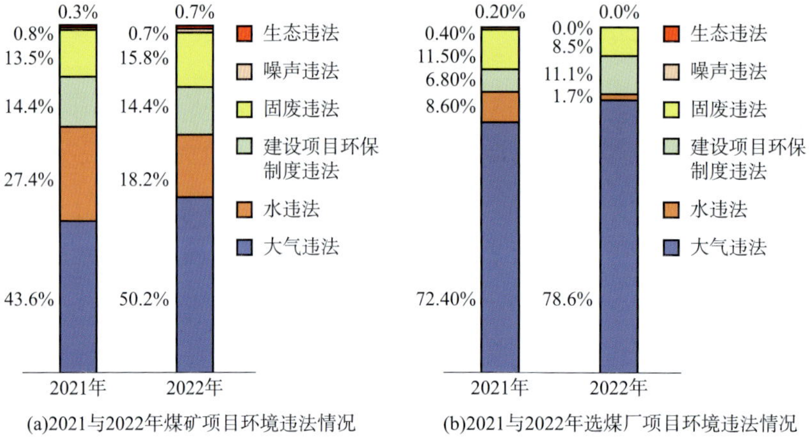

图5-12　2021与2022年煤炭行业环境行政违法案例数量对比

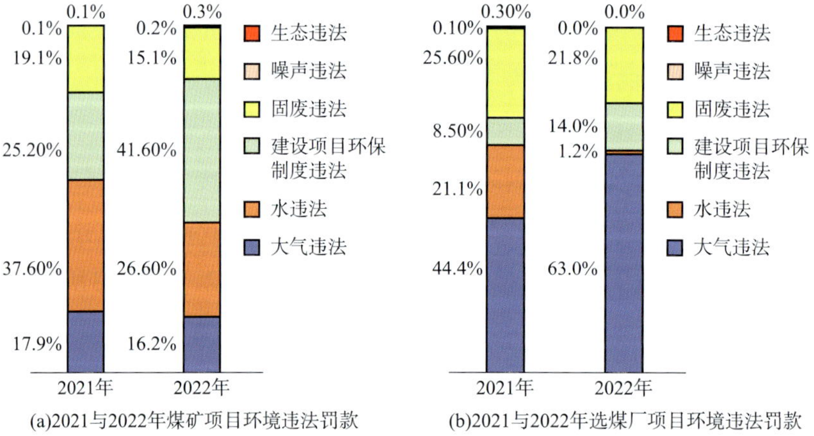

图5-13　2021与2022年煤炭行业各类环境行政违法案例罚款金额分布情况

从分布地区看：违法案例共涉及22省（自治区、直辖市），主要集中在北方的山西、陕西、内蒙古等煤炭大省，其中违法案例数量排名前五的省（自治区）分别为山西省（497

起）、内蒙古自治区（342起）、陕西省（171起）、贵州省（115起）和山东省（35起），分别占2021年全年违法案例总数的37.3%、25.7%、12.8%、8.6%和2.6%，上述5省（自治区）违法案例数量共1160起，占全部违法案例总数的87.2%。如表5-4和图5-14所示。

表5-4　2022年煤炭行业生态环境行政违法分布情况

分布地区	案件数量/个	占比/%	罚款金额/（10^4元）	占比/%
山西省	497	37.3	8994.837	34.222
内蒙古自治区	342	25.7	7711.504	29.339
陕西省	171	12.8	3936.812	14.978
贵州省	115	8.6	1932.2	7.351
山东省	35	2.6	1034.848	3.937
河北省	28	2.1	75.764	0.288
河南省	25	1.9	1065.043	4.052
甘肃省	21	1.6	205.7	0.783
宁夏回族自治区	17	1.3	264.9	1.008
黑龙江省	13	1.0	222.77	0.848
湖南省	13	1.0	143.77	0.547
云南省	13	1.0	286.706	1.091
新疆维吾尔自治区	9	0.7	150.267	0.572
安徽省	8	0.6	98.24	0.374
四川省	7	0.5	52.47	0.200
辽宁省	6	0.5	78	0.297
福建省	4	0.3	17.918	0.068
吉林省	3	0.2	5	0.019
湖北省	1	0.1	3.2	0.012
江西省	1	0.1	2	0.008
新疆生产建设兵团	1	0.1	1	0.004
重庆市	1	0.1	1	0.004

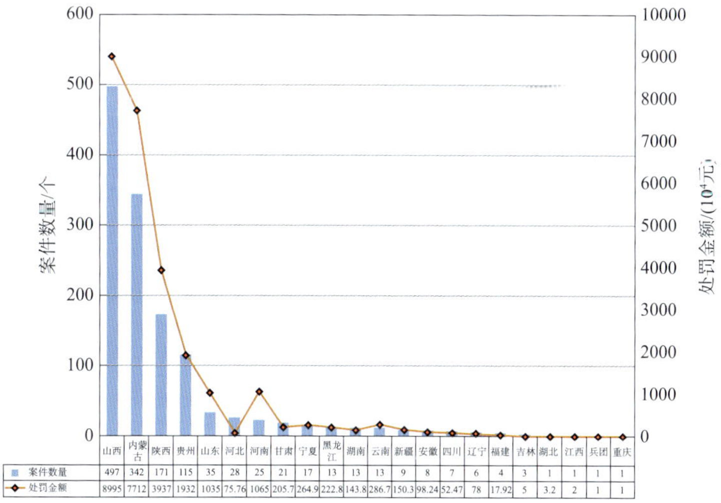

图5-14　2022年煤炭行业生态环境行政违法分布情况

（四）关闭煤矿环境管理情况

1.关闭煤矿环境管理政策

作为传统能源行业，我国煤炭资源开发历史久远，开发较早的东部地区因资源枯竭矿井逐步关闭。同时，近年来党中央、国务院关于供给侧结构性改革的决策部署，煤炭行业资源整合、化解过剩产能，退出大量煤矿。“十三五”以来，全国退出煤炭产能累计10×10^8t，关闭煤矿高达5600座左右，截至2022年年底，全国煤矿数量降至4400处以内。

我国一些省（直辖市）针对关闭矿山出台了相关的管理政策，如重庆市出台实施了《重庆市历史遗留和关闭矿山地质环境治理恢复与土地复垦工作方案》，提出在2030年前完成4900hm^2损（1hm^2=0.01km^2）毁土地生态恢复。广西壮族自治区出台了《广西壮族自治区废弃矿山生态恢复管理办法》的通知（2022年）。

现阶段，尚未明确关闭（废弃）煤矿环境保护监管程序，也未出台关闭煤矿遗留的生态恢复、“老窑水”排放和矸石堆存污染治理的系统性政策及要求，仅在相关部门一些文件中提出了原则性要求，增加了环境保护监管压力。比如，《矿产资源法》第二十一条规定“关闭矿山，必须提出矿山闭坑报告及有关采掘工程、不安全因素、土地复垦利用、环境保护的资料，并按照国家规定报请审查批准”。《矿山生态环境保护与恢复治理技术规范（试行）》（HJ 651—2013）一般要求部分提出“将矿山生态环境保护与恢复治理贯穿矿产资源开采的全过程”。《关于进一步加强煤炭资源开发环境影响评价管理的通知》（环环评〔2020〕63号）的第十五条也提出“鼓励相关部门和企业，开展……关闭煤矿瓦斯监测和综合利用技术等研究”。

2.关闭煤矿改造利用情况

随着关闭煤矿大量退出，很多省（自治区）主动探索开展了关闭煤矿的改造利用工作，如建设国家矿山公园、改造为湿地景观、产业园区、休闲娱乐场所等，有些城市还探索开展了EOD项目。

我国已建成21座煤矿类型的国家矿山公园，占国家矿山公园总数（87个）的24%。如大同晋华宫国家矿山公园是我国首批国家矿山公园之一，扎赉诺尔国家矿山公园展示了丰富的矿业遗迹，淮北国家矿山公园建成了南湖塌陷地休闲娱乐区、东湖矿业文化雕塑园区、相山地质遗迹区和中湖采煤沉陷生态恢复区4大景区（图5-15）。阜新海州露天国家矿山公园成为集旅游、考察、科普、体验于一体的工业遗产旅游区（图5-16）。

图5-15 淮北国家矿山公园(图片来源于网络)

图5-16 阜新海州露天国家矿山公园(图片来源于网络)

2021年4月，生态环境部、发改委和国开行联合印发《关于同意开展生态环境导向的开发(EOD)模式试点的通知》。2022年3月，生态环境部印发《生态环保金融支持项目储备库入库指南(试行)》(简称《指南》)，明确入库项目范围包括大气污染防治、水生态环境保护(含流域水生态保护修复、流域水环境综合治理等)、土壤污染防治、农业农村污染治理、固体废物处理处置及资源循环利用、生态保护修复(含采煤沉陷区综合治理)等。重庆市曾是我国西南地区主要产煤城市，2022年重庆市关闭了境内所有煤矿，借助EOD模式和政策探索开展了相关工作。重庆市綦江区政府拟以“沉陷区综合治理+矿区生态修复+资源循环利用+产业绿色转型”为核心，实施綦江区全国重点采煤沉陷区综合治理及绿色产业转型EOD项目，重点实施松藻煤矿等五矿一厂的沉陷区综合治理，加快完善基础配套与公共服务设施，依托4.5km^{2}的新型智能产业园为中心，对废弃资源治理以科学利用为主，推动装配式建筑产业与矿渣循环化利用融合发展。

第三节　主要环境影响与关键环境保护措施

一、生态影响与恢复措施

煤炭资源井工开采的地表沉陷、露天开采的地表挖损和占压土地均对生态环境造成破坏。

1. 生态影响总体情况

我国煤矿开发历史久、生态欠账多，煤矿主要集中分布在生态脆弱、水资源匮乏、草原退化、荒漠化日益严重的内蒙古、山西、陕西、新疆4省（自治区），生态恢复难度较大；“十三五”以来关闭退出大量煤矿（约5700座），生态恢复任务重。全国采煤沉陷区面积超过$2\times10^4km^2$，每年新增沉陷区$700km^2$，预计到2030年我国采煤沉陷区面积将达到$28000km^2$。同时，我国露天煤矿采掘场挖损、外排土场占压土地资源，地表剥离与剥离物排弃直接破坏地表植被，改变区域土地利用类型和生态系统，生态影响突出。

2. 典型区域生态影响与恢复措施

我国幅员辽阔，煤炭资源分布相对广泛，不同区域、不同地质开采条件和开采方式引发的生态影响特点也不尽相同。生态修复也根据采煤影响特点和区域生态环境功能，本着因地制宜原则，按宜农则农、宜草则草、宜渔则渔的方式进行生态恢复。综合考虑到我国煤炭资源主要开采地区的气候、地形、生态系统等自然环境特征，以及煤炭资源开发布局、开发强度、开发方式、采煤生态影响表现形式与特点等因素，划分为黄土高原区、毛乌素沙地区、蒙东草原区、东部平原区、西北戈壁荒漠区和西南山区等典型区域，各典型区域生态影响特点及恢复技术应用情况如表5-5所示。

表5-5 典型区域煤矿开采主要生态影响特点及典型项目生态修复技术

典型区域	涉及的区域	生态影响特点与主要生态问题	主要恢复技术	代表性案例
黄土高原区	山西、陕西东南部和内蒙古中东部	关闭煤矿较多。 井工煤矿开采后极易形成较大的地表裂缝、沉陷台阶等，加剧区域水土流失，破坏地面建构筑物	沉陷初期，平整土地、回填裂缝；沉陷稳定后开挖水平沟、水平台阶，建设灌溉排水工程，土壤改良后采取乔灌草相结合的植被恢复措施	 土地整理与土壤改良
毛乌素沙地区	内蒙古中西部、陕西北部和宁夏东部等	区域地表被风积沙覆盖，生态环境脆弱、敏感。 井工煤矿的沉陷影响形式以地表裂缝为主，露天煤矿开采直接破坏地表，加剧区域土地沙化	沉陷区一般以自然恢复为主，对半固定沙丘可实施柳杆障壁护坡等防风固沙措施	 草方格固沙治理及自然恢复
蒙东草原区	内蒙古东部	露天矿多。 采煤直接破坏地表植被和含水层结构，造成草地面积减少、浅层地下水资源损失，引起矿区及周边草原植被退化；景观影响突出	生态系统以典型草原为主，兼有草甸草原和半荒漠草原，防止草原退化是生态保护的重点，露天矿生态恢复主要包括地貌重构、土壤重构、植被重建、配套设施重建4个环节	 土壤改良及植被恢复

续表

典型区域	涉及的区域	生态影响特点与主要生态问题	主要恢复技术	代表性案例
东部平原区	安徽、山东、河南、江苏等	以井工开采为主，关闭煤矿多。 采煤后地表整体沉陷形成大面积地表积水，改变土地利用类型和生态系统，造成耕地资源大量损失	采取挖深垫浅方式整治积水区。永久性积水区治理为湖泊、鱼塘或水上公园，季节性积水区恢复原有土地使用功能	 积水区治理改造为湖泊、湿地
戈壁荒漠区	新疆哈密、准东和甘肃部分地区	露天煤矿较多。 自然环境恶劣，多年平均降雨量小于200mm，大面积为无植被覆盖的荒漠区，地表砾幕层和结皮对保持区域生态功能十分重要。大风天气下易引发扬尘污染	地表砾幕层厚度多在7~8cm，存量极少，一旦破坏很难恢复。生态保护重点是尽可能减少地表扰动，以减缓因地表结皮和砾幕层破坏后引发的扬尘污染	实际建设中，砾幕层单独剥离、单独堆存措施落实不佳
西南山地区	云南、贵州、四川、重庆等	关闭煤矿较多。地形起伏大、岩溶发育，主要生态功能为水源涵养－水土保持	沉陷以地表裂缝和沉陷台阶为主，采煤导致水田受损退化为旱地，引发崩塌滑坡等地质灾害，关闭煤矿的生态环境问题亟须整治。因该区域地形高差较大，沉陷引发的生态影响不明确，一般以自然恢复为主	

二、水环境影响与处理利用措施

（一）黄河流域采煤地下水影响

黄河流域水资源短缺，人均占有量仅为全国平均水平的27%，开发率高达80%。全国14个煤炭基地和9个大型煤电基地中，9个煤炭基地和6个煤电基地位于黄河流域。2022年沿黄河流域9省煤炭产量达到35.9 × 10^8t，占全国的79%；煤电装机约4.75 × 10^8kW，占全国的41.7%；煤化工企业占全国的80%以上。煤炭下游煤电、煤化工等高耗水企业多从黄河取水，水资源制约明显，区域违规取水、地下水超采等问题普遍存在。专家估算黄河流域煤炭资源高强度开发每年产生约65 × 10^8t矿井水，多数不能利用，需外排。而这些矿井水很大比例受采煤导通和漏失影响，来自具有供水意义的浅层地下水，区域出现浅层地下水含水层疏干、水位大幅下降、泉流量减小等环境问题，对浅层地下水资源和生态涵养能力影响显著。

1.陕北煤炭基地浅层地下水水位显著下降

鄂尔多斯市和榆林市是我国主要产煤城市，产量位居全国第一和第二，2022年产量分别达7.22和5.82 × 10^8t，分别占全国的15.8%和12.8%。鄂尔多斯市和榆林市煤矿开采过程中对浅层地下水保护工作不到位，已造成部分区域浅层地下水水位显著下降，对区域地下水、地表水和生态环境造成了不良影响。以榆神矿区为例，矿区煤层埋藏浅、上覆基岩厚度较薄，一些区域还存在关键隔水层缺失等不利地质条件。在矿区环评审查和项目环评批复中，均要求采取限高开采、分层开采等保水采煤措施，最大限度保护地下水资源、并不得导通第四系含水层。实际开采中并未完全落实保水采煤措施，部分煤矿开采局部导通关键隔水层和浅部含水层，导致浅层地下水水位大幅下降。如锦界煤矿、凉水井煤矿开采引起浅层地下水位最大降幅分别达到37.61、29.5m，并形成一定范围降落漏斗，对地下水和生态产生不利影响。

2.矿井涌水量大，浅层地下水占比高

据不完全统计，榆神矿区内26座生产煤矿矿井涌水总量达到$37.6 \times 10^4 m^3/d$，其中9座$1000 \times 10^4 t/a$及以上特大型煤矿涌水量达到$28.3 \times 10^4 m^3/d$。根据矿井水构成和浅层地下水占比研究成果，在煤层浅埋区，浅层地下水占矿井涌水量的比例较高，为45%~85%。如锦界煤矿涌水量高达$12.69 \times 10^4 m^3/d$，超过一半来自第四系萨拉乌苏组含水层，对浅层地下水资源影响较大。同时，部分煤矿为减少采煤工作面排水压力，实施钻放孔超前疏干浅层地下水，进一步加大了地下水资源的影响与损失。

3.部分沉陷区出现地表积水，威胁区域生态安全

鄂尔多斯市和榆林市煤炭资源具有煤层厚、埋深较浅的特点，加之区域地势平坦，浅层地下水埋深浅，煤炭开采后引起地表整体下沉，形成规模不等的沉陷盆地，在地下水水位埋深较浅的区域地下水出露地表，形成永久性或季节性地表积水，水面蒸发造成地下水资源进一步损耗。如鄂尔多斯市呼吉尔特矿区母杜柴登、巴彦高勒煤矿和榆林市榆神矿区金鸡滩煤矿采煤形成整体下沉盆地后，均出现不同程度的地表积水区，使基本农田、公益林和沙生植被被浸泡，如图5-17所示。

图5-17　毛乌素沙地区采煤后形成地表积水

鄂尔多斯市西部和榆林市主要开发区域地势平坦，地表多为风积沙覆盖，有利于降水入渗补给。由于区内地下水位埋深较浅，地下水在涵养生态和维持区域生态系统平衡方面发挥着不可替代的作用。目前，缺乏浅层地下水水位下降对地表沙生植被的影响研究，地下水与生态影响的关联性调查研究不够系统，缺少有效支撑区域生态环境保护的系统性调查研究成果和关键数据，影响情况尚不明确，仍存在一定的生态环境风险。

（二）矿井水处理技术

1.各类矿井水处理技术发展情况

矿井水的构成主要为地下水和井下生产排水，污染物成分相对简单，主要是煤尘和少量石油类。部分地区存在酸性矿井水、高矿化度矿井水、含氟矿井水等，极少部分地区的矿井水含有害元素。其中，酸性矿井水主要分布在鲁西南、山西、云贵等地的高硫矿区，高氟矿井水主要分布在两淮、山西晋城、内蒙古西部、陕西北部等地区，高矿化度矿井水主要分布在两淮、鲁西南、山西、陕西、蒙东、河南、宁东以及新疆等地。针对含悬浮物矿井水处理多采用混凝沉淀工艺，酸性矿井水处理多采用中和法，高矿化度矿井水处理多采用反渗透法，高氟矿井水处理多采用吸附法。如表5-6所示。

表5-6　各类型矿井水处理工艺发展情况

矿井水类型		基本工艺	处理原理	技术成熟度		
				成熟	部分应用	研究推广阶段
含悬浮物矿井水		混凝沉淀	添加混凝剂促进悬浮物沉淀	√		
		氧化塘	利用自然条件下的生物处理法		√	
		加载絮凝	添加加载材料加快絮凝沉淀			√
酸性矿井水		中和法	石灰石中和	√		
		生化法	氧化亚铁硫杆菌的氧化作用			√
		人工湿地	自然系统的物理化学生物三重协同作用		√	
		PRB 法	采用物理、化学或生物处理技术分离流经墙体的污染成分		√	
高矿化度矿井水		蒸馏淡化	热力脱盐淡化处理		√	
		电渗析	使用特殊的半透膜		√	
		反渗透	使用反渗透膜	√		
含有害元素矿井水	含重金属	沉淀法	使溶解态变为沉淀物	√		
		浓缩和分离	反渗透、电渗析、蒸发浓缩		√	
	含放射性	化学沉淀	处理高盐量溶液		√	
		离子交换	处理悬浮固体含量低、含盐量低的矿井水		√	
		蒸发法	处理洗涤剂含量低的废水		√	
	含氟	混凝法	添加漂白粉、石灰乳、铝盐等，形成絮花		√	

2.特殊矿井水处理情况

1）高矿化度矿井水

我国煤炭产能集中的神东煤炭基地、陕北煤炭基地和宁东煤炭基地内煤矿矿井水矿化度普遍较高，矿井水经悬浮物常规处理后，还需建设除盐深度处理设施，一般采用超滤+二级反渗透处理工艺，也有部分煤矿还对浓盐水采取三级浓缩处理工艺。近两年，煤矿高矿化度矿井水深度处理比例较低的现象有所改善。但总体看，因高矿化度矿井水处理系统运行维护费用较高（一般处理成本在10元/t以上）、浓盐水及杂盐处置难等问题，高矿化度矿井水处理处置仍是困扰煤矿企业的突出问题之一。仍有部分煤矿企业选择低洼地带排放高矿化度矿井水，并引起了区域土壤盐碱化等问题。也有的煤矿企业探索利用地下采空区储存浓盐水，增加了浓盐水污染地下水的环境风险。

2）高氟矿井水

受地质背景和水岩反应影响，内蒙古与陕西接壤一带煤矿矿井水中氟化物浓度较高。如神东矿区约一半煤矿产生的矿井水为高氟矿井水，氟化物浓度介于0.05~11.65mg/L，平均约1.96mg/L。目前，我国黄河流域煤矿高氟矿井水处理技术成为矿井水高效处理的瓶颈问题，急需开展源头上降低矿井水氟化物和末端处理技术的研究与突破。

（三）矿井水综合利用

相关研究显示，我国煤矿生产每年矿井水产生量约80×10^8t，排放量在20×10^8t以上。根据《2022煤炭行业发展年度报告》，2022年矿井水利用率达到79.3%，同比提高0.3个百分点，利用途径仍以工业企业生产用水为主。

我国14个大型煤炭基地中11个处于干旱、半干旱地区，79%的矿区位于缺水地区，40%的矿区处于严重缺水地区，大型煤炭基地建设与下游需水量巨大的耗煤行业发展密不可分，区域水资源承载力面临巨大压力，矿井水高效利用具有减少环境污染与补充水资源的双重意义。但由于煤矿数量多、矿井水水量大，受区域矿井水综合利用规划缺失、矿区规划的用水企业建设不同步、区域生态用水工程不同步等诸多因素影响，大部分地区矿井水未进行高效利用。

为加强矿井水综合利用，鄂尔多斯、榆林市政府统筹矿井水与工业、农业和生态用水需求，组织实施了区域矿井水综合利用规划，将矿井水作为水资源进行利用。如鄂尔多斯市呼吉尔特矿区5座生产矿井，总矿井水量达到$13.34\times10^4m^3/d$，部分用于煤矿自身生产外，剩余部分进入乌审旗疏干水综合利用工程，由乌审旗水务投资集团有限公司统筹考虑综合利用，包括用于图克工业园区工业用水，送至西红海子和西部湖区明渠用于生态补水等。如榆阳区榆神矿区金麻片区煤矿疏干水综合利用项目涉及10座煤矿，建设约110km输水管线、$8\times10^4m^3$蓄水池、1座$208\times10^4m^3$调蓄塘坝，输水总规模$9669.7\times10^4m^3$。截至2022年年底，收集5座煤矿矿井水约$224\times10^4m^3$，其中$160\times10^4m^3$供给榆神工业园用于化工企业用水，约$64\times10^4m^3$用于秋季农业用水补给。

有些区域选择地表低洼地带排放存储矿井水。如宁东煤炭基地，2022年宁夏煤炭产量达0.94×10^8t，宁东煤炭基地分布有鸳鸯湖矿区、马家滩矿区、积家井矿区、横城矿区和红墩子矿区5个国家规划矿区，规划规模超过1×10^8t/a。宁东基地煤炭矿区矿井水矿化度普遍较高，一般在5000mg/L左右，甚至更高，大部分煤矿利用附近低洼地带存储高矿化度矿井水，久而久之形成地面蓄水湖。

三、矸石堆存影响与治理、利用措施

1. 矸石排放、利用与污染总体情况

煤矸石是我国排放量最大的工业固体废物，堆存量累计超过50×10^8t，占全国固体废物的40%以上。据估算，近几年每年新增矸石量均在7×10^8t左右。虽然煤矿企业采取井下充填、发电、生产建筑材料、填筑路基、用于土地复垦等多种方式利用煤矸石，但仍以堆存为主。不同地区矸石堆存方式不一，平原区多为“平地起山”，丘陵沟壑区多利用荒沟筑坝分级堆存，还有的利用周边露天煤矿内排土场堆存。

矸石堆存场地需要采取工程措施、植被恢复措施防治环境污染、保护生态环境。东部、北部等平原地区“平地起山”式排矸场一般不设置栏杆坝、截排水沟等工程措施，多采取削坡措施后客土种植乔灌木进行植被恢复，如图5-18所示。荒沟型排矸场一般需要修建栏杆坝，并在矸石堆存场地四周修建截排水沟，采取分层排弃、碾压、覆土的措施，并设置护坡，坝下一般设有矸石淋溶液收集池，并定期开展环境污染监测监控，如图5-19所示。植被恢复措施主要选择适生物种开展植被恢复，逐步恢复生态功能，如图5-20所示。

图5-18　矸石山客土植被恢复情况

图5-19　利用荒沟堆存矸石

图5-20　矸石堆存场地植被恢复措施

煤矸石堆存场地扬尘污染、矸石自燃引发的大气污染、淋溶液污染地下水等环境问题不容忽视，矸石堆存场占地的生态影响及生态恢复也是环境保护需关注的重点。目前，煤矿企业多以填沟造的名义处置矸石，实际并未按《土地复垦条例》等有关规定、相关技术规范、质量控制标准和环保要求执行。在平原地区矸石山普遍存在，部分煤矿采取了水土保持和生态恢复措施，主要产煤大省也逐步开展了矸石山整治工作，在防自燃、控制扬尘方面取得了一定的效果。但部分煤矿仍存在矸石随意排放的问题，甚至出现煤矸石堆存占用河道的现象，部分煤矿因自燃防治措施不到位，出现污染大气环境等问题。

煤炭矿区周边的独立选煤厂工程每年也产生大量矸石，但并未纳入矿区规划统一管理。这些选煤厂每年产生的矸石处置方式及去向需要关注，并按照煤炭行业现行环境管理政策进行监督管理。近年来，不断出现选煤厂随意倾倒矸石污染地表水体、侵占基本农田等现象。从生态环境执法情况看，每年均有200~300起环境行政处罚案例，如2022年全国各级环境执法部门共处罚选煤厂环境违法案件230起，罚款金额达到1531.2×10^4元。

2.煤矸石综合利用情况

根据《2022煤炭行业发展年度报告》，2022年煤矸石利用率达到73.2%。煤矸石利用途径主要包括矸石发电、生产建筑材料、土地复垦、筑路、井下充填等。

近年来，部分煤矿开展了离层注浆方式处置煤矸石，实际也是充填处置的一种，离层注浆位置不在井下采空区，而选在煤层上覆岩层在采煤过程中形成的离层空间内，通过地面钻孔方式将矸石浆液注入，实现处置矸石和减沉、保水多重生态效益。鄂尔多斯市门克庆煤矿通过离层注浆每年可消耗矸石量约100×10^4t/a，同时控制了上覆地层变形，达到减沉和浅层地下水资源保护的作用，如图5-21所示。

随着环保要求的不断提升，煤矸石砖厂项目的生产工艺和环保措施也均有所增强，如采用移动窑、冷压制砖工艺，全封闭生产车间，设置废气收集管道、除尘脱硫设施等，如图5-22和图5-23所示。

图5-21　门克庆煤矿离层注浆设施

图5-22　矸石砖厂生产工艺

图5-23　矸石砖厂大气污染防治措施

四、瓦斯排放控制与利用措施

（一）瓦斯排放总体情况

煤矿瓦斯排放环节杂而多。煤炭开采过程中的甲烷排放主要来自井工矿瓦斯抽采和通风中甲烷排放、露天矿和关闭煤矿甲烷逃逸，以及矿后活动逃逸等。煤矿甲烷排放环节如图5-24所示。

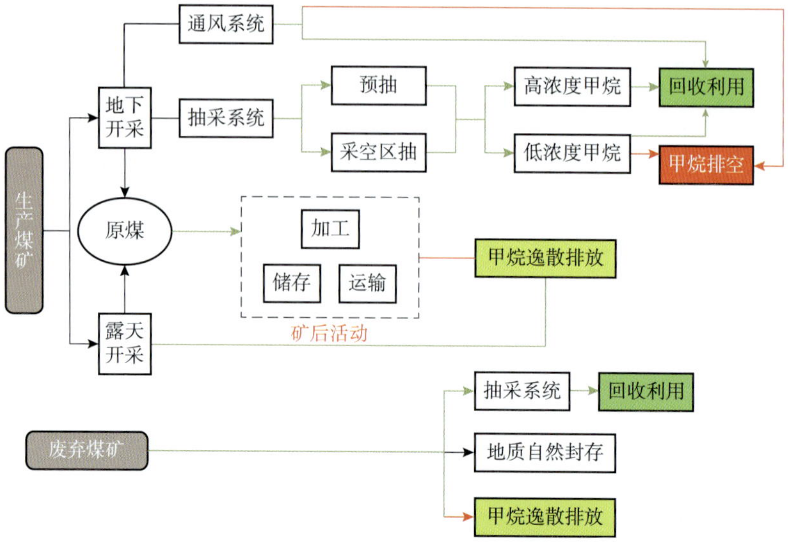

图5-24　煤炭开采活动甲烷排放环节

我国煤炭行业甲烷排放量大，根据国家温室气体清单数据可知，我国煤矿开采导致的甲烷排放量约 2000×10^4t/a，约占全国甲烷排放量的33%，其中井工开采是煤炭开采活动中最大的甲烷排放源，约占83%。我国煤矿瓦斯抽采、利用率均在50%左右，通风系统的乏风排放量也较大，其中混有浓度在0.75%以下的瓦斯随之排放。目前，我国缺少通风瓦斯排放量的准确统计数据，相关估算数据显示，乏风瓦斯排放量占我国煤矿瓦斯排放总量的60%以上。

关闭煤矿和矿后活动瓦斯逃逸量可观。2016年煤炭行业去产能政策实施以来，我国已退出 9×10^8t煤炭产能，关闭退出煤矿超过5000座。随着2030年碳排放达峰的行动，将增加煤炭减量力度，还会有不少煤矿逐步关闭退出。但实际上，全国关闭煤矿残余瓦斯储量的基本情况尚不清楚，需要尽快开展相关预测与后续利用的研究。同时矿后活动环节的瓦斯逃逸情况不清楚，也缺乏有效的预测与监测手段，捕集利用更是难上加难。

近年来，我国开发历史较长的老矿区逐步重视关闭煤矿残余瓦斯探测与利用，如山西省开展了全省关闭煤矿残余瓦斯储量的预测及地面抽采研究，并在部分矿区实现了抽采与利用；安徽省开展了典型矿区关闭煤矿残余瓦斯储量预测与地面开采试点工作，并实现了地面抽采瓦斯的区域利用。关闭煤矿残余瓦斯探测与开采、利用的相关经验急需推广。

（二）瓦斯排放控制情况

一直以来，瓦斯抽采以灾害治理、保障矿井安全生产为目的，企业对瓦斯资源利用、温室气体减排的认识不够、重视不足，出现了以下几个方面的问题。

1.我国煤矿瓦斯抽采率仅50%左右

煤炭开采过程中大量甲烷未经捕集，直接经通风系统进入大气；部分煤矿企业通过增大通风量稀释甲烷浓度后将瓦斯从通风系统排出，进一步加大了瓦斯逃逸量；通过瓦斯抽放系统抽采的瓦斯中，约一半未经利用直接排放，浪费清洁能源的同时，加剧了温室效应；关闭矿井残余瓦斯通过地表裂缝等逃逸，因关闭煤矿残余瓦斯的探测及后续开发利用工作仍处于探索阶段，逃逸情况尚不清楚。由于甲烷是近地面臭氧的前体物，在一定程度上也加重了大气环境污染。

2.瓦斯排放监管不严

早在2008年发布的《煤层气（煤矿瓦斯）暂行排放标准》便规定“高浓度瓦斯禁止排放”；针对高浓度瓦斯利用，提出了“可直接利用的高浓度瓦斯，应建立瓦斯储气罐，配套建设瓦斯利用设施，可采取民用、发电、化工等方式加以利用；对于无法直接利用的高浓度瓦斯，可采取压缩、液化等方式进行异地利用，无法利用的高浓度瓦斯，则可采取焚烧等方式处理”；针对瓦斯监测，提出“矿井瓦斯抽放泵站输入管路及瓦斯储气罐输出管路等应设置甲烷传感器、流量传感器、压力传感器及温度传感器，对管道内的甲烷浓度、流量、压力、温度等参数进行监测，抽放泵站还应设甲烷传感器，防止瓦斯泄漏。矿井瓦斯抽放系统和煤层气地面开发系统按照《污染源自动监控管理办法》规定，安装煤层气（煤矿瓦斯）排放自动监控设备，并与环保部门的监控中心联网，保证设备正常运行”。实际生态环境部门并不掌握煤矿瓦斯排放数据，也未形成不同层级的甲烷排放清单数据与数据库，不利于甲烷减排监管。

3.瓦斯综合利用情况

煤矿瓦斯排放主要来自开采过程中抽采瓦斯、通风瓦斯和矿井关闭后残余瓦斯的排放，不同矿井、不同环节产生的煤矿瓦斯中甲烷体积分数差异较大。瓦斯利用技术与瓦斯中甲烷体积分数密切相关，其中高浓度瓦斯（甲烷体积分数大于等于30%）可用于发电、提纯、燃气锅炉等，利用技术成熟；低浓度瓦斯（甲烷体积分数小于30%）利用技术“十三五”期间得到快速发展，其中甲烷体积分数在8%~30%之间的低浓度瓦斯发电技术相对成熟；而通风瓦斯因其甲烷体积分数低，仅在0.2%~0.6%之间，主要利用技术为通风瓦斯蓄热发电，但蓄热发电示范工程运行能耗高、经济效益不佳，限制了该部分瓦斯有效利用。瓦斯利用技术发展及应用情况如表5-7所示。

我国高瓦斯矿井主要分布的山西、贵州、安徽、河南、重庆等5省（直辖市）建设了煤炭行业低碳技术创新及产业化示范工程，通过实施通风瓦斯氧化发电示范工程，将甲烷氧化生成二氧化碳时产生的热量经热交换器提取用于供热，替代燃煤锅炉。

表5-7　瓦斯利用技术发展及应用情况

瓦斯分级	甲烷体积分数 /%	来源	利用途径	利用率 /%	利用技术成熟程度
高浓度瓦斯	30~80	抽采瓦斯	瓦斯发电、民用、提纯制 CNG	≥ 60	技术成熟，已进行工业应用
低浓度瓦斯	8~30（不含 30）		瓦斯发电及余热利用、提纯后民用	20~30	
	1~8（不含 8）		蓄热氧化发电	≤ 2	开展示范工程，尚未广泛推广
通风瓦斯	≤ 1	矿井通风	蓄热氧化后供热、制冷、发电，助燃空气	≤ 2	

第四节　绿色发展水平评价

一、煤炭行业绿色发展评价体系

1.评价体系建立思路

煤炭行业是我国能源保障的重要行业，是我国生态和地下水影响突出的重点领域，也是固体废物堆存、甲烷排放的主要来源，煤炭行业的绿色低碳发展十分重要。绿色发展指标的选取遵循“突出行业特点、相对全面、数据可获取”的原则，选择与环境保护、污染防治、资源综合利用、环境管理相关性高，能够体现现阶段煤炭行业环境保护与环境管理突出问题，促进现阶段环境保护与管理水平提升的关键指标。本次评估结合煤炭行业发展现状、生产运行、环境影响特点及环境管理重点，拟从采选工艺、生态影响与保护、污染防治、资源综合利用、跟踪监测和环境管理6个方面建立“事前、事中、事后”全过程的煤炭行业绿色发展环境指数评估体系。

2.评价指标体系框架

煤炭行业绿色发展评价指标体系构建了6项一级指标和19项二级指标。一级指标包括：采选工艺、生态影响与保护、污染防治、资源综合利用、跟踪监测和环境管理。工艺包括开采工艺和原煤入选率2项二级指标，生态影响与保护包括生态影响、地下水影响、保护性开采措施、生态治理率4项二级指标，污染防治包括矿井水处理、矸石处置、无组织排放控制、产品煤外运方式4项二级指标，资源综合利用包括矿井水利用率、煤矸石利用率、瓦斯利用率和余热利用4项二级指标，跟踪监测包括地表变形监测、导水裂缝带观测和地下水跟踪监测情况3项二级指标，环境管理包括环评和验收制度执行、环境行政处罚2个二级指标。

3.评价指标权重设置

绿色发展指标的权重值直接影响评价结果的科学性与准确性。指标权重值主要依据煤炭行业环境管理政策、研究经验、专家咨询和参考文献确定，充分考虑当前行业发展水平与突出生态环境问题，对指标选取、权重等关键内容进行了验证，并对评价指标进行了优化。

6个一级指标的权重：工艺（10分）、生态影响与保护（26分）、污染防治（22分）、资源综合利用（20分）、跟踪监测（10分）和环境管理（12分）。各评价指标权重如表5-8所示。

表5-8　煤炭行业绿色发展指标体系权重

一级指标	一级指标权重	二级指标	二级指标权重	赋分标准及评级		
				A级	B级	C级
采选工艺	10	开采工艺	5	落实环评批复采煤工艺的，得5分		未落实环评批复的，由保护性开采调整为非保护性开采的，得0~4分
		原煤入选率	5	达到100%的，得5分	建有选煤设施，但原煤未全部入选的，得3~4分	未建选煤设施（也无依托），原煤未入选的，得0~2分
生态影响与保护	26	生态影响	8	在环评及批复措施基础上，优化保护措施减缓生态影响程度和范围的，得8分	落实环评及批复措施，未加重生态影响程度且未扩大影响范围的，得5~7分	井工矿开采改变土地利用类型（如出现地表积水）的；露天矿增加外排土场等占地影响区的；擅自扩大开采范围的；得0~4分
		地下水影响	7	在环评及批复措施基础上，优化保护措施减轻地下水影响程度的，得7分	落实环评要求，未增加开采强度，未加重地下水影响程度的，得4~6分	未落实环评要求，加重地下水影响程度或范围的，得0~3分
		保护性开采措施	5	采取井下工作面充填、分层、限高、离层注浆、隔水层加固等保护性开采措施的，得4~5分	落实环评要求的，得3分	未落实环评批复保护性开采措施的，不得分
		治理率	6	达到80%以上的，得6分	达到60%及以上的，得4~5分	60%以下的，得0~3分
污染防治	22	矿井水处理	6	处理能力及工艺符合环评及批复要求，各项污染物均达标的，得6分		处理能力及工艺不完善，或污染物不达标的，得0~3分
		矸石处置	6	井下充填处置矸石的，得6分	矸石用于发电、生产建筑材料、用于土地复垦等进行综合利用的，得4~5分	矸石堆存处置，规范堆存的，得3分；不规范堆存的，得0~2分
		无组织排放控制	6	原煤、产品煤及场内转运等环节全封闭的，得6分	原煤、产品煤及场内转运等环节部分全封闭、部分采取防风抑尘措施的，得3~5分	有露天储煤场地的，得0~2分
		铁路（封闭皮带）运输占比	4	产品煤全部铁路（封闭皮带）外运的，得4分	产品煤部分铁路（封闭皮带）外运的，得2~3分	产品煤全部公路运输的，得0分
资源综合利用	20	矿（坑）井水利用率	7	矿（坑）井水利用率达到100%的，得7分	矿（坑）井水利用率达到70%及以上的，得4~6分	矿（坑）井水利用率在70%以下的，得0~3分
		煤矸石利用率	7	煤矸石利用率达到100%的，得7分	煤矸石利用率达到60%及以上的，得4~6分	煤矸石利用率在60%以下的，得0~3分
		瓦斯利用率	4	瓦斯利用率达到80%及以上的，得4分	瓦斯利用率在50%及以上的，得3分	瓦斯利用率在50%以下的，得0~2分
		余热利用	2	利用矿井水、乏风余热的，得2分		未利用矿井水、乏风余热的，得0分

续表

一级指标	一级指标权重	二级指标	二级指标权重	赋分标准及评级		
				A级	B级	C级
跟踪监测	10	地表变形观测	3	建立地表岩移观测系统，规范开展观测的，得3分	建立地表岩移观测系统，未规范开展观测的，得1~2分	未建立地表岩移观测系统的，得0分
		导水裂缝带监测	3	开展导水裂缝带监测的，得3分		未开展导水裂缝带监测的，得0~2分，其中环评要求开展未开展的，得0分
		地下水跟踪监测	4	制定地下水水质、水位跟踪监测计划，并规范开展监测的，得4分	制定地下水水质、水位跟踪监测计划，开展监测但不规范的，得2~3分	制定地下水跟踪监测计划，未开展监测的，得1分；未制定监测计划，也未开展监测的，得0分
环境管理	12	环评及验收制度执行情况	6	取得环评批复、完成竣工环保验收的，得5~6分		未办理环评手续或验收的，得0~4分
		环境行政处罚情况	6	2022年度未受到环境行政处罚的，得6分	2022年度未受到1次环境行政处罚的，得4分	2022年度未受到2次及以上环境行政处罚的，得0~2分

本评价指标体系将企业绿色发展水平划分为三级，先进水平（综合得分≥85分）、较高水平（75分≤综合得分<85分）、一般水平（60分≤综合得分<75分）。

二、绿色发展环境指数评价

（一）评价对象

评价对象选择近两年全国建设项目竣工环境保护验收信息平台上公开验收调查报告的项目和部分生态环境部审批的改扩建煤矿项目，数据获取以管理平台数据为主，部分内容向验收调查报告编制单位进行了核实。评价对象19个，覆盖山西、内蒙古、陕西、新疆、贵州、宁夏、甘肃等省（自治区），涵盖超大型、大型和中小型煤矿。如表5-9所示。

表5-9　评价对象基本情况

序号	所属集团	煤矿名称	所在地区	建设规模 / （$10^4 t \cdot a^{-1}$）	开发方式
1	陕煤集团	小保当二号煤矿	陕西省榆林市	1300	井工
2	华电集团	小纪汗煤矿		1000	井工
3	陕西黄河矿业集团	桑北煤矿	陕西省渭南市	120	井工
4	晋能控股	北辛窑煤矿	山西省忻州市	400	井工
5		塔山煤矿	山西省大同市	2500	井工
6	山西怀仁中能芦子沟煤业公司	芦子沟煤矿	山西省朔州市	300	井工
7	国能集团	保德煤矿	山西省长治市	800	井工
8		补连塔煤矿	内蒙古鄂尔多斯市	2800	井工
9		上湾煤矿		1600	井工
10	山东能源	长城六号煤矿		150	井工

续表

序号	所属集团	煤矿名称	所在地区	建设规模/($10^4t\cdot a^{-1}$)	开发方式
11	湖北宜化集团	五彩湾一号露天矿	新疆昌吉州	2000	露天
12	新疆特变电集团	将军戈壁二号露天矿		2000	露天
13		大井矿区南露天矿		3000	露天
14	新疆能源集团	石头梅一号露天矿	新疆哈密	500	露天
15	中国庆华能源集团	伊宁北区二号露天矿	新疆伊犁	400	露天
16		韦二煤矿	宁夏吴忠市	90	井工
17	宁夏远洲矿业公司	刘家沟海煤矿		60	露天
18	国电投集团	林华煤矿	贵州省毕节市	150	井工
19	中国华能集团	核桃峪煤矿	甘肃省庆阳市	800	井工

(二)评价结果

煤炭行业绿色发展指数评价结果如表5-10所示。

表5-10　绿色发展评价总体情况　　　单位：分

序号	煤矿名称	采选工艺(10分)	生态影响与保护(26分)	污染防治(22分)	资源综合利用(20分)	跟踪监测(10分)	环境管理(12分)	总得分	绿色发展等级
1	小保当二号煤矿	8	19	21	20	6	11	85	A
2	小纪汗煤矿	10	19	18	16	10	12	85	A
3	桑北煤矿	5	13	16	16	6	9	67	C
4	北辛窑煤矿	9	20	19	16	7	11	81	B
5	塔山煤矿	9	19	18	15	8	9	77	B
6	芦子沟煤矿	10	20	20	19	7	9	84	B
7	保德煤矿	8	17	10	16	5	12	80	B
8	补连塔煤矿	10	19	21	20	9	6	85	A
9	上湾煤矿	10	15	20	16	9	6	77	B
10	长城六号煤矿	10	18	16	18	4	11	77	B
11	五彩湾一号露天矿	5	17	21	20	6	11	80	B
12	将军戈壁二号露天矿	8	18	19	20	10	11	85	A
13	大井矿区南露天矿	7	17	19	20	6	11	80	B
14	石头梅一号露天矿	10	19	16	20	10	12	86	A
15	伊宁北区二号露天矿	6	20	15	20	6	11	78	B
16	韦二煤矿	10	12	14	10	6	12	72	C
17	刘家沟海煤矿	5	14	13	20	6	11	71	C
18	林华煤矿	6	16	15	8	3	12	60	C
19	核桃峪煤矿	6	19	19	12	2	11	69	C

（三）评价结果分析

绿色发展环境指数评价结果显示：5座煤矿达到绿色发展先进水平，占26.3%；9座煤矿达到绿色发展较高水平，占47.4%；5座煤矿达到绿色发展一般水平，占26.3%。

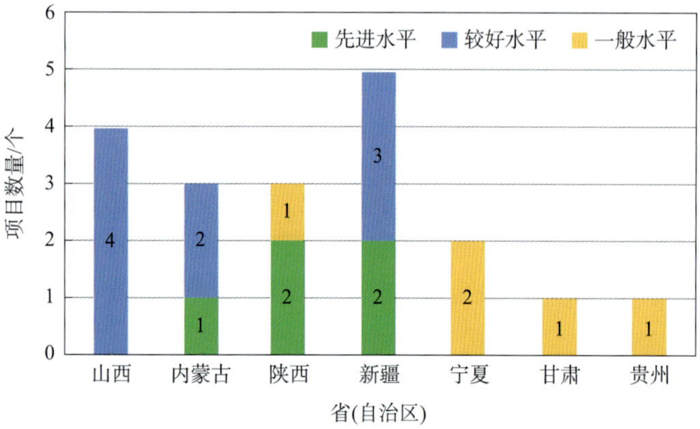

图5-25　不同地区煤矿绿色发展水平

从地区分布看：达到绿色发展先进水平（A级）的5座煤矿中，陕西、新疆、内蒙古分别有2、2和1座；达到绿色发展较高水平（B级）的共9座中，山西、新疆、内蒙古分别有4、3、2座；达到绿色发展一般水平（C级）的5座煤矿中，宁夏、甘肃、陕西和贵州分别有2、1、1和1座，如图5-25所示。

从开发方式看：井工煤矿中，3座煤矿达到绿色发展先进水平（A级）、6座煤矿达到绿色发展较高水平（B级）、4座煤矿达到绿色发展一般水平（C级）；露天煤矿中，2座煤矿达到绿色发展先进水平（A级）、3座煤矿达到绿色发展较高水平（B级）、1座煤矿达到绿色发展一般水平（C级），如图5-26所示。

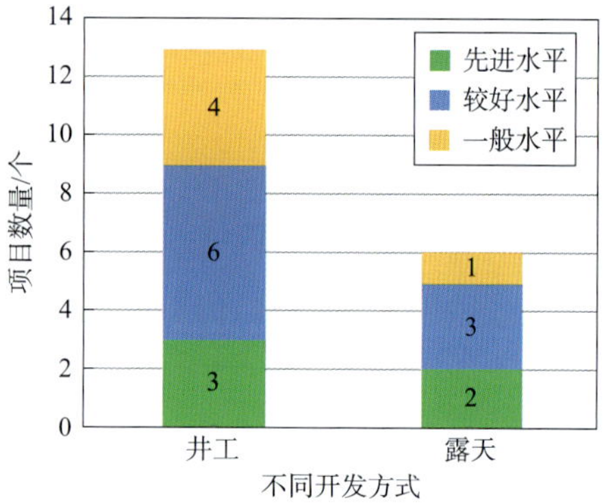

图5-26　不同开发方式煤矿绿色发展水平

从具体评价指标分析如下。

1. 采选工艺

1）采煤工艺落实较好

17座煤矿（占比89.5%）落实了环评批复的采煤工艺；2个煤矿（占比10.5%）未完全落实环评批复的采煤工艺，如将综采一次采全高工艺调整为放顶煤开采工艺，可能加重沉陷和地下水影响程度。

2）原煤入选执行情况不佳

仅9座煤矿（占比50%）的原煤全部入选；另2座煤矿（占比10.5%）建设了洗选设施，但原煤未入选或部分入选；其余8座煤矿（占比42.1%）未建设选煤设施，原煤直接销售不洗选。

2. 生态影响与保护

1）生态和地下水影响基本在环评预测影响范围内

由于煤矿项目的生态和地下水影响伴随整个开采周期，并随着开采位置、强度的变化而变化，在煤矿项目竣工环保验收阶段大部分煤矿的生态和地下水影响尚未充分显现。根据评价结果，18个项目生态和地下水影响未超过环评预测结果，1个项目因越界开采造成生态和地下水影响范围扩大。3座煤矿未落实保护性开采措施，主要体现在综采一次采全高调整为放顶煤开采、露天开采砾幕层单独剥离和堆存措施未落实等方面。1座煤矿在开采前对断层区域进行了注浆，达到保护煤系上覆含水层地下水资源，减缓地表沉陷的作用。

2）生态治理率不高

6座煤矿（31.6）生态破坏区治理率达到60%及以上；6座煤矿（31.6%）生态破坏区治理率在60%及以下；4座煤矿（21.1%）几乎未开展生态破坏区治理工作；3座煤矿（15.8%）因沉陷区尚未稳定而未实施治理工作。

3.污染防治

1）矿井水处理设施和无组织排放控制措施落实较好

18座煤矿（占比94.7%）均落实了环评批复的矿井水处理措施，其中3座煤矿结合运行中矿井水监测结果和污染特征，增加了除氟或脱盐设施；1座露天煤矿因矿坑水量较小（约80立方米/日），经沉淀池简单沉淀后用于洒水抑尘。18座煤矿（占比94.7%）均落实了环评批复的原煤、产品煤全封闭储存措施，1座煤矿部分煤炭露天储存。

2）矸石处置方式以土地复垦和堆存处置为主

产生洗选矸石的15个煤矿项目中，9个煤矿（占比60%）的煤矸石用于土地复垦、发电、修路和生产建材；6个煤矿（占比40%）的洗选矸石以堆存处置为主。参与评价的19座煤矿中，6座煤矿环评批复要求建设井下矸石充填系统处置矸石，实际1座建设建成充填系统单位投入使用；3座煤矿正在建设充填系统；2座煤矿未建设充填系统。

3）产品煤外运方式以铁路为主

14座煤矿（占比73.7%）产品煤采用铁路（或封闭皮带）外运；其中，9座煤矿的产品煤实现全部铁路（或封闭皮带）外运，另外5座煤矿产品煤实现部分铁路（或封闭皮带）外运。其余5座煤矿（占比26.3%）产品煤通过公路外运。

4.资源综合利用

1）矿井水利用情况总体情况较好

16座煤矿（占比84.2%）矿井（坑）水可全部综合利用；3个煤矿（占比15.8%）矿井水利用不畅，需要外排，这3座煤矿井水产生量均在10000m^3/d左右。

2）部分煤矿因原煤不入选，规避了矸石处置与综合利用问题

4座煤矿（占比21.1%）因原煤未入选无洗选矸石产生；9座煤矿（占比47.4%）的煤矸石全部利用，主要用于土地复垦，其次为发电、修路和生产建材；2座煤矿（占比10.5%）

洗选矸石小部分综合利用，大部分堆存处置；4座煤矿（占比21.5%）未进行利用，全部堆存处置。

3）瓦斯利用情况不佳

14座井工煤矿中，5座高瓦斯矿井，其中2座煤矿建设了瓦斯电厂等综合利用工程，对瓦斯进行了利用；3座煤矿因抽采瓦斯浓度不稳定或抽采浓度低等原因，未进行利用。

4）井工矿余热利用较好

14座井工煤矿中，9座煤矿（64.3%）实施了乏风、矿井水余热利用，不同程度上替代燃煤锅炉，减少了污染物排放。

5.跟踪监测

1）地表岩移跟踪观测开展情况不佳

为掌握采煤沉陷的实际影响，环评及批复要求所有煤矿均应建立地表岩移跟踪观测系统开展跟踪观测。评价的14座井工煤矿中，9座煤矿（占比64.3%）开展了地表岩移跟踪观测；5座煤矿（占比35.7%）未开展或未规范开展地表岩移跟踪观测。

2）导水裂缝带发育监测开展较好

导水裂缝带发育监测可掌握采煤导裂带实际发育情况，进而掌握采煤对上覆含水层的破坏及影响情况，一般环评及批复针对浅层地下水敏感的项目提出开展导水裂缝带发育监测的相关要求。评价的14座井工煤矿中，8座煤矿（占比57.1%）开展了导水裂缝带发育监测；6座煤矿（占比42.9%）未开展导水裂缝带发育监测。

3）地下水跟踪监测开展情况不佳

为掌握采煤对地下水，尤其是对具有供水意义含水层地下水的影响，环评及批复均要求煤矿制定科学的地下水跟踪监测计划，并持续开展监测工作。评价的19个煤矿中，仅8座煤矿（占比42.1%）实施了地下水跟踪监测；7座煤矿（占比36.8%）制定了地下水跟踪监测计划，但未规范实施监测工作；4座煤矿（占比21.1%）未开展地下水跟踪监测，也未制定相关监测计划。

6.环境管理

1）“未批先建”违法问题突出

11座煤矿（占比57.9%）开工后取得项目环评批复，存在“未批先建”违法问题。

2）环境行政处罚以违反环评制度为主

4座煤矿（占比21.1%）2022年度受到生态环境部门的环境行政处罚，其中，2座煤矿受到2次及以上环境行政处罚。

第六章

钢铁行业环境评估报告

第一节 钢铁行业发展现状

2022年我国钢铁行业面临需求收缩、供给冲击、预期转弱三重压力，钢铁工业狠抓降本增效、严控经营风险、坚定压减粗钢产量、努力保持市场供需动态平衡，强力推进“基石计划”保障矿石资源安全，持续开展超低排放改造协同减污降碳，持续实施兼并重组，提升绿色发展质量和能力，实现了行业运行总体平稳。

一、规模布局

（一）产能产量

1.受多重因素影响产能产量持续下降

2022年我国生铁、粗钢和钢材产量分别为8.64×10^8t、10.18×10^8t和13.40×10^8t，较2021年分别减少0.8%、1.64%、0.89%，我国粗钢产量持续减少。2022年全球粗钢产量18.85×10^8t，同比减少3.7%；我国粗钢产量在全球的比重略有增加，由2021年的53.1%增至2022年的54%。如图6-1所示。

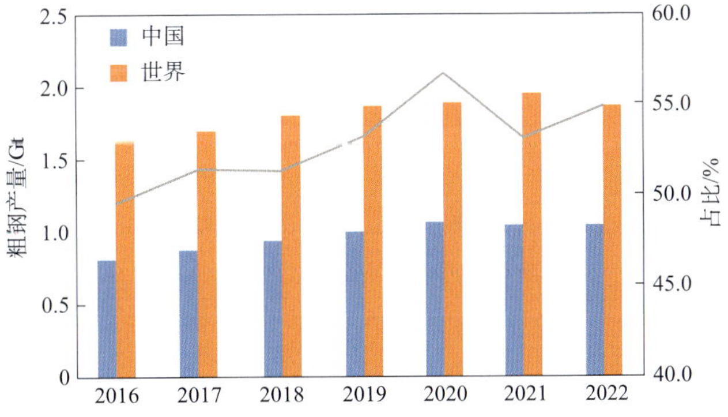

图6-1 我国粗钢产量及占比变化情况

注：数据来源国家统计局、世界钢铁协会。

2022年全国仅7省（自治区、直辖市）粗钢产量增长，2省份与2021年持平，其余19省（自治区、直辖市）粗钢产量出现负增长，其中河北、内蒙古、浙江、吉林、新疆、青海粗钢产量缩减超过5%。全国产量前的省份产量均不同程度有所缩减，缩减幅度0.64%~5.79%。钢铁行业在严禁新增钢铁产能的基础上，持续深入推进供给侧结构性改革，实施产量调整政策，有效地遏制了粗钢产量的过快增长，为钢铁行业污染物减排、“双碳”目标实现以及高质量发展奠定较好基础，如表6-1所示。

表6-1　2022年粗钢产量变化情况

序号	省（自治区、直辖市）	2022年产量/10^4t	2021年产量/10^4t	同比/%
1	河北	21194.5	22496.45	-5.79
2	江苏	11905	11924.95	-0.17
3	山东	7600.3	7649.31	-0.64
4	辽宁	7451.63	7502.41	-0.68
5	山西	6423.2	6740.69	-4.71
6	广西	3793.23	3660.88	3.62
7	安徽	3709.17	3891.64	-4.69
8	湖北	3655.55	3656.09	-0.01
9	广东	3571.77	3178.33	12.38
10	河南	3187.24	3316.1	-3.89
11	福建	2995.7	2535.52	18.15
12	内蒙古	2956.51	3117.89	-5.18
13	四川	2787.34	2787.93	-0.02
14	江西	2689.93	2710.96	-0.78
15	湖南	2612.68	2612.68	0.00
16	云南	2247.68	2361.04	-4.80
17	天津	1738.3	1825.25	-4.76
18	上海	1500.82	1577.06	-4.83
19	陕西	1475.87	1520.81	-2.96
20	浙江	1378.08	1455.56	-5.32
21	吉林	1357.03	1538.92	-11.82
22	新疆（含兵团）	1162.78	1299.91	-10.55
23	甘肃	1084.89	1059	2.44
24	重庆	975.1	899.33	8.43
25	黑龙江	960.51	960.59	-0.01
26	宁夏	596.22	596.33	-0.02
27	贵州	461.92	461.93	0.00
28	青海	121.98	186.69	-34.66

注：数据来源国家统计局，国家统计局2023年2月将2022年粗钢产量从101308×10^4t调至101795.9×10^4t。

2.持续淘汰落后产能

据Mysteel不完全统计，2022年全国18省（直辖市）发布钢铁产能置换方案，涉及新建炼钢产能4839.65 × 10^4t，新建炼铁产能3726.15 × 10^4t；涉及淘汰炼钢产能超5340.84 × 10^4t，淘汰炼铁产能4648.94 × 10^4t。上述产能置换项目实施后将进一步提升钢铁行业装备水平和先进产能占比。2022年预计关停淘汰高炉66座，其中河北省2022年共关停高炉13座、转炉11座、烧结机13台，4家钢铁企业实现关停退出，邢钢、邯钢搬迁项目正在积极推进；山东积极实施新旧动能转换项目，临沂江鑫钢铁、隆盛钢铁、淄博齐林傅山钢铁、西王钢铁等全部关停退出。

（二）产业布局

1.大气污染防治重点区域产能持续降低

2022年，粗钢产能分布于全国28省（自治区、直辖市），约一半产能分布于河北、江苏、山东、辽宁4省份，较2021年减少1429 × 10^4t；其中河北省粗钢产能21727 × 10^4t，约占全国五分之一，较2021年减少446 × 10^4t；京津冀晋鲁豫产能43146 × 10^4t，占全国产能的38.7%，较2021年降低0.4%；苏浙沪皖地区产能20330 × 10^4t，占全国产能的18.2%，较2021年增加0.4%。

2.企业规模持续提高

据全国排污许可信息平台统计，2022年我国粗钢产能平均规模261 × 10^4t，较2021年提高1.1%。其中单体超过1000 × 10^4t的钢铁企业15个，产能约占全国总产能20.46%；500 × 10^4t以上企业51家，约占全国冶炼企业数量的11.97%；产能48292 × 10^4t，约占全国产能的43.30%。企业规模200 × 10^4t以下的钢铁企业数量占全国总数55.87%，但产能仅约占全国总产能18.28%。2022年，重点地区平均规模302 × 10^4t，京津冀晋鲁豫地区企业产能规模仍以200~500 × 10^4t为主，苏浙沪皖地区企业产能规模仍以200 × 10^4t以下为主。

（三）产业集中度

2022年钢铁行业联合重组有了一些进展，但总体看，离国家提出的产业结构调整目标还相差很远。中国宝武联合重组新余钢铁、鞍钢集团重组凌钢集团，“南宝武，北鞍钢”的新格局已奠定，有利于优化资源配置、构建更加有序的市场竞争秩序、提高协同应对风险的能力。企业兼并重组进一步提高了产业集中度，2022年粗钢产量排名前5位、前10位、前20位的企业钢产量占全国的比重分别为28.9%、42.8%和56.5%，分别比去年同期提高0.34个、1.36个和1.59个百分点。

表6-2　2022年我国主要钢铁公司产量排名　　单位：10^4t

排名	公司	2022年产量	2021年产量
1	中国宝武钢铁集团	13184	11995
2	鞍钢集团	5565	5565
3	沙钢集团	4145	4423
4	河钢集团	4100	4164
5	建龙集团	3656	3671
6	首钢集团	3382	3543
7	山钢集团	2942	2825
8	德龙集团	2790	2637
9	湖南钢铁集团	2642	2621
10	方大集团	1970	1998
合计		43376	43442

注：数据来源世界钢铁协会。

二、装备水平

1. 生产装备仍以领先与先进水平为主

据全国排污许可信息平台数据显示，2022年我国钢铁行业（不含铸造、铁合金以及非钢铁联合企业的独立球团企业）共有常规焦炉197座、产能13808×10^4t，球团设施226台（座）、产能22016×10^4t，烧结机586台、产能140215×10^4t，高炉708座、产能86232×10^4t，转炉640座、产能82121×10^4t，电炉344座、产能14923×10^4t。按照中国钢铁工业装备水平分级标准，常规焦炉、球团设施、烧结机、高炉、转炉和电炉的领先和先进水平产能占比分别达到91.7%、63.1%、87.2%、81.36%、72.9%和51.3%。2022年领先水平装备数量和产能占比进一步提高，其中300m^2及以上烧结机数量占比增加2.27%、2000m^3及以上高炉数量占比增加0.87%、100t及以上电炉数量占比增加0.43%如表6-3所示。

表6-3　我国钢铁行业主要装备水平情况

工序		领先水平	先进水平	一般水平	落后水平	合计
焦化	装备水平	≥7m	5~7m	4.3m	<4.3m	—
	产能/10^4t	4806	7854	1148	—	13808
	占比/%	34.81%	56.88%	8.32%	—	100%
球团（不含非钢铁联合企业的独立球团企业）	装备水平	带式焙烧机	链篦机回转窑	竖炉	—	—
	产能/10^4t	4512	9390	8114	—	22016
	占比/%	20.49%	42.65%	36.86%	—	100%
烧结	装备水平	≥300m^2	180~300m^2	90~180m^2	<90m^2	—
	产能/10^4t	60652	61546	17664	353	140215
	占比/%	43.26%	43.89%	12.60%	0.25%	100%

续表

工序		领先水平	先进水平	一般水平	落后水平	合计
高炉	装备水平	≥2000m^3	1000~2000m^3	400~1000m^3	<400m^3	—
	产能 /10^4t	29055	41107	15803	267	86232
	占比 /%	33.69%	47.67%	18.33%	0.31%	100%
转炉	装备水平	≥ 200t	100~199t	50~99t	<50t	—
	产能 /10^4t	12204	47676	19996	2246	82121
	占比 /%	14.86%	58.06%	24.35%	2.73%	100%
电炉	装备水平	≥100t	75~99t	60~74t	<60t	—
	产能 /10^4t	5136	2516	3446	3825	14923
	占比 /%	34.42%	16.86%	23.09%	25.63%	100%

注：数据来源全国排污许可信息平台。

2.受供需变化电炉钢比例大幅下滑

钢铁行业通常包括以铁矿石为主要原料的高炉-转炉长流程和以废钢为主要原料的电炉短流程。钢铁行业绿色低碳转型发展的重要标志是电炉钢比例提升。但是2022年我国钢铁行业受市场影响，2022年电炉钢产量0.99 × 10^8t，较2021年减少0.19 × 10^8t，降低16.1个百分点。

第二节　污染物排放

据全国排污许可证管理信息平台显示，2022年底黑色金属冶炼及压延加工行业共有企业3950家（以法人为单位统计，较2021年减少243家），其中黑色金属冶炼及压延加工企业365家、炼铁（独立烧结、独立球团、铸造用生铁）275家、炼钢（短流程企业、含电炉炼钢企业）146家、钢压延加工（独立轧钢企业）3164家。独立轧钢企业占全部企业数量的80.1%。由于全部钢压延加工企业污染物排放量占比全行业不超过5%，课题组重点对426家钢铁冶炼企业进行统计分析。对提交2022年年度执行报告的426家钢铁冶炼企业（占全国钢铁冶炼企业总数的100%）的废气、废水排放情况进行评估，其中废气污染物包括二氧化硫、氮氧化物、烟（粉）尘，废水污染物包括化学需氧量、氨氮；同时给出行业二氧化碳排放情况。

一、废气污染物排放

1.废气污染物排放量

据2022年钢铁冶炼企业年度执行报告统计显示，426家钢铁冶炼企业废气颗粒物、二氧化硫、氮氧化物排放量分别为42.38 × 10^4t、15.20 × 10^4t、35.29 × 10^4t，较2021年同口径企业废气排放量分别下降6.05%、17.55%、13.71%，颗粒物排放量降幅缩小、氮氧化物排放量降幅进一步增大。其中河北、山东、江苏、辽宁、内蒙古等5省（自治区）颗粒物、二氧化硫、氮氧化物累计排放量分别占行业总量的50.22%、41.92%、43.02%。其中辽宁省颗粒物、氮氧化物排放量均位居全国第1，二氧化硫排放量位居全国第2，而粗钢产量仅位居第4。

2022年颗粒物排放量前5位省（自治区）分别为辽宁、河北、江苏、山东、广西，占颗粒物排放总量的51.7%；与2021年相比，重点地区中江苏下降幅度较小，辽宁、天津、浙江不降反升，安徽、河北、河南、内蒙古、山东、上海等省（自治区、直辖市）下降幅度较大。如图6-2所示。

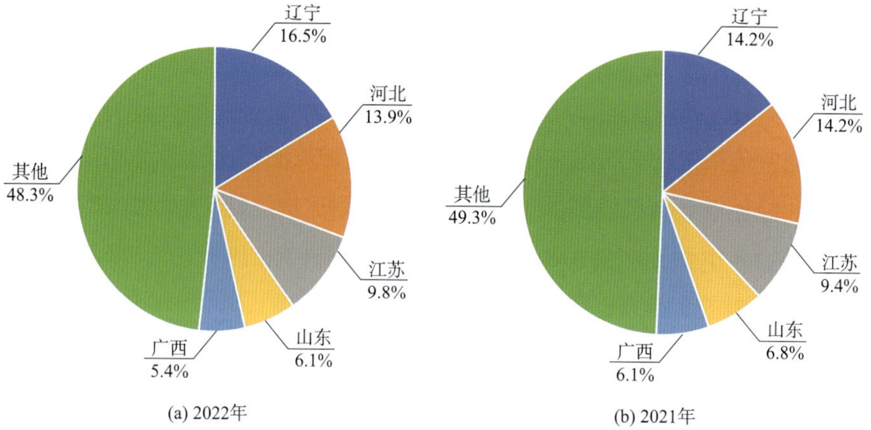

图6-2　钢铁冶炼企业颗粒物排放量分布图

注：数据来源全国排污许可信息平台。

2022年二氧化硫排放量前5位省份（自治区）分别为河北、辽宁、内蒙古、广西、江苏，占二氧化硫排放总量的43.7%；与2021年相比，重点地区中上海、天津下降幅度较小，山东、湖南、广西不降反升，河北、河南、新疆、山西、安徽、浙江等省份下降幅度较大。如图6-3所示。

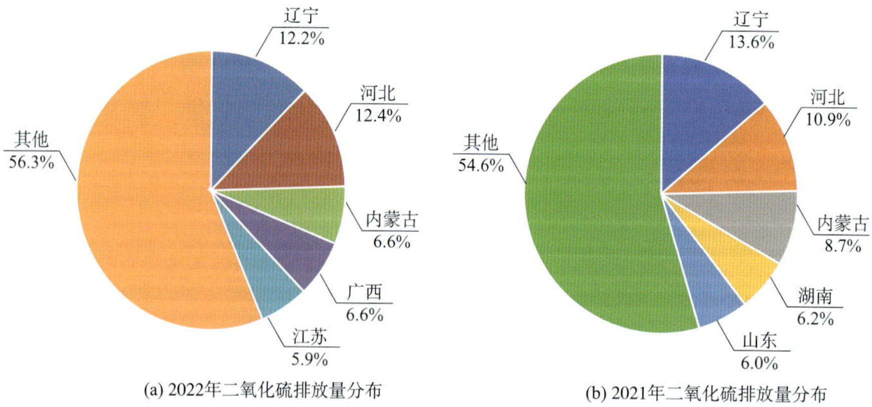

图6-3　钢铁冶炼企业二氧化硫排放量分布图

注：数据来源全国排污许可信息平台。

2022年氮氧化物排放量前5位省份分别为辽宁、河北、广西、内蒙古、江西，占氮氧化物总排放量的47.14%。与2021年相比，河北基本与上一年度持平，河南、天津不降反升，辽宁、内蒙古、江苏、山东、安徽、浙江、上海下降幅度较大。如图6-4所示。

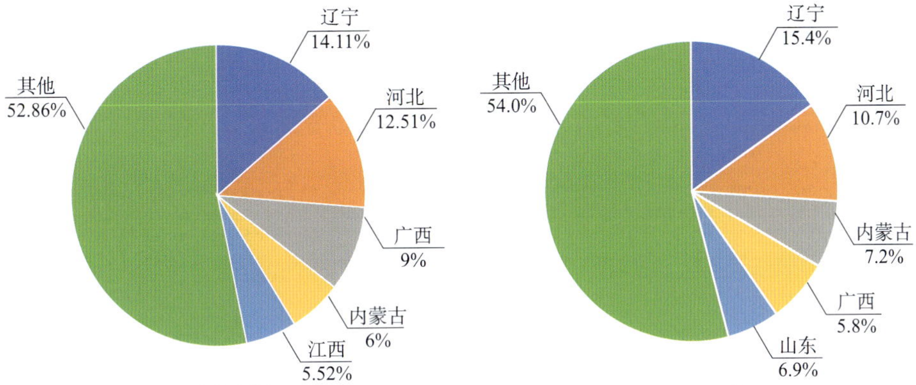

(a) 2022年　　(b) 2021年

图6-4　钢铁冶炼企业氮氧化物排放量分布图

注：数据来源全国排污许可信息平台。

2.废气污染物排放强度

污染物排放强度持续降低，426家钢铁冶炼企业2022年颗粒物、二氧化硫、氮氧化物吨钢排放量为0.42、0.15、0.35kg，较2021年分别下降7%、16.7%、12.9%，如表6-4所示。与2021年相比，颗粒物排放强度方面，河北、山东、江苏、山西、内蒙古、重庆、云南、贵州等省（自治区、直辖市）有所降低，广西、湖北、吉林等省（自治区）的略有升高；二氧化硫排放强度方面，江苏、辽宁、湖北等省份的持续降低，山西、河南、广东、江西等省份的略有升高；氮氧化物排放强度方面，除广西、青海外，全国大部分省（自治区、直辖市）的持续下降。

表6-4　各省（自治区、直辖市）钢铁企业2021年废气排放绩效水平　单位：kg/t钢

序号	省（自治区、直辖市）	颗粒物	二氧化硫	氮氧化物
1	河北	0.278	0.089	0.208
2	江苏	0.358	0.077	0.160
3	辽宁	0.936	0.250	0.668
4	山东	0.342	0.097	0.217
5	山西	0.176	0.079	0.185
6	安徽	0.360	0.180	0.311
7	湖北	0.192	0.172	0.445
8	河南	0.267	0.087	0.285
9	广西	0.607	0.264	0.831

续表

序号	省（自治区、直辖市）	颗粒物	二氧化硫	氮氧化物
10	广东	0.286	0.146	0.356
11	内蒙古	0.563	0.340	0.768
12	四川	0.289	0.138	0.314
13	江西	0.543	0.316	0.724
14	湖南	0.824	0.233	0.426
15	福建	0.464	0.118	0.278
16	云南	0.226	0.126	0.270
17	天津	0.274	0.069	0.201
18	上海	0.035	0.035	0.113
19	吉林	1.343	0.381	0.870
20	陕西	0.380	0.126	0.206
21	浙江	0.491	0.153	0.443
22	新疆（含兵团）	0.456	0.271	0.541
23	甘肃	1.106	0.459	0.510
24	黑龙江	1.261	0.460	0.771
25	重庆	0.060	0.080	0.265
26	宁夏	0.370	0.276	0.409
27	贵州	1.018	0.265	0.760
28	青海	1.324	0.307	0.333
平均		0.418	0.150	0.348

3.超低排放改造

超低排放改造加速推进钢铁行业大气污染物排放绩效优化。截至2022年年底，全国约68%粗钢产能已完成或正在实施超低排放改造；其中2.42×10^8t粗钢产能已完成全流程超低排放改造与评估监测，约4.76×10^8t左右粗钢产能正在实施超低排放改造。重点地区约95%粗钢产能已完成或正在实施超低排放改造；其中1.81×10^8t粗钢产能已完成全流程超低排放改造与评估监测，3.56×10^8t左右粗钢产能正在实施超低排放改造（约3×10^8t粗钢产能正在开展评估监测）。

截至2022年年底，66家企业已完成超低排放改造公示，其中44家（含已停产西王钢铁、永锋钢铁）完成全过程改造并公示；22家企业完成部分超低排放改造和评估监测进展情况公示；此外，有83家企业正在进行公示前专家审核和企业整改。上述44家公示企业中30余家获得A级绩效企业称号，在重污染天气期间自主控产减排。通过对42家通过全流程超低排放评估监测企业废气污染物排放强度分析，28家企业颗粒物排放强度小于0.3kg/t钢，28家企业二氧化硫排放强度小于0.1kg/t钢，34家企业氮氧化物排放强度小于0.3kg/t钢，67%钢铁超低排放企业达到国际领先水平。

二、废水污染物排放

据2022年钢铁冶炼企业年度执行报告统计显示，426家企业中仅89家企业外排生产废水（含直接排放外部水体或城镇污水处理厂），共计排放化学需氧量4634.36吨、氨氮591.64吨。吨钢化学需氧量、吨钢氨氮排放量分别为4.6、0.58g，其中宁夏、山西、陕西、天津钢铁冶炼企业不排放废水，如图6-5~图6-6所示。

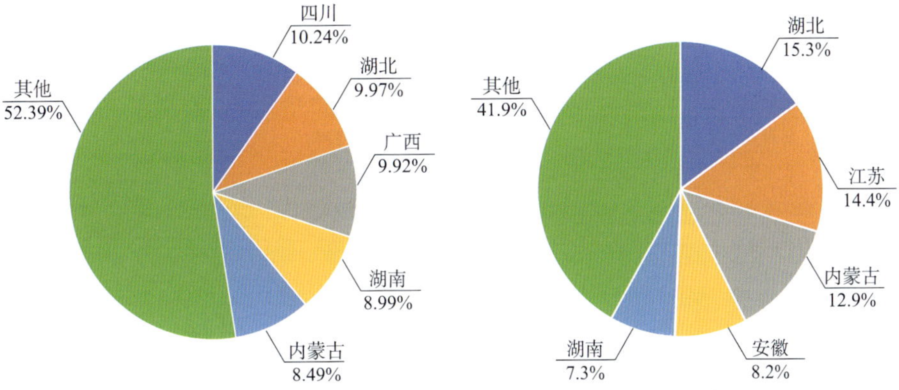

(a) 2022年　　(b) 2021年

图6-5　钢铁冶炼企业废水化学需氧量排放量分布图

注：数据来源全国排污许可信息平台。

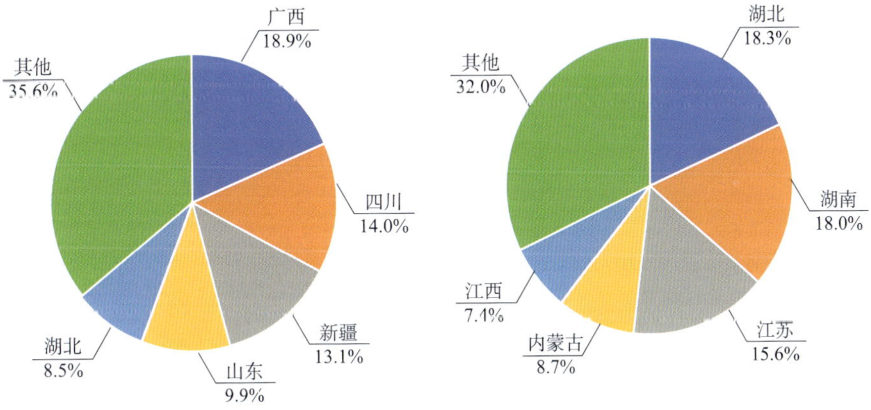

(a) 2022年　　(b) 2021年

图6-6　钢铁冶炼企业废水氨氮排放量分布图

注：数据来源全国排污许可信息平台。

根据2022年排污许可证年度执行报告显示，化学需氧量排放量前5位省（自治区）分别为四川、湖北、广西、湖南、内蒙古，占化学需氧量总排放量的47.61%；氨氮排放量前5位省（自治区）分别为广西、四川、新疆、山东、湖北，占氨氮总排放量的64.3%；基本以南方省份为主。

三、二氧化碳排放

对772家黑色金属冶炼及压延加工企业（约占全行业99.8%产量）2021年温室气体核查报告分析，能源消费总量60260 × 10^4t标准煤，共排放二氧化碳184053 × 10^4t，折合吨钢二氧化碳排放量1.782吨（表6-5），较2020年下降0.6%。

表6-5 2021各省（自治区、兵团）钢铁企业碳排放水平

序号	省（自治区、兵团）	企业数量 / 家	二氧化碳排放量 /10^4t	吨钢二氧化碳排放量 /t
1	安徽省	18	6264.64	1.718
2	福建省	31	4562.73	1.800
3	甘肃省	4	1845.45	1.743
4	广东省	47	4592.71	1.445
5	广西壮族自治区	21	6900.27	1.885
6	贵州省	10	888.37	1.923
7	河北省	148	42652.00	1.896
8	河南省	34	6112.09	1.843
9	黑龙江省	4	1607.10	1.673
10	湖北省	20	5339.68	1.460
11	湖南省	9	3374.89	1.292
12	吉林省	9	2632.43	1.711
13	江苏省	82	21503.78	1.803
14	江西省	13	4241.41	1.565
15	辽宁省	41	15092.56	2.012
16	内蒙古自治区	22	5888.96	1.889
17	宁夏回族自治区	4	1089.96	1.828
18	青海省	3	363.35	1.946
19	山东省	40	13637.13	1.783
20	山西省	50	13205.12	1.959
21	陕西省	8	1772.72	1.166
22	上海市	5	3262.80	2.069
23	四川省	24	4192.76	1.504
24	天津市	35	3488.88	1.911
25	新疆（含兵团）	19	2567.39	1.975
26	云南省	19	3968.66	1.681
27	浙江省	46	2124.81	1.460
28	重庆市	6	845.22	0.940
全国		772	184053	1.782

从表6-5可知，各省吨钢碳排放量差异较大，目前15个省（自治区、直辖市）碳排放强度超过全国平均水平，特别是辽宁、山西、河北、内蒙古等钢铁大省，说明上述地区生产工艺结构高碳化或者节能降碳水平偏低。江苏、山东钢铁产量大省碳排放强度接近全国平均水平，广东、湖北、四川、重庆等电炉钢占比较高的省份碳排放强度明显低于全国平均水平。

第三节　污染防治技术评估

一、废气污染防治技术评估

（一）烧结烟气脱硫脱硝技术

烧结机头烟气脱硫脱硝正在转变为干法（半干法）脱硫+SCR脱硝。随着钢铁超低排放改造逐步推进，烧结机头烟气脱硫脱硝除尘一体化改造正在大范围开展，与2021年相比，仍以“石灰（石）-石膏法脱硫+SCR脱硝”“SDA半干法脱硫+SCR脱硝”“循环流化床脱硫+SCR脱硝”和“活性焦脱硫脱硝一体化”等技术路线为主。从技术应用情况看：烧结机头基本都设置有脱硫设施，氨法、双碱法、氧化镁等湿法脱硫技术正在改造为循环流化床、旋转喷雾等干法/半干法脱硫技术；烧结机无脱硝措施的比例有所降低，脱硝技术以SCR法为主，且氧化法脱硝技术持续淘汰，特别是河北、天津、山东、江苏部分企业开展氧化法脱硝改造，氧化法脱硝基本在钢铁行业淘汰，如图6-7所示。

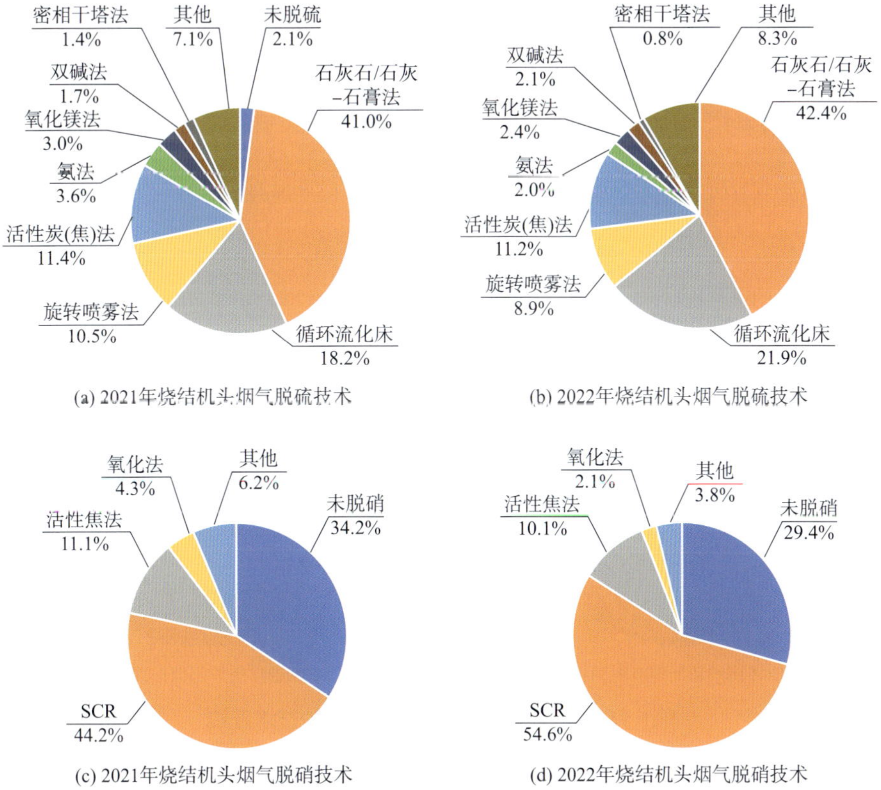

图6-7　烧结机头烟气脱硫脱硝技术变化情况

数据来源：全国排污许可信息平台。

通过对部分钢铁企业烧结机机头烟气2022年在线监测数据和典型企业超低排放评估监测结果看，烧结烟气脱硫后经SCR脱硝的二氧化硫、氮氧化物可稳定控制在10~25和15~40mg/m^3，两级活性炭脱硫脱硝一体化处理后的二氧化硫、氮氧化物浓度可分别稳定控制在10mg/m^{3}以下和20~50mg/m^3，稳定达到超低排放限值。

（二）超低排放技术

超低排放改造已基本形成可行技术路线。通过分析已完成超低排放有组织评估监测的46家钢铁企业焦炉烟囱、烧结机头烟气、球团焙烧烟气治理技术，与2021年相比，超低排放治理技术总体变化不大，球团无脱硝措施的比例有所降低。目前以“干法（半干法）脱硫+SCR脱硝”和“活性焦脱硫脱硝一体化”的焦炉烟气治理路线、“石灰石-石膏湿法脱硫+SCR脱硝”和“循环流化床+SCR脱硝”及“活性焦脱硫脱硝一体化”的烧结机头和球团焙烧烟气治理路线为主，如图6-8~图6-10所示。

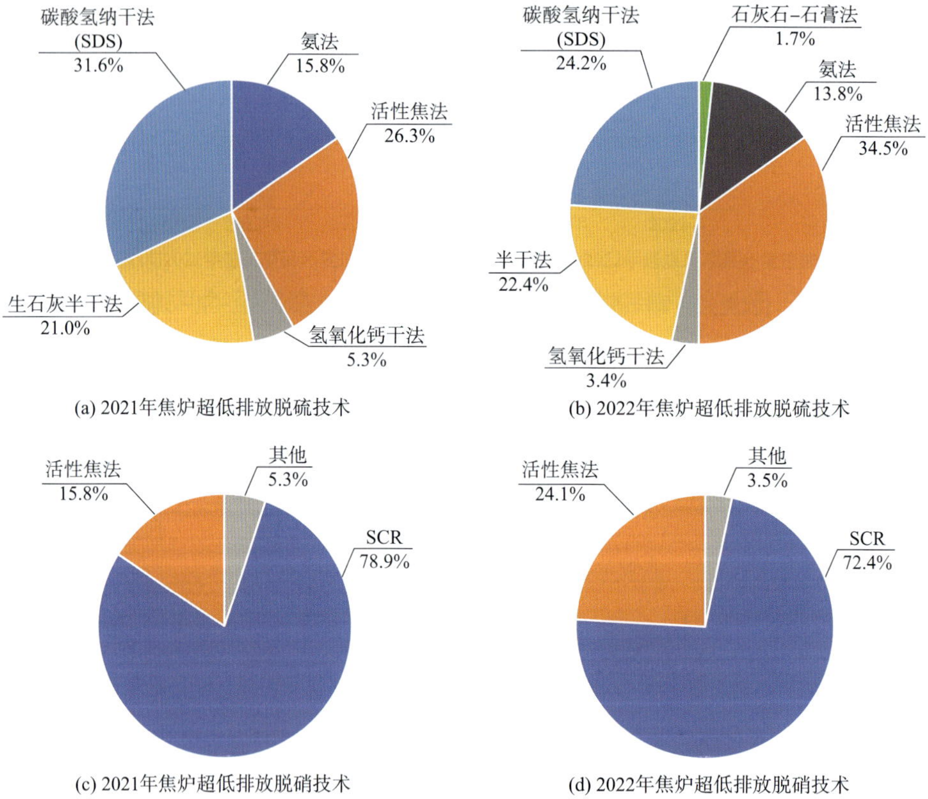

图6-8　钢铁企业焦炉烟囱超低排放技术路线

注：数据来源中国钢铁工业协会。

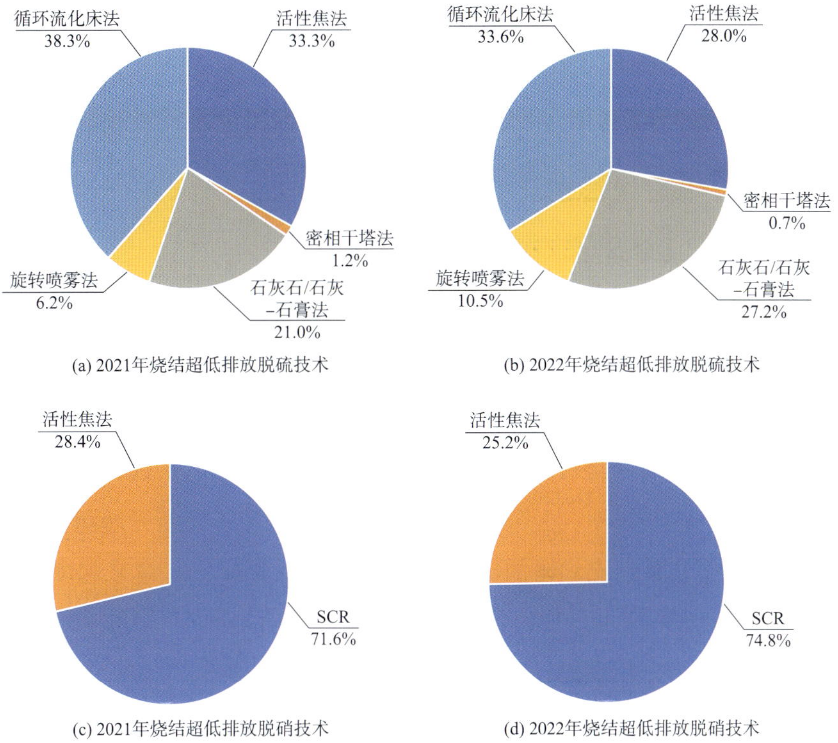

图6-9　钢铁企业烧结超低排放技术路线

注：数据来源中国钢铁工业协会。

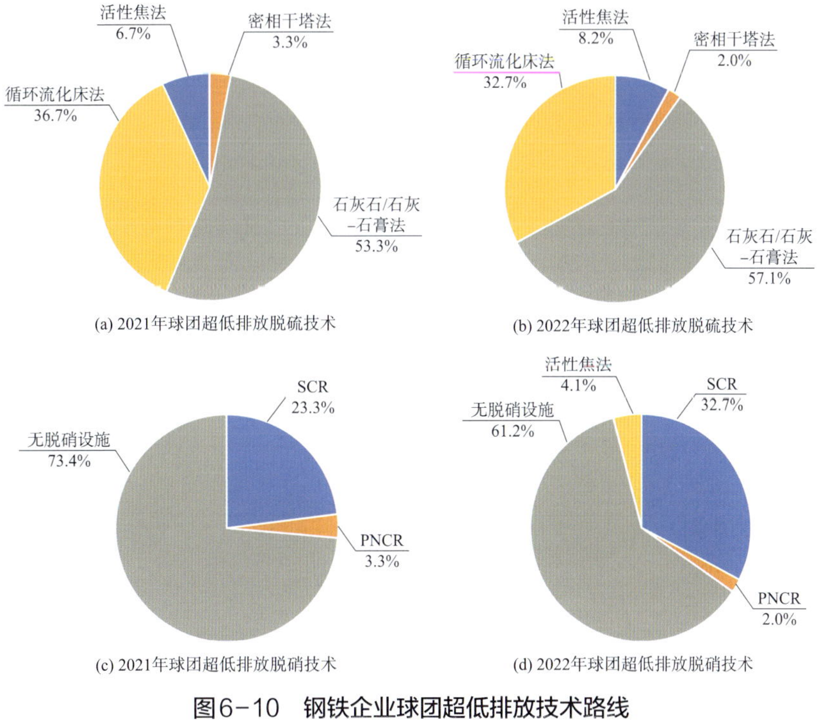

图6-10　钢铁企业球团超低排放技术路线

注：数据来源中国钢铁工业协会。

二、高炉煤气精脱硫技术评估

高炉煤气作为钢铁企业最丰富气体燃料，其中约40%高炉煤气作为高炉热风炉燃料燃烧，其余部分作为烧结、轧钢、发电、锅炉工序燃料。

（一）高炉热风炉正在开展末端脱硫脱硝

我国钢铁行业现有738座高炉热风炉排放口，其中14.7%高炉热风炉未采取任何措施，56.4%高炉热风炉燃用净化后煤气，1.4%高炉热风炉燃用精脱硫煤气，27.3%高炉热风炉实施烟气脱硫，主要原因是钢铁超低排放将热风炉二氧化硫排放限值从100mg/m^{3}收严至50mg/m^3，甚至个别地方将限值收严至30mg/m^3，需要从源头对高炉煤气实施精脱硫。但高炉煤气精脱硫技术不完全成熟、投资成本高，导致很多企业不愿意开展源头减排治理，对高炉热风炉烟气实施末端脱硫，增加碳排放量。与2021年相比，越来越多的企业开展高炉热风炉烟气脱硫治理（特别是提出“超超低”排放限值地区），目前末端脱硫治理的比例已经由2021年的16.1%增加至27.3%，如图6-11所示。

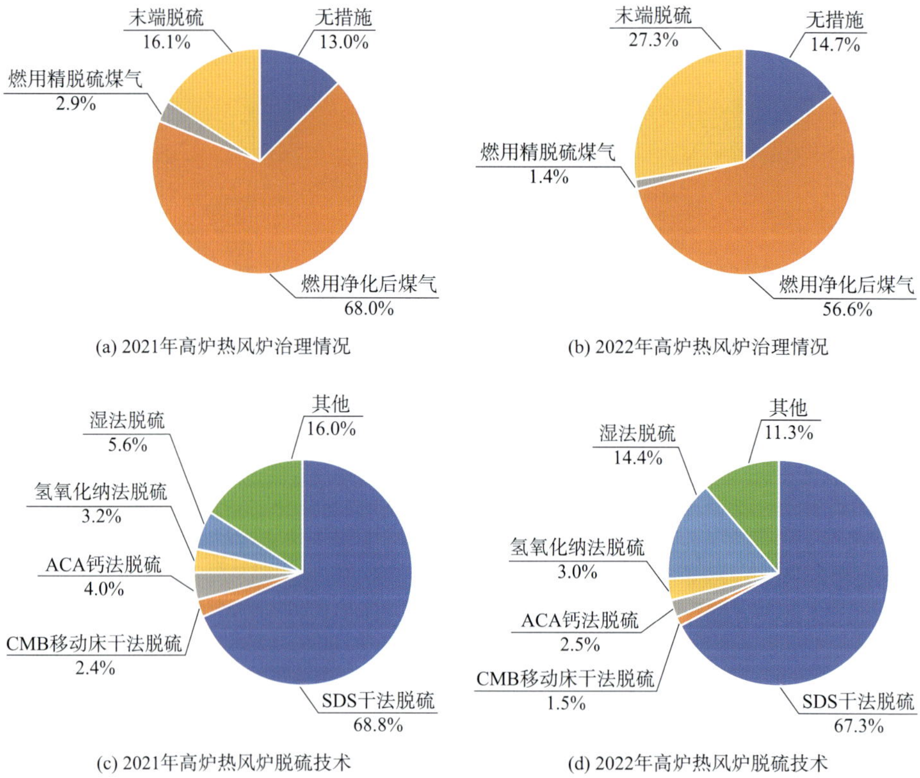

图6-11　钢铁行业高炉热风炉烟气脱硫技术变化情况

注：数据来源全国排污许可证管理信息平台。

（二）自备电厂主要燃用净化煤气（天然气）或采用低氮燃烧等源头减排措施

目前钢铁企业自备电厂烟气大多数未配备脱硫脱硝设施，仅54.1%配备了脱硫设施、31.8%配备了脱硝设施（上述设施主要集中在出台了更严格地标地区）；因此更需要解决高炉煤气精脱硫技术难点，改变当前末端脱硫脱硝带来的新增能耗、干法脱硫灰和废催化剂处置以及氨逃逸等新环境问题。目前自备电厂烟气治理技术以“SDS干法或石灰石–石膏法脱硫+SCR（SNCR）脱硝”为主，如图6–12所示。

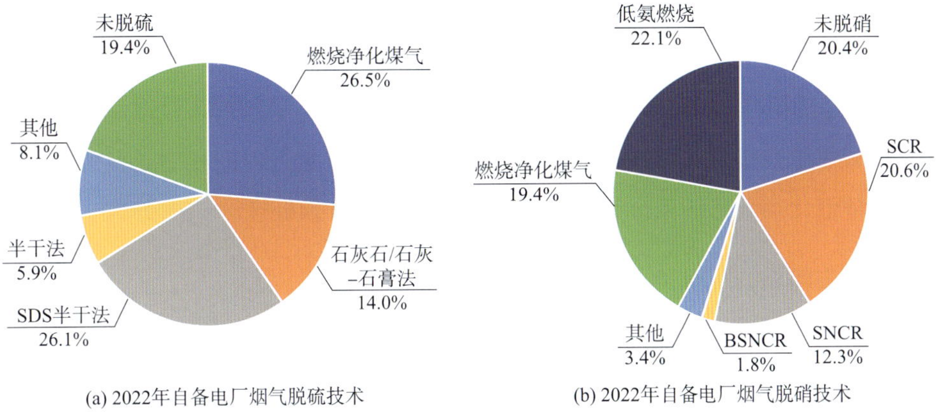

图6–12　钢铁行业自备电厂烟气脱硫脱硝技术

注：数据来源全国排污许可证管理信息平台。

（三）高炉煤气精脱硫技术逐步成熟，但应用效果不佳

以2022年底前完成有组织评估监测公示的46家钢铁企业为研究对象，6家企业建有高炉煤气精脱硫（脱除羰基硫COS）设施，其中2家采用催化水解+碱液吸收技术，2家采用微晶吸附，1家采用干法水解+吸收技术，1家采用催化水解+兰炭吸附技术；剩余40家企业未进行精脱硫改造，其中16家企业建有洗酸塔用于脱除部分H_2S，24家企业高炉煤气无任何处理措施（表6–5）。据不完全统计，全国31家钢铁企业已经或正在建设高炉煤气精脱硫装置（不包含中试或立项未实施的），合计约55套。其中，正在运行39套，待投运6套，停运10套。高炉煤气精脱硫采用的工艺技术路线主要为COS催化水解+硫化氢脱除工艺（以下简称水解法）及一体化吸附工艺两种。其中，水解法根据硫化氢脱除形式的不同，又分为催化水解+干法脱硫、催化水解+湿法脱硫、催化水解+吸附法脱硫三种；一体化吸附法主要是指微晶吸附脱硫。目前，主要以水解法为主，共46套（湿法脱硫15套、干法脱硫25套、吸附法脱硫6套），微晶吸附法装置8套，其他（有机胺吸收）1套。

据调查了解，目前高炉煤气精脱硫技术应用偏缓，主要有三方面原因：一是前期对高炉煤气复杂性了解不充分，技术单位急于推广、低价中标，早期投运的精脱硫设施运行

效果不佳，影响了后续企业建设的信心；二是精脱硫技术应用起步时间不长，缺乏规模效应，催化剂、吸附剂等材料成本还较高；三是受河北、山西等地区出台的“超超低”政策影响，钢铁企业不得不选择末端脱硫脱硝。近年来，各地钢铁企业陆续探索实施高炉煤气精脱硫工程，不断优化高炉煤气预处理工艺、提高催化剂效率、延长催化剂及吸附剂使用寿命，以期实现稳定达标排放及降低运行成本。

现场调研了典型钢铁企业煤气精脱硫装置运行情况，配套高炉同步建设的煤气精脱硫装置运行相对稳定，且水解法整体运行情况优于微晶吸附法。COS向硫化氢的转换是精脱硫技术的核心，水解法较微晶吸附法效果好的原因是COS转化成了硫化氢，而硫化氢无论吸收还是吸附，处理起来相对简单。部分企业水解剂或吸附剂中毒，使用寿命远低于设计值，一般3个月后脱硫效率下降明显，企业更换过水解剂或催化剂频次增加，导致运行成本增加。水解装置前设置了冷凝脱水、除氯等预处理设施运行时间相对长，因此水解法精脱硫延长水解催化剂寿命的关键是做好冷凝脱水、除氯等预处理。

三、减污降碳协同技术评估

目前钢铁行业源头减排的适用性技术较多，本次筛选了行业认可度较高的9项技术应用情况进行评估，主要包括：焦炉煤气上升管余热回收技术、煤气精脱硫技术、烧结机烟气循环技术、高炉大比例球团冶炼工艺技术、高炉炉顶均压煤气回收技术、连铸坯热装热送技术、高炉热风炉和轧钢热处理炉低氮燃烧技术、冶金粉尘铁锌回收技术、酚氰废水或中水深度处理技术。

通过对42家完成全流程超低排放改造的钢铁企业开展减污降碳协同技术应用情况的问卷调查，目前超过80%的企业已采用了高炉热风炉和轧钢热处理炉低氮燃烧技术、高炉炉顶均压煤气回收技术和连铸坯热装热送等技术，普及程度较高，但只有14.7%的超低企业采用了高炉大比例球团冶炼工艺，从降碳的角度仍有很大的改善空间（图6-13）。

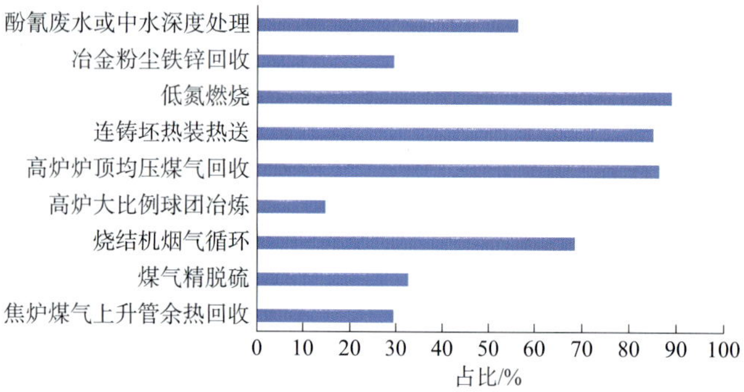

图6-13 钢铁行业超低排放企业减污降碳技术应用情况

通过分析超低排放改造过程中减污降碳协同技术应用情况，钢铁行业减污降碳协同技术清单可以归纳为3大类：（1）生产工艺的协同技术路线，新建项目优先短流程炼钢，对于现有高炉-转炉长流程企业要基于大比例球团矿冶炼的炉料结构优化与节能降碳，同时加强废水、固体废物资源化利用；（2）前言低碳技术攻关清单，包括氢冶金、高炉大富氧冶炼、高炉富氢冶炼、副产焦炉煤气直接还原炼铁、天然气直接还原炼铁、熔融还原炼铁等；（3）成熟推广技术清单，包括烧结烟气内循环技术、高炉炉顶均压煤气回收技术、高炉大比例球团矿冶炼技术、电炉短流程炼钢技术、低品位余热回收利用技术、干熄焦及其余热回收技术等。

第四节　环境管理

一、环评审批

1. 审批权限

为遏制“两高”项目盲目发展，2022年1月河北省发布《河北省生态环境厅审批环境影响评价文件的建设项目目录（2022年本）》，将烧结、球团、炼铁（包括直接还原、熔融还原）、炼钢、轧钢的钢铁项目全部上收至省级审批；2022年12月28日天津市发布《天津市生态环境局审批环境影响评价文件的建设项目目录（2022年本）》，炼铁、炼钢、烧结、球团上收至省级审批；2022年9月23日云南省发布《云南省生态环境厅审批环境影响评价文件的建设项目目录（2022年本）》，将黑色金属冶炼（不含铁合金冶炼）上收至省级审批。目前北京市、黑龙江省、上海市、海南省、河南省将炼铁炼钢建设项目审批权限全部下放至地方，其中北京市、海南省无钢铁冶炼类项目；浙江省、广东省、安徽省、福建省、甘肃省将部分炼铁炼钢建设项目审批权限下放，主要包含废铁、废钢再生利用炼钢项目以及赋予部分地市审批权限；其他省份炼铁炼钢项目审批权限均在省级部门（表6-6）。

表6-6　钢铁建设项目环境影响评价文件审批权限情况

序号	省（自治区、直辖市）	省级生态部门负责审批的项目	下放情况	与2021年变化情况
1	河北	烧结、球团、炼铁（包括直接还原、熔融还原）、炼钢、轧钢的钢铁项目	部分上收	烧结、球团、焦化、炼铁（包括直接还原、熔融还原）、炼钢项目（不包括建设脱硫、脱磷等铁水预处理项目，LF、RH、VD、VOD等钢水炉外精炼等不涉及新增钢铁产能的项目）
2	四川	黑色金属冶炼（不含铁合金制造）	未下放	无变化
3	河南	钢铁行业全部建设项目环评文件审批权限至省辖市生态环境部门	全部下放	无变化
4	湖南	炼钢、炼铁（含球团、烧结）项目	未下放	无变化
5	广东	采掘冶金：以矿石为原料的金属冶炼项目	部分下放（废铁、废钢再生利用炼钢项目）	无变化

续表

序号	省（自治区、直辖市）	省级生态部门负责审批的项目	下放情况	与2021年变化情况
6	贵州	球团、烧结、炼铁（包括直接还原、熔融还原）、炼钢项目	未下放	无变化
7	广西	钢铁（包括烧结、球团、焦化、直接还原、熔融还原）项目；炼钢项目	未下放	无变化
8	湖北	炼铁炼钢	未下放	无变化
9	安徽	以矿石为原料的炼铁、炼钢项目	部分下放（废铁、废钢再生利用炼钢项目）	无变化
10	福建	新、扩建炼铁、炼钢项目（废铁、废钢再生利用除外）	部分下放	无变化
11	甘肃	炼铁炼钢项目	部分下放（赋予兰州市生态环境局、兰州新区生态环境局除跨市建设项目外的炼铁炼钢项目）	无变化
12	海南	—	全部下放	无变化
13	江西	炼铁炼钢项目	未下放	无变化
14	青海	炼铁、球团、烧结、炼钢	未下放	无变化
15	山西	炼钢、炼铁、烧结项目	未下放	无变化
16	陕西	炼钢炼铁项目	未下放	无变化
17	上海	—	全部下放	无变化
18	云南	黑色金属冶炼（不含铁合金冶炼）	未下放	上收钢铁（含球团、烧结）
19	重庆	炼铁炼钢（单纯技术改造除外），铁合金冶炼	未下放	无变化
20	西藏	炼铁、炼钢	未下放	无变化
21	天津	炼铁、炼钢、烧结、球团	未下放	上收炼铁、炼钢项目
22	山东	—	全部下放	无变化
23	辽宁	炼铁炼钢项目	未下放	无变化
24	内蒙古	炼铁炼钢	未下放	无变化
25	江苏	炼铁炼钢项目	未下放	无变化
26	宁夏	黑色金属：炼铁、炼钢项目	未下放	无变化
27	新疆	炼铁、球团、烧结、炼钢	未下放	无变化
28	浙江	以金属矿石为原料的炼铁、炼钢项目	部分下放（副省级城市、计划单列市、舟山市生态环境主管部门享有辖区内建设项目省级环评审批权限；金华市生态环境主管部门享有义乌辖区内建设项目省级环评审批权限、废铁、废钢再生利用炼钢项目）	无变化
29	黑龙江	—	全部下放	无变化
30	北京	—	全部下放	无变化
31	吉林省	炼铁、球团、烧结项目，炼钢项目	未下放	无变化
32	新疆建设兵团	冶炼：炼钢、炼铁、轧钢项目，以矿石为原料的金属及类金属冶炼项目	未下放	无变化

2. 审批情况

审批项目以钢压延加工为主，产业结构和布局进一步优化。据四级联网平台相关数据统计，2022年全国审批钢铁类项目共378个（与2021年的401个相比略微下降），其中炼铁25个、炼钢和铁合金冶炼88个，钢压延加工265个；项目总投资2223.68×10^8元，其中环保投资174.97×10^8元，占总投资额的7.87%。按照环评文件类型分类，报告书129个，占比34.13%，项目类型以炼钢、铁合金冶炼及炼铁项目为主；报告表249个，占比65.87%，项目类型以钢压延加工为主。2022年审批新建炼铁高炉20座，新建炼铁产能3215.05×10^4t，退出炼铁产能3472×10^4t；新建炼钢装备16座，新建炼钢产能3009×10^4t，退出炼钢产能3053×10^4t。电炉炼钢项目上升趋势明显，2022获批的炼钢项目新建电炉11座，涉及炼钢产能984×10^4t，占新建炼钢产能的31.51%，总体符合目前钢铁行业高质量发展指导意见要求和发展趋势。

由图6-14可看出，2022年审批钢铁类环评项目主要分布在江苏、浙江、山东、广东、内蒙古、福建、广西、安徽等省份（自治区），钢铁产能略向东南沿海地区转移。2022年审批的钢铁冶炼项目涉及产能跨省转移项目4个，主要产能转出省份（自治区、直辖市）为湖北、河北、安徽、上海、天津和新疆，主要产能承接地为福建、广东、广西等东南沿海省份（自治区），共涉及675.8×10^4t炼铁产能转移，1024.1×10^4t炼钢产能转移，在产业结构上进一步优化，利于优化我国钢铁行业“北重南轻”的产业布局，但在当前严控“两高”项目准入的大背景下，建议进一步加以管控。

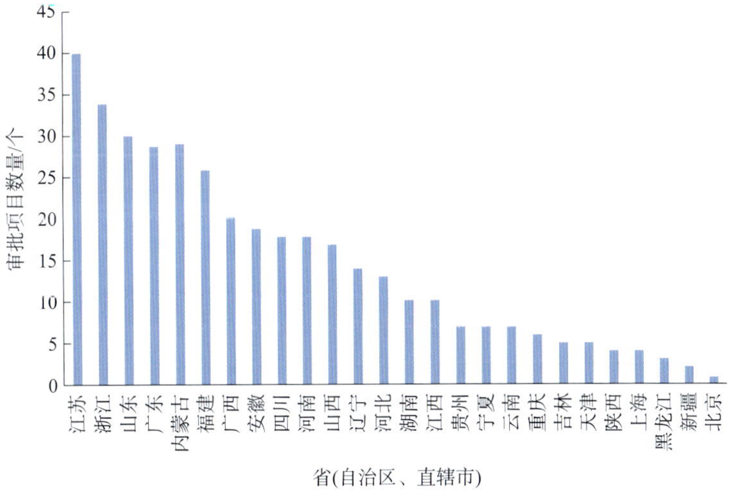

图6-14 2022年全国部分省（自治区、直辖市）审批钢铁冶炼类建设项目分布

注：数据来源四级联网平台。

二、排污许可

2021年以来，生态环境部对全国钢铁行业排污许可证核发质量开展抽查以及《固定污染源排污许可证质量、执行报告审核指导工作方案》等一系列保障排污许可质量的行动及文件的实施，钢铁行业2022年核发的排污许可证质量大幅提高，为钢铁行业开展排污许可“一证式”管理奠定了良好基础。本次结合中心开展的钢铁行业排污许可证质量抽查及对42家完成全流程超低排放的钢铁企业排污许可证和年度执行报告核查，评价钢铁行业排污许可制度执行情况。

（一）排污许可证核发质量有所提高

2022年，通过对钢铁行业重新申请许可证的131家企业排污许可证核发质量开展复核，在环境管理台账、执行报告等管理要求方面提高较多，但对于许可证有效期（重新申请后，有效期不更新）和车间排放口识别不当，导致上述环节许可证质量问题较多，如表6-7所示。

表6-7　钢铁企业2022年排污许可证质量情况

序号	审核项目		2021年问题率/%	2022年问题率/%
1	排污许可证是否有效期内		1.73	20.6
2	登记信息	管理类别是否正确	1.04	0
3	许可事项	是否遗漏污染因子	16.26	18.3
4		污染物排放标准及限值是否正确	26.99	19.1
5		许可排放量计算结果是否正确	17.65	19.8
6	管理要求	是否明确执行报告上报频次、时间	23.53	2.3
7		是否明确执行报告填报主要内容	4.50	3.1

（二）执行报告质量基本满足要求

对42家已完成全流程超低排放改造的企业2022年年度执行报告复核，年度执行报告内容基本满足技术规范要求。但仍存在部分企业提交时间滞后、企业产品产量信息未填报、污染防治设施异常运转信息未填报、自行监测非正常时段排放信息未填报、实际排放情况超标排放量信息未填报、特殊时段废气污染物排放未填报等问题。仅5家企业未对固体废物自行储存/利用/处置设施合规情况进行填报，问题率仅为11.6%（表6-8），表明钢铁企业较好完成了对固体废物排污许可管理的要求。

表6-8 已完成超低排放的钢铁企业2022年排污许可证质量情况

序号	存在问题类型	问题企业数量 / 项	问题率 /%
1	提交时间滞后	18	41.9
2	产品产量信息填报不全	28	65.1
3	污染防治设施异常运转信息未填报	37	86
4	自行监测非正常时段排放信息未填报	39	90.7
5	超标排放量信息未填报	23	53.5
6	特殊时段废气污染物排放信息未填报	43	100
7	非正常工况材料未上传	38	88.4
8	自行储存 / 利用 / 处置设施合规情况说明未填报	5	11.6

三、环境监督与执法

环境行政处罚案件数量和金额居高不下，重点集中在钢铁大省的无组织排放。依据“12369环境行政处罚案件办理信息系统”对钢铁企业统计分析，2020~2022年全国共有479家钢铁行业排污单位被各级生态环境部门实施行政处罚，处罚案件数量1615件，罚没款数额总计3.54×10^8元。钢铁行业环境行政处罚案件数量总体上呈下降趋势，仅2021年数量有所回升（主要原因是受2021年3月11日，生态环境部黄润秋部长对河北省钢铁企业执法检查，河北省处罚案件同比增长61%）。罚没款金额和案件平均罚没款金额与案件数量变化趋势基本一致，2022年案均罚没金额为全国平均金额（8.43×10^4元）的1.94倍。

除北京、重庆、海南和西藏外，其他25个省（自治区、直辖市）2020~2022年钢铁企业均存在环境行政处罚案件，其中案件数量较多的省份主要有河北、山西、辽宁、江苏和内蒙古，河北案件数量占全国总数（1615件）的72.07%。2020~2022年仅有1次处罚的有81家，占比16.91%。

从违法行为分析：钢铁企业主要因违反大气污染防治管理制度、违反固体废物管理制度、超标或超总量排污、违反环境影响评价制度、违反限期治理制度等违法行为被生态环境部门予以处罚，其中违反大气污染防治管理制度的环境违法行为占比75.55%，为钢铁行业最主要的环境违法行为，如表6-9所示。

表6-9 钢铁行业主要环境违法行为 单位：项

违法行为类型	违法行为数量
违反大气污染防治管理制度	1261
违反固体废物管理制度	71
超标或超总量排污	51
违反环境影响评价制度	51
违反环境保护许可证管理制度	38
违反建设项目“三同时”及验收制度	35
违反限期治理制度	33
违反水污染防治管理制度	22

四、其他环境政策

2022年是钢铁行业转型发展关键之年，也是开启钢铁行业减污降碳协同增效的元年。国家及地方出台多项政策方案引导钢铁行业淘汰落后产能，推进非高炉炼铁、电炉短流程炼钢等工艺技术，突出源头防控与差异化管控，助力钢铁行业高质量发展。

（一）减污降碳协同增效进入实质性阶段

2022年6月13日生态环境部发布《关于印发〈减污降碳协同增效实施方案〉的通知》，提出“大力支持电炉短流程工艺发展，推动冶炼副产能源资源与建材、石化、化工行业深度耦合发展，推动钢铁、焦化行业超低排放改造，探索开展大气污染物与温室气体排放协同控制改造提升工程试点，加强氢能冶金、二氧化碳合成化学品关键技术等研发，开展烟气超低排放与碳减排协同技术创新”。福建、江西、天津、吉林、湖北、湖南、宁夏、河南、河北等省（自治区、直辖市）出台了地方减污降碳协同增效实施方案，逐步减少独立烧结、热轧企业数量，推动高炉–转炉长流程炼钢转型为电炉短流程炼钢，提高电炉钢比例。特别是河北省全面启动淘汰1000m^3以下高炉、步进式烧结机和球团竖炉。此外，山东、四川、云南、贵州、安徽、吉林、上海、江西、湖南、江苏、重庆、河南、广东、广西、天津、内蒙古等16省（自治区、直辖市）相继发布碳达峰实施方案，普遍提及大力发展短流程电炉炼钢和废钢炼钢。四川省人民政府、工信部、生态环境部联合印发了《开展电炉短流程炼钢高质量发展引领工程的实施方案》，促进短流程炼钢产业绿色、安全发展。

（二）部分省份开启钢铁全行业环保绩效创A工作

近年来，生态环境部通过实施重点行业环保绩效分级，充分发挥标杆企业示范引领效应，对推动行业高质量发展、助力打赢蓝天保卫战、实现减污降碳协同增效发挥了积极作用。河北省印发《关于推进全省重点行业环保绩效创A的实施意见》《全省钢铁企业环保绩效全面创A工作方案》，要求：“2024年底前，全省56家钢铁企业全部创建环保A级绩效企业。将钢铁行业全面创A工作作为全省经济绿色转型和高质量发展的重要举措，以实现超低排放为引领，促进企业装备大型化、高端化、智能化，产品结构特色化、多样化、低碳化。坚持问题导向、强化源头减排、严格过程控制、加强精细化管理，实施激励性绩效评级政策和资金信贷支持。”2023年4月，山东省生态环境厅等5部门联合发布了《关于全省长流程钢铁企业环保绩效全面创A工作的通知》，2023年底前，具备条件的长流程钢铁企业全部达成环保绩效A级。

（三）综合施策，助推钢铁行业绿色低碳高质量发展

2022年底，生态环境部修订出台了《钢铁/焦化行业建设项目环境影响评价审批原则（试行）》，落实生态环境保护相关法律法规及政策要求，统一管理尺度、加强源头防控、推进减污降碳协同增效，进一步指导各级管理部门规范钢铁焦化建设项目审批，推动行业绿色低碳发展。多地短流程炼钢不再被列入“两高”目录。江西省印发的《关于严格高耗能高排放项目准入管理的实施意见》，河南省印发的《河南省“两高”项目管理目录（2023年修订）》，包括四川、江西、河南等省份在其“两高”项目管理范围清单中对电炉短流程炼钢开了“绿灯”，不再将其纳入“两高”项目管理，表明从产业政策上，支持电炉短流程炼钢发展的政策红利逐步释放，电炉钢产业发展趋势向好。

第五节　绿色发展水平评价

钢铁行业是我国污染物和碳排放的重要源头，也是环境治理的重点和难点领域。钢铁行业绿色低碳高质量发展对我国碳达峰、碳中和具有重要示范作用和标志性意义。本次在2021年钢铁行业绿色发展水平试评价工作基础上，结合行业绿色发展动态趋势以及环境管理要求，进一步完善钢铁行业绿色发展水平评价指标体系。基于全国排污许可信息管理平台数据信息、环境影响评价智慧监管平台、全国环境监管执法平台、重点排污单位自动监控与数据库系统以及钢铁企业超低排放评估监测报告和部分数据调查，对2022年底前全部实现超低排放的42家钢铁企业进行评价，通过纵向对比分析各企业评价指标差距，以期为推动钢铁行业协同减污降碳、制定相关环境管理政策与策略提供参考。

一、评价范围

钢铁行业规模大、企业数量多，且产业集中度偏低，装备水平和治理技术参差不齐，在超低排放和双碳背景下全行业正在改造提升、节能降耗、绿色低碳发展。本次考虑“先进性、代表性、可比性”，选择2022年底前已经在中国钢铁工业协会网站公示全流程超低排放评估监测结果的42家钢铁冶炼企业（表6-10），核算、评价其绿色发展水平。42家钢铁企业产能23078×10^4t，其中短流程企业3家、产能390×10^4t，长流程企业39家、产能22688×10^4t。从地域看，重点地区35家、产能19048×10^4t，非重点地区7家、产能4030×10^4t。

表6-10　已公示超低排放企业名单

序号	企业名称	省（直辖市）	公示内容	公示时间
1	首钢股份公司迁安钢铁公司	河北	有组织、无组织、清洁运输	2020.01.07
2	山西太钢不锈钢股份有限公司	山西	有组织、无组织、清洁运输	2020.10.21
3	首钢京唐钢铁联合有限责任公司	河北	有组织、无组织、清洁运输	2020.10.23
4	德龙钢铁有限公司	河北	有组织、无组织、清洁运输	2020.11.17
5	山东钢铁集团日照有限公司	山东	有组织、无组织、清洁运输	2020.11.25
6	新兴铸管股份有限公司	河北	有组织、无组织、清洁运输	2020.12.02
7	河北纵横集团丰南钢铁有限公司	河北	有组织、无组织、清洁运输	2020.12.30
8	首钢长治钢铁有限公司	山西	有组织、无组织、清洁运输	2021.01.08
9	安阳钢铁股份有限公司	河南	有组织、无组织、清洁运输	2021.01.15
10	山西建龙实业有限公司	山西	有组织、无组织、清洁运输	2021.01.15
11	江苏永钢集团有限公司	江苏	清洁运输	2021.01.18
			有组织	2021.03.03
			有组织、无组织、清洁运输	2022.07.01
12	山西晋南钢铁集团有限公司	山西	有组织、无组织、清洁运输	2021.01.25
			二期工程全流程	2023.1.14
13	山东钢铁股份有限公司莱芜分公司	山东	有组织、无组织、清洁运输	2021.06.23
14	陕西龙门钢铁有限责任公司	陕西	有组织、无组织、清洁运输	2021.07.19
15	青岛特殊钢铁有限公司	山东	有组织、无组织、清洁运输	2021.07.19
			续建工程全流程	2023.2.26
16	山东莱钢永锋钢铁有限公司	山东	有组织、无组织、清洁运输	2021.07.27
17	沧州中铁装备制造材料有限公司	河北	有组织、无组织、清洁运输	2021.08.30
18	敬业集团有限公司	河北	有组织、无组织、清洁运输	2021.09.02
19	常熟市龙腾特种钢有限公司	江苏	清洁运输	2021.09.13
			有组织、无组织、清洁运输	2022.11.05
20	安阳市新普钢铁有限公司	河南	有组织、无组织、清洁运输	2021.10.18
21	河北津西钢铁集团股份有限公司	河北	有组织、无组织、清洁运输	2021.11.25
22	徐州金虹钢铁集团有限公司	江苏	清洁运输	2021.11.29
			有组织	2022.04.18
			有组织、无组织、清洁运输	2022.09.19
23	宝钢湛江钢铁有限公司	广东	有组织、无组织、清洁运输	2021.12.01
			三高炉系统全流程	2023.2.4
24	河钢乐亭钢铁有限公司	河北	有组织、无组织、清洁运输	2021.12.23
25	唐山港陆钢铁有限公司	河北	有组织、无组织、清洁运输	2021.12.23
26	宝山钢铁股份有限公司（宝山基地）	上海	清洁运输	2021.12.30
			有组织、无组织、清洁运输	2023.2.4
27	唐山瑞丰钢铁（集团）有限公司	河北	有组织、无组织、清洁运输	2021.12.30
28	唐山东华钢铁企业集团有限公司	河北	有组织、无组织、清洁运输	2022.01.29
29	石家庄钢铁有限责任公司特殊钢分公司	河北	有组织、无组织、清洁运输	2022.04.12
30	唐山东海钢铁集团有限公司	河北	有组织、无组织、清洁运输	2022.04.16
			3# 烧结机	2022.11.29

续表

序号	企业名称	省（直辖市）	公示内容	公示时间
31	浦项（张家港）不锈钢股份有限公司	江苏	清洁运输	2022.04.19
			有组织	2022.07.01
			有组织、无组织、清洁运输	2023.1.14
32	石横特钢集团有限公司	山东	清洁运输	2022.04.28
			有组织、无组织	2022.11.29
33	山东鲁丽钢铁有限公司	山东	清洁运输	2022.05.12
			有组织、无组织	2023.2.27
34	山东寿光巨能特钢有限公司	山东	清洁运输	2022.05.13
			有组织、无组织	2023.2.6
35	天津钢铁集团有限公司	天津	有组织、无组织、清洁运输	2022.07.05
36	天津市新天钢联合特钢有限公司	天津	有组织、无组织、清洁运输	2022.08.15
37	山东钢铁集团永锋临港有限公司	山东	有组织、无组织、清洁运输	2022.08.31
38	天津荣程联合钢铁集团有限公司	天津	有组织、无组织、清洁运输	2022.09.28
39	金鼎重工有限公司	河北	有组织、无组织、清洁运输	2022.11.5
40	邯钢集团邯宝钢铁有限公司（邯钢西区）	河北	有组织、无组织、清洁运输	2022.11.5
41	河北鑫达钢铁集团有限公司	河北	有组织、无组织、清洁运输	2022.11.29
42	河北东海特钢集团有限公司	河北	有组织、无组织、清洁运输	2022.12.28

二、绿色发展指标体系

1.评价指标

在参考国内外绿色发展相关评价指标与方法、钢铁行业清洁生产标准、绿色工厂评价导则、钢铁企业绿色高质量发展指数等技术文件构建2021年度钢铁行业绿色发展评价指标体系基础上，遵循“全面性、客观性、科学性、可比性”原则，引导钢铁行业从长流程向短流程转变，推进建立自证守法的监管体系。考虑到钢铁企业相关数据的易获取性，构建了包括生产工艺与装置水平、资源能源消耗与节能降碳、污染控制与排放绩效、环境管理情况、与环境保护的公共关系等5项一级指标和23项二级指标的行业绿色发展评价指标体系（指标数量保持不变），增加了“焦钢比、自行监测执行情况”等评价指标。如表6-11所示。

表6-11　钢铁行业绿色发展水平评价指标体系

一级指标	一级权重	二级指标	二级权重
生产工艺与装置水平	20	短流程炼钢比例	3
		焦钢比	3
		源头减排的适用性技术	6
		焦炉、烧结机、高炉、转炉和电炉装备先进水平比例达到60%以上	8
资源能源消耗与节能降碳	23	吨钢综合能耗	6
		吨钢耗水量	5
		固体废物资源利用比例	5
		吨钢二氧化碳排放量	7

续表

一级指标	一级权重	二级指标	二级权重
污染控制与排放绩效	32	吨钢颗粒物排放量	4
		吨钢二氧化硫排放量	4
		吨钢氮氧化物排放量	4
		无组织排放控制	6
		清洁运输比例	5
		吨钢化学需氧量排放量	3
		吨钢氨氮排放量	3
		吨钢固体废物产生量	3
环境管理情况	15	环境管理台账制度执行情况	3
		排污许可执行报告报送情况	3
		在线监测设施达标率	6
		自行监测执行情况	3
与环境保护的公共关系	10	信息公开情况	2
		环境违法处罚与投诉情况	4
		突发环境事件发生情况	4

2.权重确定

绿色发展水平评价指标的权重值将直接影响到最终评价结果的准确性与科学性。2021年度评价指标体系权重值根据行业协会、重点企业、评价单位、技术咨询单位的10名行业专家打分加权平均，确定了5项一级指标和23项二级指标权重。2022年度绿色发展水平评价体系的一级指标权重值不变，仅对新增的二级指标权重值略作增补。同时参考《中国钢铁工业协会装备水平分类标准》、钢铁行业（烧结、球团、炼铁高炉、炼钢、钢压延加工）清洁生产评价指标体系技术要求、《钢铁企业绿色高质量发展指数》等文件中有关权重的分配比例以及相关政策文件要求，综合确定各个评价指标的权重值和基准。

3.评价标准

本评价指标体系将企业绿色发展水平划分为四级，即领先水平、先进水平、较高水平、一般水平，如表6-12所示。绿色发展等级对应的综合评价指标应符合评价规定。

表6-12　钢铁行业绿色发展综合评价指标

企业绿色发展水平	评价指标值（P）
绿色发展领先水平	$P \geqslant 90$
绿色发展先进水平	$80 \leqslant P<90$
绿色发展较高水平	$70 \leqslant P<80$
绿色发展一般水平	$60 \leqslant P<70$

按下式计算：

$$P=\sum_{1}^{n}P_i \qquad (6-1)$$

式中，P为绿色发展评价考核总分值；n为参与评价考核的一级指标总数；P_i为第i项评价单项一级指标的考核总分值。

$$P_i=\sum_{1}^{m}P_{ij}=\sum_{1}^{m}S_{ij}/100\times K_{ij} \qquad (6-2)$$

式中，P_i为第i项评价单项一级指标的考核总分值；m为第i项评价一级指标下参与定量考核的二级指标总数；P_{ij}为第i项评价一级指标下第j项二级指标的单项评价指标；S_{ij}为第i项一级指标下第j项评价二级指标的单项评价指标（j对应Ⅰ、Ⅱ、Ⅲ不同等级）；K_{ij}为第i项定量评价一级指标下第j项二级指标的权重值。

二级评价指标S_{ij}按评价作用分为正向指标和逆向指标。正向指标指该指标的数值越高（大）符合绿色发展要求（如单机规模和污染物达标率）；逆向指标指该指标的数值越低（小）越符合绿色发展要求（如资源与能源消耗、污染物排放绩效等）。因此对于二级指标的考核评分，应根据其类别采用不同的内插法进行核算。

1）内插法

对于处于Ⅰ级和Ⅱ级评价基准的指标：

正向指标：$$S_i=\frac{X_i-X_{i,\min}}{X_{i,\max}-X_{i,\min}}\times 20+80 \qquad (6-3)$$

逆向指标：$$S_i=\frac{X_{i,\max}-X_i}{X_{i,\max}-X_{i,\min}}\times 20+80 \qquad (6-4)$$

对于处于Ⅱ级和Ⅲ级评价基准的指标：

正向指标：$$S_i=\frac{X_i-X_{i,\min}}{X_{i,\max}-X_{i,\min}}\times 20+60 \qquad (6-5)$$

逆向指标：$$S_i=\frac{X_{i,\max}-X_i}{X_{i,\max}-X_{i,\min}}\times 20+60 \qquad (6-6)$$

2）外延法（低于Ⅲ级评价基准的指标）

正向指标：$$S_i=60-\frac{X_{i,3}-X_i}{X_{i,3}}\times 20 \qquad (6-7)$$

逆向指标：$$S_i=60\times\frac{X_{\text{设定值}}-X_i}{X_{\text{设定值}}-X_{i,3}} \qquad (6-8)$$

式中，X_i为第i项评价指标的实际值；$X_{\min(i)}$为第i项评价指标的最小值；$X_{\max(i)}$为第i项评价指标的最大值。

具体如表6-13所示。

表6-13 钢铁行业绿色发展水平评价指标体系权重值及基准值

一级指标	一级权重	二级指标	二级权重	评价基准 Ⅰ	评价基准 Ⅱ	评价基准 Ⅲ	赋分说明
生产工艺与装置水平	20	短流程炼钢比例	3	20%	15%	10%	未配置电炉的，计 0
		焦钢比	3	0.4	0.25	0.1	未配置焦化工序的，计 0；短流程企业计 100
		源头减排的适用性技术	6	8 项	6 项	4 项	采用源头减排技术情况： 1. 焦炉煤气上升管余热回收技术； 2. 焦炉煤气精脱硫技术（$H_2S \leqslant 50mg/m^3$）； 3. 烧结机烟气循环技术； 4. 高炉大比例（30% 以上）球团冶炼工艺技术； 5. 高炉炉顶均压煤气回收技术； 6. 连铸坯热装热送技术（热装温度600℃，热送比≥50%）； 7. 高炉热风炉、轧钢热处理炉采用低氮燃烧技术； 8. 冶金粉尘铁锌钾回收技术； 9. 对酚氰废水或中水采用深度处理技术 注：短流程企业仅评价 6、7 项
		焦炉、烧结机、高炉、转炉和电炉装备先进水平占比	8	100%	80%	60%	1. 顶装焦炉炭化室高度≥ 6m 或捣固焦炉炭化室高度≥ 5.5m 产能占比≥ 60%； 2.300m² 及以上烧结机产能占比≥ 60%； 3.2000m³ 以上高炉产能占比≥ 60%，或特钢企业 1200m³ 以上高炉产能占比≥ 80%； 4.120t 以上转炉产能占比≥ 60%，或特钢企业 100t 以上转炉产能占比≥ 80%； 5.100t 及以上电炉产能占比≥ 60%，或特钢企业 50t 以上转炉产能占比≥ 80%（注：短流程企业仅评价电炉水平）
资源能源消耗与节能降碳	23	吨钢综合能耗 /kce	6	510	550	600	采用外延法取值时，以 1000 为 0
		吨钢耗水量 /m³	5	1.5	2.5	3	采用外延法取值时，以 5 为 0
		固体废物资源利用比例	5	3 项	2 项	1 项	1. 高炉渣综合利用率 100%； 2. 转炉渣综合利用率 100%；（短流程企业仅评价转炉渣） 3. 含铁尘泥综合利用率≥ 95%。 均不满足的，计 0
		吨钢二氧化碳排放量 /t	7	0.65	1.8	2.4	采用外延法取值时，以 3.5 为 0
污染控制与排放绩效	32	吨钢颗粒物排放量 /kg	4	0.3	0.6	0.9	采用外延法取值时，以 1.5 为 0
		吨钢二氧化硫排放量 /kg	4	0.2	0.5	0.8	采用外延法取值时，以 1.2 为 0
		吨钢氮氧化物排放量 /kg	4	0.4	0.8	1.2	采用外延法取值时，以 1.5 为 0
		无组织排放控制	6	重点地区 A 级企业	非重点地区 A 级企业	B 级及以下企业	重点地区 A 级企业，计 6 分；非重点地区 A 级企业，计 5 分；B 级及以下企业，计 3 分
		清洁运输比例	5	80%	50%	30%	采用外延法取值时，以清洁运输比例 10% 及以下为 1
		吨钢化学需氧量排放量 /g	3	30	60	80	采用外延法取值时，以 200 为 0
		吨钢氨氮排放量 /g	3	3	6	10	采用外延法取值时，以 100 为 0
		吨钢固体废物产生量 /kg	3	510	590	650	采用外延法取值时，以 1000 为 0

续表

一级指标	一级权重	二级指标	二级权重	评价基准 Ⅰ	评价基准 Ⅱ	评价基准 Ⅲ	赋分说明
环境管理情况	15	环境管理台账制度执行情况	3	好	较好	一般	好得3分，较好得2分，一般得1分
		排污许可执行报告报送情况	3	100%	90%	80%	执行报告未按时填报的，计0
		在线监测设施达标率	6	100%	99.5%	98%	采用外延法取值时，以95%为0
		自行监测执行情况	3	好	较好	一般	好得3分，较好得2分，一般得1分；如存在自行监测报告造假行为的，计0
与环境保护的公共关系	10	信息公开情况	2	好	较好	一般	好得2分，较好得1.5分，一般得1分
		环境违法处罚与投诉情况	4	未处罚	处罚≤3次	处罚≤5次	采用外延法取值时，以15次为0
		突发环境事件发生情况	4	未发生	一般事故	较大事故	（1）无事故，分值s=4； （2）每发生1起重大突发环境事件，减2分，最小为0分； （3）每发生1起较大突发环境事件，减1分，最小为0分； （4）每发生1起一般突发环境事件，减0.5分，最小为0分

达到Ⅰ级基准值对应的分值s=100；
达到Ⅱ级基准值对应的分值s=80；
达到Ⅲ级基准值对应的分值s=60；
对于达到Ⅰ级或Ⅱ级、Ⅱ级或Ⅲ级基准值对应的分值按实际装机采用内插法取值，不能满足Ⅲ级基准值要求的，采用外延法取值

三、评价结果

对42家钢铁企业中山西太钢不锈钢股份有限公司（简称“太钢不锈”）、石家庄钢铁有限责任公司特殊钢分公司（简称“石钢特钢”）、首钢京唐钢铁联合有限责任公司（简称“首钢京唐”）、宝钢湛江钢铁有限公司（简称“宝钢湛江”）4家处于绿色发展领先水平，首钢股份公司迁安钢铁公司（简称“首钢迁钢”）、宝山钢铁股份有限公司（宝山基地）（简称“宝山钢铁”）、山东钢铁集团日照有限公司（简称“山钢日照”）、邯钢集团邯宝钢铁有限公司（简称“邯宝钢铁”）、安阳钢铁股份有限公司（简称“安阳钢铁”）、河北纵横集团丰南钢铁有限公司（简称“纵横钢铁”）、徐州金虹钢铁集团有限公司（简称“徐州金虹”）、山东钢铁股份有限公司莱芜分公司（简称“山钢莱芜”）、河钢乐亭钢铁有限公司（简称“河钢乐亭”）、浦项（张家港）不锈钢股份有限公司（简称“浦项不锈钢”）、新兴铸管股份有限公司（简称“新兴铸管”）、山西晋南钢铁集团有限公司（简称“晋南钢铁”）、青岛特殊钢铁有限公司（简称“青岛特钢”）、江阴兴澄特种钢铁有限公司（简称“兴澄特钢”）、河北东海特钢集团有限公司（简称“东海特钢”）、山东钢铁集团永锋临港有限公司（简称“永锋临港”）、德龙钢铁有限公司（简称“德龙钢铁”）17家企业处于绿色发展先进水平，16家企业处于绿色发展较高水平，5家企业处于绿色发展一般水平。

从评价结果看，绿色发展水平排名前10位钢铁企业全部为钢铁行业A级绩效企业，平均得分89.89分，较2021年提高2.7%。从各分项得分看：污染控制与排放绩效分项得分较高，且企业之间差距不大；生产工艺与装置水平、资源能源消耗与节能降碳分项得分较低，且企业之间差距较大。表明大多数企业节能降碳空间较大、源头治理能力和低碳生产工艺仍待提高。42家企业分项指标如下。

（1）在生产工艺与装置水平方面：仅10家企业配备电炉炼钢生产工艺，除石钢特钢、徐州金虹、浦项不锈钢为短流程钢铁企业外，其余7家电炉钢比例为4%~25%，较2021年有所下降；除江苏永钢、兴澄特钢、山钢莱芜、龙腾特钢、浦项不锈钢外，其他5家配备了电炉的钢铁企业全部位列前10名。重点关注的9项源头减排技术普遍采用4~8项，较2021年有所提高；仅13家企业的焦炉、烧结机、高炉、转炉和电炉装备先进水平比例达到60%以上，且存在5家企业生产装备全部位于先进水平以下。

目前42家企业的生产工艺与装置水平分项得分差异较大，从1.8分到20分，平均10.53分。从图6-2可知，该项得分排名前10位的钢铁企业均处于先进水平及以上且配置电炉炼钢或者属于钢焦联合企业，该项2022年排名前10位的钢铁企业平均得分17.36，较2021年上升8.9%。同时上述企业源头减排技术应用较多，且装备水平均处于国际领先水平；该项得分后10位钢铁企业均处于一般水平或较高水平，说明生产工艺结构和装备水平对绿色低碳发展有较大影响。因此，后续提高钢铁企业绿色发展水平必须优化生产工艺、配备短流程炼钢，采取源头减污降碳协同技术。

（2）在资源能源消耗与节能降碳方面：除3家短流程企业外，其余39家长流程钢铁企业吨钢综合能耗为423~763kg标准煤，28家企业在551kg标准煤（2022年行业平均水平）以下，企业数量较2021年提高一倍；吨钢耗新水量为0.59~3.33m^3，30家企业在2.44m^3/t钢（2022年行业平均水平）以下；二氧化碳排放量在1~2.5t，12家企业在1.8t（行业平均水平）以下，碳排放强度较2021年有所提高；28家钢铁企业实现高炉渣、转炉渣、含铁尘泥回用100%综合处置利用。

目前42家企业的资源能源消耗与节能降碳分项得分差异较小，从14.75分到22.8分，平均19.5分。从图6-4可知，该项得分较高的钢铁企业以民营企业为主；说明民营钢铁企业更关注资源能源消耗等经济指标。该项2022年排名前10位的钢铁企业平均得分21.4，较2021年上升7.4%。

（3）在污染控制与排放绩效方面：42家钢铁企业吨钢颗粒物排放量在0.02~1.25kg，其中29家企业在0.3kg以下；吨钢二氧化硫排放量在0.04~0.424kg，其中41家企业在0.2kg以下；吨钢氮氧化物排放量在0.09~0.394kg，其中全部企业在0.4kg以下；达到了清洁生产国际先进水平。30家钢铁企业废水全部回用不外排；高炉渣、转炉渣、含铁尘泥等固体废物产生强度在295~840kg/t钢，平均为544kg/t钢，与2021年基本持平且略低于行业平均水平。31家企业已建成并投入使用铁路专用线或码头，其中11家企业清洁运输比例达到80%以上、8家企业清洁运输比例在50%~80%之间，远高于行业平均水平。

目前42家企业的污染物控制与排放绩效分项得分差异较小，从24.24分到32分，平均29.03分，基本与2021年得分持平。从图6-5可知，该项得分较高的钢铁企业主要位于重点地区且清洁运输比例较高，排名前10位的全部为A级绩效企业。说明超低排放改造对该分项评价结果贡献较大，钢铁企业废水和固体废物排放绩效水平差异较小，钢铁企业后续应加快推进超低排放改造。

（4）在环境管理方面：42家钢铁企业均未发生突发环境事件，且均按时提交了2022年排污许可年度执行报告并进行信息公开，22家企业执行报告数据全面、质量较好；环境违法行政处罚情形明显减少，2022年仅3家企业存在行政处罚情形；表明钢铁企业守法意识提升较大。

第七章

水泥行业环境评估报告

第一节　行业发展现状

一、产能产量

1.水泥和熟料产量均呈下降趋势

自1985年以来我国水泥产量一直稳居世界第一位，近年来，水泥产量稳定总体维持在20×10^8t以上。2022年水泥行业面对疫情防控形势严峻、房地产市场继续探底、经济下行压力持续加大等因素冲击，全国水泥市场需求大幅下降，行业总体呈现“需求低迷，贯穿全年，旺季不旺，淡季更淡”的特征，全国水泥、熟料产量分别为21.18×10^8t、13.97×10^8t，其中水泥产量占全球比例为51%。水泥、熟料产量较2021年均有所下降，同比分别下降10.37%、8.93%，其中水泥产量降至2012年以来最低水平，创下自1969年至今50多年来的最大降幅，首次达到两位数，如图7-1所示。

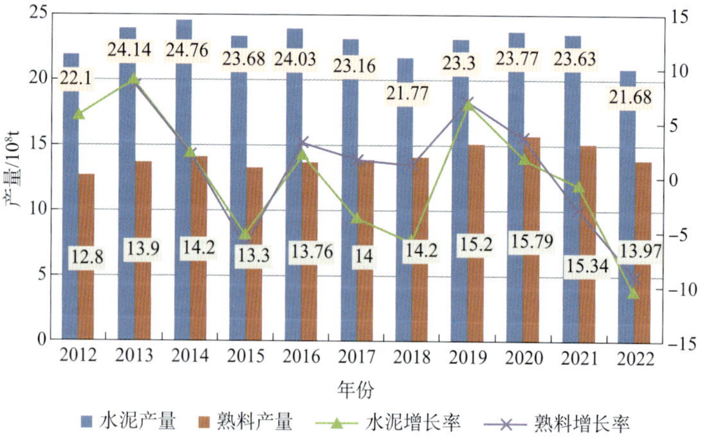

图7-1　2012~2022年全国水泥、熟料产量变化情况

资料来源：除2022、2021年水泥熟料产量根据全国排污许可证管理平台统计外，其余数据均来源于中国水泥协会。

2.行业利润大幅度下滑

2022年水泥行业利润约为680×10^8元，下滑较为严重，较2021年的1694×10^8元有较大幅度下降，同比下降59.86%，如图7-2所示。

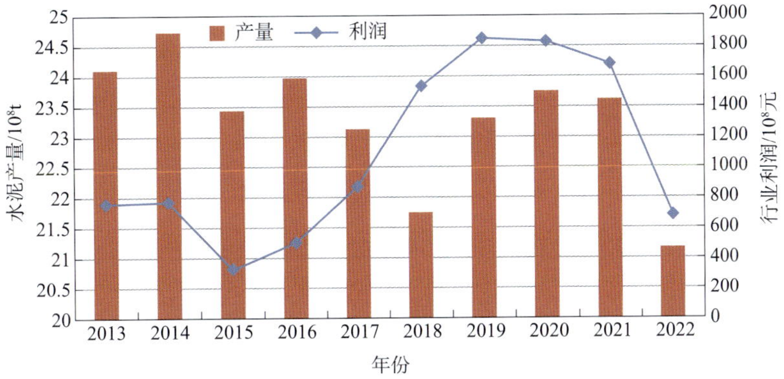

图7-2　2013~2022年全国水泥行业利润情况

资料来源：中国水泥协会。

二、规模布局

1.水泥行业布局总体较为均衡

据全国排污许可证信息管理平台统计，截至2023年4月底，水泥制造企业（含独立粉磨站企业）共3288家，在全国31个省（自治区、直辖市）均有分布，如图7-3所示。2022年水泥产量超过亿吨的省份有9个，依次为广东、安徽、江苏、山东、四川、浙江、河南、湖北、广西，累计产量11.59×10^8t，约占全国的54.7%；相较于2021年，除河南水泥产量同比增长0.82%外，其余各省（自治区、直辖市）均减少，贵州下降幅度最大，同比下降31.09%，如图7-4所示。从区域看，华东、华南、西南以水泥为主产地，2019~2022年3地年累计产量全国占比均在70%左右，各年份产量总体较为均衡如表7-1所示。

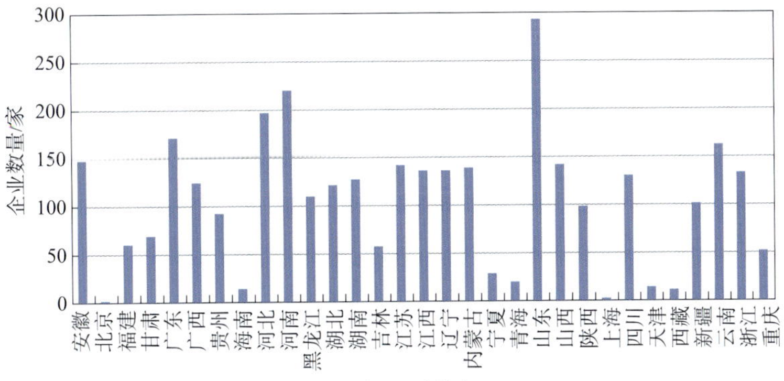

图7-3　全国各省（自治区、直辖市）水泥企业（含独立粉磨站）分布图

资料来源：全国排污许可证管理平台。

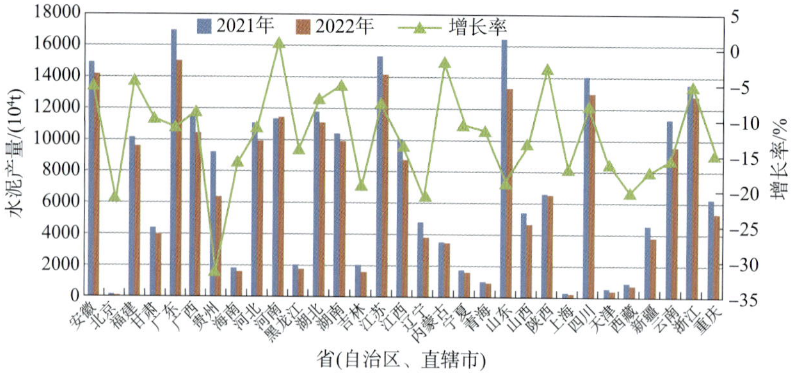

图7-4　2021~2022年各省（自治区、直辖市）水泥产量变化情况

表7-1　2019~2022年全国分区域水泥产量占比变化情况

地区	2019年		2020年		2021年		2022年	
	产量/（10^4t·a^{-1}）	占全国百分比/%	产量/（10^4t·a^{-1}）	占全国百分比/%	产量/（10^4t·a^{-1}）	占全国百分比/%	产量/（10^4t·a^{-1}）	占全国百分比/%
华北	29951.78	12.85	33197.25	13.97	32479.66	13.75	30401.61	14.35
华东	77291.45	33.17	78356.35	32.97	81078.07	34.31	73542.70	34.72
华南	53468.32	22.94	52194.93	21.96	52695.13	22.30	48173.58	22.75
西北	18095.8	7.77	18613.27	7.83	18744.14	7.93	17005.55	8.03
西南	45841.85	19.67	45868.13	19.30	42136.78	17.83	35255.78	16.65
东北	8386.49	3.60	9461.19	3.98	9147.48	3.87	7415.68	3.50
合计	233035.70	100.00	237691.10	100.00	236281.26	100.00	211794.90	100.00

2.被置换产能释放后广西、云南产能进一步增长，安徽、浙江等省份熟料产量未受疫情影响反现增长

据全国排污许可证信息管理平台统计，截至2023年4月底，全国水泥熟料企业共1169家、生产线共1593条，除上海市无熟料企业分布外，其余各省份均有分布，如图7-5所示。从熟料产能看：2022年熟料产能18.40×10^8t，安徽、山东、四川、广东、广西和云南6省（自治区）熟料产能超过亿吨，共6.69×10^8t，约占全国的36%；与2021年相比，新增广西水泥熟料产能超过亿吨。

根据中国水泥协会数据，相较于2019年的熟料设计产能18.18×10^8t，我国2020年、2021年熟料设计产能持续增长，2022年略有下降，分别为18.35×10^8t、18.41×10^8t和18.40×10^8t，如图7-6所示。从各省份看，相较于2019年，西藏、广西、云南和福建水泥熟料产能3年来持续增长，增幅分别为90.09%、26.78%、14.10%和11.57%。相较于2021年，安徽、山东熟料产能有所增加，广东、四川、河南基本持平，河北产能略有下降，如图7-7所示。

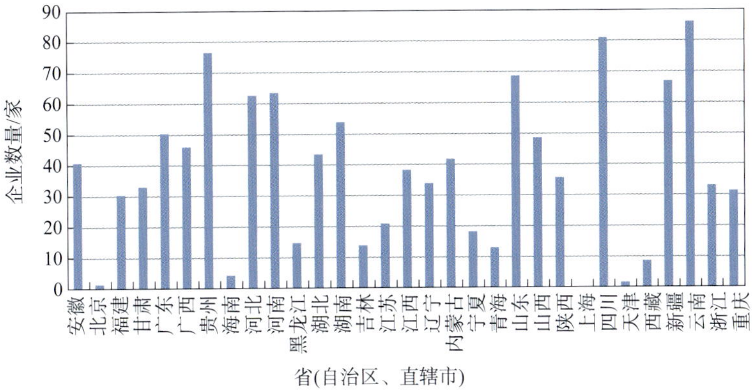

图7-5　全国各省（自治区、直辖市）水泥熟料企业分布图

资料来源：全国排污许可证管理平台。

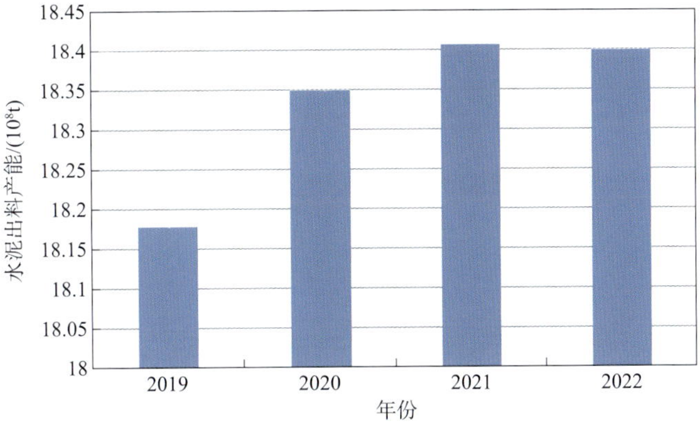

图7-6　2019~2022年水泥熟料产能变化情况

资料来源：中国水泥协会。

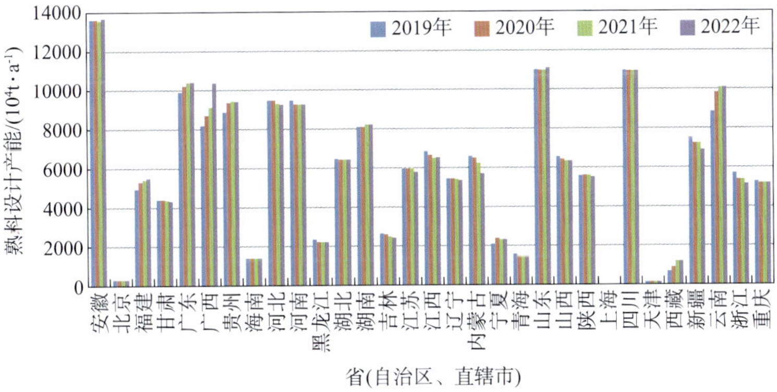

图7-7　2019~2022年各省（自治区、直辖市）熟料设计产能变化情况

资料来源：中国水泥协会。

本次梳理了2020~2022年各省（自治区、直辖市）水泥熟料建设项目产能置换公告（按照国家政策要求，水泥熟料项目建设需进行产能置换），公告显示，3年涉及25省（自治区、

直辖市）的117个水泥熟料建设项目，建设项目产能为584811t/d（折1.813×10^8t/a），置换产能为663068.3t/d（折2.056×10^8t/a），产能将在近年内释放，从全国层面来讲，水泥熟料产能实现了减量化。25省（自治区、直辖市）中建设项目产能来源于25省（自治区、直辖市），从置换情况看，置换产能中，83.3%产能（552513.7t/d）来自本省自身调配，跨省置换了16.7%的产能（110554.6t/d），广西、福建、重庆、湖南、安徽、广东、宁夏、云南、贵州共9省（自治区、直辖市）进行了产能跨省置换，其产能来源于内蒙古等24省（自治区、直辖市），其中广西产能置换涉及14个外省（自治区、直辖市），其余16省（自治区、直辖市）产能均来自本省。从产能变化情况看，广西、湖南、福建、广东、宁夏共5省（自治区）产能净增长，其中广西净增长最大，增长43735t/d；其余20省（自治区、直辖市）中整体产能减少，内蒙古产能减少量最大，为36400t/d，产能被置换至6个外省（自治区、直辖市）如图7–8至图7–9所示。

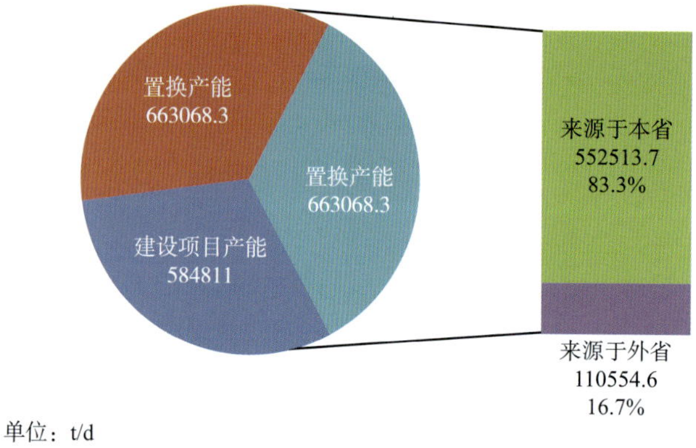

图7–8 全国水泥熟料产能置换情况

资料来源：各省（自治区、直辖市）工信/经信部门官网。

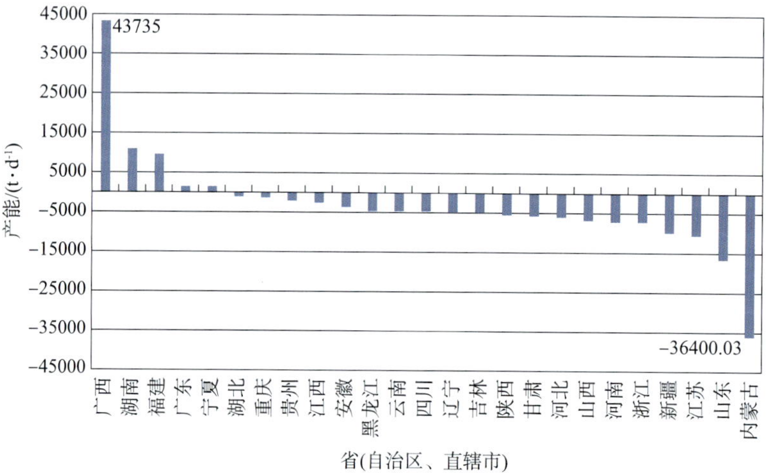

图7–9 水泥熟料产能置换和涉及各省（自治区、直辖市）产能变化情况

资料来源：各省（自治区、直辖市）工信/经信部门官网。

从熟料产量看，与2021年相比，全国熟料产量总体下降，但安徽、黑龙江、陕西、西藏和浙江等5省（自治区）熟料产量增长；其余26省（自治区、直辖市）熟料产量均下降，贵州下降幅度最大，达28.30%。如图7-10所示。

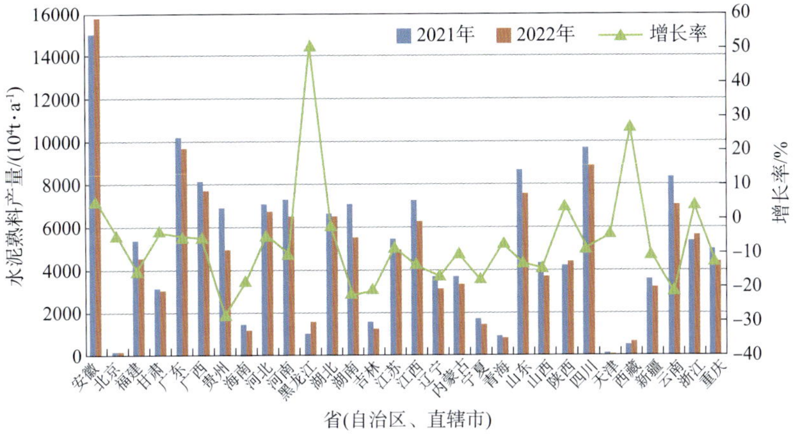

图7-10　2021~2022年各省（自治区、直辖市）水泥熟料产量变化情况

3.产业集中度略有提升

近年来，水泥行业兼并重组工作取得了显著成效，水泥熟料产业集中度进一步提升。从2013年前10家企业（集团）熟料产能50%的集中度，到2022年前10家企业（集团）熟料产能集中度提升至57.89%，水泥产业组织结构得到了进一步优化。2017~2022年，前10家企业（集团）产能一直位居前10。2022年熟料产能前10强中，中国建材集团和海螺水泥熟料2家企业（集团）产能占比超30%，与2021年相比，红狮水泥、华润水泥熟料产能增大，海螺水泥、金隅冀东、台泥水泥、天瑞水泥、亚洲水泥产能保持不变，中国建材集团、山水集团产能有所减少。如表7-2所示。

表7-2　2017~2022年水泥熟料产能前10家企业（集团）情况

序号	企业	2017年		2018年		2019年		2020年		2021年		2022年	
		产能/10^4t	占比/%	产能/10^4t	占比/%	产能/10^4t	占比/%	产能/10^4t	占比/%	产能/10^4t	占比/%	产能/10^4t	占比/%
1	中国建材集团	39376	21.63	39020	21.45	40071	22.04	39116	21.32	39026	21.20	38451	20.90
2	海螺水泥	20736	11.39	21077	11.59	20906	11.50	21551	11.75	22094	12.00	22094	12.01
3	金隅冀东	10432	5.73	10481	5.76	10528	5.79	10528	5.74	10915	5.93	10915	5.93
4	华润水泥	6526	3.58	6495	3.57	6495	3.57	6687	3.64	6470	3.51	6702	3.64
5	华新水泥	6417	3.52	6231	3.43	6092	3.35	6299	3.43	6299	3.42	6299	3.42
6	山水集团	5419	2.98	5342	2.94	5534	3.04	5457	2.97	6077	3.30	5425	2.95

续表

序号	企业	2017年		2018年		2019年		2020年		2021年		2022年	
		产能/10^4t	占比/%	产能/10^4t	占比/%	产能/10^4t	占比/%	产能/10^4t	占比/%	产能/10^4t	占比/%	产能/10^4t	占比/%
7	红狮水泥	4644	2.55	4852	2.67	5375	2.96	5721	3.12	5425	2.95	6722	3.65
8	台泥水泥	4067	2.23	4067	2.24	4083	2.25	4083	2.23	4269	2.32	4269	2.32
9	天瑞水泥	3395	1.86	3395	1.87	3519	1.94	3519	1.92	3395	1.84	3395	1.85
10	亚洲水泥	2062	1.13	2063	1.13	2235	1.23	2235	1.22	2235	1.21	2235	1.21
全国		182081	100	181923	100	181774	100	183488	100	184090	100	183974	100.00
合计		103022	56.58	103073	56.66	104838	57.67	105194	57.33	106205	57.69	106507	57.89

资料来源：中国水泥协会。

三、工艺装备

1.行业先进产能占比提升，建通窑基本已完成产能置换

全国1169家企业1593条生产线中，基本均为新型干法生产线，2022年全国建通窑生产线均已进行产能置换。其中，75%以上的熟料产能来自于2500t/d以上生产线，69%产能来自于4000t/d及以上生产线（对应《水泥行业清洁生产评价指标体系》中Ⅰ级基准值）。与2020年、2021年相比，工艺规模有一定的大型化趋势，2500t/d以下熟料生产线数量和产能均有所减少。如表7-3所示。

表7-3　2020~2022年熟料生产线规模统计表

工艺规模/（$t \cdot d^{-1}$）	生产线/条			产能/（$10^4 t \cdot a^{-1}$）			产能占比/%		
	2020年	2021年	2022年	2020年	2021年	2022年	2020年	2021年	2022年
≥10000	16	16	17	5192.5	5192.5	5502.50	3.01	3.03	3.21
>5000~<10000	45	50	53	8441.3	9362	10099.80	4.89	5.47	5.89
4000~5000	725	728	736	101190.2	101268	102475.77	58.64	59.15	59.78
>2500~<4000	102	100	100	9729.97	9545.52	9542.42	5.64	5.58	5.57
2000~2500	429	412	403	33191.7	31892.8	31195.30	19.23	18.63	18.20
700~2000	278	247	230	14065.76	13051.71	12059.71	8.15	7.62	7.04
<700（不含建通窑）*	47	56	52	287.35	468.145	447.64	0.17	0.27	0.26
建通窑	21	20	3	462.52	434.31	93	0.27	0.25	0.05
合计	1663	1629	1593	172561.3	171215	171416.14	100.00	100.00	100.00

注：1.相较于2020年，2021年、2022年水泥熟料生产线数量分别减少34条、70条，主要是按照国家产能置换政策，在置换项目建成投产后，被置换排污单位在全国排污许可证信息管理平台进行了注销或拆除水泥窑成为独立粉磨站排污单位。

2.表格中熟料产能根据许可证副本中企业填报的生产线规模，按照年生产310天计算，与中国水泥协会统计口径不一致，本表仅用于核算各产能规模占比情况。

2.* 为特水企业。

资料来源：全国排污许可证信息管理平台。

2020~2022年各省（自治区、直辖市）水泥熟料建设项目产能置换建设生产线情况表明，产能置换有利于水泥行业结构调整。置换建设的117个建设项目120条生产线中，除10条生产线规模在4000t/d以下外（含2条特种水泥生产线），其余均为4000t/d及以上规模，占比91.67%。被置换生产线中，共涉及356条生产线，其中建通窑36条，2000t/d以下生产线82条，2000t/d至3000t/d生产线205条，如表7-4所示。

表7-4 2020~2022年产能置换产生的结构调整情况

建设项目情况		被置换生产线情况	
规模/（$t\cdot d^{-1}$）	生产线条数/条	规模（或窑型）/（$t\cdot d^{-1}$）	生产线条数/条
<2000①	2	建通窑	36
2500~3000	4	<2000	82
3000~4000	4	2000~3000	205
4000~5000（含）	73	>3000~5000	33
>5000	37	—	—
合计	120	—	356

注：①为2条特种水泥生产线。

资料来源：各省（自治区、直辖市）工信/经信部门官网。

2.水泥窑协同处置固体废物产能进一步释放

我国自2017年以来批复了较多水泥窑协同处置固体废物项目，目前多数协同处置固体废物生产线建成投产，产能得以释放。据不完全统计，截至2023年4月底，我国水泥窑协同处置固体废物（含危险废物、生活垃圾、城市和工业污水处理污泥、污染土壤等）企业共335家、涉及生产线436条、处置固体废物能力4267.761×10^4t/a，协同处置企业、生产线占全国水泥熟料企业、生产线条数的比例分别为28.66%、27.37%。

从各省（自治区、直辖市）分布看，335家企业中，除上海因无水泥熟料企业、无水泥窑协同处置固体废物企业外，其余各省（自治区、直辖市）（含西藏）均有协同处置固体废物企业分布，河北、安徽、湖北、山东、广西、重庆、广东、河南、陕西、江苏、贵州、湖南、浙江、云南、山西、四川、福建、辽宁、江西等19省（自治区、直辖市）生产线数量均在10条以上，19省（自治区、直辖市）企业、生产线和产能占全国的比例分别为89.25%、90.37%和93.21%，其中河北省企业数、生产线条数位居第一，湖北、河北、广西处置能力分别位居第一、二、三位，如图7-11所示。

从各省（自治区、直辖市）协同处置固体废物生产线占比看，北京因其特殊的地理区位，其生产线均协同处置危废，北京、天津、河北、重庆、江苏、湖北、陕西、浙江、广西、安徽、广东、福建、辽宁、吉林、山西等15省（自治区、直辖市）协同处置固体废物生产线占比高于全国平均水平，其余15省（自治区、直辖市）低于全国平均水平，如图7-12所示。在“双碳”目标引领下，作为行业目前主要降碳手段的水泥窑协同处置固体废物替代燃料项目将有一定的发展空间。

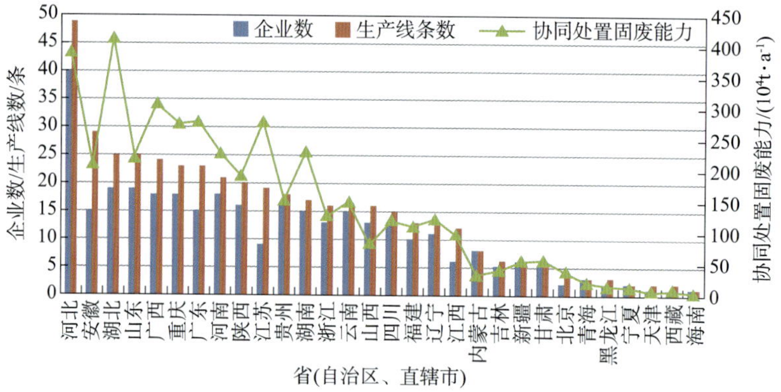

图7-11　全国各省（自治区、直辖市）协同处置固体废物企业、生产线和处置能力情况

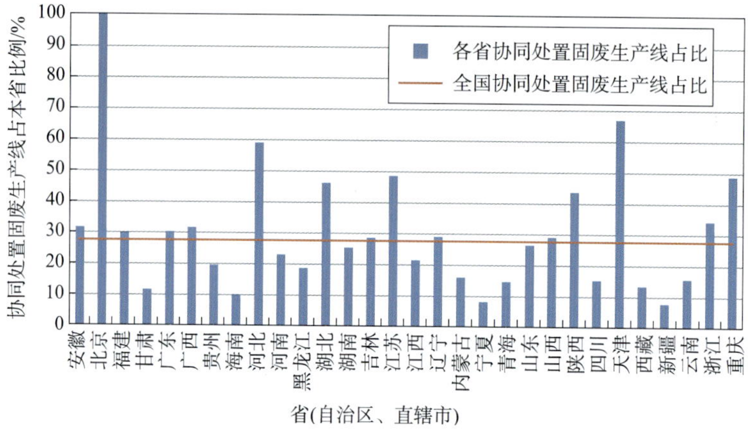

图7-12　全国各省（自治区、直辖市）协同处置固体废物生产线占比情况

相较于2019年，水泥窑协同处置固废企业数量、生产线条数和产能一直处于增长趋势，2019~2022年全国水泥窑协同处置固体废物情况如表7-5所示。

表7-5　2019~2022年全国水泥窑协同处置固体废物生产线变化情况

类别	主要内容	2019年	2020年	2021年	2022年
协同处置固体废物	企业数量/家	209	227	308	335
	生产线条数/条	270	299	395	436
	产能/（10^4t·a^{-1}）	2244.077	2481.316	3477.82	4267.761
熟料生产	企业数量/家	1234	1213	1189	1169
	生产线条数/条	1624	1663	1629	1593
协同处置固体废物占比/%	企业数量/家	16.94	18.71	25.09	28.66
	生产线条数/条	16.63	17.98	24.25	27.37

资料来源：全国排污许可证信息管理平台。

四、资源储量

全国水泥用灰岩储量丰富，但部分地区灰岩资源不足以支撑行业发展需求。根据自然资源部官网公开的全国矿产资源储量统计表，2020年、2021年、2022年我国水泥用灰岩储量（保有量，即现有存量）分别为342.67×10^8、421.06×10^8和397.08×10^8t，除上海、黑龙江外，在其余29省（自治区、直辖市）均有分布，主要分布在安徽、江西、四川、云南等省（自治区）（图7-13），与水泥熟料产量大省基本对应。以2022年全国各省份水泥熟料产能和水泥用灰岩储量来计，参照《水泥行业规范条件（2015年本）》（工信部公告2015年第5号）中“水泥熟料项目应有设计开采年限不低于30年的石灰岩资源保障”的要求，黑龙江、江苏、贵州、山西、河北等省份水泥用灰岩储量明显不足，如图7-14所示。

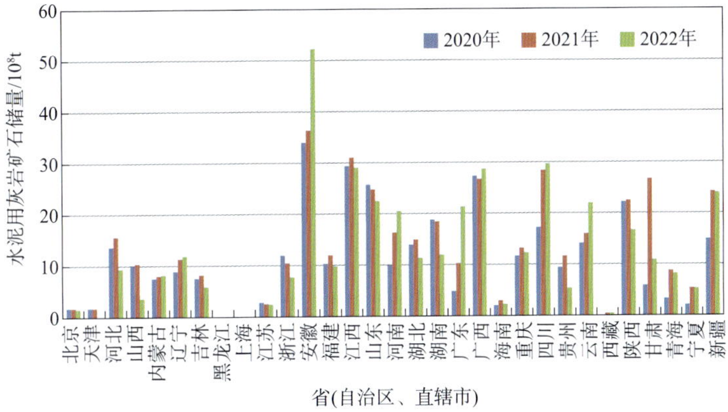

图7-13　全国各省（自治区、直辖市）水泥用灰岩矿石储量分布情况

资料来源：自然资源部官网。

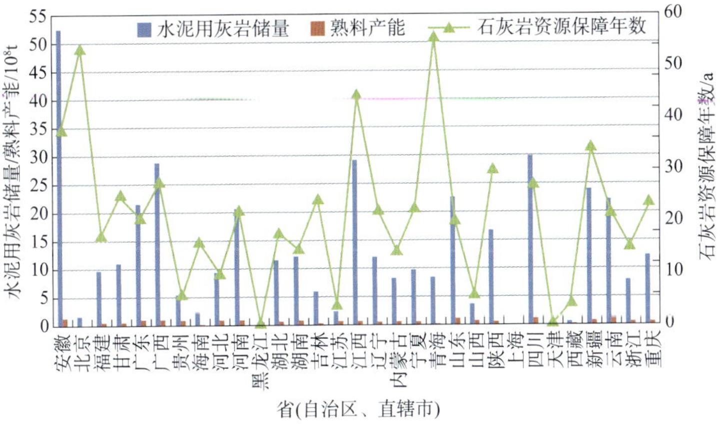

图7-14　2022年全国各省份水泥用灰岩资源保障情况

资料来源：自然资源部官网、中国水泥协会。

第二节　污染物排放

水泥行业为大气污染重点管控行业，且由于其氮氧化物和二氧化硫基本均由水泥熟料制造企业排放，本次课题组依托全国排污许可证管理信息平台，对2022年水泥熟料企业废气排放情况进行评估，污染物种类包括颗粒物、二氧化硫和氮氧化物，并与2020年、2021年排放情况进行比较；同时，结合2021年全国水泥熟料制造行业重点排放单位二氧化碳核查情况，分析行业二氧化碳排放和能源消耗水平。

一、废气污染物排放

（一）行业废气主要污染物排放量逐年下降，主要分布在广西、广东、湖北、贵州等省（自治区）

1.广西、广东、湖北、贵州等省（自治区）主要污染物排放量约占全国一半

根据全国排污许可证管理信息平台上1107家（企业占比94.7%）水泥熟料制造排污单位执行报告年报（同时填报了3项主要污染物排放量），2022年水泥熟料制造企业废气污染物中颗粒物、二氧化硫和氮氧化物实际排放量分别为4.073×10^4、3.883×10^4和44.403×10^4t。氮氧化物排放主要集中在广西、广东、云南、江西、贵州、湖北、安徽、福建、甘肃、内蒙古等省（自治区），占全国排放的62.26%；二氧化硫排放主要集中在广东、安徽、贵州、浙江、重庆、湖北、福建等省（自治区），占全国排放的51.85%；颗粒物排放主要集中在云南、广东、广西、贵州、安徽、湖北、四川和福建等省（自治区），占全国排放的50.22%。总体上，广东、广西和云南污染物排放量居全国前3位。如图7-15所示。

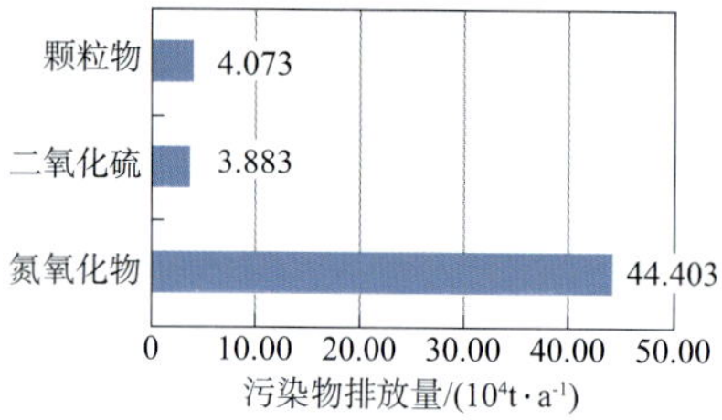

(a)主要污染物排放量

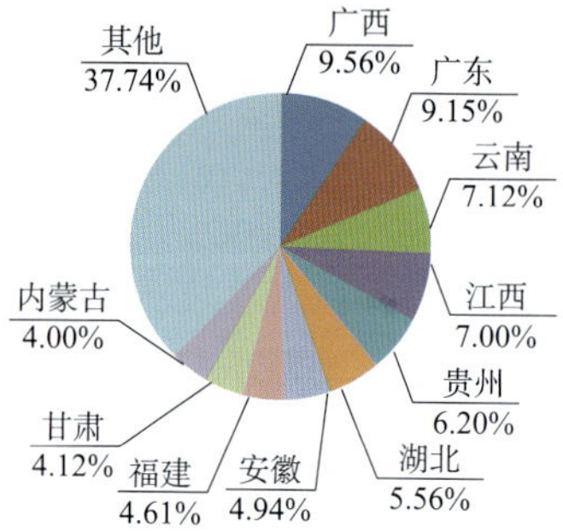

(b)氮氧化物排放分布情况

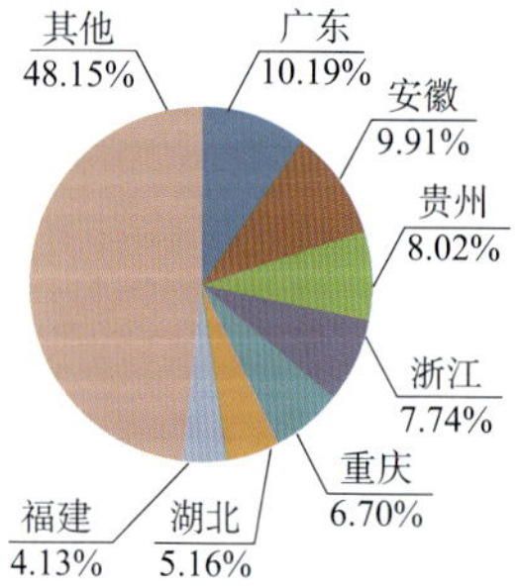

(c)二氧化硫排放分布情况

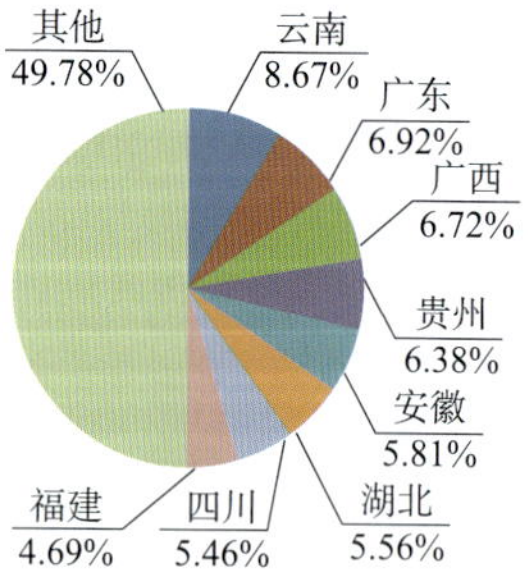

(d)颗粒物排放分布情况

图7-15 全国水泥熟料行业废气主要污染物排放情况

资料来源：全国排污许可证管理信息平台。由于执行报告尚未实现100%提交，统计数据存在一定偏差。

2.行业废气主要污染物排放量呈逐年下降趋势

本次对全国排污许可证信息管理平台2020年、2021年和2022年填报了废气污染物排放量的水泥熟料企业废气污染物排放情况进行评估。通过对比发现，3项污染物均呈逐年下降趋势（表7-6，图7-16）。

表7-6　2020~2022年污染物排放量总体变化趋势

年份	企业数①	填报了污染物排放量的企业数②	主要污染物排放量		
			氮氧化物/t	二氧化硫/t	颗粒物/t
2020	1213	1108	641907.5	50688.61	63383.35
2021	1189	1122	546181.9	42022.49	51933.35
2022	1169	1107	444032.6	38834.54	40730.83

说明：每年因为产能置换等情况，均有新增水泥熟料企业、原有水泥熟料企业注销或成为独立粉磨站企业，本次比较基于填报了污染物实际排放量的企业进行。

注：1.①企业数，为截至2023年4月底，根据全国排污许可证管理信息平台整理的水泥熟料企业数，剔除了已在许可平台注销的原有水泥熟料企业。

2.②填报了污染物排放量的企业数，为在全国排污许可证管理信息平台填报了执行报告年报且实际排放污染物的企业数，部分企业对应年度停窑未生产，尤其是2022年受疫情影响，较多企业未生产、污染物实际排放量为0，因此本列企业数与前列企业数有差异。

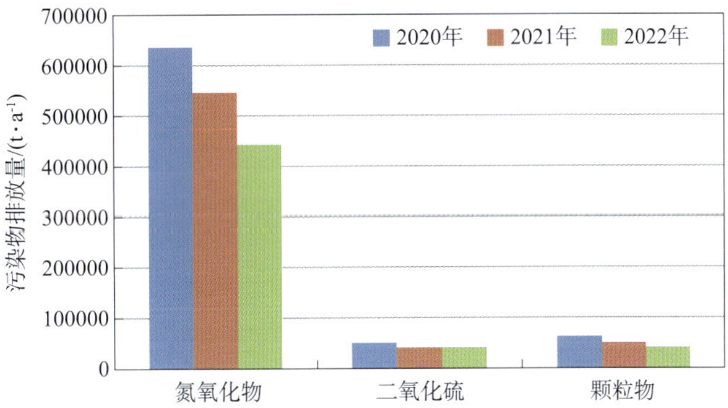

图7-16　2020~2022年行业主要污染物排放量变化情况

从氮氧化物排放量看，与2021年相比，各省（自治区、直辖市）中，除安徽、西藏等因水泥熟料产量增大而略上升外，其余省（自治区、直辖市）均下降；2020~2022年，广东、贵州、河北、河南、湖南、江西、辽宁、内蒙古、山东、山西、陕西、四川、云南、浙江、重庆等省（自治区、直辖市）排放量持续下降，如图7-17所示。

由于行业以氮氧化物排放量为主，本次以2022年水泥熟料产量排名前10的省份为基准，分析了2020~2022年氮氧化物排放量变化情况，可以看出，由于安徽、河北、河南和四川发布了水泥行业地标，污染物排放量持续下降，广西、广东、湖北、江西、云南均有一定下降，但下降幅度不大，尤其是广东、广西均维持在4×10^4t以上，总体排放量仍较大，如表7-7和图7-18所示。

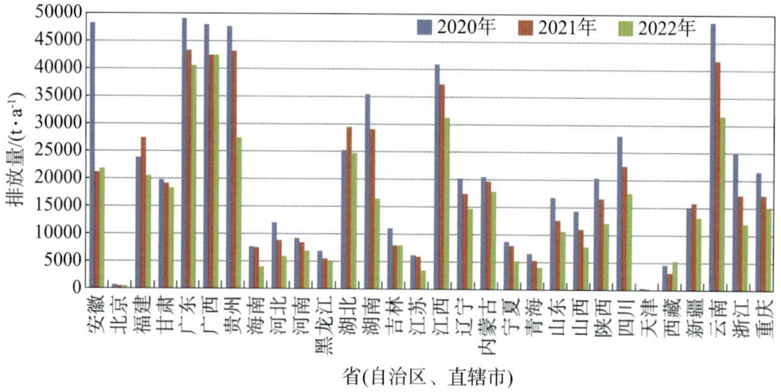

图7-17　2020~2022年各省份氮氧化物排放量变化情况

表7-7　2022年熟料产量前10强2020~2022年氮氧化物排放量情况

省（自治区）	熟料产量 / (10^4t · a^{-1})			氮氧化物排放量 / (t · a^{-1})		
	2022年	2021年	2020年	2022年	2021年	2020年
安徽	15751.96	14788.67	14455.09	21916.95	20816.73	47723.39
广东	9682.82	10235.09	11220.48	40649.86	43199.10	49027.88
四川	8888.94	9703.08	9861.54	17253.07	22552.03	26957.01
广西	7700.85	8034.48	9058.08	42463.11	42480.37	47971.87
山东	7554.36	8694.02	9038.10	10670.70	12656.60	16695.09
河北	6737.06	7085.66	7702.62	5940.94	8910.22	11695.91
湖北	6542.79	6619.61	5965.79	24678.06	29428.50	25276.51
河南	6520.25	7288.82	6820.51	6888.09	8432.12	9241.46
江西	6262.76	7256.36	7102.36	30870.1063	37178.3	40424.22
云南	6084.57	7832.72	8421.55	31628.42	41724.59	47505.85

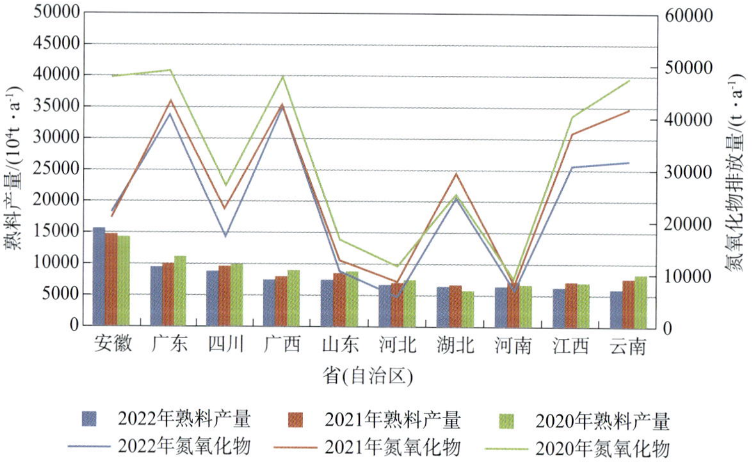

图7-18　2022年熟料产量前10强2020~2022年部分省（自治区）氮氧化物排放量变化情况

从二氧化硫排放量看：与2021年相比，除安徽、福建、广东、湖北、西藏、浙江共6

省（自治区、直辖市）有所增加外，其余省（自治区、直辖市）均减少；3年来，贵州、海南、江西、辽宁、内蒙古、山东、四川、重庆排放量持续下降。如图7-19所示。

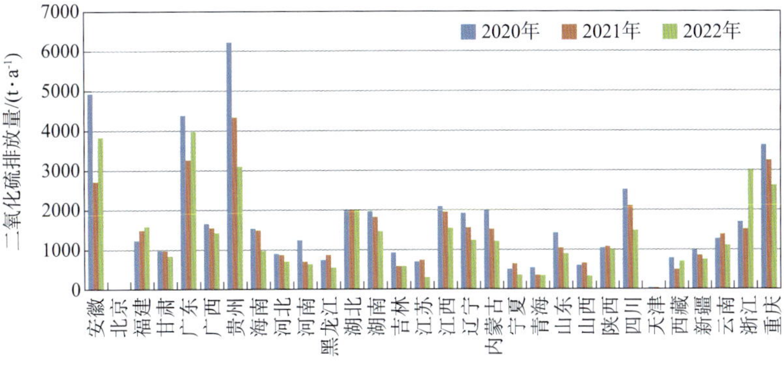

图7-19　2020~2022年全国各省（自治区、直辖市）二氧化硫排放量变化情况

从颗粒物排放量看：与2021年相比，除安徽、西藏、吉林略有上升外，其余省（自治区、直辖市）均减少；3年来，河北、河南、四川、云南等省份排放量持续下降。如图7-20所示。

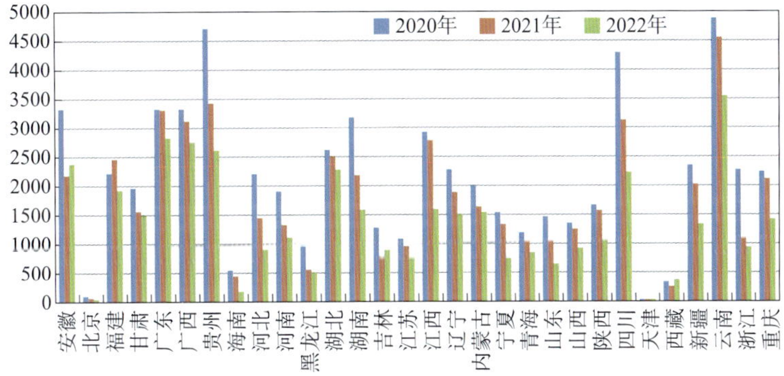

图7-20　2020~2022年全国各省（自治区、直辖市）颗粒物排放量变化情况

（二）行业废气污染物排放强度整体呈下降趋势，安徽、河北、河南、江苏、山东等省份污染物排放强度较低

1.安徽、河北、河南、江苏、山东等省份污染物排放强度均较低

通过全国排污许可证信息管理平台统计，2022年均填报水泥熟料产量和主要污染物实际排放量的水泥熟料企业共1100家（占比94.1%），各省（自治区、直辖市）3项主要污染物排放强度如图7-21所示。

从氮氧化物排放强度看：全国各省（自治区、直辖市）在0.070~0.783kg/t的熟料［按照《排污许可证申请与核发技术规范 水泥工业》（HJ 847）确定的窑尾烟气量2500m^3/t熟料来计，折合氮氧化物排放浓度为28~313.2mg/m^3］，平均排放强度为0.316kg/t熟料（折合排放浓度为126.4mg/m³），均满足《水泥工业大气污染物排放标准》（GB 4915）中特排限值要求（320mg/m³）。安徽、北京、河北、河南、湖南、江苏、山东、山西、陕西、四川、天津和浙江等12省（直辖市）排放强度均低于全国平均水平，江苏、河南、河北、安徽和山东的较低；西藏、吉林、内蒙古、贵州、广西等19省（自治区、直辖市）排放强度均高于全国平均水平，西藏的最高。

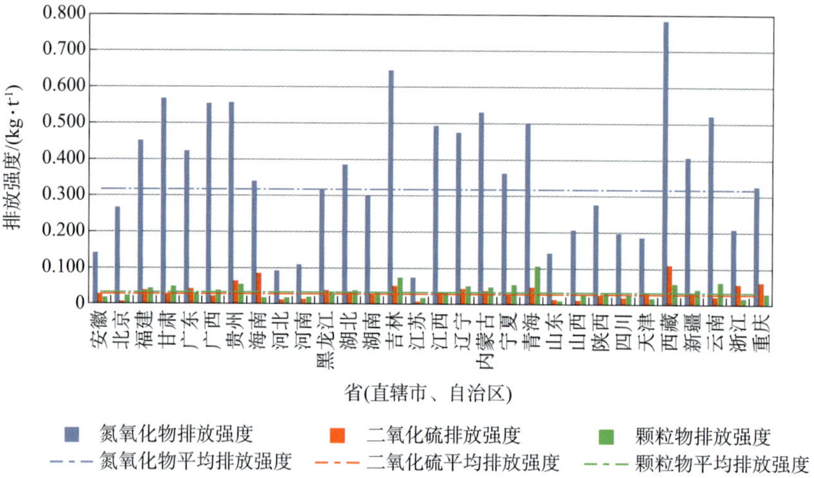

图7-21　2022年全国各省（自治区、直辖市）水泥熟料企业大气污染物强度

从二氧化硫排放强度看：全国在0.003~0.108kg/t熟料（折合二氧化硫排放浓度为1.2~43.2mg/m³），平均排放强度为0.028kg/t熟料（折合排放浓度为11.2mg/m³），均满足GB 4915中特排限值要求（100mg/m³）。安徽、北京、甘肃、广西、河北、河南、湖南、江苏、江西、宁夏、山东、山西、陕西、四川、天津、新疆、云南等17省（自治区、直辖市）的排放强度均低于全国平均水平，北京、山西、河南和河北等地区较低；西藏、海南、重庆、贵州等14省（自治区、直辖市）排放强度均高于全国平均水平，二氧化硫排放强度除受地方标准、环境管理政策影响外，还与所用石灰岩矿硫含量有关。

从颗粒物排放强度看：全国在0.008~0.104kg/t水泥，全国平均排放强度为0.029kg/t水泥。安徽、北京、海南、河北、河南、江苏、江西、山东、山西、陕西、四川、天津、浙江等13省（直辖市）的排放强度均低于全国平均水平，山东、安徽、河南和河北等地区较低；青海、吉林、贵州等18省（自治区、直辖市）排放强度均高于全国平均水平，排放强度普遍偏低。

2.行业废气主要污染物排放强度呈整体下降趋势，少数省份部分污染物排放强度有所增加

与2020年、2021年相比，氮氧化物、二氧化硫和颗粒物排放强度整体呈下降趋势，如表7-8、图7-22所示。

表7-8　2020~2022年行业主要污染物排放强度变化情况

年份	主要污染物排放强度		
	氮氧化物 / (kg · t^{-1} 熟料)	二氧化硫 / (kg · t^{-1} 熟料)	颗粒物 / (kg · t^{-1} 水泥)
2020	0.404	0.032	0.040
2021	0.354	0.027	0.033
2022	0.316	0.028	0.029

注：按照《排污许可证申请与核发技术规范 水泥工业》(HJ 847)确定的窑尾烟气量2500m^3/t熟料计，2020年、2021年和2022年全国氮氧化物平均排放浓度分别为161.6mg/m^3、141.6mg/m^3和126.4mg/m^3。

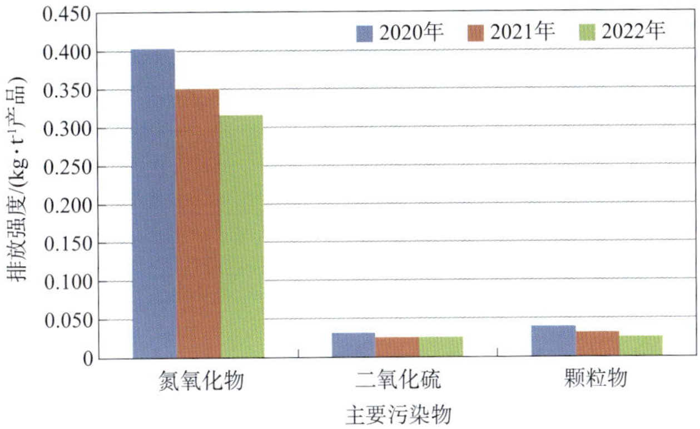

图7-22　2020~2022年行业主要污染物排放强度变化情况

从氮氧化物排放强度看：除西藏、吉林和广西排放强度增加外，其余各省（自治区、直辖市）污染物排放强度均降低，安徽的与2021年的基本持平，山西、四川和浙江等省份的逐年下降，如图7-23所示。从二氧化硫排放强度看：除安徽、福建、广东、吉林、青海、西藏、新疆、浙江排放强度有所增加外，其余各地区污染物排放强度均降低，内蒙古、广西等地区的逐年下降，如图7-24所示。从颗粒物排放强度看，有增有减，如图7-25所示。

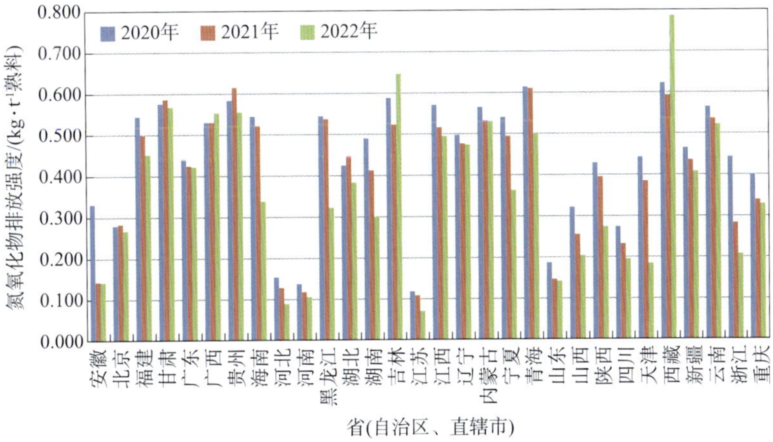

图7-23　2020~2022年全国各省（自治区、直辖市）行业氮氧化物排放强度变化情况

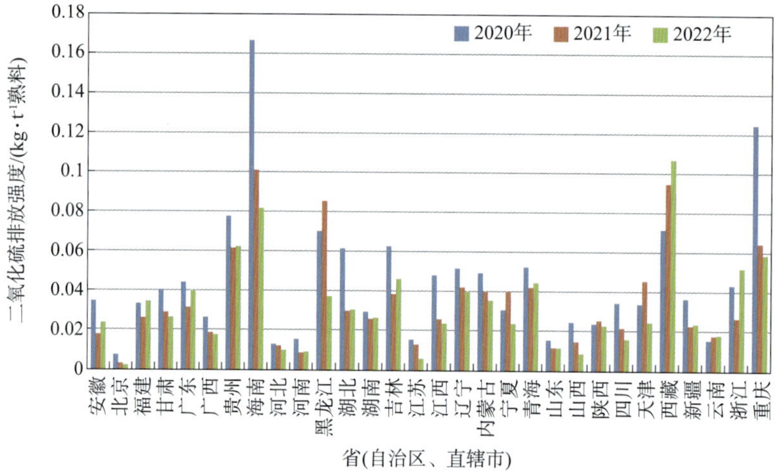

图7-24　2020~2022年全国各省（自治区、直辖市）行业二氧化硫排放强度变化情况

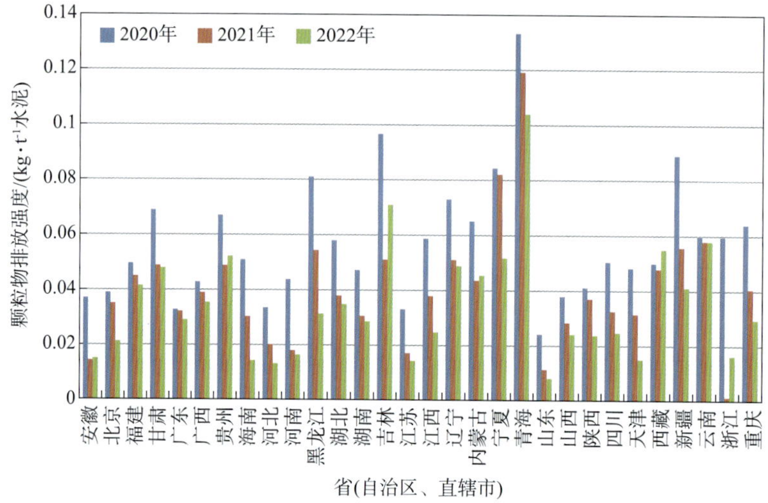

图7-25　2020~2022年全国各省（自治区、直辖市）行业颗粒物排放强度变化情况

二、二氧化碳排放与能耗

（一）吨熟料二氧化碳排放强度最大省份为北京，新疆、内蒙古等省份因电石渣企业较多排放强度较小

结合《关于做好2022年企业温室气体排放报告管理相关重点工作的通知》（环办气候函〔2022〕111号）要求，本次获取了全国水泥熟料行业重点排放单位2021年经核查的二氧化碳排放量等情况。除上海（无水泥熟料制造企业）和西藏未填报外，其余29省（自治区、直辖市）均进行了填报。29省（自治区、直辖市）中，同时填报了水泥熟料产量和二氧化碳排放量（补充数据表边界的量）的企业数量为1080家（占全国企业比例约92.4%），经核查二氧化碳排放量达13.43×10^8t。对照《硅酸盐水泥熟料单位产品碳排放限值》

（T/CBMF 41—2018，中国建筑材料协会标准）中Ⅰ级、Ⅱ级和Ⅲ级（分别代表行业前20%、50%和70%企业的碳排放水平，其核算边界与补充数据表边界相同）0.845t二氧化碳/t熟料、0.870t二氧化碳/t熟料和0.905t二氧化碳/t熟料以及《全国碳交易市场配额分配方案（讨论稿）》（2017年）中确定的水泥行业配额基准0.8534t二氧化碳/t熟料，平均单位熟料二氧化碳排放量为0.846t二氧化碳/t熟料，低于配额基准，但远高于在欧盟气候保护目标框架内设定的水泥业二氧化碳排放权配额（0.766t二氧化碳/t熟料）。从核查数据看，北京的最高，为0.916t二氧化碳/t熟料，新疆的最低，福建、湖北、内蒙古、宁夏、山东、山西、陕西、四川、新疆和重庆共10省（自治区、直辖市）熟料单位产品二氧化碳排放达到Ⅰ级水平，安徽、北京、甘肃、广东、广西、贵州、海南、河北、河南、黑龙江、湖南、吉林、江苏、江西、辽宁、青海、天津、云南、浙江等19省（自治区、直辖市）单位熟料二氧化碳排放量高于全国平均水平。经分析，新疆、内蒙古、宁夏等省（自治区）单位熟料二氧化碳排放强度低，主要原因是三省份具备较多电石渣水泥熟料企业，而电石渣水泥企业二氧化碳排放强度较低。如图7-26所示。

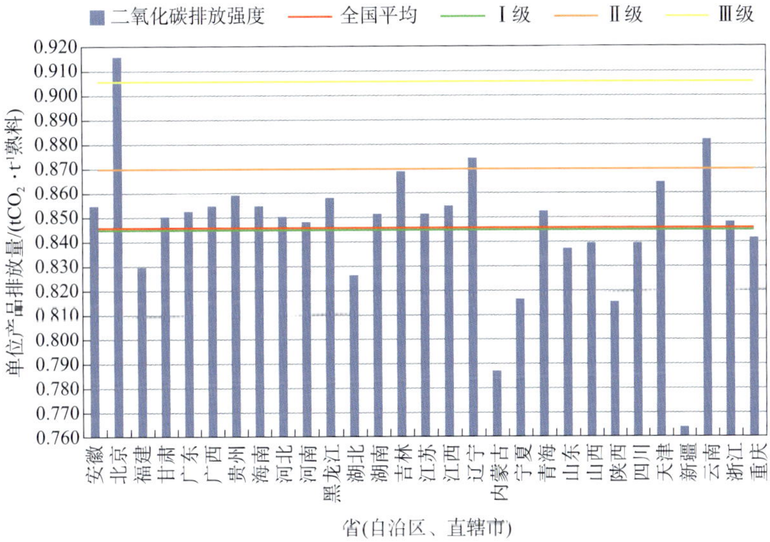

图7-26　2022年全国各省（自治区、直辖市）熟料单位产品二氧化碳排放情况

（二）各省（自治区、直辖市）的吨熟料综合能耗差异大，北京、青海的均较高，浙江的最低

对本次获取数据中，同时填报了熟料产量和综合能耗的28省（自治区、直辖市）共1064家企业单位熟料综合能耗情况进行了分析，能耗为1.78×10^8t标煤，如图7-27所示。对照《关于严格能效约束推动重点领域节能降碳的若干意见》（发改产业〔2021〕1464号）中水泥熟料能效标杆水平、基准水平100kg、117kg标煤/t（单位熟料综合能耗）[《水泥单位产品能源消耗限额》（GB16780—2021）（2021年11月发布，2022年11月实施）中，熟料

单位产品综合能耗1级、2级和3级（对应）分别为100、107和117kg标煤/t，标杆、基准水平分别对应1级和3级］，从核查数据看，全国平均水平为112.836kg标煤/t熟料，低于基准水平，浙江能耗水平最低，为102.953kg标煤/t熟料，北京和青海均较高。从目前核查数据看，尚无省份达到能效标杆水平，北京、甘肃、贵州、黑龙江、吉林、辽宁、青海和云南等8省（自治区、直辖市）平均能耗水平均大于行业基准水平，各省（自治区、直辖市）的差距明显，为达到《高耗能行业重点领域节能降碳改造升级实施指南（2022年版）》（发改产业〔2022〕200号）中《水泥行业节能降碳改造升级实施指南》的“到2025年，水泥行业能效标杆水平以上的熟料产能比例达到30%，能效基准水平以下熟料产能基本清零”，行业仍需进一步节能降碳，提升绿色低碳发展能力。

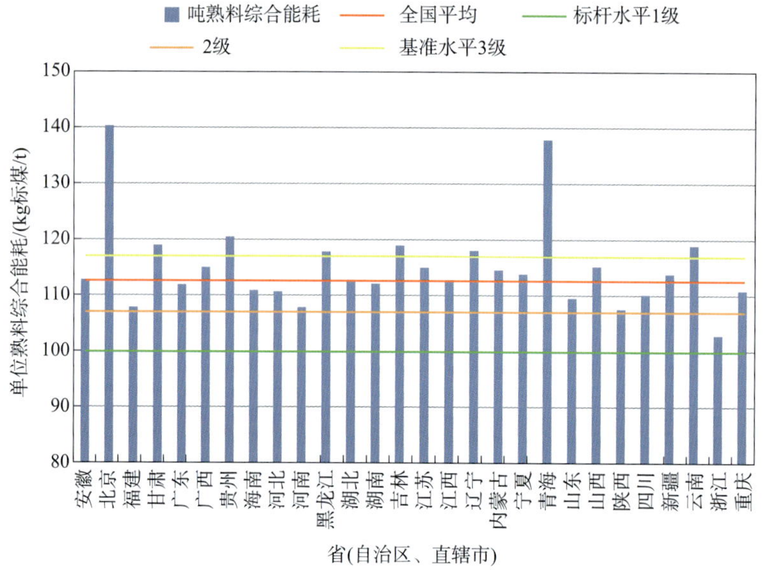

图7-27　2022年全国各省（自治区、直辖市）熟料单位产品综合能耗情况

第三节　污染防治措施

水泥行业废气污染物主要为氮氧化物、颗粒物和二氧化硫，已成为继火电之后的第二大氮氧化物排放源，行业污染控制重点和难点在窑尾烟气脱硝，本次课题组依托全国排污许可证管理信息平台，对氮氧化物、颗粒物和二氧化硫污染控制技术现状进行评估，重点对氮氧化物控制技术进行评估。

一、脱硝技术

1.脱硝技术概况

目前脱硝技术分为低氮燃烧技术、分级燃烧技术和末端治理技术3大类。其中，低氮燃烧技术，主要指采用低氮燃烧器；分级燃烧技术，主要指分解炉分级燃烧，近年来在分解炉分级燃烧基础上发展出德国洪堡烟气脱硝炉技术、热碳还原技术等；末端治理技术则主要包括选择性非催化还原技术（SNCR）、选择性催化还原技术（SCR），部分企业采用LCR技术（液态催化剂脱硝技术）。

本次对1169张排污许可证副本涉及的1593条生产线（部分企业有多条生产线，各生产线采用的技术不同，因此对污染防治技术以生产线来计）污染防治技术进行了系统梳理。结果（表7-9）表明，99%以上的生产线（1581条）采用了脱硝技术，其中，88.76%生产线（1414条）末端仍采用以SNCR为主体的脱硝技术，9.54%生产线（152条）末端配置了SCR脱硝技术。从地区分布看，安徽、河南、山西等发布了水泥地标和行业超低方案的地区，采用SCR的生产线较多。与2020年、2021年相比，采用SCR的生产线占全国生产线的比例由3.19%增至9.54%。

表7-9　水泥熟料企业脱硝技术

<table>
<tr><th colspan="2" rowspan="2">脱硝技术</th><th colspan="3">2020 年</th><th colspan="3">2021 年</th><th colspan="3">2022 年</th></tr>
<tr><th colspan="2">生产线数量 / 条</th><th>占比 /%</th><th colspan="2">生产线数量 / 条</th><th>占比 /%</th><th colspan="2">生产线数量 / 条</th><th>占比 /%</th></tr>
<tr><td colspan="2">未采取脱硝工艺</td><td colspan="2">38</td><td>2.29</td><td colspan="2">33</td><td>2.03</td><td colspan="2">12①</td><td>0.75</td></tr>
<tr><td rowspan="3">源头控制技术</td><td>低氮燃烧器</td><td>9</td><td rowspan="3">11（0.66%）</td><td>0.54</td><td>6</td><td rowspan="3">7（0.43%）</td><td>0.37</td><td>5</td><td rowspan="3">5（0.31%）</td><td>0.31</td></tr>
<tr><td>分解炉分级燃烧</td><td>1</td><td>0.06</td><td>1</td><td>0.06</td><td>0</td><td>0.00</td></tr>
<tr><td>低氮燃烧器＋分解炉分级燃烧</td><td>1</td><td>0.06</td><td>0</td><td>0.00</td><td>0</td><td>0.00</td></tr>
<tr><td rowspan="3">SNCR 为主体</td><td>SNCR+低氮燃烧器＋分解炉分级燃烧（含德国洪堡脱硝还原炉技术、热碳还原技术）、SNCR+低氮燃烧器 / 分解炉分级燃烧②</td><td>1101</td><td rowspan="3">1546（92.97%）</td><td>66.21</td><td>1060</td><td rowspan="3">1485（91.16%）</td><td>65.07</td><td>1003</td><td rowspan="3">1414（88.76%）</td><td>62.96</td></tr>
<tr><td>SNCR</td><td>443</td><td>26.64</td><td>419</td><td>25.72</td><td>402</td><td>25.24</td></tr>
<tr><td>LCR+SNCR+低氮燃烧器＋分解炉分级燃烧 / LCR</td><td>2</td><td>0.12</td><td>6</td><td>0.37</td><td>9</td><td>0.56</td></tr>
<tr><td rowspan="2">SCR</td><td>SCR+SNCR+低氮燃烧器＋分解炉分级燃烧、SCR+SNCR+低氮燃烧器 / 分解炉分级燃烧</td><td>52</td><td rowspan="2">53（3.19%）</td><td>3.13</td><td>92</td><td rowspan="2">94（5.77%）</td><td>5.65</td><td>149</td><td rowspan="2">152（9.54%）</td><td>9.35</td></tr>
<tr><td>SCR</td><td>1</td><td>0.06</td><td>2</td><td>0.12</td><td>3</td><td>0.19</td></tr>
<tr><td colspan="2">其他技术</td><td colspan="2">15</td><td>0.90</td><td colspan="2">10</td><td>0.61</td><td colspan="2">10</td><td>0.63</td></tr>
<tr><td colspan="2">合计</td><td colspan="2">1663</td><td>100.00</td><td colspan="2">1629</td><td>100.00</td><td colspan="2">1593</td><td>100.00</td></tr>
</table>

注：①2022年未采取脱硝技术的生产线为12条，包括：石膏制硫酸联产水泥熟料生产线（4家企业9条生产线，窑尾烟气直接进入硫酸装置制酸，与常规生产线不同，不需要专门配置窑尾烟气脱硝设施）、3条特种水泥生产线等。

②本部分技术均来自排污许可证，对企业实际调研结果表明，部分企业采用了精准SNCR，部分企业实际同步采用了低氮燃烧技术（含低氮燃烧器、分解炉分级燃烧等），但部分许可证副本未完全体现，因此本次不再完全区分。

对已进行超低排放改造的238家企业共379条生产线脱硝技术梳理结果表明，各生产线均采取了脱硝措施。379条生产线中，SNCR脱硝为主体技术的共267条生产线，占比为70.45%；其余技术则主要包括SCR，占比28.76%。如表7-10所示。

表7-10 超低排放企业脱硝技术

脱硝技术		生产线数量/条		占比/%	
SNCR	SNCR+低氮燃烧器+分解炉分级燃烧（含德国洪堡脱硝还原炉技术、热碳还原技术）、SNCR+低氮燃烧器/分解炉分级燃烧	267	215	70.45%	56.73
	SNCR		45		11.87
	LCR+SNCR+低氮燃烧器+分解炉分级燃烧/LCR		7		1.85
SCR	SCR+SNCR+低氮燃烧器+分解炉分级燃烧，SCR+SNCR+低氮燃烧器/分解炉分级燃烧	109	108	28.76%	28.50
	SCR		1		0.26
其他技术		3		0.79	
合计		379		100.00	

2.不同脱硝技术氮氧化物和氨排放情况评估

为科学合理确定水泥行业超低方案中关键指标，确保在可行技术路线下水泥窑尾烟气氮氧化物和氨排放浓度稳定满足50、8mg/m^3（基准氧含量10%条件下），大气司组织对安徽、河南、四川和北京等地水泥行业超低排放改造情况进行了调研，调研共涉及32家企业34条生产线，调研基本涵盖了目前所有脱硝技术路线。其中，12条生产线采用“低氮燃烧器+分解炉分级燃烧+SNCR+SCR”或“低氮燃烧器+SNCR+SCR”脱硝工艺，15条采用“低氮燃烧器+分解炉分级燃烧+（精准）SNCR”和“低氮燃烧器+（精准）SNCR”脱硝工艺，4条采用“低氮燃烧器+分解炉分级燃烧（热碳还原/德国洪堡还原）+SNCR”脱硝工艺，3条采用“低氮燃烧器+分解炉分级燃烧+SNCR+LCR”脱硝工艺。如图7-28所示。

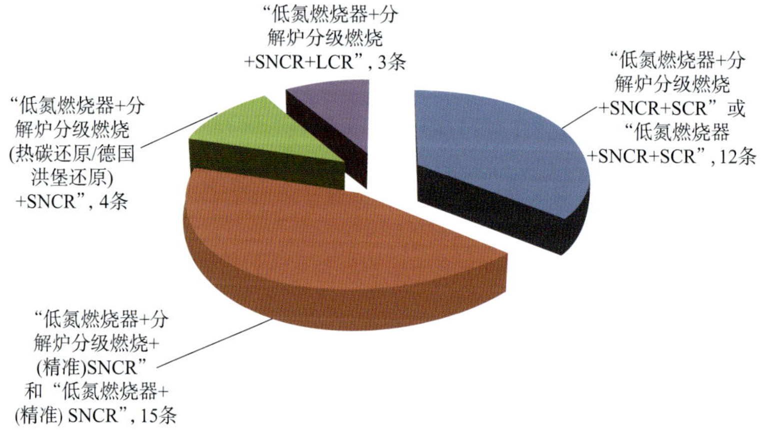

图7-28 调研的34条生产线脱硝技术路线

调查监测结果表明，在窑尾烟气10%基准氧含量情况下（图7-29）。

（1）12条末端配置了SCR工艺的生产线，窑尾烟气氮氧化物浓度为13~94mg/m³，氨排放浓度为2~69mg/m³，其中9条生产线窑尾烟气氮氧化物、氨排放浓度分别满足50、8mg/m³的要求，3条生产线不满足上述要求。

（2）15条末端配置SNCR的生产线，氮氧化物排放浓度为47~177mg/m³，剔除异常数据后氨排放浓度为16~265mg/m³，表明末端仅采用SNCR脱硝，无法满足窑尾烟气氮氧化物、氨排放浓度分别满足50、8mg/m³的要求，要将氮氧化物排放浓度控制在100mg/m³以内，需大量喷氨，氨逃逸严重。

（3）4条在SNCR基础上、分级燃烧技术采用德国洪堡技术/热碳还原的生产线，氮氧化物排放浓度为55~87mg/m³，剔除异常值后氨排放浓度为30mg/m³左右，表明采用德国洪堡还原/热碳还原与SNCR的组合脱硝工艺无法满足窑尾烟气氮氧化物、氨排放浓度分别满足50、8mg/m³的要求。

（4）3条采用LCR技术的生产线，窑尾氮氧化物、氨排放浓度分别为28~40mg/m³和0~15mg/m³。但对采用LCR技术的脱硝效率及药剂成分监测结果表明，药剂为次氯酸根等强氧化性酸根离子，LCR脱硝效率较低，且采用该技术存在部分高价态氮氧化物生成，导致氮氧化物监测结果偏低。

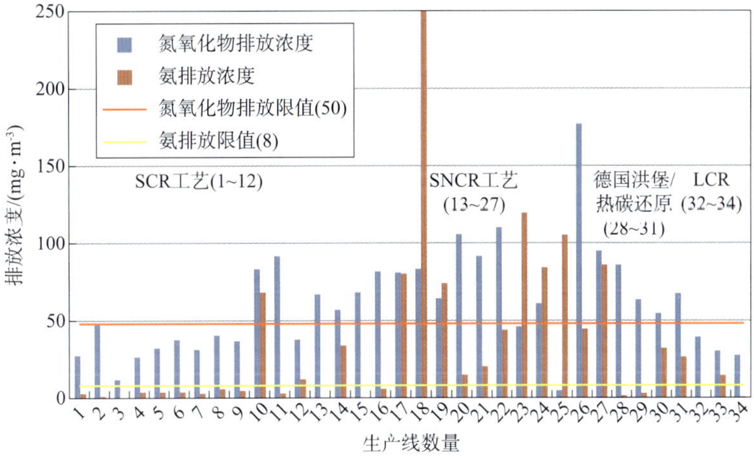

图7-29　调研的34条生产线窑尾烟气氮氧化物和氨排放浓度情况

二、除尘技术

水泥生产过程中的熟料煅烧系统是最主要大气污染物产生源，产生的污染物包括颗粒物、二氧化硫、氮氧化物、氟化物、汞及其化合物等，其他生产环节主要产生颗粒物。其中窑尾和窑头排放量最大，占全厂颗粒物的60%~65%。水泥工业目前使用的除尘技术主要是袋式除尘、静电除尘、电袋复合除尘。

本次对所有生产线窑尾和窑头除尘技术均进行了梳理，调查结果表明：对于窑尾排放口，除石膏制硫酸联产水泥熟料生产线（4家企业9条生产线）外，其余1584条生产线均采用了除尘技术。其中95.45%生产线（1512条）采用布袋除尘或电袋复合除尘技术，布袋除尘多采用覆膜滤袋等材料；4.55%生产线（72条）采用静电除尘技术。而对于窑头排放口，除部分特种水泥企业无窑头排放口、部分企业设计无窑头排放口外，共1568条生产线填报了窑头除尘措施。其中78.25%生产线（1227条）采用布袋除尘或电袋复合除尘技术，布袋除尘多采用覆膜滤料等材料；21.75%生产线（341条）采用静电除尘技术。与2020年、2021年相比，窑尾采用布袋除尘或电袋复合除尘技术占比提高，其中覆膜滤袋等高效收尘技术由73.16%增至84.41%。如表7-11至表7-12所示。

表7-11　全国水泥企业窑尾颗粒物治理技术

窑尾收尘技术		2020年		2021年		2022年	
		生产线数量/条	占比/%	生产线数量/条	占比/%	生产线数量/条	占比/%
袋式除尘器	P84滤料、玻纤滤料、诺梅克斯袋、聚酰亚胺袋、复合滤料、覆膜滤料等	1213	73.16	1326	81.65	1337	84.41
	其他袋式	186	11.22	76	4.74	45	2.84
	合计	1399	84.38	1403	86.39	1382	87.25
电袋复合除尘器		136	8.20	133	8.19	130	8.21
静电除尘器	三电场	44	2.65	31	1.91	28	1.77
	四电场	30	1.81	17	1.05	15	0.95
	五电场及以上	39	2.96	40	2.46	29	1.83
	合计	123	7.42	88	5.42	72	4.55
合计		1658	100.00	1624	100.00	1584	100.00

表7-12　全国水泥企业窑头颗粒物治理技术

窑头收尘技术	2020年		2021年		2022年	
	生产线数量/条	占比/%	生产线数量/条	占比/%	生产线数量/条	占比/%
静电除尘器	444	27.65	394	24.91	341	21.75
袋式除尘器	1036	64.51	1060	67.00	1091	69.58
电袋复合除尘器	126	7.85	128	8.09	136	8.67
合计	1606	100.00	1582	100.00	1568	100.00

三、脱硫技术

新型干法水泥窑本身具有良好的固硫效果，如硫碱比合适，水泥窑排放的二氧化硫很少。当原、燃料中挥发性硫含量较高时，挥发性硫超过窑系统内氧化钙吸附能力，这部分硫就会对窑尾二氧化硫排放浓度产生较大影响。西南、华南等部分地区企业石灰石中挥发性硫含量超过0.3%，导致窑尾二氧化硫浓度大幅度增加，有的企业高达2000mg/m^{3}以上，须安装脱硫装置。目前国内脱硫的主流技术有湿法脱硫、复合脱硫和干法脱硫。

本次对所有生产线脱硫技术进行了梳理，调查结果表明：72.7%的生产线（1158条）未采取脱硫措施，可确保二氧化硫满足达标排放要求（国标或地标）；剩余的435条生产线中，采用湿法脱硫、复合脱硫、干法脱硫等技术的均有，采用湿法脱硫、复合脱硫的生产线分别为178条、85条，部分企业将复合脱硫、干法脱硫等技术作为备用技术，在生料磨停机［生料磨（窑磨一体机）内的低温碱性生料可协同去除二氧化硫，最高可达80%］时启用。相较于2020年、2021年，深度治理生产线由335条、401条增至435条，占全国生产线比例由20.1%、24.6%增至27.3%。

第四节　环境管理

一、环境政策

（一）生态环境部组织制定行业超低排放意见

按照《中共中央 国务院关于深入打好污染防治攻坚战的意见》（2021年11月2日）中“推进钢铁、水泥、焦化行业企业超低排放改造”的要求，生态环境部正在组织制定《关于推进实施水泥行业超低排放的意见》，从有组织排放、无组织排放、清洁运输等方面进行了规定，有利于统一全国水泥行业超低排放改造要求。

（二）部分地区加严行业污染物管控要求

1.未新增出台水泥行业地标，新增福建、大连出台行业超低排放改造方案，新增广东出台文件要求实施行业超低排放改造

继2020年、2021年河北、河南、安徽、江苏、四川和海南发布最新水泥地标后，浙江、山西、重庆和宁夏对其水泥地标征求了意见，尚未正式发布。继2020年、2021年河南、浙江、山西、宁夏、山东发布行业超低改造方案后，新增福建省发布《关于全面实施水泥行业超低排放改造的意见》（闽环规〔2023〕2号）、大连市发布《大连市水泥行业超低排放改造实施方案》（大环发〔2023〕37号），在有组织排放、无组织排放、清洁运输基础上，提出了节能降碳要求。广东在《关于进一步加强固定源和移动源氮氧化物减排工作的通知》（粤环发〔2022〕5号）提出“推进水泥行业超低排放改造，鼓励2025年前实现水泥窑及窑尾余热利用系统烟气氮氧化物排放浓度不高于50mg/m^3（基准氧含量10%）”后，2023年印发《广东省臭氧污染防治（氮氧化物和挥发性有机物协同减排）实施方案（2023—2025年）》的通知（粤环函〔2023〕45号），提出“2025年底前，全省水泥（熟料）制造企业和独立粉磨站完成超低排放改造”，并从有组织排放、无组织排放、清洁运输和监测监控等方面提出了要求。

2.部分省份提出行业环保绩效全面创A工作要求

河北省印发《关于推进全省重点行业环保绩效创A的实施意见》（冀办〔2022〕10号），提出到2025年，全面完成水泥等7个重点行业265家重点企业环保绩效创A，其中水泥熟料企业为44家；组织制订《河北省重点行业环保绩效A级标准－水泥行业（试行）》等7大重点行业环保绩效A级标准，规定了严于《重污染天气重点行业应急减排措施制定技术指南（2020年修订版）》（环办大气函〔2020〕340号）的指标要求；同步出台《支持重点行业环保绩效创A的若干政策措施》，提出审批、财税、金融、管理、科技服务共5方面18条相关支持政策措施，包括实行创A企业财政奖补、积极争取中央大气污染防治资金支持、减少错峰时间等。浙江省印发《浙江省水泥工业高质量发展暨碳达峰行动计划（2022—2025年）》的通知（浙经信材料〔2023〕83号），明确到2025年底，水泥熟料生产企业大气污染防治绩效A级占比提升至50%以上（表7-13）。

表7-13　目前国家及地方标准文件中水泥企业窑尾污染物排放要求

名称	分类		窑尾污染物/（mg/m^3）				氨水消耗量要求/（$kg \cdot t^{-1}$熟料）	氨在线监测要求
			颗粒物	二氧化硫	氮氧化物（以二氧化氮计）	氨		
一、国标及地标								
国标—GB 4915—2013	标准限值		30	200	400	10	—	—
	特排限值		20	100	320	8		
河北—DB 13/2167—2020	现有企业，2021.10.1；新建企业，2020.5.1		10	30	100	8		
河南—DB41/1953—2020	现有（2021.1.1起），新建（2020.6.1）		10	35	100	8		
安徽—DB 34/3576—2020	现有（2020.10.1起）		10	50	100	8		
	新建（2020.4.1起）							
山东—DB 37/2373—2018	2020.1.1之后，一般控制区		20	100	200	8		
	2020.1.1之后，重点控制区		10	50	100	8		
江苏—DB 32/414—2021	现有（2023.7.1起）		10	35	100	8		
	现有（2024.7.1起）、新建（2022.7.1起）		10	35	50	8		
四川—DB 51/2864—2021	现有（2023.7.1起）	攀枝花市、阿坝、甘孜、凉山州	10	50	150	8		
	新建（2022.7.1起）							
	现有（2023.7.1起）	其他城市	10	35	100	8		
	新建（2022.7.1起）							
海南—DB 46/524—2021	现有（2022.1.1起）；新建（2021.3.1起）		10	100	200	8		
二、重点行业环保绩效标准								
重污染天气应对（环办大气函〔2020〕340号）	A级		10	35	50	5	4（25%浓度）	是
	B级		10	50	100	8		
	C级		20	100	260	8	—	—
	D级		未达到C级				—	—
河北—水泥行业环保绩效A级标准			10	20	50	5	4（20%浓度）	是

续表

名称	分类	窑尾污染物/（mg/m^3）				氨水消耗量要求/（$kg \cdot t^{-1}$熟料）	氨在线监测要求
		颗粒物	二氧化硫	氮氧化物（以二氧化氮计）	氨		
三、行业超低方案要求							
生态环境部—征求意见稿	2025年底前，重点区域50%；2028年底前，重点区域全部完成，全国80%	10	35	100	8	3.5（20%浓度）	是
河南—豫环攻坚办〔2020〕24号	2020年底前	10	35	100	8	4（25%浓度）	是
浙江—浙环函〔2020〕60号	2022年底前	10	50	100	—	—	—
	2025年6月底前	10	35	50	—		
山西—晋环发〔2021〕16号	2021年12月底前，大同、宿州	10	35	50	5	—	是
	2022年12月底前，11个城市规划区以及太原及其周边“1+30”县（市、区）						
	2024年12月底前，全面完成						
宁夏—宁环发〔2021〕4号	各企业分时序	10	50	100	8	—	是
山东—鲁环发〔2022〕8号	2023年9月底前（黄河流域各市）	10	35	50	8	—	是
	2023年底前（全省）						
	全省新建（含搬迁）水泥企业投产时						
福建—闽环规〔2023〕2号	2025年底前全面完成	10	35	50	8	4（20%浓度）	是
大连—大环发〔2023〕37号	2025年9月底前	10	35	50	8	4（20%浓度）	是
四、地方相关文件							
广东—粤环函〔2023〕45号	2025年前	10	35	50	—	—	—

（三）实施差别化电价促进超低排放改造

截至2023年5月，在河北、河南两省已出台水泥行业超低排放差别化电价基础上，山东新出台水泥企业超低排放差别化电价政策，如表7-14所示。

表7-14 水泥差别化电价标准

省份	分项		加价价格/（元/KWh）	实施时间
河北—冀政办字〔2020〕81号	未完成超低排放改造		0.1	2018年9月1日起
河南—环文〔2020〕80号	有组织排放	任意一项未达到	0.01	2020年8月1日起
	无组织排放	两项未达到	0.03	
	清洁运输方式	三项均未达到	0.06	
山东—鲁发改价格〔2023〕168号	有组织排放	任意一项未达到	0.01	2014年1月1日起
	无组织排放	两项未达到	0.02	
	清洁运输方式	三项均未达到	0.05	

（四）部分地区将碳排放控制要求纳入排污许可管理

部分地区将碳排放控制要求纳入排污许可管理。河北省印发《关于将碳排放控制要求纳入排污许可管理的工作通知》（冀环环评〔2022〕198号），要求年碳排放量达2.6×10^4t二氧化碳当量的发电、石化、化工、建材、钢铁和造纸等6个行业企业许可证中增加了碳排放内容。根据该要求，河北省63家水泥熟料企业中，截至2023年4月底，56家企业在其许可证副本“六、环境管理要求”的“（五）其他控制及管理要求”中明确了碳排放控制有关内容。重庆市印发《关于全面开展排污许可与碳排放协同管理的通知》（渝环办〔2022〕4号），对纳入国家和重庆碳市场管理的排放单位，要求在排污许可证“其他控制及管理要求”栏中记载企业上年度碳排放数据、碳排放管理和履约要求等信息，按照该要求，重庆市部分水泥熟料企业在许可证副本中增加了上述内容。

（五）自动监测设备标记规则在行业正式实施

为建立健全以污染源自动监控为主的非现场监管执法体系，充分发挥自动监测数据在环境监管中的作用，生态环境部在充分总结垃圾焚烧发电行业应用自动监控实施非现场监管执法和火电、水泥、造纸等典型行业开展自动监测数据标记试点经验的基础上，发布了《关于发布〈污染物排放自动监测设备标记规则〉的公告》（公告 2022年 第21号）。该公告中明确规定，依据该标记规则标记为无效的自动监测数据，不作为判定污染物排放是否超过相关标准的依据，并规定2023年1月1日起，在水泥制造、生活垃圾焚烧发电、火力发电和造纸等行业正式施行。

（六）重污染天气行业绩效评级和超低改造工作持续推进

根据对各省生态环境部门官网公开信息的检索结果，截至2023年6月底，全国14省（自治区、直辖市）中共有238家企业379条生产线满足国家A级、B级及地方超低方案要求，占全国熟料企业、生产线的比例分别为20.36%和23.79%，A级企业数量上以河北、河南、山西、陕西为多，如表7-15所示。从已进行超低排放改造的各省情况看，位于重点区域的天津、河南、河北、安徽、山西、江苏、山东、陕西以及非重点区域的四川改造生产线相对为多，均进行了本省3成以上生产线改造，天津则100%进行了改造。如表7-15、表7-16所示。

表7-15 水泥行业绩效评级及超低评估监测情况

序号	省（自治区、直辖市）	重污染天气重点行业绩效评级结果				通过省内超低评估监测	合计	
		A级		B级				
		企业数/家	生产线/条	企业数/家	生产线/条	企业/生产线	企业数/家	生产线/条
1	山西	9	10	16	18	1/1①	26	29
2	河南	8	12	30	42	14/18②	52	72
3	安徽	6	24	30	61	—	36	85

续表

序号	省（自治区、直辖市）	重污染天气重点行业绩效评级结果				通过省内超低评估监测	合计	
		A级		B级				
		企业数/家	生产线/条	企业数/家	生产线/条	企业/生产线	企业数/家	生产线/条
4	河北	9	15	27	38	—	36	53
5	山东	1	1	23	36	—	24	37
6	江苏	2	4	7	17	—	9	21
7	天津	1	1	1	2	—	2	3
8	陕西	8	11	3	6	—	11	17
9	浙江	0	0	0	0	2/3③	2	3
10	四川	0	0	30	43	—	30	43
11	湖南	1	1	2	3	—	3	4
12	新疆	0	0	2	5	—	2	5
13	湖北	—	—	4	6	—	4	6
14	宁夏	—	—	1	1	—	1	1
合计		45	79	176	278	17/22	238	379

注：①山西9家A级企业、10家B级企业通过了省内超低评估监测，另有1家企业1条生产线尚未进行评级。

②河南通过省内超低评估监测的企业共50家，生产线68条，除掉其中已评为国家A级、B级的外，剩余尚有14家18条生产线。

③浙江尚未开展水泥行业绩效评级，开展了水泥超低评估监测。

表7-16　2022年各省（自治区、直辖市）超低生产线占比情况

省（自治区直辖市）	绩效评级及超低评估监测		熟料生产线情况		占比	
	企业数/家	生产线/条	企业数/家	生产线/条	企业数/%	生产线/%
天津	2	3	2	3	100.00	100.00
安徽	36	85	41	92	87.80	92.39
河南	52	72	64	91	81.25	79.12
河北	36	53	63	83	57.14	63.86
山西	26	29	49	56	53.06	51.79
江苏	9	21	21	39	42.86	53.85
四川	30	43	81	101	37.04	42.57
山东	24	37	69	95	34.78	38.95
陕西	11	17	36	46	30.56	36.96
湖北	4	6	44	54	9.09	11.11
浙江	2	3	33	47	6.06	6.38
湖南	3	4	54	68	5.56	5.88
宁夏	1	1	18	24	5.56	4.17
新疆	2	5	67	75	2.99	6.67

与2021年相比，2022年新增湖北、宁夏等非重点区域水泥企业开展了绩效评级工作，浙江、山西进行了行业超低评估，陕西、四川、山西、山东进行了重点行业绩效评级的续

评工作，如表7-17所示。相较于2021年，完成超低改造的总体企业数、生产线增长比例分别为12.80%和9.22%；A级企业发生较大变化，企业数、生产线增长率分别为50.00%、33.90%，如表7-18所示。

表7-17　2020~2022年绩效评级A级、B级及超低评估监测总体对比情况

年份	重污染天气重点行业绩效评级结果				通过省内超低评估监测	合计	
	A级		B级				
	企业数/家	生产线/条	企业数/家	生产线/条	企业/生产线	企业数/家	生产线/条
2020	18	24	127	222	23/33	168	279
2021	30	59	166	269	15/19	211	347
2022	45	79	176	278	17/22	238	379
增长率	50.00%	33.90%	6.02%	3.35%	—	12.80%	9.22%

表7-18　2020~2022年各省（自治区、直辖市）绩效评级A级、B级及超低评估监测对比情况

省（自治区、直辖市）	2020年		2021年		2022年	
	企业数/家	生产线/条	企业数/家	生产线/条	企业数/家	生产线/条
山西	20	22	20	22	26	29
河南	50	68	52	72	52	72
安徽	25	71	37	89	36	85
河北	36	53	36	53	36	53
山东	11	21	23	41	24	37
江苏	11	22	12	25	9	21
天津	1	1	1	1	2	3
陕西	2	4	4	7	11	17
浙江	—	—	1	1	2	3
四川	12	17	21	29	30	43
湖南	—	—	3	4	3	4
新疆	—	—	1	3	2	5
湖北	—	—	—	—	4	6
宁夏	—	—	—	—	1	1
合计	168	279	199	327	238	379

注：安徽、山东2022年生产线数少于2021年的，主要是因为部分企业或生产线进行了产能置换，不计入。

二、环评管理

（一）水泥项目以省级审批为主

水泥行业建设项目环评审批权限分布在省市县3级生态环境部门。根据全国32省（自治区、直辖市、兵团）现行有效的省级环评审批文件目录，对于水泥熟料制造项目，由于其属于高耗能、高排放项目，辽宁、贵州、重庆、内蒙古、甘肃、天津和宁夏按照《关于

加强高耗能、高排放建设项目生态环境源头防控的指导意见》（环环评〔2021〕45号）中“依法调整上收审批权限”等要求，将水泥熟料制造项目审批层级由市县级上收至省生态环境厅。现行有效审批目录中，对于水泥熟料制造项目，23个省由省级审批；对于水泥窑协同处置危废项目，19个省由省级审批；对于协同处置一般固体废物项目，2个省由省级审批，其余均由市县级审批。如表7-19所示。

表7-19　水泥行业建设项目环境影响评价文件审批权限情况

序号	省（自治区、直辖市、兵团）	发文字号	省级生态环境部门负责审批的项目
1	四川	2023年本－四川省生态环境厅2023年第7号	水泥熟料制造； 水泥窑、钢铁、火电等协同处置危险废物项目
2	河北	2022年本－河北省生态环境厅通告2022年第1号	水泥熟料制造项目
3	北京	2022年本	水泥制造（不含水泥粉磨站）； 危险废物（不含医疗废物）利用及处置（含水泥产能不增加的水泥窑协同处置改造项目）
4	云南	2022年本－云环发〔2022〕32号	水泥熟料制造项目； 水泥窑协同处置危险废物项目
5	天津	2022年本－津环规范〔2022〕4号	新建水泥熟料制造项目； 水泥窑协同处置危险废物项目
6	宁夏	2022年本－宁环规发〔2022〕6号	水泥制造（含水泥窑协同处置项目，水泥粉磨站项目除外）项目
7	上海	2021年本－沪环规〔2021〕14号	新建水泥制造项目（水泥粉磨站除外）； 危险废物利用及处置（单独收集、贮存的除外）
8	内蒙古	2021年本－内政字〔2021〕94号	新建水泥熟料生产项目
9	辽宁	2021年本－辽环发〔2021〕1号	水泥熟料制造项目； 水泥窑协同处置危险废物项目
10	贵州	2021年本－黔环通〔2021〕2号	水泥：全部。 危险废物：除暂存、转运以外的利用及处置项目
11	重庆	2021年本－渝环〔2021〕126号	水泥制造（水泥粉磨站除外）； 危险废物利用及处置（产生单位内部回收再利用的除外，单独收集、贮存的除外）
12	广东	2021年本－粤环办〔2021〕27号	水泥熟料生产项目； 危险废物（医疗废物除外）集中焚烧处置项目
13	陕西	2021年本－陕环发〔2021〕39号	水泥窑协同处置固体废物：全部（含协同处置危险废物）项目； 水泥熟料生产
14	新疆	2021年本－新环环评发〔2021〕53号	水泥制造（水泥粉磨站除外）； 危险废物利用及处置（产生单位内部回收再利用的除外，单独收集、贮存的除外）
15	海南	2021年本	水泥熟料制造； 危险废物集中处置或综合利用项目
16	西藏	2021年本	水泥制造（水泥粉磨站除外）； 危险废物利用及处置（产生单位内部回收再利用的除外；单独收集、贮存的除外）
17	甘肃	2021年本－甘环环评发〔2021〕12号	水泥熟料项目； 危险废物处置利用项目

续表

序号	省（自治区、直辖市、兵团）	发文字号	省级生态环境部门负责审批的项目
18	吉林	2020 年本－吉环环评字〔2020〕10 号	水泥熟料制造项目； 水泥窑协同处置危险废物项目
19	山东	2020年7月，山东省政府令第333号—关于调整实施部分省级行政权力事项的决定	无
20	河南	2019 年本－河南省生态环境厅公告〔2019〕6 号	水泥：水泥熟料制造项目；
21	浙江	2019 年本－浙环发〔2019〕22 号	新建水泥制造项目
22	广西	2019 年本－桂环规范〔2019〕8 号	无
23	安徽	2019 年本	危险废物（不含医疗废物）焚烧项目
24	湖北	2019 年本	无
25	湖南	2019 年本	无
26	青海	2019 年本	水泥制造项目
27	山西	2019 年本	无
28	黑龙江	2019 年本	无
29	新疆生产建设兵团	2019 年本－兵环发〔2019〕66 号	水泥制造； 危险废物利用及处置
30	福建	2015 年本－闽环发〔2015〕8 号	无
31	江苏	2015 年本－苏环发〔2015〕3 号	无
32	江西	2015 年本－赣环评字〔2015〕138 号	水泥熟料制造； 危险废物集中处置或综合利用项目

（二）水泥熟料项目主要为“上大压小”，协同处置固体废物项目中固体废物替代燃料项目为主

1. 水泥熟料项目主要为“上大压小”

2022年全国共审批25个水泥熟料建设项目，均为报告书项目，总投资 255×10^{8} 元，分布在山东、广东、广西、贵州、湖南等15省（自治区、直辖市），山东的项目数量最多，这与山东省《关于印发〈全省水泥行业淘汰落后产能工作方案〉的通知》（鲁工信原〔2021〕134号）中提出的“2022年底前，全面拆除退出2500t/d及以下水泥熟料生产线”的政策要求有关。25个项目中，除5个项目不涉及产能置换（完善手续、技术改造等），其余20个项目均按照国家政策要求执行了产能减量或等量置换要求，20个项目累计产能累计达101600t/d，除1条特种水泥生产线为500t/d外，其余生产线均在4000t/d及以上；共置换退出产能119428t/d，退出32条日产量为2000t以下、17条日产量为2500t以下生产线，如图7-30、表7-20所示。

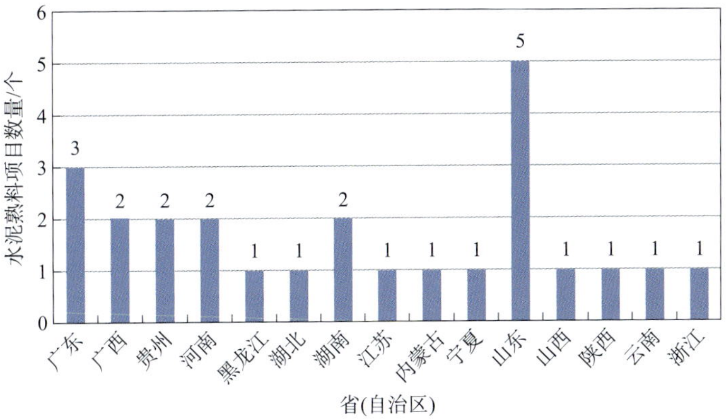

图7-30　2022年全国审批水泥熟料项目情况

表7-20　2022年审批水泥熟料项目“上大压小”情况

建设项目情况			被置换生产线情况		
规模/($t \cdot d^{-1}$)	生产线/条	产能规模/($t \cdot d^{-1}$)	规模/($t \cdot d^{-1}$或窑型)	生产线/条	产能规模/($t \cdot d^{-1}$)
500（特种水泥）	1	500	建通窑	5	3820
4000	3	12000	≤ 2000	32	42108
4500	3	13500	2500	17	42500
4600	1	4600	3000	1	3000
5000~7000	12	71000	4000	1	4000
			4500	2	9000
			5000	3	15000
合计		101600			119428

2. 协同处置固体废物项目中以固体废物替代燃料项目为主

2022年全国共审批水泥窑协同处置固体废物项目126个，报告书、报告表项目分别为29个、97个，主要分布在广东、广西、贵州、湖南、重庆等22省（自治区、直辖市）。其中，固体废物替代燃料减碳项目为38个，占比30%，有力推动水泥行业碳减排，如图7-31所示。该类项目的特点是：一是作为替代燃料的固体废物种类多，以“华新水泥（渠县）有限公司节能减碳项目”为例，根据环评文件，项目处置废旧纺织品、废皮革制品、废木制品（木屑、建筑模板等）、废纸、废橡胶制品、废塑料制品、废复合包装、牛羊粪、炭黑、植物残渣、生物质及农林废弃物（包括但不限于秸秆、锯末、木料、稻糠、酒糟、树皮、树枝、树根、竹子、稻草、玉米棒芯、油枯、灌木、杂草等）等11类固体废物；二是替代燃料比例大，根据环评文件，协同处置固体废物替代燃料后，燃料替代率在30%以上，部分项目燃料替代率达75%以上，仍以上述项目为例，项目共协同处置替代燃料的固体废物34×10^4t/a，替代原煤12.58×10^4t/a，替代原煤量占比达78.6%，可减排二氧化碳量约26×10^4t/a。

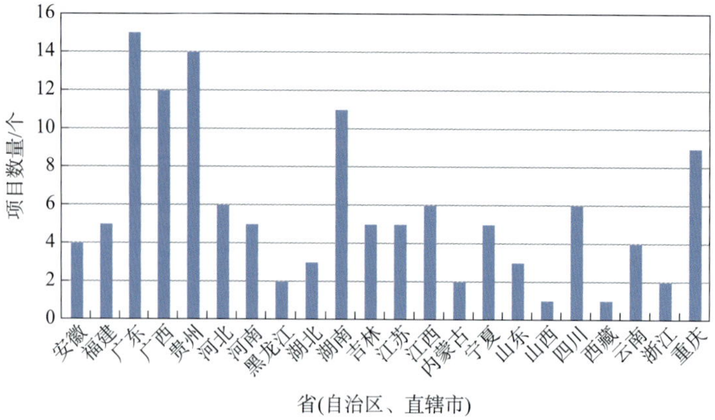

图7-31　2022年全国审批水泥窑协同处置固体废物项目情况

从2017年以来全国审批水泥行业项目情况看，常规水泥熟料制造项目总体偏少，而水泥窑协同处置固体废物项目则呈现波动趋势，随着能耗双控、双碳目标的提出，水泥行业协同处置固体废物替代原燃料作为水泥行业降碳有效路径之一，在2020年、2021年连续两年下降后，2022年再次呈现增长趋势。如图7-32。

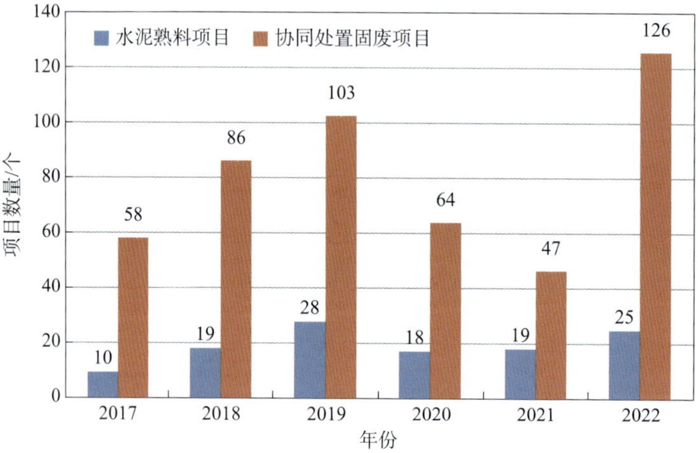

图7-32　2017~2022年全国审批水泥行业项目情况

资料来源：环评智慧监管平台、统建平台。

（三）碳排放环评工作取得积极进展

水泥行业温室气体纳入环评管控取得积极进展，正在建立工序排放绩效约束机制推动减污降碳协同。2021年7月，生态环境部印发《关于开展重点行业建设项目碳排放环境影响评价试点的通知》（环办环评函〔2021〕346号），在浙江、重庆试点建材行业（含水泥熟料、平板玻璃制造）建设项目碳排放环评。地方层面，浙江省在其法规《浙江省生态环境保护条例》中率先明确“新建、改建、扩建建材等建设项目，应当按照国家和省有关规定将温室气体排放纳入环境影响评价范围”，浙江、重庆、海南、江苏、广西、山西、上海和安徽等地均发布了建设项目碳排放评价相关文件；河南、江苏和山东正在组织制定各省《水泥行业建设项目碳排放环境影响评价技术指南》，在碳排放节点、碳排放评价体系构建等方面取得了积极进展。截至2022年年底，全国共有25个水泥熟料项目开展了碳评，分布在安徽、江西、广西、重庆、河南、湖南、江苏、广东和贵州等地。

三、排污许可

1.核发与监管

基于全国排污许可证信息管理平台以及各省（自治区、直辖市）工信厅官网公开的水泥熟料生产线现状清单情况分析表明，目前水泥熟料制造排污单位排污许可证基本实现了“应发尽发”，且基本按照要求完成了许可证延续换发等工作。截至2022年年底，全国共核发水泥熟料制造排污单位排污许可证1169张，与2021年相比，许可证数量减少20张，主要是因为部分企业进行了产能置换排污许可证注销或水泥窑拆除仅保留粉磨站而成为简化管理排污单位。如表7-21所示。

表7-21　各省（自治区、直辖市）水泥熟料制造排污单位发证情况统计

省（自治区、直辖市）	排污许可证核发数量/张	省（自治区、直辖市）	排污许可证核发数量/张
安徽	41	辽宁	34
北京	2	内蒙古	42
福建	30	宁夏	18
甘肃	33	青海	13
广东	51	山东	69
广西	46	山西	49
贵州	77	陕西	36
海南	4	四川	81
河北	63	天津	2
河南	64	西藏	9
黑龙江	15	新疆	67
湖北	44	云南	87
湖南	54	浙江	33
吉林	14	重庆	32
江苏	21	上海	0
江西	38	合计	1169

根据全国排污许可证管理信息平台，全国水泥熟料制造排污单位中，除甘肃、湖北各有1家企业未提交2022年执行报告年报外，其余省份各企业均提交了年报，年报提交率99.8%。

2.行业排污许可证质量审核情况

本次行业排污许可证质量情况，结合2022年进行的首次及重新申请排污许可证质量形式检查等工作进行。2022年7~12月，对60张首次及重新申请排污许可证质量进行了形式检查，52张（占比86.67%）许可证共存在质量问题98个。从许可证质量问题类型看，质量问题共体现在10个方面，其中排名前3的问题分别为排污许可证有效期不合规、许可排放量计算过程不合规、执行报告填报主要内容不符合规定，问题占比分别为19.39%、19.39%和15.31%，如表7-22所示。

表7-22　许可证质量问题总体情况

许可证内容	问题类型	许可证问题数 / 个	问题占比 /%
登记信息	排污许可证有效期	19	19.39
	管理类别	0	0.00
基本信息	产品产能参数	11	11.22
	主要原料参数	7	7.14
	主要燃料参数	5	5.10
	主要生产设施参数	1	1.02
许可事项	污染物排放标准	14	14.29
	许可排放量因子	0	0.00
	许可排放量计算过程	19	19.39
	许可排放量时限	1	1.02
管理要求	执行报告上报频次及时间	6	6.12
	执行报告填报主要内容	15	15.31
总计		98	100.00

四、监管执法

根据全国执法平台统计结果，2022年全国共56家水泥熟料制造排污单位被各级生态环境部门实施行政处罚，处罚案件数量71件，占全国案件数量的0.08%，罚没款数额总计860.44×10^4元。从各省份看，除北京、天津、上海和吉林等21省（自治区、直辖市）（含兵团）外均有分布，其中案件数量较多的省份主要有内蒙古、河北、山西和江苏，内蒙古和河北案件总数占水泥行业全国案件总数（71件）的24%。从主要违法类型看，生态环境部门主要对违反大气污染防治管理制度、违反环境保护许可证管理制度、超标或超总量排污、违反限期治理制度、违反环境影响评价制度、违反环境噪声污染防治管理制度、违反建设项目“三同时”及验收制度、违反自动监控环境管理制度、违反固体废物管理制度等共9大类违法行为予以处罚，其中违反大气污染防治管理制度的案件占比为59%，为水泥行业最主要的环境违法行为。

56家被实施过行政处罚的水泥行业排污单位中，被处罚2次及以上的单位10家，占比18%（表7-23）。

表7-23　2022年处罚案件数量前10位的企业情况

序号	企业名称	行政处罚/件
1	内蒙古万晨能源股份有限公司千峰水泥分公司	5
2	青海盐湖海纳化工有限公司	4
3	华新水泥（冷水江）有限公司	2
4	溧阳天山水泥有限公司	2
5	山东华银特种水泥股份有限公司	2
6	唐山燕东水泥股份有限公司	2
7	山西太谷恒达煤气化有限公司	2
8	宜兴天山水泥有限责任公司	2
9	陕西满意水泥有限责任公司	2
10	中国石化长城能源化工（宁夏）有限公司	2

从历年数据看：自2018年以来，共有361家水泥熟料制造排污单位被各级生态环境部门实施过行政处罚，处罚案件数量共827件，罚没款数额总计15210.53×10^4元。2018~2020年案件数量呈连续下降趋势，2021年略有回升，2022年因疫情等原因影响有较大幅度下降，占全国所有环境行政处罚案件数量的比例均较低，在0.15%以下，如表7-24所示。从地区分布看，除北京、天津、上海、吉林外的27省（自治区、直辖市）均有涉及，其中河北、河南、山西等16省（自治区、直辖市）5年来均有行政处罚案件，案件数量较多的省份主要有河北、山西、四川、云南、内蒙古和陕西，河北和山西案件数量占全国总数（827件）的30.1%。从环境违法行为看，在2018~2021年8大类违法行为的基础上，2022年新增了“违反环境保护许可证管理制度”，主要涉及9类，以违反大气污染防治管理制度为主，占比达62.3%，如图7-33所示。

表7-24　2018~2022年水泥行业环境行政处罚情况

年份	案件数量/件	占全国案件的比例/%	罚没款数额/10^4元
2018	278	0.15	6811.58
2019	212	0.13	2520.16
2020	114	0.09	1130.07
2021	152	0.11	3888.28
2022	71	0.06	860.44
合计	827	—	15210.53

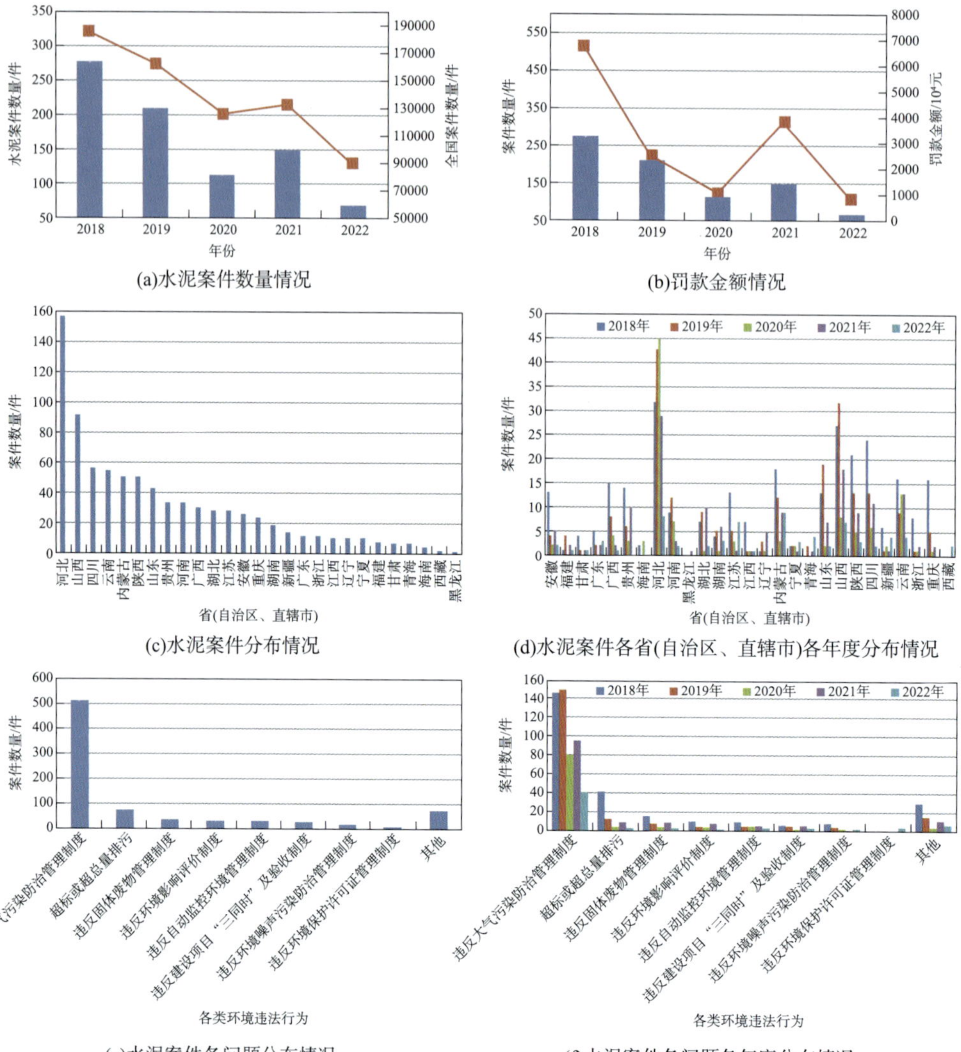

(a)水泥案件数量情况

(b)罚款金额情况

(c)水泥案件分布情况

(d)水泥案件各省(自治区、直辖市)各年度分布情况

(e)水泥案件各问题分布情况

(f)水泥案件各问题各年度分布情况

图7-33　2018~2022年全国水泥行业环境行政处罚情况

第五节　行业绿色评价

本次评估以了解水泥熟料制造企业绿色发展水平，促进企业绿色发展为目标，在建立行业绿色发展评价指标体系基础上，选取已评定为A级的企业开展绿色发展水平评价，并结合评价结果就水泥熟料企业绿色发展情况进行总结评估。

一、评估范围

从前述梳理可知，目前全国共有A级企业45家，根据获取数据的完整性，剔除数据不全的凯诺斯（中国）铝酸盐技术有限公司、郑州嘉耐特种铝酸盐有限公司、襄汾县星原集团水泥建材有限公司共3家企业后，资料齐全的A级水泥企业为42家。42家企业中，因唐山冀东启新水泥有限责任公司（简称“唐山冀东启新”）存在将垃圾焚烧尾气直接引入水泥系统处理再合并排放等不合规现象、涞水金隅冀东环保科技有限公司（简称“涞水金隅冀东”）存在回转窑实际建设规模与环评、竣工环保验收、排污许可等相关材料均不一致等现象，该2家企业不参与排名，因此，本次A级企业评估对象为40家，其中，河北7家、山西8家、江苏2家、安徽6家、山东1家、河南7家、湖南1家、陕西8家。40家企业的生产规模和配套污染治理技术情况如表7-25所示。

表7-25　参与评估的40家A级水泥企业情况

序号	省份	企业名称	规模 / $t \cdot d^{-1}$	窑尾污染物污染治理技术		
				除尘	脱硫	脱硝
1	河北	邢台金隅冀东水泥有限公司牛山分公司（简称“邢台金隅牛山”）	4000	覆膜滤料袋		SNCR+分解炉分级燃烧
2		冀东水泥滦州有限责任公司（简称“冀东水泥滦州”）	4000	电袋复合除尘（袋为玻纤袋）	干法脱硫	SNCR+低氮燃烧器+分解炉分级燃烧
			4000	玻纤袋	干法脱硫	SNCR+低氮燃烧器+分解炉分级燃烧
3		唐山冀东水泥三友有限公司（简称“唐山冀东三友”）	2500	覆膜滤料袋	干法脱硫	SNCR+低氮燃烧器+分解炉分级燃烧
			4000	覆膜滤料袋	干法脱硫	精准SNCR+低氮燃烧器+分解炉分级燃烧
4		唐山泓泰水泥有限公司（简称“唐山泓泰”）	4000	覆膜滤料袋	复合脱硫	SNCR+低氮燃烧器+低氨燃烧脱硝
5		唐山冀东水泥股份有限公司唐山分公司（简称“冀东唐山分公司”）	4500	覆膜滤料袋	复合脱硫	SNCR+低氮燃烧器+分解炉分级燃烧
			4500	覆膜滤料袋	复合脱硫	SNCR+低氮燃烧器+分解炉分级燃烧
			4500	覆膜滤料袋	复合脱硫	SNCR+低氮燃烧器+分解炉分级燃烧
6		河北金隅鼎鑫水泥有限公司第三分公司（简称“金隅鼎鑫”）	4000	覆膜滤料袋		SNCR（智能精准脱硝）+低氮燃烧器+分解炉分级燃烧
7		武安市新峰水泥有限责任公司（简称“武安新峰”）	2500	P84纤维袋		SCR+SNCR+低氮燃烧器+分解炉分级燃烧
			4800	P84纤维袋		SCR+SNCR+低氮燃烧器+分解炉分级燃烧
			4800	P84纤维袋		SCR+SNCR+低氮燃烧器+分解炉分级燃烧
8	山西	冀东海天水泥闻喜有限责任公司（简称“冀东海天闻喜”）	4500	诺梅克斯袋		SNCR+低氮燃烧器+分解炉分级燃烧
9		阳泉冀东水泥有限责任公司（简称“阳泉冀东”）	4500	覆膜滤料袋		SNCR+低氮燃烧器+分解炉分级燃烧+精准脱硝（双路SNCR控制+专家系统）
10		山西卓越水泥有限公司（简称“山西卓越”）	4000	覆膜滤料袋		SCR+SNCR+低氮燃烧器+分解炉分级燃烧
11		大同冀东水泥有限责任公司（简称“大同冀东”）	4500	覆膜滤料袋	复合脱硫	SCR+SNCR+低氮燃烧器+分解炉分级燃烧
			4500	覆膜滤料袋	复合脱硫	精准SNCR+低氮燃烧器+分解炉分级燃烧+LCR（脱硝脱氨协同技术）

续表

序号	省份	企业名称	规模 / $t \cdot d^{-1}$	窑尾污染物污染治理技术		
				除尘	脱硫	脱硝
12	山西	广灵金隅水泥有限公司（简称“广灵金隅”）	3000	玻纤袋		SCR+SNCR+ 分解炉分级燃烧
13		晋城山水合聚水泥有限公司（简称“晋城山水”）	4500	电袋复合除尘（袋为覆膜滤料袋）		SCR+SNCR+ 低氮燃烧器
14		侯马市汇丰建材有限责任公司（简称“侯马汇丰”）	2500	诺梅克斯覆膜袋		SCR+SNCR+ 低氮燃烧器 + 分解炉分级燃烧
15		朔州山水新时代水泥有限公司（简称“朔州山水”）	5000	电袋复合除尘		SCR++SNCR+ 低氮燃烧器 + 分解炉分级燃烧
16	江苏	江苏信宁新型建材有限公司（简称“江苏信宁”）	4800	覆膜滤料袋	NSDD 脱硫	低氮燃烧器 + 分级燃烧 +SNCR+ 其他 –ERD+ 脱硝
17		江苏鹤林水泥有限公司（简称“江苏鹤林”）	2500	覆膜滤料袋	干法脱硫	SNCR+ 低氮燃烧器
			4500	覆膜滤料袋	干法脱硫	SNCR+ 低氮燃烧器
			4500	覆膜滤料袋	干法脱硫	SNCR+ 低氮燃烧器
18	安徽	巢湖海螺水泥有限责任公司（简称“巢湖海螺”）	5000	聚四氟乙烯袋	湿法脱硫	SCR+SNCR+ 低氮燃烧器 + 分解炉分级燃烧
			5000	聚四氟乙烯袋	湿法脱硫	SCR+SNCR+ 低氮燃烧器 + 分解炉分级燃烧
			5000	聚四氟乙烯袋	湿法脱硫	SCR+SNCR+ 低氮燃烧器 + 分解炉分级燃烧
19		安徽宣城海螺水泥有限公司（简称“宣城海螺”）	5000	芳纶 + 超细纤维滤袋	湿法脱硫	SCR+SNCR+ 低氮燃烧器 + 分解炉分级燃烧
			5000	PTFE 基布 +P84 针刺复合	湿法脱硫	SCR+SNCR+ 低氮燃烧器 + 分解炉分级燃烧
20		安徽荻港海螺水泥股份有限公司（简称“荻港海螺”）	2500	覆膜滤料袋	湿法脱硫	SCR+SNCR+ 低氮燃烧 + 分解炉分级燃烧
			2500	覆膜滤料袋	湿法脱硫	SCR+SNCR+ 低氮燃烧 + 分解炉分级燃烧
			5000	覆膜滤料袋	湿法脱硫	SCR+SNCR+ 低氮燃烧 + 分解炉分级燃烧
			5000	覆膜滤料袋	湿法脱硫	SCR+SNCR+ 低氮燃烧 + 分解炉分级燃烧
			5000	覆膜滤料袋	湿法脱硫	SCR+SNCR+ 低氮燃烧 + 分解炉分级燃烧
21		安徽铜陵海螺水泥有限公司（简称“铜陵海螺”）	5000	覆膜滤料袋		SCR+SNCR+ 低氮燃烧器
			5000	覆膜滤料袋		SCR+SNCR+ 低氮燃烧器
			10000	覆膜滤料袋		SNCR+ 低氮燃烧器 + 分解炉分级燃烧
			10000	覆膜滤料袋		SNCR+ 低氮燃烧器 + 分解炉分级燃烧
			12000	覆膜滤料袋	湿法脱硫	SNCR+ 低氮燃烧器 + 分解炉分级燃烧
22		安徽池州海螺水泥股份有限公司（简称“池州海螺”）	8000	纯 P84 或 PI 纤维	石灰石脱硫 + 一体化干法固化脱硫	SCR+SNCR+ 低氮燃烧器 + 分解炉分级燃烧
			5000	PTFE 基布 + 纯 P84		SCR+SNCR+ 低氮燃烧器 + 分解炉分级燃烧
			5000	PTFE 基布 + 纯 P84		SCR++SNCR+ 低氮燃烧器 + 分解炉分级燃烧
			5000	PTFE 基布 + 纯 P84		SCR+SNCR+ 低氮燃烧器 + 分解炉分级燃烧
			5000	PTFE 基布 + 纯 P84		SCR+SNCR+ 低氮燃烧器 + 分解炉分级燃烧
			5000	PTFE 基布 + 纯 P84		SCR+SNCR+ 低氮燃烧器 + 分解炉分级燃烧
			5000	PTFE 基布 + 纯 P84		SCR+SNCR+ 低氮燃烧器 + 分解炉分级燃烧
			10000	纯 P84 或 PI 纤维		SCR+SNCR+ 低氮燃烧器 + 分解炉分级燃烧
23		天瑞集团萧县水泥有限公司（简称“天瑞萧县”）	5000	气箱式袋		SNCR+ 低氮燃烧器 + 德国洪堡脱硝还原炉

续表

序号	省份	企业名称	规模 / $t \cdot d^{-1}$	窑尾污染物污染治理技术		
				除尘	脱硫	脱硝
24	山东	济宁海螺水泥有限责任公司（简称“济宁海螺”）	4500	聚酰亚胺袋		SCR+SNCR+ 低氮燃烧器 + 分解炉分级燃烧
25	河南	登封市嵩基水泥有限公司（简称“嵩基水泥”）	4500	覆膜滤料袋	半干法脱硫	SCR+SNCR+ 低氮燃烧器 + 分解炉分级燃烧
26	河南	登封市宏昌水泥有限公司（简称“宏昌水泥”）	4500	覆膜滤料袋	湿法脱硫	SCR+SNCR+ 低氮燃烧器
27	河南	天瑞集团郑州水泥有限公司（简称“天瑞郑州”）	10000	诺梅克斯袋		SNCR+ 低氮燃烧器 + 德国洪堡脱硝还原炉
28	河南	天瑞新登郑州水泥有限公司（简称“天瑞新登”）	5500	覆膜滤料袋	干法脱硫	SNCR+ 低氮燃烧器 + 德国洪堡脱硝还原炉
29	河南	河南孟电集团水泥有限公司（简称“河南孟电”）	5500	玻纤覆膜袋		SCR+SNCR+ 低氮燃烧器 + 分解炉分级燃烧
			5500	玻纤覆膜袋		SCR+SNCR+ 低氮燃烧器 + 分解炉分级燃烧
			4500	玻纤覆膜袋		SCR+SNCR+ 低氮燃烧器 + 分解炉分级燃烧
30	河南	河南省大地水泥有限公司（简称“河南大地”）	4500	覆膜滤料袋		SCR+SNCR
			4500	覆膜滤料袋		SCR+SNCR
31	河南	天瑞集团南召水泥有限公司（简称“天瑞南召”）	4500	聚四氟乙烯袋	复合脱硫	SNCR+ 低氮燃烧器 + 分解炉分级燃烧
32	湖南	江华海螺水泥有限责任公司（简称“江华海螺”）	5000	覆膜滤料袋	湿法脱硫	SCR+SNCR+ 低氮燃烧器 + 分解炉分级燃烧
33	陕西	乾县海螺水泥有限责任公司（简称“乾县海螺”）	4500	覆膜滤料袋	复合脱硫	SCR+SNCR+ 低氮燃烧器 + 分解炉分级燃烧
34	陕西	礼泉海螺水泥有限责任公司（简称“礼泉海螺”）	4500	聚酰亚胺袋		SCR+SNCR+ 低氮燃烧器 + 分解炉分级燃烧
			4500	聚酰亚胺袋		SCR+SNCR+ 低氮燃烧器 + 分解炉分级燃烧
35	陕西	千阳海螺水泥有限责任公司（简称“千阳海螺”）	4500	聚酰亚胺袋		SCR+SNCR+ 低氮燃烧器
36	陕西	宝鸡众喜凤凰山水泥有限公司（简称“众喜凤凰山”）	4500	覆膜滤料袋	复合脱硫	SCR+SNCR+ 低氮燃烧器 + 分解炉分级燃烧
37	陕西	宝鸡市众喜金陵河水泥有限公司（简称“众喜金陵河”）	4500	覆膜滤料袋	复合脱硫	SCR+SNCR+ 低氮燃烧器 + 分解炉分级燃烧
38	陕西	陕西实丰水泥股份有限公司（简称“陕西实丰”）	4500	覆膜滤料袋		SNCR+ 分解炉分级燃烧 + 水泥窑烟气 DDN 深度脱硝技术
39	陕西	陕西富平生态水泥有限公司（简称“陕西富平”）	4500	覆膜滤料袋		SNCR+ 低氮燃烧器 + 分解炉分级燃烧
			4500	覆膜滤料袋		SNCR+ 低氮燃烧器 + 分解炉分级燃烧
40	陕西	陕西北元集团水泥有限公司（简称“陕西北元”）	3000	电袋复合除尘器		SNCR+ 低氮燃烧器
			3000	电袋复合除尘器		SNCR+ 低氮燃烧器

二、水泥行业绿色发展指标体系

1.评价指标、基准值与数据来源

本次评估评价指标主要参考《国务院关于印发“十四五”节能减排综合工作方案的通知》（国发〔2021〕33号）、《关于印发〈绿色发展指标体系〉〈生态文明建设考核目标体系〉的通知》（发改环资〔2016〕2635号）、《重污染天气重点行业应急减排措施制定技术指南（2020年修订版）》（环办大气函〔2020〕340号）、《关于发布钢铁、水泥行业清洁生产评价指标体系的公告》（2014年 第3号）、《水泥行业绿色工厂评价导则》（JC/T 2562—2020）、《水泥行业绿色工厂评价要求》（JC/T 2634—2021）等政策文件要求，统筹考虑我国水泥产业结构调整方向、行业超低改造情况、企业配套污染治理设施情况、减污降碳等政策管控要求，构建了指标体系。水泥企业指标体系共分2层，包含4项一级指标，22项二级指标，其中一级指标为技术装备与工艺、资源能源消耗、污染控制与排放和环境管理。

各层级权重取值主要参考了《水泥行业清洁生产评价指标体系》《水泥行业绿色工厂评价要求》（JC/T 2634—2021）、《绿色发展指标体系》（发改环资〔2016〕2635号）等文件中有关权重的分配比例，结合专家咨询、座谈研讨确定各个评价指标的权重值。

评价基准值主要根据《产业结构调整指导目录》（2019年本）、《水泥工业污染防治可行技术指南（试行）》《水泥工业大气污染物排放标准》（GB 4915—2013）、环办大气函〔2020〕340号、《水泥单位产品能源消耗限额》（GB 16780—2021）、《硅酸盐水泥熟料单位产品碳排放限值》（T/CBMF 41—2018，中国建筑材料协会标准）等标准文件及近期关于低碳减排的相关要求趋势等综合确定。

需要说明的是，按照环办大气函〔2020〕340号，A级企业需安装氨在线监测设备，考虑到氨目前无参比方法、运维规范及标准要求，因此本次指标中考虑该内容，但评价基准定值较低。对于废气治理技术，主要考虑企业改造前后是否对环保设施装备进行了升级改造，结合对末端采用SCR技术时现场监测结果表明的氮氧化物能达到较低排放限值的实际情况，对采用了SCR技术的赋高分，如表7-26所示。

表7-26 A级水泥企业绿色发展指标体系权重值及基准值

一级指标	一级指标权重	二级指标	二级指标权重	评价基准 I	评价基准 II	评价基准 III	数据来源	赋分说明
技术装备与工艺	17	生产线平均规模/（$t \cdot d^{-1}$）	5	≥4000	>3500	≥2000	排污许可平台	低于Ⅲ级基准值要求的，采用外延法取值，以700为0
		生料磨、悬浮预热器和余热发电系统装备情况	4	4	3.5	3	排污许可平台	装备配置情况：生料磨采用立式磨或辊压机，配套余热发电系统，预热器采用六级二列的，计4分；生料磨采用立式磨或辊压机，配套余热发电系统，预热器采用五级二列的，计3.5分；生料磨采用立式磨或辊压机，配套余热发电系统，预热器采用四级二列的，计3分
		废气治理技术	7	7	5	3	排污许可平台	废气治理技术配置情况：末端配置了SCR技术的，计7分；未配置但采用了德国洪堡技术的，计5分；其余的计3分
		氨在线监测设备安装情况	1	安装并联网	未安装	未安装	重点排污单位自动监控与数据库系统	安装并联网的，计1分；未安装的，计0分

续表

一级指标	一级指标权重	二级指标	二级指标权重	评价基准			数据来源	赋分说明
				Ⅰ	Ⅱ	Ⅲ		
资源能源消耗	20	吨熟料石灰石消耗/（$t \cdot t^{-1}$）	4	≤ 1.10	≤ 1.35	≤ 1.60	排污许可平台	低于Ⅲ级基准值要求的，采用外延法取值，以 2 为 0
		吨熟料综合能耗/（kg 标煤 · t^{-1}）	5	100	107	117	排污许可平台碳系统	低于Ⅲ级基准值要求的，采用外延法取值，以 150 为 0
		吨熟料二氧化碳平均排放强度/（$t \cdot t^{-1}$ 熟料）	5	0.845	0.870	0.905	排污许可平台碳系统	低于Ⅲ级基准值要求的，采用外延法取值，以 1 为 0
		吨熟料氨水消耗量/（kg · t^{-1} 熟料）（折合 25% 氨水浓度）	6	2	3	4	排污许可平台	低于Ⅲ级基准值要求的，采用外延法取值，以 5 为 0
污染控制与排放	43	窑尾氮氧化物平均排放浓度/（mg · m^{-3}）	6	30	40	50	重点排污单位自动监控与数据库系统	低于Ⅲ级基准值要求的，采用外延法取值，以 100 为 0
		窑尾二氧化硫平均排放浓度/（mg · m^{-3}）	4	10	20	35		低于Ⅲ级基准值要求的，采用外延法取值，以 50 为 0
		窑尾颗粒物平均排放浓度/（mg · m^{-3}）	4	5	10	15		低于Ⅲ级基准值要求的，采用外延法取值，以 20 为 0
		窑尾氮氧化物小时浓度达标率/%	5	100%	95%	90%		低于Ⅲ级基准值要求的，采用外延法取值，以 80% 为 0；剔除工况和 CEMS 标记后，正常情况下数据仍有超标的，直接为 0
		窑尾二氧化硫小时浓度达标率/%	5	100%	95%	90%		低于Ⅲ级基准值要求的，采用外延法取值，以 80% 为 0；剔除工况和 CEMS 标记后，正常情况下数据仍有超标的，直接为 0
		窑尾颗粒物小时浓度达标率/%	5	100%	95%	90%		低于Ⅲ级基准值要求的，采用外延法取值，以 80% 为 0；剔除工况和 CEMS 标记后，正常情况下数据仍有超标的，直接为 0
		窑尾氮氧化物平均排放绩效/（kg · t^{-1} 熟料）	6	≤ 0.075	≤ 0.1	≤ 0.125	排污许可平台	低于Ⅲ级基准值要求的，采用外延法取值，以 0.25 为 0
		二氧化硫平均排放绩效/（kg · t^{-1} 熟料）	4	≤ 0.025	≤ 0.05	≤ 0.0875	排污许可平台	低于Ⅲ级基准值要求的，采用外延法取值，以 0.125 为 0
		窑尾颗粒物平均排放绩效/（kg · t^{-1} 熟料）	4	≤ 0.0125	≤ 0.025	≤ 0.0375	排污许可平台	低于Ⅲ级基准值要求的，采用外延法取值，以 0.05 为 0
环境管理	20	环境影响评价制度实施情况	4	环境影响评价制度实施情况			排污许可平台	全部实施得 4 分，有 1 项未实施得 0 分
		执行报告年报和季报上报情况	6	季报、年报是否按时提交，内容是否全面。			排污许可平台	季报和年报每次按时提交得 1 分，未按时提交得 0.5 分，未提交得 0 分。内容较为全面得 1 分，重要内容（自行监测、实际量核算等内容）缺失得 0 分
		信息公开情况	2	好	较好	一般	排污许可平台	对应好、较好和一般分别得 2 分、1.5 分和 1 分
		突发环境事件发生情况	3	未发生	一般事故	较大事故	各市、区人民政府官网、企业官网	无突发事件 3 分，发生一般环境事件得 0 分，其他环境事件企业直接判定为不合格
		环境违法处罚情况（2018~2022 年）	5	—	—	—	生态环境执法系统	每次处罚减 1 分

达到Ⅰ级基准值对应的分值 s=100；达到Ⅱ级基准值对应的分值 s=80；达到Ⅲ级基准值对应的分值 s=60
对于达到Ⅰ级或Ⅱ级、Ⅱ级或Ⅲ级基准值对应的分值按实际值内插法取值，低于Ⅲ级基准值要求的，采用外延法取值。

该评价指标数据主要来源于全国排污许可证信息管理平台上企业填报的排污许可证副本、执行报告年报数据，各省生态环境部门官网公开信息的重污染天气绩效评价结果和超低改造公示信息，以及重点排污单位自动监控与数据库系统中各单位在线监测数据。

2.评价标准

根据评价结果，本评价指标体系将企业绿色发展水平划分为3级，即先进水平、较高水平、一般水平。绿色发展等级对应的综合评价指标应符合评价规定，如表7-27所示。

表7-27　水泥行业绿色发展综合评价指标

企业绿色发展水平	综合评价指标值（P）
绿色发展先进水平	$P \geqslant 90$
绿色发展较高水平	$80 \leqslant P < 90$
绿色发展一般水平	$70 \leqslant P < 80$

三、评价结果

通过上述绿色评价指标体系及相关数据计算结果，40家A级企业总得分及评价结果如表7-28所示。40家A级企业中，19家企业处于先进水平，20家企业处于较高水平，1家企业处于一般水平。

表7-28　参与评估的A级企业绿色发展水平评价结果　　单位：分

序号	省份	排污单位名称	评价结果
1	河南	河南孟电	先进
2	山西	山西卓越	先进
3	河北	武安新峰	先进
4	陕西	礼泉海螺	先进
5	山西	朔州山水	先进
6	陕西	众喜金陵河	先进
7	安徽	宣城海螺	先进
8	陕西	众喜凤凰山	先进
9	湖南	江华海螺	先进
10	山东	济宁海螺	先进
11	陕西	千阳海螺	先进
12	陕西	乾县海螺	先进
13	山西	侯马汇丰	先进
14	山西	晋城山水	先进
15	山西	广灵金隅	先进
16	安徽	铜陵海螺	先进
17	河北	金隅鼎鑫	先进
18	安徽	巢湖海螺	先进
19	河北	邢台金隅牛山	先进

续表

序号	省份	排污单位名称	评价结果
20	山西	大同冀东	较好
21	河北	冀东唐山分公司	较好
22	安徽	池州海螺	较好
23	河南	登封宏昌	较好
24	河北	冀东水泥滦州	较好
25	陕西	陕西实丰	较好
26	安徽	荻港海螺	较好
27	河北	唐山冀东三友	较好
28	江苏	江苏信宁	较好
29	江苏	江苏鹤林	较好
30	陕西	陕西富平	较好
31	山西	阳泉冀东	较好
32	河北	唐山泓泰	较好
33	河南	天瑞郑州	较好
34	安徽	天瑞萧县	较好
35	河南	河南大地	较好
36	陕西	陕西北元	较好
37	山西	冀东海天闻喜	较好
38	河南	登封嵩基	较好
39	河南	天瑞新登	较好
40	河南	天瑞南召	一般

从得分看：绿色发展水平处于先进水平的企业有19家，占比47.5%，包括海螺集团企业10家，金隅冀东企业3家，其余集团企业6家；绿色发展水平处于较高水平的企业有20家，占比47.6%，包括海螺集团企业2家，金隅冀东企业6家，天瑞集团企业3家，其余集团企业9家；绿色发展水平处于一般水平的企业有1家，为天瑞集团企业。如图7-34所示。

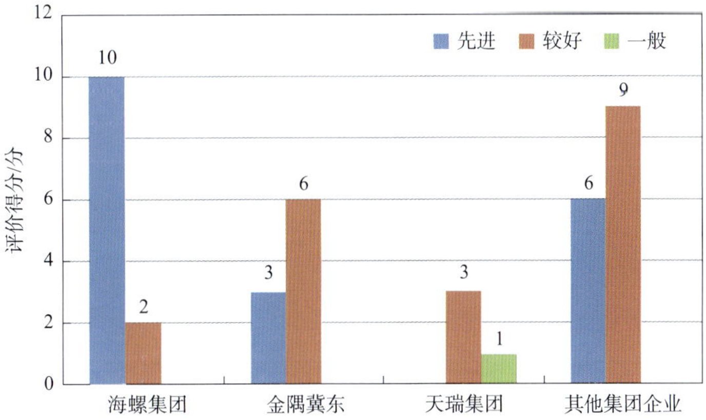

图7-34　A级企业绿色发展水平评价结果

从一级指标看：技术装备与工艺方面，河南孟电处于最高水平。各二级指标中，除唐山冀东三友、广灵金隅、侯马汇丰、江苏鹤林、陕西北元外，其余35家企业生产规模均在4000t/d及以上；各企业生料磨均采用较为节能的立式磨或辊压机，均配套了余热发电系统，预热器多采用五级二列，河南孟电采用较为节能的六级二列；河北、河南的企业基本均落实了环办大气函〔2020〕340号A级企业安装氨逃逸CEMS的要求，并进行了联网。

在资源能源消耗方面：陕西北元由于其石灰质原料全部采用电石渣，吨熟料二氧化碳排放强度、吨熟料综合能耗均处于最高水平。各二级指标中，武安新峰、朔州山水、天瑞萧县、济宁海螺、天瑞郑州、河南孟电、陕西富平、陕西北元共8家企业单位熟料综合能耗低于100kg标准煤/t熟料（水泥熟料能效标杆水平），其余均高于能效标杆水平；各企业氨水单耗均满足环办大气函〔2020〕340号对A级企业的要求［4kg/t熟料（25%氨水）］；唐山冀东三友、唐山泓泰等15家企业吨熟料二氧化碳排放水平未达到《硅酸盐水泥熟料单位产品碳排放限值》（T/CBMF 41—2018）中Ⅰ级碳排放水平。

在污染控制与排放方面：武安新峰处于最高水平。各二级指标中，邢台金隅牛山、冀东水泥滦州、唐山冀东三友、唐山泓泰、金隅鼎鑫、武安新峰、山西卓越、大同冀东、广灵金隅、冀东海天闻喜、侯马汇丰、朔州山水、荻港海螺、河南孟电、江华海螺、乾县海螺、千阳海螺共17家企业氮氧化物、二氧化硫和颗粒物评估期限内均全部达标，其余23家企业达标率均未全部达到100%。通过评估发现：一是部分企业存在超标现象，在剔除进行了生产设施工况标记和CEMS标记的情况，天瑞萧县窑尾排放口存在少量二氧化硫排放浓度数据超过安徽省《水泥工业大气污染物排放标准》（DB 34/3576—2020）规定窑尾二氧化硫排放限值（50mg/m^3）的现象，登封嵩基、登封宏昌、河南大地窑尾排放口存在个别颗粒物、二氧化硫排放浓度数据超过河南省《水泥工业大气污染物排放标准》（DB 41/1953—2020）规定窑尾颗粒物、二氧化硫和氮氧化物排放限值为10mg/m^3、35mg/m^{3}的现象；二是部分企业不按照环办大气函〔2020〕340号A级标准要求管控污染物排放，本次评估了天瑞新登2023年3~4月的在线监测数据，评估发现，该时段共有729个有效氮氧化物排放浓度数据，但726个数据（占比99.6%）大于50mg/m^{3}小于DB 41/1953~2020规定的100mg/m^3，说明其在评定为绩效A级后，未按照A级标准要求进行管控，而按照地标要求管控。

在环境管理方面：河南孟电、山西卓越、武安新峰、礼泉海螺等25家企业均处于最高水平。各二级指标中，陕西北元2022年年报中自行监测信息表为空表；荻港海螺等9家企业未完全落实自行监测要求的问题，存在窑尾主要排放口氨监测频次不足，以及协同处置固体废物企业未监测窑尾排放口总有机碳、氯化氢、重金属、二噁英等，不满足《排污单位自行监测技术指南 水泥工业》（HJ 848）的要求。

第八章 电解铝行业环境评估报告

第一节 电解铝行业发展现状

一、规模布局

（一）产能产量

从2001年开始我国原铝产量已经达到全球第一，连续22年雄踞世界首位。从2013年开始，产量占全球总产量的50%以上。据国家统计局数据，2022年我国电解铝产量为3850.3 × 10^4t，较2021年增长171.08 × 10^4t，电解铝历年产量如表8-1所示。除云南、四川限电外，2022年全国用电供需紧张形势有所缓解，其他省份产能基本恢复，行业整体产能利用率提高，电解铝产量再创历史新高。

表8-1 2001~2022年电解铝产量变化情况 单位：10^4t

年份	中国	全球（中国除外）	年份	中国	全球（中国除外）
2022	4021	6846.1	2011	1961.39	2666.11
2021	3850.30	2874.00	2010	1577.13	2658.17
2020	3708.04	2824.46	2009	1288.61	2481.99
2019	3512.96	2852.74	2008	1316.54	2680.56
2018	3683.10	2733.50	2007	1233.97	2579.23
2017	3328.96	3011.44	2006	926.57	2467.23
2016	3264.53	2724.47	2005	778.68	2411.82
2015	3141.00	2704.60	2004	669.04	2316.66
2014	2885.79	2578.91	2003	586.58	2212.02
2013	2543.81	2685.29	2002	451.11	2164.49
2012	2314.14	2602.56	2001	357.58	2093.42

资料来源：国家统计局、国际铝协。

（二）产业布局

1.现有产能主要分布于电力优势区域

现有产能主要分布于电力优势区域。目前我国共有107家电解铝企业，总产能超过 4500×10^4t/a，分布在山东、新疆、云南、内蒙古等17省（自治区、直辖市）的53个地市，其中山东、新疆、云南、内蒙古产能均超过 620×10^4t/a。滨州市、文山州、昌吉州、通辽市、包头市、西宁市、百色市产能均超过 220×10^4t/a。大气污染防治重点区域产能 1120.51×10^4t/a，占总产能的24.27%，其中山东、河南、山西、陕西分别为 743.81×10^4t/a、239×10^4t/a、107.70×10^4t/a、30×10^4t/a，分别占各自省份总产能的90.11%、100%、93.9%、35.71%。各省（自治区、直辖市）电解铝产能分布如表8-2所示。

表8-2 各省（自治区、直辖市）电解铝产能分布情况

省（自治区、直辖市）	产能 /10^4t/a	省（自治区、直辖市）	产能 /10^4t/a
山东	825.41	宁夏	131
新疆	653	山西	114.7
云南	642.59	四川	106.55
内蒙古	625.12	辽宁	89
甘肃	308.2	陕西	84
青海	296.8	重庆	51.65
广西	279.5	湖北	8.8
河南	239	福建	7.5
贵州	154.28		

资料来源：全国排污许可证管理信息平台。

2.产能格局变化趋缓，产能跨省转移仍持续

2022年大气污染防治重点区域电解铝产能未发生变化，贵州省、甘肃省分别新增产能 33×10^4t、19.20×10^4t。拟转出的产能主要集中在山东省，其中滨州市 192.86×10^4t电解铝产能转移至云南省红河州（转移项目已获得环评批复），烟台市 33.60×10^4t电解铝产能拟转移至贵州省黔西南州、贵阳市、六盘水市。如表8-3所示。

表8-3 产能置换或转移情况

承接地	承接企业	承接产能 /10^4t	转出地	转出企业	主体设备名称、型号及数量	备案产能 /10^4t	备注
包头市	内蒙古华云新材料有限公司	42	湖北	宜昌长江铝业有限责任公司	240kA × 208台	13.5	已拆除
			山西	华圣铝业有限公司	300kA × 37台	3.0	已拆除
			河南	三门峡天元铝业股份有限公司	190kA × 10台	0.5	已拆除
			内蒙古	包头铝业有限公司	240kA × 222台	15.0	
					200kA × 192台	10.0	
白银市	甘肃中瑞铝业有限公司	19.2	白银市	甘肃中瑞铝业有限公司	500kA × 140台	19.2	已批复，甘环审发〔2022〕46号

续表

承接地	承接企业	承接产能 /10^4t	转出地	转出企业	主体设备名称、型号及数量	备案产能 /10^4t	备注
红河州	云南宏合新型材料有限公司	192.86	滨州	山东魏桥铝电有限公司	600kA × 186 台	30.0	已批复，红环审〔2022〕135 号
					400kA × 130 台	13.7	
					400kA × 192 台	20.0	
				滨州市宏诺新材料有限公司	400kA × 222 台	24.1	
				惠民县汇宏新材料有限公司	400kA × 192 台	18.3	
					500kA × 210 台	26.9	
				山东魏桥铝电有限公司	400kA × 288 台	30.0	
				滨州北海汇宏新材料有限公司	500kA × 222 台	30.0	
黔西南州	贵州兴仁登高新材料有限公司	3.6	烟台	山东南山铝业股份有限公司	160kA × 78 台	3.6	已签订产能指标交易协议书
		10			300kA × 156 台 300kA × 156 台	30.0	
贵阳	贵州华仁新材料有限公司	10					
六盘水	贵州省六盘水双元铝业有限责任公司	10					

二、装备水平

根据许可证副本统计信息，我国电解铝企业电解槽数量共45059个，其中400kA及以上电解槽数量为27717个，占比63.90%；160kA电解槽数量为598个，占比1.33%；无160kA以下淘汰类生产线。400kA及以上电解槽主要分布在新疆、山东、云南、内蒙古、甘肃、广西，数量分别为5152个、5015个、4334个、4164个、2030个、1576个。160kA电解槽分布在青海、山东，数量分别为520个、78个。

电解槽电流强度分布如图8-1所示，各省（自治区、直辖市）电解槽数量如表8-4所示。与2021年相比，电解槽数量减少353个，其中500kA增加98个（甘肃），400kA减少272个（山东减少576个，贵州增加304个），300kA减少198个（山西减少276个，四川增加78个），240kA增加19个（山东）。

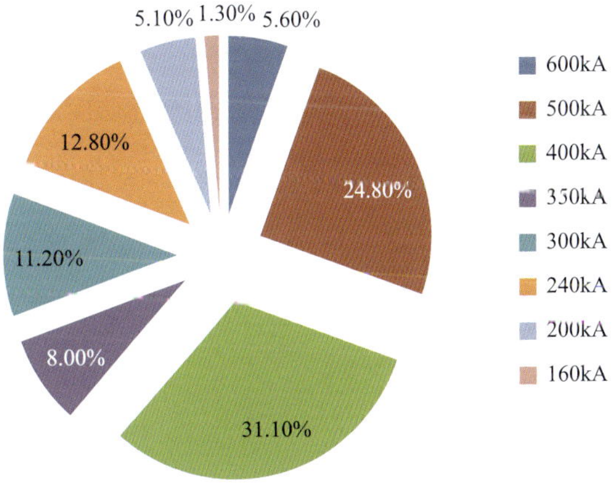

图8-1　我国各电解槽型数量占比

表8-4　2022年各省（自治区、直辖市）电流强度电解槽数量分布　　单位：个

电流强度 kA 省（自治区、直辖市）	600	500	400	350	300	240	200	160	合计
山东	1364	918	2733		412	1535		78	7040
内蒙古	312	1734	2118	708	1156	398	192		6618
云南	468	2644	1222	240	420	414	104		5512
新疆		2722	2430				80		5232
青海			870	850		1576	342	520	4158
甘肃		1514	516		136	164	490		2820
广西	372	300	904	280		896			2752
河南			868	268	1488		96		2720
贵州		491	304	500		421	212		1928
宁夏			570	576			280		1426
山西			368		676	144	120		1308
四川			234	200	618		220		1272
陕西		213	576						789
辽宁		656							656
重庆			296		126	124			546
湖北							170		170
福建						112			112
总计	2516	11192	14009	3622	5032	5784	2306	598	45059

资料来源：全国排污许可证管理信息平台。

国外主流电解槽电流强度为300~400kA，先进的电解槽技术代表有力拓加铝AP技术、挪威海德鲁公司HAL技术、迪拜铝业公司DX技术和联合俄铝公司RA技术等，上述公司最大型电解槽的电流强度分别为500kA、400kA、440kA和400kA。大型铝电解槽具有单位投资少、劳动生产率高、单位生产成本低、建设周期短、启动周期短等优点。总体上，除天车、组装系统、配套附属设备的自动控制水平略低外，我国61.50%电解槽主体装备水平已达到或超过国外主流水平。

第二节　污染物排放

一、废气污染物排放情况

1. 废气污染物排放量

据2022年电解铝企业年度执行报告统计显示，100家电解铝企业电解系统有组织废气二氧化硫、颗粒物、氟化物排放量分别为153106.59t、9905.40t、1455.23t。各省（自治区、直辖市）铝电解系统污染物排放情况如表8-5、图8-2，其中二氧化硫排放量前10位的为

青海、内蒙古、云南、甘肃、新疆、广西、贵州、宁夏、山东、重庆，占行业二氧化硫排放总量的91.4%。上述10省（自治区、直辖市）颗粒物、氟化物排放量也较高，分别占颗粒物、氟化物排放总量的92.04%、89.06%。“2+26”城市、汾渭平原等重点区域电解铝企业污染物排放量占全国比重如图8-3所示，重点区域电解铝企业二氧化硫、颗粒物、氟化物排放量占全国比重分别为7.58%、8.25%、18.58%，其中二氧化硫比重较2021年上升0.45%。

表8-5　2022年各省（自治区、直辖市）电解铝厂污染物排放总量　　单位：t

省（自治区、直辖市）	二氧化硫	颗粒物	氟化物
青海	23981.75	1588.56	195.58
内蒙古	20517.70	1209.89	91.86
云南	20397.14	1189.32	94.89
甘肃	17944.69	1323.59	187.99
新疆	17063.98	835.49	134.36
广西	12964.74	829.44	136.68
贵州	7964.64	549.56	48.42
宁夏	7146.66	539.82	119.45
山东	6468.72	595.45	226.27
重庆	5576.45	455.53	63.47
陕西	3190.51	261.49	51.22
山西	3115.04	150.83	25.84
四川	3036.75	130.80	19.95
河南	2969.38	218.09	54.75
福建	431.91	4.12	3.26
湖北	336.55	23.44	1.24
总计	153106.59	9905.40	1455.23

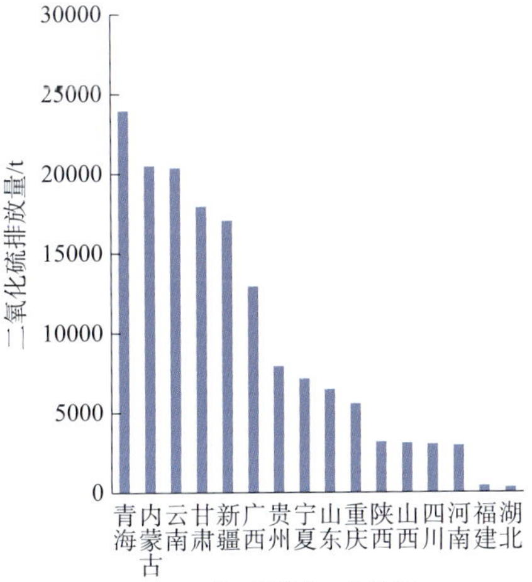

(a)二氧化硫

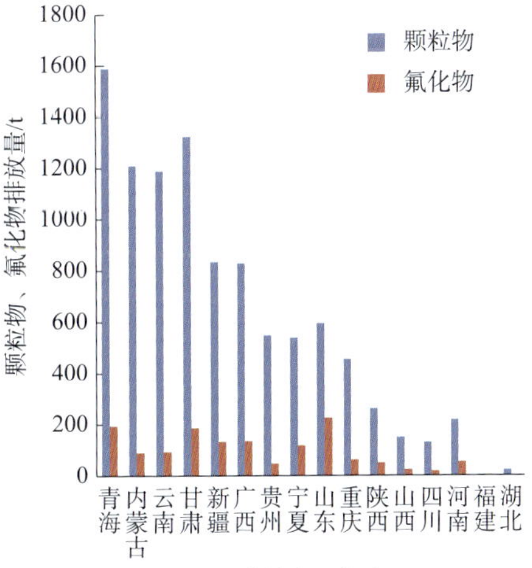

(b)颗粒物、氟化物

图8-2　2022年各省（自治区、直辖市）电解铝车间污染物排放量

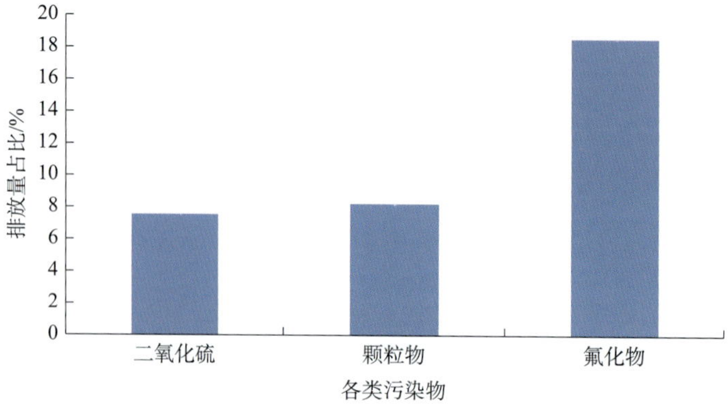

图8-3　2022年重点区域电解铝企业污染物排放量占全国比重

2. 废气污染物排放强度

电解铝企业电解车间2022年二氧化硫、颗粒物、氟化物排放强度分别为3.629kg/t铝、0.235kg/t铝、0.0345kg/t铝，排放强度均低于2021年。各省（自治区、直辖市）电解铝企业2022年废气排放绩效水平详如表8-6所示、图8-4所示，山东、河南、山西、新疆等省（自治区）二氧化硫、颗粒物、氟化物排放强度均低于全国平均水平，宁夏、贵州、广西、甘肃、青海、重庆等省（自治区、直辖市）二氧化硫、颗粒物、氟化物高于全国平均水平。非重点区域二氧化硫、颗粒物、氟化物排放强度分别为4.391kg/t铝、0.282kg/t铝、0.0386kg/t铝，分别是重点区域对应污染物排放强度的3.77倍、3.44倍、1.35倍，如图8-4所示。重点区域二氧化硫排放强度较2021年增加5.05%，颗粒物排放强度较2021年降低8.89%。

表8-6　各省（自治区、直辖市）电解铝企业2022年废气排放绩效水平　单位：kg/t铝

序号	省（自治区、直辖市）	二氧化硫	颗粒物	氟化物
1	山东	0.863	0.079	0.0302
2	河南	1.513	0.111	0.0279
3	新疆	1.707	0.084	0.0134
4	山西	3.061	0.148	0.0254
5	陕西	3.478	0.285	0.0558
6	内蒙古	3.976	0.234	0.0178
7	湖北	4.057	0.282	0.0150
8	四川	4.058	0.175	0.0267
9	云南	4.694	0.274	0.0218
10	宁夏	5.704	0.431	0.0953
11	贵州	6.029	0.416	0.0367
12	福建	6.043	0.058	0.0456
13	广西	6.468	0.414	0.0682
14	甘肃	7.027	0.518	0.0736
15	青海	8.687	0.575	0.0708
16	重庆	11.338	0.926	0.1290
平均		3.629	0.235	0.0345

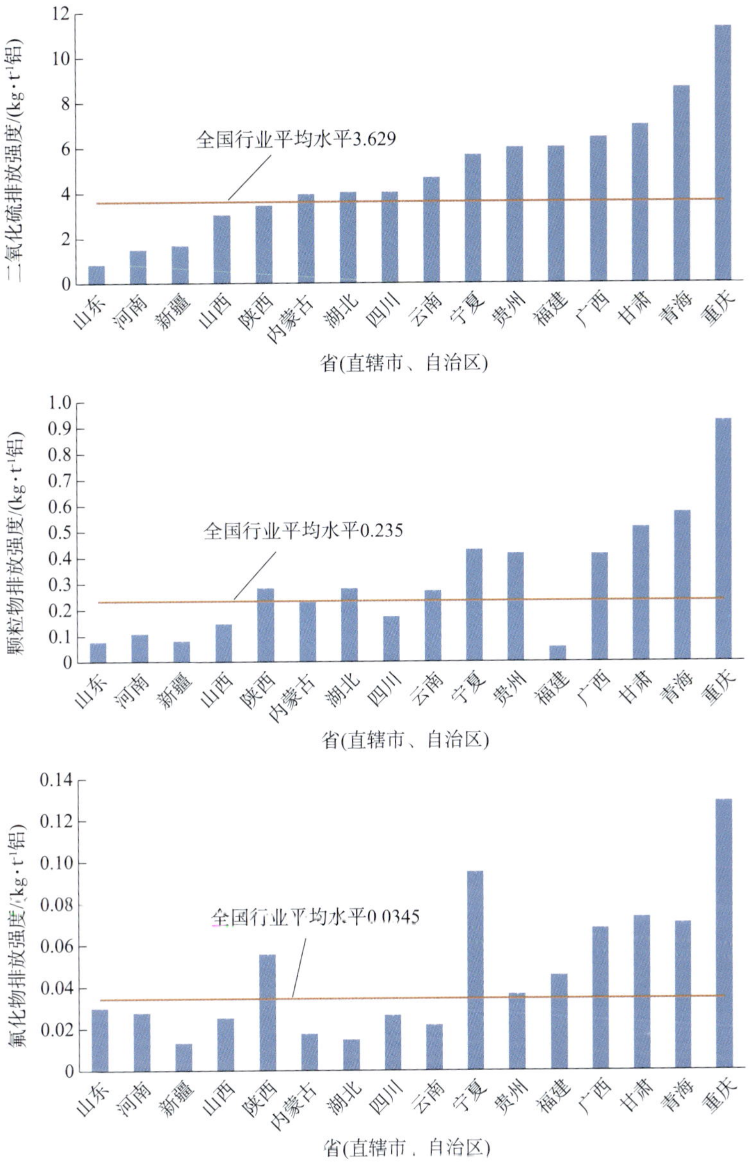

图8-4 各省(自治区、直辖市)电解铝企业2022年废气排放绩效水平

电解铝企业电解车间2022年二氧化硫、颗粒物、氟化物排放强度分别为3.629kg/t铝、0.235kg/t铝、0.0345kg/t铝。各省(自治区、直辖市)电解铝企业2022年废气排放绩效水平如表8-6、图8-5所示，山东、河南、山西、新疆等省(自治区)二氧化硫、颗粒物、氟化物排放强度均低于全国平均水平，宁夏、贵州、广西、甘肃、青海、重庆等省(自治区、直辖市)二氧化硫、颗粒物、氟化物高于全国平均水平。非重点区域二氧化硫、颗粒物、氟化物排放强度分别为4.391kg/t铝、0.282kg/t铝、0.0386kg/t铝，分别是重点区域二氧化硫对应污染物排放强度的3.77倍、3.44倍、1.35倍，如图8-5所示。

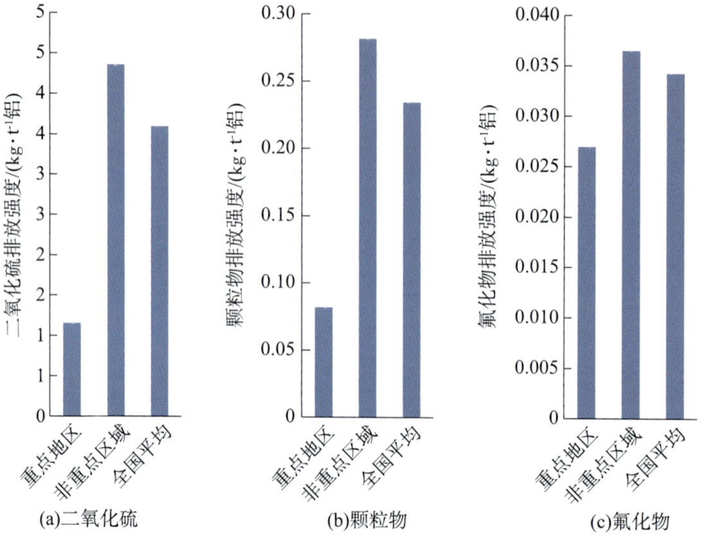

图8-5 重点、非重点区域电解铝企业2022年废气排放绩效水平

二、温室气体排放情况

电解铝行业温室气体排放主要包括生产用电造成的温室气体间接排放、炭素阳极消耗产生的二氧化碳排放以及阳极效应产生的多氟化碳排放。对77家电解铝企业（约占行业总产量的81.75%）2021年温室气体核查报告分析，能源消费总量8249.9×10^4t标准煤，共排放二氧化碳24496×10^4t，折合吨铝碳排放量8.102t。全国各省（自治区、直辖市）碳排放强度差异很小。青海、云南、四川、贵州、山东、新疆（不包括建设兵团）、宁夏、河南、内蒙古、广西等10省（自治区）吨铝二氧化碳排放量略低于全国平均水平，其他省（自治区、直辖市）均高于全国平均水平，其中陕西、山西、辽宁三省吨铝二氧化碳排放量位居前3。各省（自治区、直辖市）吨铝二氧化碳排放水平如图8-6所示。

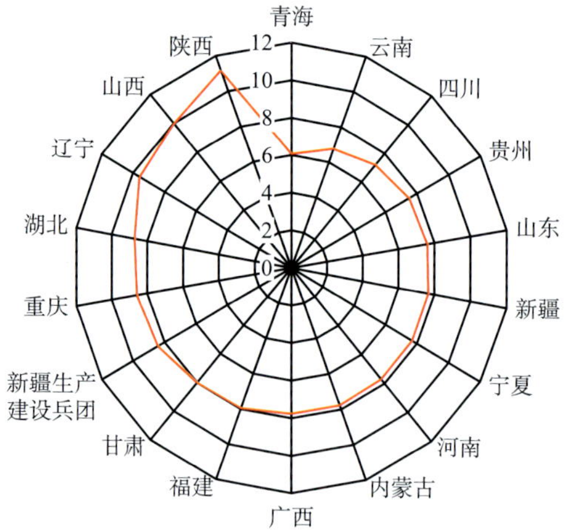

图8-6 各省（自治区、直辖市）2021年吨铝二氧化碳排放水平（单位：t）

第三节　废气污染防治措施

一、烟气脱硫改造逐步推广，减排效果明显

电解铝企业电解槽烟气排放量大，氟化物、颗粒物通常采用密闭罩集气+氧化铝吸附干法净化+袋式除尘组合方式控制污染物排放。电解槽烟气初始二氧化硫浓度为100~200mg/m^3，而《铝工业污染物排放标准》（GB 25465—2010）中二氧化硫排放限值为200mg/m^3，即使无脱硫措施，通过控制碳素阳极的含硫率也可满足标准限值要求。《打赢蓝天保卫战三年行动计划》要求推进重点行业污染治理升级改造，重点区域二氧化硫、氮氧化物、颗粒物全面执行大气污染物特别排放限值。重点区域电解铝企业陆续完成烟气脱硫改造，非重点区域新审批建设项目也提出二氧化硫总量控制要求。根据排污许可证污染治理设施统计结果，全国完成脱硫改造的电解铝企业数量和产能分别为55家和2903.52×10^{4}t/a，占比分别为51.4%、62.9%。其中，重点区域、非重点区域完成脱硫改造的电解铝企业数量比例分别为100%、36.6%，对应产能分别为1120.51×10^{4}t/a、1783.01×10^{4}t/a。已完成脱硫改造的电解铝企业中湿法脱硫、半干法脱硫、干法脱硫数量占比分别为63.1%、32.2%、4.7%，其中湿法脱硫主要采用石灰石—石膏法，部分采用电石渣—石膏法，半干法脱硫主要采用氢氧化钙法。全国电解铝行业脱硫系统共236套，其中山东、内蒙古、新疆、河南、云南分别有51个、44个、37个、30个、28个，数量位居前5，如表8-7、图8-7所示。山东、河南、山西、陕西的脱硫设施全部位于重点区域，青海、甘肃、辽宁、湖北、福建5省份电解铝厂无脱硫设施。

表8-7　各省（自治区、直辖市）2022年电解铝厂脱硫设施数量

省（自治区、直辖市）	数量/个	重点区域数量/个
山东	51	51
内蒙古	44	
新疆	37	
河南	30	30
云南	28	
宁夏	12	
山西	11	11
广西	10	
四川	6	
陕西	3	3
贵州	2	
重庆	2	
总计	236	

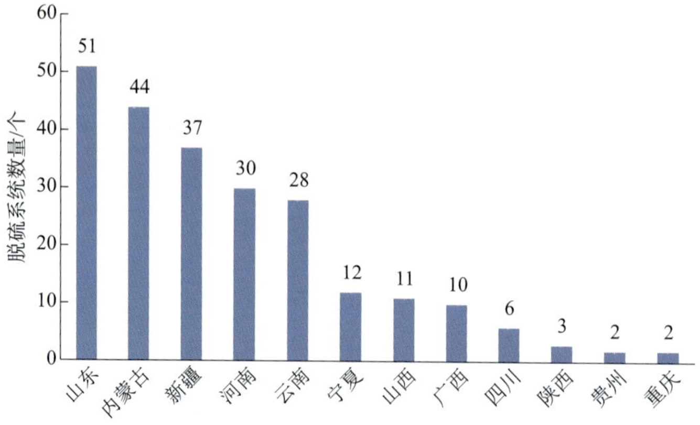

图8-7 各省（自治区、直辖市）2022年电解铝厂脱硫设施数量分布

脱硫设施对废气排放绩效的影响如图8-8所示。电解车间无脱硫设施的电解铝企业，二氧化硫、颗粒物、氟化物排放强度分别为5.369kg·t^{-1}铝、0.333kg·t^{-1}铝、0.0417kg·t^{-1}铝，有脱硫设施的电解铝企业，二氧化硫、颗粒物、氟化物排放强度分别为2.265kg·t^{-1}铝、0.157kg·t^{-1}铝、0.0288kg·t^{-1}铝，较无脱硫设施的电解铝企业污染物排放强度分别降低57.8%、52.8%、31.0%。根据上述排放绩效计算，剩余未脱硫的电解铝产能经过脱硫改造后，全国每年约减少5.32×10^4t二氧化硫排放。

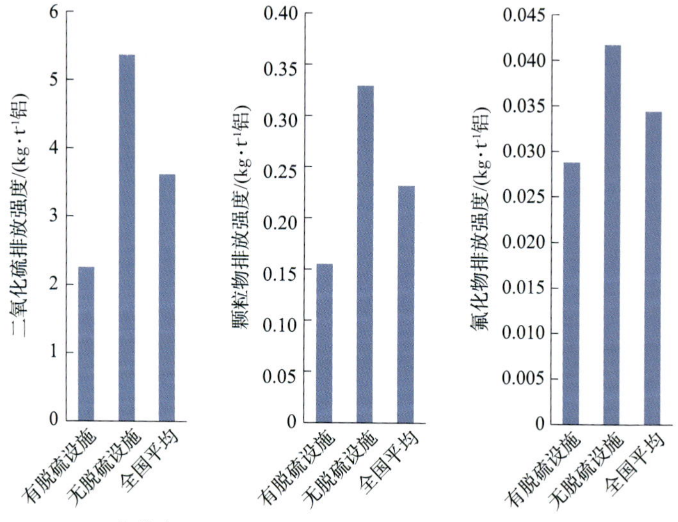

图8-8 电解铝企业2022年废气排放绩效水平

二、残极冷却箱无组织控制技术逐步得到应用

《工业炉窑大气污染综合治理方案》要求全面加大热残极冷却过程无组织排放治理力度，建设封闭高效的烟气收集系统，实现残极冷却烟气有效处理。目前山东、河南、新疆、云南等省（自治区）21家A级企业均实现残极冷却烟气有效处理。近几年新批复的电

解铝项目，大多数明确采用残极冷却箱控制技术。

第四节 环境管理

一、环评审批

2022年云南、甘肃、内蒙古各审批1个电解铝项目，其中甘肃项目审批级别为省级，其他2个项目审批级别均为市级，如表8-8所示。2022年10月27日云南省生态环境厅将云南宏合新型材料有限公司年产193×10^4t低碳铝建设项目的环评审批权调整下放至红河州生态环境局。内蒙古华云新材料三期项目由于是扩建项目，由包头市局审批。

表8-8 电解铝建设项目环境影响评价文件审批权限情况

项目名称	产能规模/10^4t/a	审批时间	审批单位
云南宏合新型材料有限公司年产193×10^4t低碳铝建设项目	193	2022.12.5	红河州生态环境局
甘肃中瑞铝业有限公司白银城区铝生产线出城入园“三化”改造项目（一期工程）	19	2022.11.29	甘肃省生态环境厅
内蒙古华云新材料有限公司三期42×10^4t轻合金材料项目	42	2022.9.5	包头市生态环境局

新批复的3个电解铝项目均明确了电解烟气脱硫要求、残极冷却箱无组织排放控制要求（其中2个明确采用双烟管技术）。危险废物处置要求如表8-9所示。

表8-9 新审批电解铝建设项目危险废物处置情况

项目名称	大修渣	炭渣	铝灰
云南宏合新型材料有限公司年产193万吨低碳铝建设项目	填埋	浮选后外售	外委
甘肃中瑞铝业有限公司白银城区铝生产线出城入园“三化”改造项目（一期工程）	外委	外委	外委
内蒙古华云新材料有限公司三期42万吨轻合金材料项目	无害化处理	外委	铝渣处理系统

二、排污许可

全国电解铝行业共发放107张排污许可证，2022年行业电解车间主要排放口二氧化硫、颗粒物实际排放量分别为16.11万吨、1.03万吨。电解铝企业电解车间主要排放口实际排放量占所在省（市、区）许可排放总量的比重详见图8-9。青海、甘肃、云南三省电解铝企业二氧化硫实际排放量占当地许可排放总量的比例均较高，其中青海省高达36.8%。

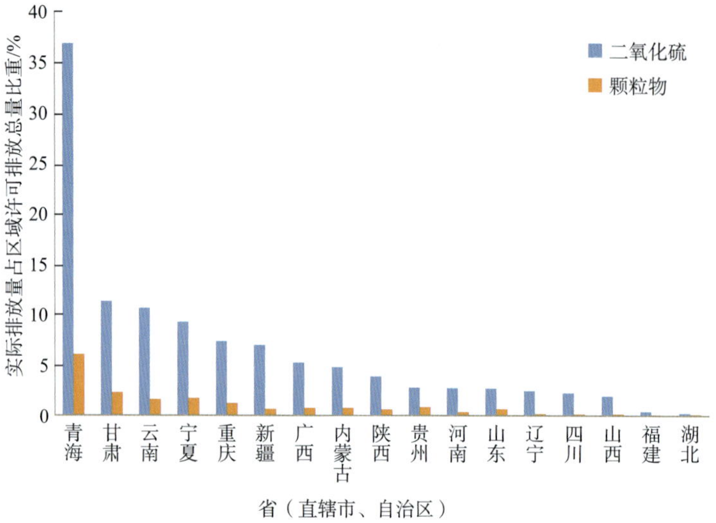

图8-9 电解铝实际排放量占区域许可排放总量占比

随着排污许可证质量及执行报告“双百”检查的推进，2022年电解铝行业排污单位执行报告提交率为100%，比2021年提高3.7%。除个别企业未投产或因故停运外，排污单位执行报告填报质量较高，产品产量、实际排放量等关键信息填报率为97.1%。

三、环境监督与执法

2022年累计对14家电解铝企业开展大气监督帮扶，其中“2+26”城市2家、汾渭平原3家、非重点区域9家。共发现问题26个，具体类型如表8-10所示，其中工业粉尘无组织排放、未建立台账或台账记录不规范问题较多，占比均为23.1%。在无组织排放问题中，启槽期间因工艺原因存在无组织排放现象、个别电解槽未密闭、在处理塌壳时槽罩密闭不严、阳极组装车间破碎工段密闭不严、原料露天堆放等问题。监督帮扶检查的14家电解铝企业总体较规范，未发现严重的环境问题。

表8-10 大气监督帮扶发现的电解铝企业问题类型 单位：个

问题类型	问题数量
工业粉尘无组织排放	6
未建立台账或台账记录不规范	6
执行报告内容不规范	3
排放口建设不规范	2
在线设备运行维护不规范	2
其他环境管理问题	2
其他环境问题	2
未按期提交执行报告	1
实际建设情况与环评和排污许可不符	1
未按期开展自行监测	1

四、环境政策

1. 重污染天气绩效分级管控

2019年生态环境部印发《重污染天气重点行业应急减排措施制定技术指南》，并于2020年、2021年两次修订，对电解铝行业实施差异化管控，并配套制定了《重污染天气重点行业绩效分级实施细则（试行）》。受A级企业重污染天气期间可自主采取减排措施的激励，共有21家电解铝企业达到绩效评级A级水平，其中重点区域16家，非重点区域5家，A级企业分布情况如表8-11所示。重点区域、非重点区域A级企业产能分别为855.33×10^4t/a、446.81×10^4t/a，二氧化硫、颗粒物合计减排量分别约4.04×10^4t/a、0.23×10^4t/a。

表8-11　A级企业分布情况

企业名称	省（自治区、建设兵团）	市
河南中孚铝业有限公司	河南省	巩义市
河南万基铝业股份有限公司	河南省	洛阳市
河南豫港龙泉铝业有限公司	河南省	洛阳市
河南万基铝业股份有限公司（一分厂）	河南省	洛阳市
滨州北海汇宏新材料有限公司年产67×10^4t原铝生产线	山东省	滨州市
阳信县汇宏新材料有限公司年产60×10^4t原铝生产线项目	山东省	滨州市
邹平市宏正新材料科技有限公司年产132×10^4t原铝生产线	山东省	滨州市
邹平市宏茂新材料科技有限公司年产30×10^4t原铝生产线	山东省	滨州市
邹平市汇盛新材料科技有限公司年产133×10^4t原铝生产线	山东省	滨州市
滨州市宏诺新材料有限公司年产72×10^4t原铝生产线	山东省	滨州市
惠民县汇宏新材料有限公司年产72×10^4t原铝生产线	山东省	滨州市
山东魏桥铝电有限公司年产20×10^4t原铝生产线	山东省	滨州市
聊城信源集团有限公司	山东省	聊城市
山东信发华信铝业有限公司	山东省	聊城市
山东信发华源铝业有限公司	山东省	聊城市
山西中铝华润有限公司	山西省	吕梁市
新疆生产建设兵团第八师天山铝业有限公司	新疆生产建设兵团	第八师
新疆农六师铝业有限公司	新疆生产建设兵团	第六师
新疆嘉润资源控股有限公司	新疆维吾尔自治区	昌吉回族自治州
云南其亚金属有限公司	云南省	大理白族自治州
鹤庆溢鑫铝业有限公司	云南省	大理白族自治州

2. 能效管控

2021年11月15日，国家发展改革委等部门关于发布《高耗能行业重点领域能效标杆水平和基准水平（2021年版）》的通知（发改产业〔2021〕1609号），明确电解铝铝液交流电耗标杆水平、基准水平分别为13000千瓦时/吨、13350千瓦时/吨。依据能效标杆水平和基准水平，限期分批实施改造升级和淘汰，明确改造升级和淘汰时限（一般不超过3年）以及年度改造淘汰计划，在规定时限内将能效改造升级到基准水平以上，力争达到能效标杆水平；对于不能按期改造完毕的项目进行淘汰。《电解铝和氧化铝单位产品能源消耗限额》（GB 21346—2022）确定了铝液交流电耗能耗限额等级，其中1级≤12950千瓦时/吨，并于2024年1月1日实施。通过能效及能耗限额管控，将引导电解铝等主要行业节能减排，加速低效产能退出，对电解铝行业技术进步、转型升级、能效水平提升等方面发挥重要作用。

3. 工业领域碳达峰实施方案

2022年7月7日，工业和信息化部、国家发展改革委、生态环境部印发《工业领域碳达峰实施方案》，要求严格落实电解铝等行业产能置换政策，加强产能过剩分析预警和窗口指导，加快化解过剩产能；聚焦低碳原料替代、短流程制造等关键技术，推进生产制造工艺革新和设备改造，减少工业过程温室气体排放。鼓励各地区、各行业探索绿色低碳技术推广新机制。坚持电解铝产能总量约束，研究差异化电解铝减量置换政策，依法依规管理电解铝出口，鼓励增加高品质再生金属原料进口。到2025年，铝水直接合金化比例提高到90%以上，再生铜、再生铝产量分别达到400万吨、1150万吨，再生金属供应占比达24%以上。到2030年，电解铝使用可再生能源比例提至30%以上。《工业领域碳达峰实施方案》将碳达峰、碳中和目标愿景贯穿电解铝生产各方面和全过程，将统筹推动行业绿色低碳转型。

4. 有色金属行业碳达峰实施方案

2022年11月15日，工业和信息化部、国家发展和改革委员会、生态环境部发布《有色金属行业碳达峰实施方案》，要求坚持电解铝产能总量约束，严格执行产能置换办法，研究差异化电解铝产能减量置换政策，巩固化解电解铝过剩产能成果。压实地方政府、相关企业责任，加强事中事后监管，将严控电解铝新增产能纳入中央生态环境保护督察重要内容。依据能效标杆水平，推动电解铝等行业改造升级，完善阶梯电价等绿色电价政策。鼓励优势企业实施跨区域、跨所有制兼并重组，推动环保绩效差、能效水平低、工艺落后的产能依法依规加快退出。严禁在国家政策允许的领域以外新（扩）建燃煤自备电厂，推动电解铝行业从使用自备电向网电转化。支持企业参与光伏、风电等可再生能源和氢能、储能系统开发建设。加强企业节能管理，严格落实国家强制性节能标准，持续开展工业节能监察，规范企业用能行为。提高可再生能源使用比例，鼓励企业在资源环境可承载的前提下向可再生能源富集地区有序转移，逐步减少使用火电的电解铝产能。利用电解铝、工业硅等有色金属生产用电量大、负荷稳定等特点，支持企业参与以消纳可再生能源为主的微电网建设，支持具备条件的园区开展新能源电力专线供电，提高消纳能力。鼓励和引导有色金属企业通过绿色电力交易、购买绿色电力证书等方式积极消纳可再生能源，确保可再生能源电力消纳责任权重高于本区域最低消纳责任权重。力争2025年、2030年电解铝使用可再生能源比例分别达到25%、30%以上。研究将有色金属行业重点品种纳入全国碳排放权交易市场，通过市场化手段，形成成本梯度，促进行业绿色低碳转型。《有色金属行业碳达峰实施方案》有利于全行业统一思想、提高认识，探索绿色低碳转型的方法路径，加快构建绿色低碳新发展格局，确保2030年前实现碳达峰。

第五节　行业绿色发展评价指标体系

一、指标体系构建

本次评估以“促进电解铝行业绿色发展”为目标，结合行业资源能源消耗、生产工艺与装置、环境管理制度执行情况、污染物排放、与环境保护的公众关系等方面，构建电解铝行业绿色发展评价指标体系，包括5项一级指标和16项二级指标，具体评价指标如表8-12所示。

评价指标体系将行业绿色发展水平划分为三级，即先进水平、较高水平、一般水平，如表8-12所示。

表8-12　电解铝行业绿色发展评价指标体系

一级指标	一级指标权重	二级指标	二级指标权重	先进	较好	一般	赋分说明
资源能源消耗	24	原铝综合电耗/（kW·h/t）	6	13300	13450	13600	≤13300得6分，13450得4.8分，其他采用插值法
		氧化铝单耗/（$kg\cdot t^{-1}$）	6	1900	1910	1920	≤1900得6分，1910得4.8分，其他采用插值法
		氟化铝单耗/（$kg\cdot t^{-1}$）	6	14	16	18	≤14得6分，16得4.8分，其他采用插值法
		阳极单耗（净耗）/（$kg\cdot t^{-1}$）	6	400	410	420	≤400得6分，410得4.8分，其他采用插值法
生产工艺与装置	11	电解电流强度/kA	6	400	300	240	≥400得6分，300得4.8分，240得3.6分
		电流效率/%	5	94	93	92	≥94得5分，93得4分，其他采用插值法
环境管理制度执行情况	10	环境影响评价制度实施情况	5	环评手续齐全	自查评估备案	自查评估备案	环评手续齐全的5分，其他得4分
		排污许可证执行报告上报情况	5	及时上报排污许可证执行报告，报告内容完整有效	及时上报排污许可证执行报告，报告内容不完整	未及时上报排污许可证执行报告	及时上报且内容完整得5分，及时上报但内容不完整得4分，未及时上报得3分
污染物排放	45	在线监测设施达标率	8	100%	98%	96%	采用外延法取值时，以95%为0
		氟化物排放强度/（$kg\cdot t^{-1}$）	10	0.01	0.03	0.05	≤0.01得10分，0.03得8分，其他采用插值法
		颗粒物排放强度/（$kg\cdot t^{-1}$）	10	0.04	0.1	0.16	≤0.04得10分，0.1得8分，其他采用插值法
		SO_2排放强度/（$kg\cdot t^{-1}$）	10	0.6	1.3	2	≤0.6得10分，1.3得8分，其他采用插值法
		生产废水排放情况	7	生产废水零排放	间接排放	直接排放	废水零排放得7分，间接排放得5分，直接排放得4分

续表

一级指标	一级指标权重	二级指标	二级指标权重	先进	较好	一般	赋分说明
与环境保护的公共关系	10	环境违法处罚情况	6	未处罚	处罚≤1次	处罚≥2次	未处罚得6分，处罚1次扣1分
		信息公开情况	2	好	较好	一般	好得2分，较好得1.5分，一般得1分
		突发环境事件发生情况	2	无事故	一般事故	较大事故	无事故得2分，发生1起重大突发环境事件减2分，发生1起较大突发环境事件减1分，发生1起一般突发环境事件减0.5分

二、评价结果

本次选取“2+26”城市、汾渭平原等大气污染防治重点地区电解铝企业，通过全国排污许可证管理信息平台、环境影响评价智慧监管平台、全国建设项目环评统一审批系统获取评价企业的排污许可证副本、排污许可证执行报告（年报）、环境影响评价报告等信息，依据表8-12的评价指标体系进行打分评价，企业缺少评价指标数据时以行业一般水平替代该项评价数据。企业绿色发展水平可根据表8-13绿色发展综合评价指标得出。24家电解铝企业评价结果如表8-14所示，其中11家企业处于绿色发展先进水平，11家企业处于绿色发展较高水平，2家企业处于绿色发展一般水平。

表8-13 电解铝行业绿色发展综合评价指标

企业绿色发展水平	综合评价指标值（P）
绿色发展先进水平	$P \geqslant 80$
绿色发展较高水平	$70 \leqslant P < 80$
绿色发展一般水平	$P < 70$

表8-14 行业绿色发展水平评价结果

排污单位	一级指标					
	资源能源消耗	生产工艺与装置	环境管理制度执行情况	污染物排放	与环境保护的公众关系	合计
	24	11	10	45	10	100
邹平市宏茂新材料科技有限公司年产30万吨原铝生产线	14.8	11.0	9	41.4	10	86.2
邹平市汇盛新材料科技有限公司年产133万吨原铝生产线	14.8	10.3	9	42.0	10	86.1
邹平市宏正新材料科技有限公司年产132万吨原铝生产线	14.3	10.3	9	41.6	10	85.2

续表

排污单位	一级指标					
	资源能源消耗	生产工艺与装置	环境管理制度执行情况	污染物排放	与环境保护的公众关系	合计
	24	11	10	45	10	100
滨州北海汇宏新材料有限公司年产67万吨原铝生产线	15.5	10.4	9	39.2	10	84.1
河南中孚铝业有限公司	13.7	9.0	8	42.5	10	83.2
阳信县汇宏新材料有限公司年产60万吨原铝生产线项目	15.4	10.3	9	38.0	10	82.6
滨州市宏诺新材料有限公司年产72万吨原铝生产线	15.0	10.3	9	38.1	10	82.5
山东信发华信铝业有限公司	14.7	6.6	9	42.0	10	82.3
惠民县汇宏新材料有限公司年产72万吨原铝生产线	13.7	10.3	9	39.1	10	82.1
陕西美鑫产业投资有限公司铝镁合金分公司	16.0	11.0	8	35.2	10	80.2
河南万基铝业股份有限公司	10.2	9.4	9	41.5	10	80.1
山东魏桥铝电有限公司年产20万吨原铝生产线	11.9	10.0	9	36.7	10	77.6
河南万基铝业股份有限公司（一分厂）	8.7	6.8	9	42.5	10	77.0
焦作万方铝业股份有限公司	16.2	7.8	9	33.7	10	76.8
洛阳豫港龙泉铝业有限公司	17.5	7.8	8	34.6	10	77.8
聊城信源集团有限公司（一厂）	7.4	9.0	9	39.2	10	74.7
聊城信源集团有限公司	9.2	6.6	8	40.7	9	74.6
河南恒康铝业有限公司	14.0	9.0	8	35.0	8	74.1
伊川豫港龙泉铝业有限公司	15.5	7.8	8	33.8	10	75.1
山东信发华源铝业有限公司	6.6	6.6	8	39.2	10	70.3
河南豫港龙泉铝业有限公司	7.8	7.8	9	36.8	10	71.3
山西中铝华润有限公司	5.1	10.0	10	35.1	10	70.1
中铝山西新材料有限公司（电解铝）	13.7	7.8	8	29.6	10	69.1
山西兆丰铝电有限责任公司电解铝分公司	10.5	6.6	8	33.2	10	68.3

从表8-14可知，绿色发展先进水平的11家企业分布于山东、河南、陕西，分别为8、2家、1家。处于绿色发展一般水平的企业，由于执行报告年报多处数据未填报，部分指标用一般水平替代，造成得分较低。重点区域的电解铝企业整体处于绿色发展较高水平。

第九章 水电行业环境评估报告

第一节　水电行业发展现状

2022年是党的二十大胜利召开之年，党的二十大报告中提出，积极稳妥推进碳达峰碳中和，为我国能源发展指明了前进方向。水电作为可再生能源，在我国能源结构组成中占重要地位，在碳达峰碳中和战略目标引领下，我国水电呈稳中有进的发展趋势，2022年装机容量突破4×10^8kW。本年度报告重点梳理并总结了我国水电装机规模及结构组成、发电运行、发展布局等变化情况，分析了我国在"双碳"战略目标推进实施、能源结构转型调整背景下，水电发展的新趋势。

一、装机规模及结构组成

21世纪以来，我国水电开发建设步伐明显加快，装机规模快速跃升，2004年、2010年、2014年，我国水电装机规模相继达到1×10^8kW、2×10^8kW、3×10^8kW。截至2022年年底，全国水电总装机4.135×10^8kW，占全国发电总装机的16.2%（图9–1），占全国非化石能源装机的32.6%（图9–2）。

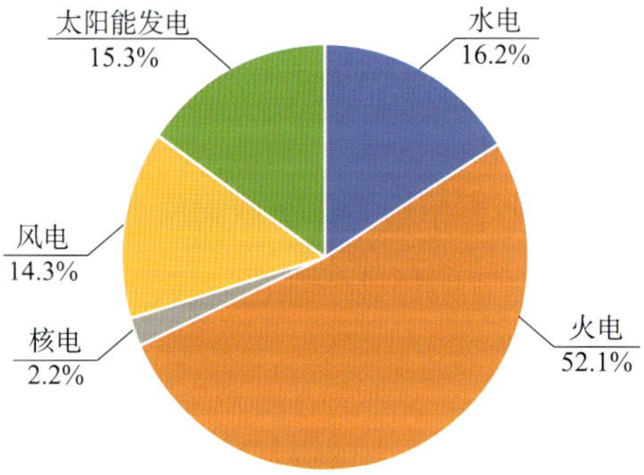

图9–1　2022年全国发电装机容量结构图

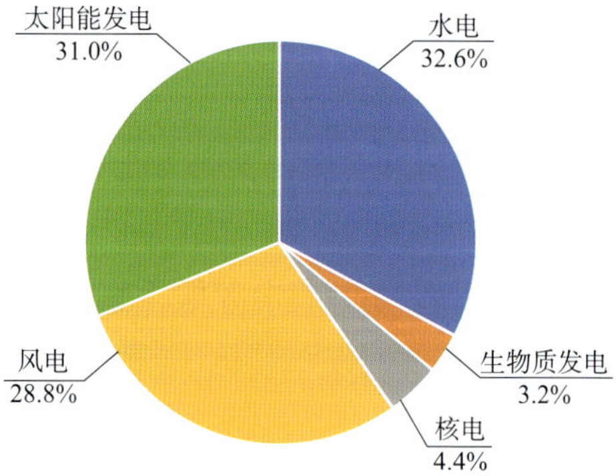

图9–2　2022年全国非化石能源装机容量结构图

装机结构组成方面，截至2022年年底，我国常规水电装机容量36771 × 10⁴kW，占比89%，其中大中型常规水电（5 × 10⁴kW及以上）装机占比69.1%，小水电装机占比19.8%；抽水蓄能装机4579 × 10⁴kW，占比11%。“十三五”以来我国水电装机结构组成总体呈大中型常规水电装机占比稳中有升、小水电装机占比逐步降低、抽水蓄能装机占比较快增长的趋势。如图9-3所示。

图9-3 “十三五”以来我国水电装机结构组成变化情况

2022年，水电新增投产装机容量2387 × 10⁴kW，其中大中型常规水电新增装机容量1507 × 10⁴kW。随着白鹤滩水电站16台机组全部建成投产，长江干流上的6座巨型梯级水电站乌东德、白鹤滩、溪洛渡、向家坝、三峡、葛洲坝形成世界最大的“清洁能源走廊”。抽水蓄能建设明显加快，2022年全国新核准抽水蓄能项目48个，装机容量6890 × 10⁴kW，已超过“十三五”时期全部核准规模，全年新投产880 × 10⁴kW，创历史新高。

从装机增速看，2022年水电新增装机容量增幅6.1%，较2021年提高0.9个百分点，如图9-4所示。受新能源装机容量快速增加影响，近年来水电装机容量占我国发电装机容量的比重一直呈下降趋势，2022年水电装机容量占全国发电装机容量比重约16.2%，较上年下降0.2个百分点；2022年水电装机容量占全国非化石能源发电装机容量比重约32.6%，较上年下降2.4个百分点，如图9-5至图9-6所示。

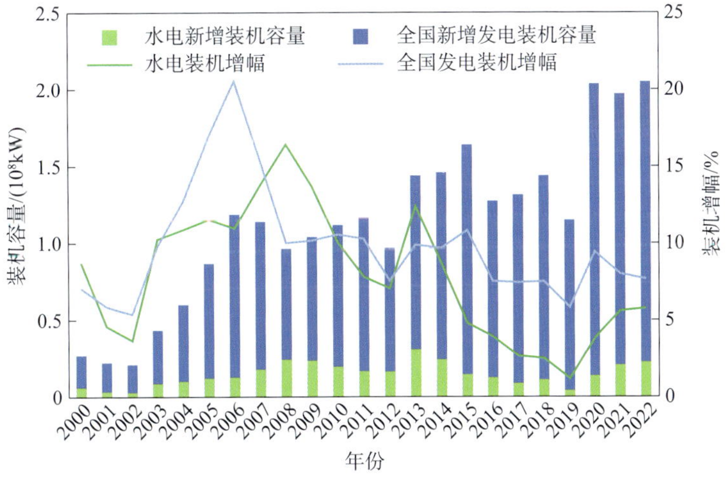

图9-4 2000~2022年我国水电装机容量及增幅变化情况

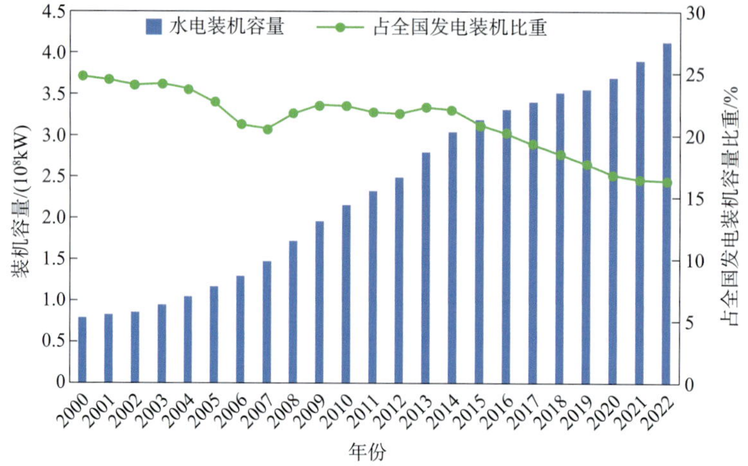

图9-5　2000~2022年我国水电装机容量及占全国发电装机容量比重变化

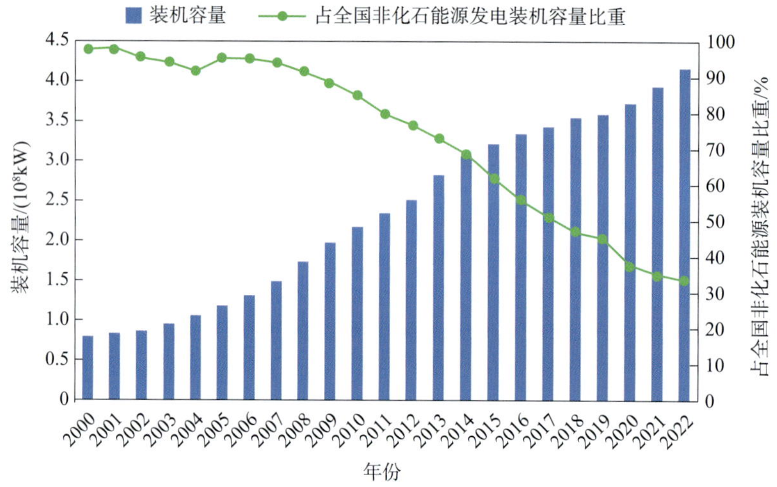

图9-6　2000~2022年我国水电装机容量及占全国非化石能源装机容量比重变化

二、发电运行情况

受来水偏枯影响，2022年全国水电发电量13550×10^{8}kW·h，同比下降1.1%，占全国全口径发电量的15.6%，比重下降0.4个百分点。全国水电发电量排前3的省份为四川、云南和湖北，累计发电量占全国水电发电量的58.3%。

2022年，全国水电设备平均利用小时数3412h，比上年同期降低210h，为2014年以来年度最低（图9-7）；在水电装机容量超过1000×10^{4}kW的10省份中，除广西、福建、云南和广东外，其他省份水电设备平均利用小时数同比均降低，其中，湖北和青海降低超过800h，四川、贵州和湖南降低超过200h。

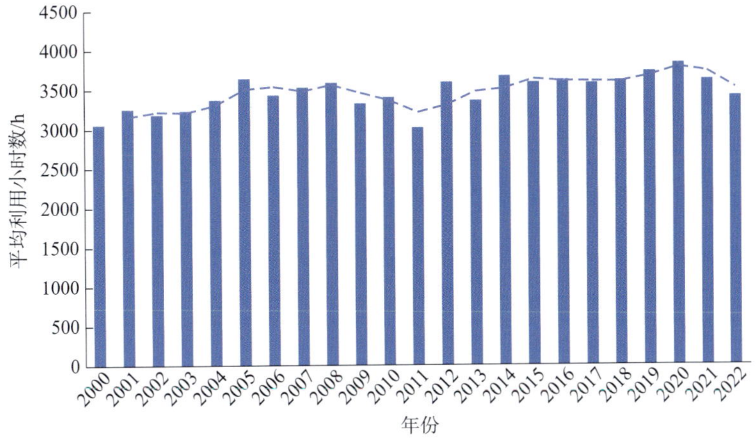

图9-7　2000~2022年我国水电平均利用小时数变化

三、发展布局情况

从区域来看，2006~2011年，全国各省水电装机规模中，排前3的省份依次是湖北、四川、云南。2012年，四川省赶超湖北省，成为全国水电装机最大的省份。截至2022年年底，四川、云南、湖北、贵州、广东、广西、湖南、福建、浙江、青海等水电开发重点省份水电装机容量分别为9749×10^4kW、8112×10^4kW、3780×10^4kW、2282×10^4kW、1906×10^4kW、1813×10^4kW、1587×10^4kW、1538×10^4kW、1384×10^4kW、1261×10^4kW，分别占全国水电总装机容量的23.6%、19.6%、9.1%、7.0%、4.6%、4.4%、3.8%、3.7%、3.3%、3.0%；上述10省（自治区）水电总装机容量33412×10^4kW，占全国水电总装机容量的80.8%。

从流域来看，截至2022年年底，金沙江、长江上游、雅砻江、大渡河、乌江、黄河上游、南盘江—红水河以及西南诸河8个主要水电基地已建、在建水电装机容量分别为6810×10^4kW、2522×10^4kW、2262×10^4kW、2201×10^4kW、1158×10^4kW、1888×10^4kW、1368×10^4kW、2488×10^4kW，已建、在建装机容量分别占基地水能资源技术可开发量的83%、81%、79%、88%、100%、71%、91%、16%，除西南诸河外，其余水电基地总体已处于较高开发水平。上述8个主要水电基地已建水电总装机容量1.83×10^8kW，占全国常规水电总装机容量的49.8%，占全国大中型常规水电总装机容量的64.1%。如表9-1所示。

表9-1　2022年主要水电基地开发情况

序号	河流名称	技术可开发量/10^4kW	已建装机/10^4kW	在建装机/10^4kW	已建、在建装机容量比例/%
1	金沙江	8167	6032	778	83
2	长江上游	3128	2522	0	81
3	雅砻江	2862	1920	342	79

续表

序号	河流名称	技术可开发量 /10^4kW	已建装机 /10^4kW	在建装机 /10^4kW	已建、在建装机容量比例 /%
4	大渡河	2496	1737	464	88
5	乌江	1158	1110	48	100
6	黄河上游	2665	1508	380	71
7	南盘江—红水河	1508	1208	160	91
8	西南诸河	15559	2288	200	16
合计		37543	18325	2372	—

四、发展形势

1.抽水蓄能“遍地开花”，依托常规水电站增建混合式抽水蓄能电站成为新趋势

我国抽水蓄能发展自20世纪60年代起步，先后经历“产业起步”“探索发展”“完善发展”3个阶段，为适应新型电力系统建设和大规模高比例新能源发展需要，近年来抽水蓄能电站“蓬勃发展”，呈爆发式增长趋势。“十三五”期间，抽水蓄能电站核准规模 3613×10^4kW，投产规模 846×10^4kW（图9-8）。《抽水蓄能中长期发展规划（2021—2035年）》印发后，目前全国约 2×10^8kW抽水蓄能项目正在开展前期工作，预计“十四五”期间抽水蓄能电站建设数量将超200个。2022年，全国共核准48个抽水蓄能项目，核准规模 6890×10^4kW，是“十三五”期间核准总装机规模的1.9倍；投产规模 880×10^4kW，是“十三五”期间总投产装机的1.04倍。截至2022年年底，我国已在建抽水蓄能电站装机规模 16692×10^4kW，其中已建抽水蓄能电站装机规模 4579×10^4kW，核准在建抽水蓄能电站装机规模 12113×10^4kW，建设布局由过去主要集中分布在华东、南方、华北、华中等负荷中心到全国各地均有分布（图9-9）。

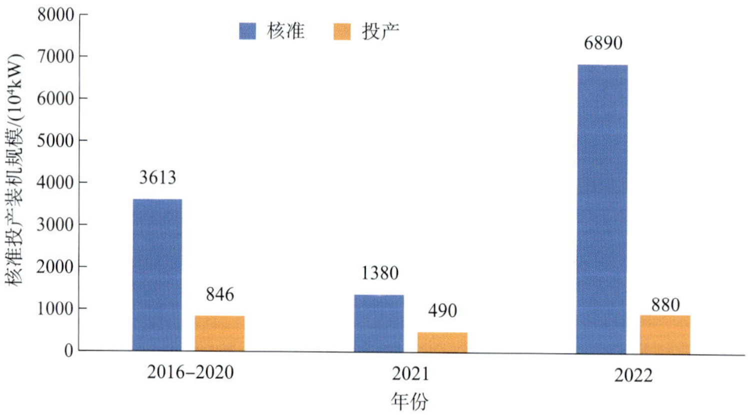

图9-8 “十三五”至2022年底我国抽水蓄能电站核准投产装机容量规模

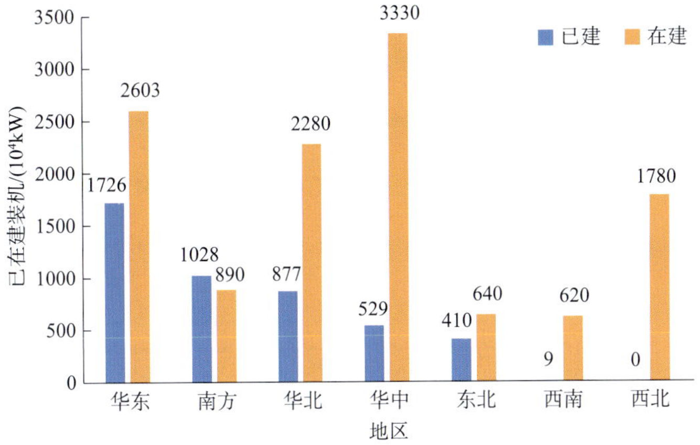

图9-9 我国已在建抽水蓄能电站装机规模分布

近年来，依托常规水电站增建混合式抽水蓄能成为新的发展趋势。雅砻江两河口—牙根一级、湖北潘口—小漩等2个混合式抽蓄电站已于2022年底开工建设。金沙江上游叶巴滩—拉哇、金沙江中游梨园—阿海、汉江上游安康—旬阳、黄河上游龙羊峡—拉西瓦、北盘江光照—马马崖、浙江乌溪江湖南镇—黄坛口、浙江龙泉溪紧水滩—石塘、福建古田溪一级—二级等8个混合式抽蓄电站正在加快开展前期工作。

2.常规水电功能定位逐步发生变化，装机规模普遍调整加大

因水电具有启停迅速的运行特点，在未来高比例可再生能源的电力系统中，常规水电的功能定位将从“电量供应为主”转变为“电量供应与灵活调节并重”。2022年3月，国家能源局印发了《关于开展全国主要流域可再生能源一体化规划研究工作有关事项的通知》，提出在水能资源技术可开发量200×10^4kW以上的主要流域范围内，依托主要流域水电开发，充分利用水电灵活调节能力和水能资源，在合理范围内配套建设一定规模的以风电和光伏为主的新能源发电项目，建设可再生能源一体化综合开发基地。目前，国内已开始在雅砻江、大渡河、金沙江等7大流域和主要水电基地积极规划建设水风光一体化综合能源基地，并已成功建设一批试点项目。为适应大规模水风光互补的需要，常规水电装机规模不断发生变化，普遍较规划规模发生较大提升。未来5年内拟报批大中型常规水电站中可研阶段装机规模较规划阶段加大20%及以上的占比47.6%。如某流域某水电站规划规模100×10^4kW，可研阶段装机规模150×10^4kW，较规划规模加大50%。

第二节　水电环境管理

2022年，我国第二部流域保护专门法律《中华人民共和国黄河保护法》正式发布，生

态环境部联合有关部门先后印发了《黄河流域生态环境保护规划》《黄河生态保护治理攻坚战行动方案》《深入打好长江保护修复攻坚战行动方案》等文件。本年度重点分析总结了上述法律和政策文件，对水电开发生态环境保护的相关规定；同时从水电项目环评审批、环保验收、执法监管等方面，分析了水电行业环境管理情况。

一、政策法规情况

（一）《中华人民共和国黄河保护法》为黄河流域水电开发生态环境保护提供了有力的法律保障

2022年10月30日，中华人民共和国第十三届全国人民代表大会常务委员会第三十七次会议通过《中华人民共和国黄河保护法》（以下简称《黄河法》），自2023年4月1日起施行。是继《中华人民共和国长江保护法》之后的又一部流域保护专门法律，为流域水电开发生态环境保护提供了有力的法律保障。

《黄河法》专门针对流域水电开发提出了严格的审批论证和分类整改要求。第二十七条中规定，“黄河流域水电开发，应当进行科学论证，符合国家发展规划、流域综合规划和生态保护要求。对黄河流域已建小水电工程，不符合生态保护要求的，县级以上地方人民政府应当组织分类整改或者采取措施逐步退出”。

《黄河法》针对黄河流域生态脆弱的问题，以促进高质量发展为目标，更加突出了生态保护修复的重要性，强化了水利水电开发生态流量泄放、生态调度、河湖连通性恢复、增殖放流等保护措施要求。第三十七条规定“黄河干流、重要支流水工程应当将生态用水调度纳入日常运行调度规程”。第四十二条规定“对鱼类等水生生物洄游产生阻隔的涉水工程应当结合实际采取建设过鱼设施、河湖连通、增殖放流、人工繁育等多种措施，满足水生生物的生态需求”。

（二）《黄河流域生态环境保护规划》《黄河生态保护治理攻坚战行动方案》《深入打好长江保护修复攻坚战行动方案》进一步对长江、黄河流域小水电清理整改、生态流量监管等提出了要求

1.《黄河流域生态环境保护规划》

2022年6月11日，生态环境部联合国家发展改革委、自然资源部、水利部印发《黄河流域生态环境保护规划》（以下简称《规划》）。《规划》是指导黄河流域当前和今后一个时期生态环境保护工作，制定实施相关规划方案、政策措施和工程项目建设的重要依据。

《规划》第四章第一节提出“以国家公园、水源涵养区、珍稀物种栖息地为重点，清

理整治过度的小水电开发”；“科学合理确定黄河干支流河湖生态流量（水量），……制定实施生态流量保障方案，加强生态流量动态监管，开展生态流量保障效果调查评估”。

《规划》第七章第二节提出“通过河流连通性恢复、水生生态环境修复、水生生物增殖放流等措施，恢复流域水生生物多样性。落实黄河流域禁渔制度，加强黄河上游特有鱼类、珍稀鱼类保护”。

2.《黄河生态保护治理攻坚战行动方案》

为深入贯彻习近平总书记重要讲话和重要指示批示精神，落实黄河流域生态保护和高质量发展国家重大战略，按照《关于深入打好污染防治攻坚战的意见》，着力打好黄河生态保护治理攻坚战。2022年8月5日，生态环境部等12部门联合制定《黄河生态保护治理攻坚战行动方案》（以下简称《方案》）。

《方案》主要任务“河湖生态保护治理行动”要求“以黄河干流、主要支流，以及……龙羊峡水库、李家峡水库、刘家峡水库等湖库为重点，实施水生态调查评估与保护修复”；“开展水利水电工程生态流量泄放落实情况专项检查”。“生态保护修复行动”要求“加强生物多样性保护……推动在黄河上游及河源区等重点水域开展鱼类生态通道及栖息地修复”。

3.《深入打好长江保护修复攻坚战行动方案》

为深入贯彻习近平总书记关于推动长江经济带发展系列重要讲话和重要指示批示精神，按照《中共中央　国务院关于深入打好污染防治攻坚战的意见》和长江保护法有关要求，2022年8月31日，生态环境部等17部门联合制定《深入打好长江保护修复攻坚战行动方案》（以下简称《方案》）。

《方案》要求扎实推进水生生物多样性恢复。科学规范开展水生生物增殖放流。强化关键栖息地保护与修复。加强涉渔工程水生生物专题影响评价，督促落实生态保护措施，减缓涉渔工程建设对水生生物及其栖息生态环境影响。推动国家重要江河湖库水生生物洄游通道恢复，增强河流连通性。

《方案》要求巩固小水电清理整改成果。出台进一步做好小水电分类整改工作的意见和生态流量监管办法，完成长江经济带小水电清理整改“回头看”，推动限期退出类电站按要求完成退出，加强生态流量监督管理，逐站落实生态流量。鼓励和引导沿江省（市）再创建一批绿色小水电示范电站。

《方案》要求切实保障基本生态流量（水位）。加强水资源配置与调度管理，科学精细地开展长江流域控制性水工程联合调度，充分发挥控制性水工程防洪抗旱、供水、生态、发电、航运等综合效益，建立健全三峡水库生态调度长效机制。

二、环评审批情况

（一）水电项目分级审批管理情况

梳理历年部级审批环评文件目录，对于常规水电站项目，2009年3月之前装机容量10×10^4kW及以上的水电站由原环境保护部（原国家环境保护总局）审批，2009年3月至2015年3月之前在主要河流上建设的水电站和总装机容量25×10^4kW及以上的水电站由原环境保护部审批，2015年3月至今在跨界河流、跨省（自治区、直辖市）河流上建设的单站总装机容量50×10^4kW及以上水电站由生态环境部（原环境保护部）审批；对于抽水蓄能电站项目，2009年3月之前抽水蓄能电站环评文件由原环境保护部审批，2009年3月至2013年11月之前由原环境保护部委托省级环境保护部门审批，2013年11月抽水蓄能电站环评文件审批权限正式下放至省级环境保护部门，随着简政放权的不断推进，目前全国近一半省份抽水蓄能电站环评文件在市县级生态环境部门审批。

梳理全国32省（自治区、直辖市、建设兵团）现行有效的省级审批环评文件目录，各省（自治区、直辖市、建设兵团）审批权限如表9-2所示。

表9-2　32省（自治区、直辖市、建设兵团）水电项目环评分级审批情况

省（自治区、直辖市、建设兵团）	省级审批的项目	与2021年变化
四川	生态环境部审批权限以外的常规水电（5×10^4kW及以下的除外）；抽水蓄能水电（2023年本）	5×10^4kW及以下的常规水电站下放
云南	跨州（市）河流上建设的单站总装机容量25×10^4kW及以上水电项目（2022年本）	非跨州（市）河流上建设的单站总装机容量25×10^4kW及以上水电项目下放
湖北	在跨市（州）河流上建设的单站总装机容量1×10^4kW及以上的水电站项目；抽水蓄能电站（2019年本）	无变化
贵州	跨市（州）建设项目；单站总装机容量5×10^4kW（含）以上；抽水蓄能电站（2021年本）	无变化
广东	新建、扩建总装机容量5×10^4kW以上（不含本数）的水电站（2021年本）	无变化
广西	在西江、浔江、黔江、红水河、柳江、桂江、郁江干流河段上单站总装机容量50×10^4kW以下，或在其他河流上跨设区市建设的水电站（2022年本）	无变化
湖南	选址跨市州区域、跨流域的建设项目（2019年本）	无变化
福建	新建总装机1×10^4kW及以上的水电站项目（2015年本）	无变化
浙江	选址跨设区市行政区域的建设项目（2019年本）	无变化
青海	除生态环境部审批之外总装机5×10^4kW以上的水力发电项目；抽水蓄能电站项目（2019年本）	无变化
甘肃	单站总装机容量30×10^4kW及以上及在市（州）界河上建设的项目，抽水蓄能电站（2021年本）	无变化

续表

省（自治区、直辖市、建设兵团）	省级审批的项目	与 2021 年变化
新疆	在跨界河流、跨地（州、市）河流上建设的单站总装机 1000kW 及以上的常规水电（生态环境部审批的除外；仅更换发电设备的增效扩容项目除外）；在非跨界河流、非跨地（州、市）河流上建设的单站总装机容量 5×10^4kW 及以上常规水电（仅更换发电设备的增效扩容项目除外）；抽水蓄能电站；涉及环境敏感区的。（2021 年本）	无变化
重庆	跨区县（自治县，含两江新区、重庆高新区、万盛经开区）的建设项目（2021 年本）	无变化
江西	抽水蓄能电站以及在省内主要河流（赣江、抚河、修河、信江、饶河）上建设的水力发电项目（2015 年本）	无变化
吉林	生态环境部审批权限以外的总装机容量在 2000kW 及以上的水力发电；抽水蓄能电站项目（2020 年本）	无变化
安徽	抽水蓄能电站（2019 年本）	无变化
河南	跨省辖市和涉及省级及以上自然保护区的单站总装机容量 50×10^4kW 以下的项目（2019 年本）	无变化
河北	——（2022 年本）	无变化
陕西	生态环境部审批以外编制环境影响报告书的项目（2021 年本）	无变化
辽宁	在跨界河流、跨省（区、市）河流上建设的单站总装机容量 50×10^4kW 以下项目；涉及跨市及省管河流的项目；抽水蓄能电站（2021 年本）	无变化
西藏	生态环境部审批权限以外的全部水电项目（2021 年本）	无变化
江苏	跨设区市行政区域的项目（2016 年本）	无变化
内蒙古	跨盟市行政区域的建设项目（2021 年本）	无变化
黑龙江	在跨市（地）河流上建设的项目；抽水蓄能电站（2019 年本）	无变化
山东	——（2017 年本）	无变化
山西	跨设区市建设的水电站项目（2019 年本）	无变化
海南	编制环境影响报告书的水电项目以及跨市县行政区域的水电项目（2021 年本）	无变化
北京	建设地点跨两个或两个以上区的建设项目（2022 年本）	无变化
宁夏	除生态环境部审批的水电站项目（2022 年本）	无变化
天津	在跨区河流上建设的水电站（2022 年本）	无变化
上海	建设地点位于本市生态保护红线范围内的或位于本市集中式饮用水水源二级保护区范围内的或跨区的建设项目（2021 年本）	无变化
兵团	单站总装机容量 5×10^4kW 及以上；抽水蓄能电站（2019 年本）	无变化

（二）水电项目环评审批总体情况

根据环评智慧监管平台数据，2022年全国共审批水电项目185个（图9-10），其中常规水电项目163个，抽水蓄能项目22个；项目共投资2091.7×10^8元，其中，抽水蓄能项目投资1858.1×10^8元，占比88.8%；环保投资33.5×10^8元，占项目投资的1.6%。

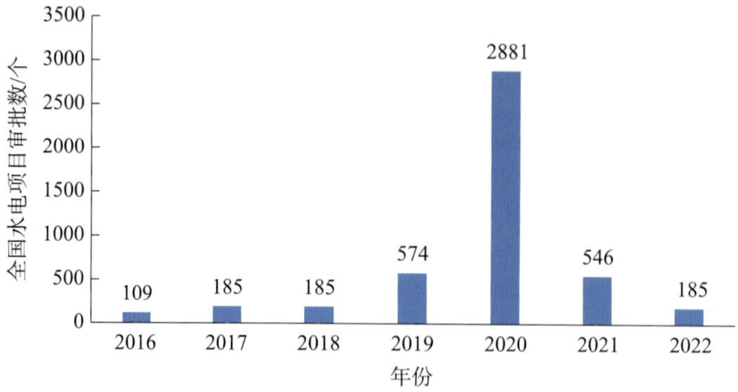

图9-10　2016~2022年全国水电项目环评审批数量

相较2021年，2022年常规水电审批数量减少379个，抽水蓄能审批数量增加了18个，项目总投资增加了1668.81 × 10^8元，主要原因：一是随着各地小水电清理整改工作的收尾，补办环评手续的小水电大幅下降；二是发改办能源〔2022〕725号文暂停长江流域中型水电项目核准工作，常规中型水电审批数量受到影响；三是《抽水蓄能中长期发展规划（2021~2035年）》印发后，全国各地均在积极推动抽水蓄能建设，抽水蓄能进入快速发展阶段，从年度看，“十三五”期间（2016~2020年）共审批18个，“十四五”期间（2021~2022年）共审批26个，2022年一年审批的抽水蓄能数量是2016~2021年的总和；四是抽水蓄能项目对投资的拉动作用明显，2022年审批的22个抽水蓄能电站涉及总投资1858.1 × 10^8元，占审批的185个水电项目总投资的88.8%。

2022年审批水电项目较多的地区包括福建、重庆、吉林、浙江等省（直辖市），数量分别为90个、19个、16个、10个，共占全国总数的73%，如图9-11所示。其中，福建省人民政府办公厅于2021年8月印发《关于印发福建省水电站清理整治行动方案的通知》（闽政办〔2021〕38号），要求“建设运行相关审批手续不全的水电站，由对口职能主管部

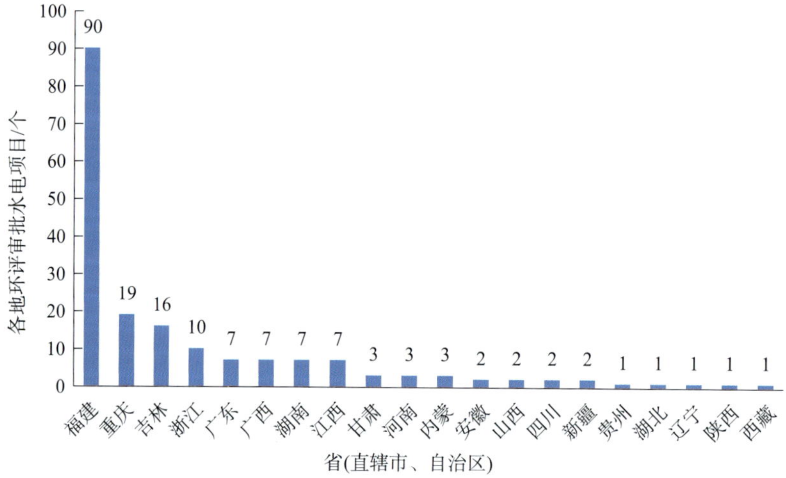

图9-11　2022年全国环评审批水电项目区域分布情况

门根据综合评估意见以及整改措施落实情况，依法查处，并指导水电站业主办理完善有关审批手续，2022年底限期完成……禁止新建、扩建以发电为主的水电站”。福建省2022年审批的水电项目应均为清理整治过程中补办手续的项目。

2022年审批的22个抽水蓄能项目分别位于广东（5个）、甘肃（3个）、河南（3个）、浙江（3个）、重庆（2个）、安徽（2个）、湖南（2个）、内蒙古（1个）、陕西（1个）。

2022年审批的185个水电项目：按环评文件类别统计，编制环评报告书项目91个、占比49.2%，编制环评报告表项目94个、占比50.8%；按审批级别统计，国家级审批项目2个、占比1.1%，省级审批项目10个、占比5.4%，市级审批项目66个、占比35.7%，区县级审批项目107个、占比57.8%，如图9-12所示。其中22个抽水蓄能项目环评文件类别均为报告书：省级审批项目6个，市级审批项目12个，区县级审批项目4个。

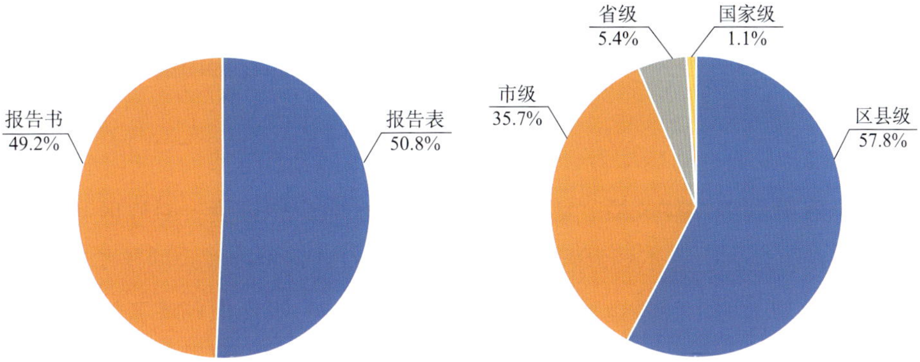

图9-12　2022年全国环评审批水电项目环评文件类型和审批级别情况

水电项目环评审批周期方面，报告书类项目，审批时长在60d（含）以内的项目数量占比82.4%，审批时长在60d以上的项目数量占比17.6%，平均审批时长35d，其中最长106d，最短2d；报告表类项目，审批时长在30d（含）以内的项目数量占比99%，审批时长在30d以上的项目数量占比1%，平均审批时长13d，其中最长33d，最短1d。

（三）抽水蓄能项目环评审批分析

鉴于当前抽水蓄能发展形势，为掌握目前国内抽水蓄能电站环评情况，对2022年批复的22个抽水蓄能电站中收集到环境影响报告书及批复的19个项目进行统计分析。

1.审批项目区域分散、审批层级集中在市县

19个项目零散分布于广东、河南、浙江、湖北、重庆、安徽、内蒙古、陕西、四川等9省（自治区、直辖市），其中省级审批项目5个，市县级审批项目14个；除雅砻江两河口抽水蓄能电站为混合式抽水蓄能电站，其余18个均为纯抽水蓄能电站。雅砻江两河口混合式抽水蓄能电站、重庆市云阳建全抽水蓄能电站、河南林州弓上抽水蓄能电站等3个项目利用了已建水库作为上下库，其余均为小型河流或季节性冲沟新建上下库。19个项目装

机容量介于120~210×10^4kW。

2.规划及规划环评缺位，保护让位于开发

流域综合规划、水电开发专项规划中一般不含抽水蓄能，以往各地抽水蓄能规划建设以国家能源局组织制定的地方选点规划为基本依据，选点规划一般也不开展规划环评。《抽水蓄能中长期发展规划（2021~2035年）》印发后，提出了“应规尽规、能开快开”的发展思路，项目库实施滚动调整，地方不再编制选点规划。有关能源企业和地方政府为抢抓发展机遇，“大干快上”推进抽水蓄能项目建设，在站址选择时多考虑地形、水源保障等建设条件，为推动项目建设调整生态保护空间的界限范围，保护让位于开发的现象屡见不鲜。19个抽水蓄能电站中，浙江桐庐抽水蓄能电站涉及富春江—新安江国家级风景名胜区外围景区和桐庐白云源省级森林公园；河南九峰山抽水蓄能电站涉及辉县市百泉风景名胜区和关山国家地质公园，通过规划修编规避了敏感区管理要求；5个项目涉及饮用水水源保护区；1个项目涉及了文物、遗址等；4个项目涉及穿越或占用生态保护红线，涉及面积为27.6~160.1hm^2。

3.混合式抽水蓄能电站环境影响复杂，影响现有环保要求落实

混合式抽水蓄能电站建成后，将改变依托电站水库运行调度，对库区和坝下水文情势、水环境、水生生态也有不同影响，可能会影响现有环境保护要求的落实。以两河口混合式抽水蓄能电站为例，混蓄建成后其依托的下库牙根一级水电站库区日内水位整体呈现“先蓄水、后消落、再蓄水”的循环，库水位涨落频率明显变大，消落至死水位的频率明显变多，年内消落至死水位的平均天数由混蓄前的28.8d增加为混蓄后的311.4d，日内抽水和发电过程中，进/出水口附近水域流态发生变化，一方面卷吸效应增加了鱼类死亡，另一方面下库牙根一级水电站库区局部河段形成反向流，扰乱鱼类正常的上溯生态行为，破坏了两河口过鱼设施集鱼效果。混合式抽水蓄能电站抽水过程可能造成上库坝前水温掺混，破坏原有叠梁门运行效果，发电过程低温水经混抽机组直接下泄，可能造成坝下低温水影响。

4.技术规范指导性不足，审批重点把握不准

抽水蓄能电站环评依据现有水电导则、验收规范、审批原则、技术评估要点、重大变动清单等技术规范性文件开展，当前抽水蓄能电站呈多样化发展趋势，现有规范性文件对新形势下抽水蓄能电站针对性不强，指导性不足，抽水蓄能项目环评缺乏明确、有效的技术要求和方法，造成从环评编制到审查、审批、验收过程中，重点把握不准，尺度要求不一。部分项目偏重污染影响及污染防治措施，对生态影响及生态保护措施考虑不够，19个抽水蓄能项目中有7个项目要求开展增殖放流，但主要放流对象、放流种类及规模均未明确；部分项目生态保护措施要求不符合实际情况，如0.002m^3/s的生态流量；部分项目如混合式抽水蓄能电站如何协调原有环境保护措施的落实仍待相关规范约束。

三、环保验收情况

（一）水电项目自主环保验收备案情况

根据建设项目竣工环境保护验收信息系统数据，2022年全国共备案环保验收水电项目619个（含抽水蓄能电站6个），工程投资共1123.01×10^8元，其中实际完成环保投资共90.60×10^8元，平均占比8.07%。

随着长江经济带小水电项目清理整改工作的收尾，黄河流域小水电清理尚处于问题核查评估阶段，补办竣工环保验收手续的小水电数量大幅下降，全国水电项目验收备案项目数量逐步下降。2022年备案项目数量较2021年减少374个，如图9-13所示。

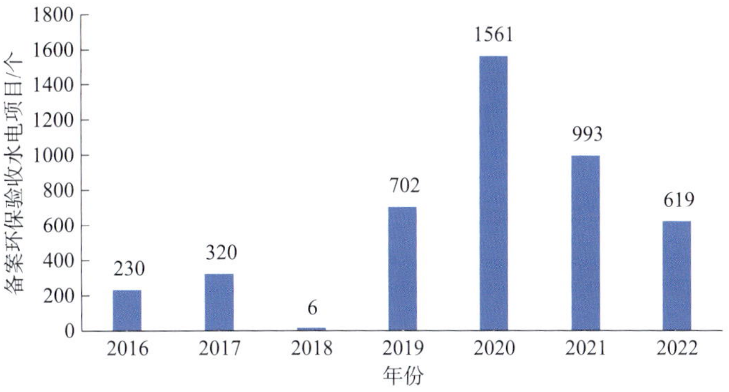

图9-13　2016~2022年水电项目环保验收数量情况

注：2017年11月《建设项目竣工环境保护验收暂行办法》印发后，全国建设项目竣工环境保护验收信息平台同步上线，管理过渡期，2018年平台备案水电验收项目大幅减少。

2022年备案项目主要分布在福建、江西、四川、湖南和重庆5省（直辖市），数量分别为219个、94个、88个、86个、42个，共占全国总数的70.27%，如图9-14所示。以小水电项目清理整改补办竣工环保验收手续为主。

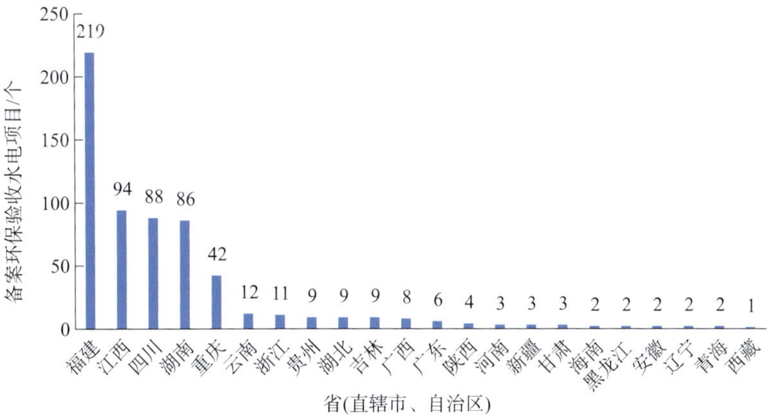

图9-14　2022年全国备案环保验收水电项目区域分布情况

按项目环评文件类别统计，编制报告书项目202个、占比32.63%，编制报告表项目417个、占比67.37%。按审批级别统计，国家级审批项目5个、占比0.80%，省级审批项目39个、占比6.30%，市级审批项目202个、占比32.63%，区县级审批项目373个、占比60.26%。如图9–15所示。

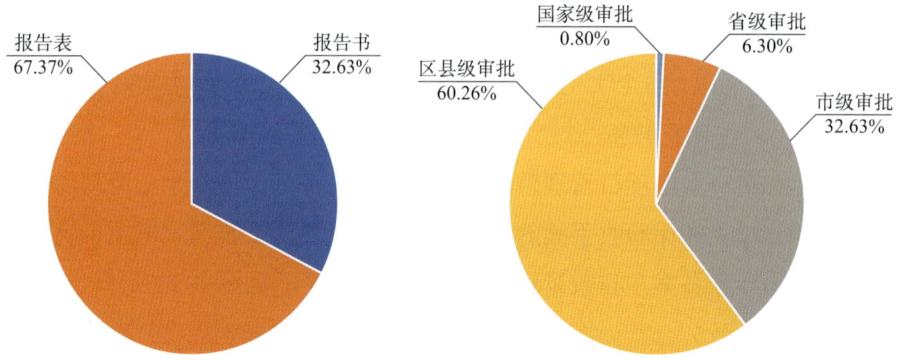

图9–15 2022年全国备案环保验收水电项目环评文件类型和审批级别情况

（二）自主环保验收质量评估情况

1.抽取项目情况

为跟踪评估2022年水电项目自主环保验收质量情况，在考虑备案项目区域分布的基础上，抽取了30个项目开展了评估（图9–16），其中2022年备案的6个抽水蓄能项目全部纳入，剩余24个为常规水电验收调查报告。30个水电项目工程投资共121.09 × 10^8元，其中实际完成环保投资共3.33 × 10^8元，平均占比2.75%，其中6个抽水蓄能项目工程投资共109.03 × 10^8元，其中实际完成环保投资共2.68 × 10^8元，平均占比2.45%，分别位于河南、安徽、辽宁、吉林、山东、黑龙江6省份。

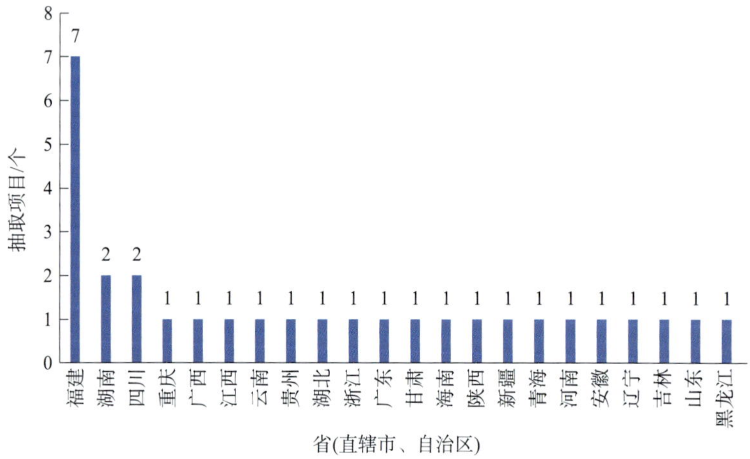

图9–16 抽取的30个项目区域分布情况

2.评估内容及标准

本次总体按照验收调查报告质量、自主验收程序的规范性两个方面开展评估。其中，验收调查报告质量主要关注项目建设情况、环保措施落实、建设期环境影响的调查是否全面、清楚。自主验收程序的规范性主要根据《建设项目竣工环境保护验收暂行办法》（国环规环评〔2017〕4号）等文件要求，重点评估验收时间是否存在滞后、验收过程是否规范、验收公示和备案时间是否满足要求等。

在上述工作基础上，根据《建设项目环境保护管理条例》《建设项目竣工环境保护验收暂行办法》（国环规环评〔2017〕4号）、《关于进一步完善建设项目环境保护“三同时”及竣工环境保护自主验收监管工作机制的意见》（环执法〔2021〕70号）等法律法规和规范性文件要求，分析是否存在不应通过验收的情形。具体评分规则如附录1所示。

水电项目自主环保验收质量评估总分值为100分，包括报告编写质量60分、自主验收程序40分。按照“优秀、良好、一般、较差”划分为4个等级，自主验收项目评分标准及等级划分标准如表9-3所示。

表9-3　自主验收项目评分标准及等级划分标准表　　单位：分

总体质量等级及划分标准		调查报告编写质量等级及划分标准		自验程序规范性等级及划分标准	
≥ 80	优秀	≥ 48	优秀	≥ 32	优秀
79~70	良好	47~42	良好	31~28	良好
69~60	一般	41~36	一般	27~24	一般
≤ 60	较差	≤ 36	较差	≤ 24	较差

3.总体评估结果

通过对抽取的30个水电项目自主环保验收工作进行评估，并进行评分和分档，其中达到“优秀”等级的项目6个，占比20%，达到“良好”等级的项目8个，占比27%，处于“一般”等级的项目12个，占比40%，处于“较差”等级的项目4个，占比13%，如图9-17所示。总体看，抽取评估的水电项目环保验收质量一般。

4.验收调查报告编写质量评估

验收调查报告质量达到“优秀”等级的报告10份，占比33%，达到“良好”等级的报告3份，占比10%，处于“一般”等级的报告12份，占比40%，处于“较差”等级的报告5份，占比17%，如图9-18所示。

在项目建设情况调查方面：9份报告工程建设内容、特征指标、建设内容组成介绍不清楚，25份报告未介绍工程调度运行方式，2份报告对项目环境保护投资的执行情况调查不清楚。

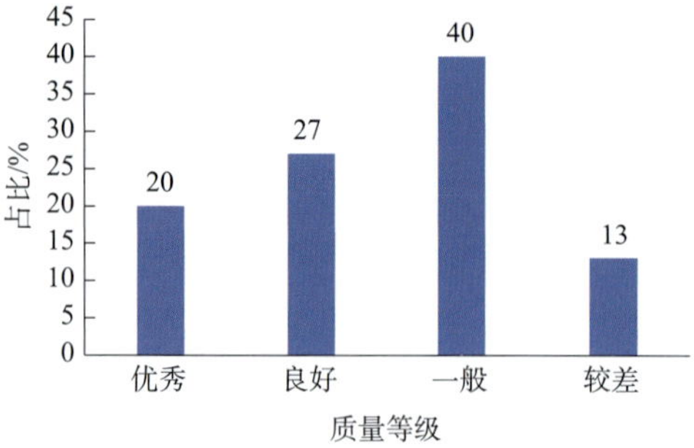

图9-17　抽取评估的水电项目自主环保验收工作质量等级情况

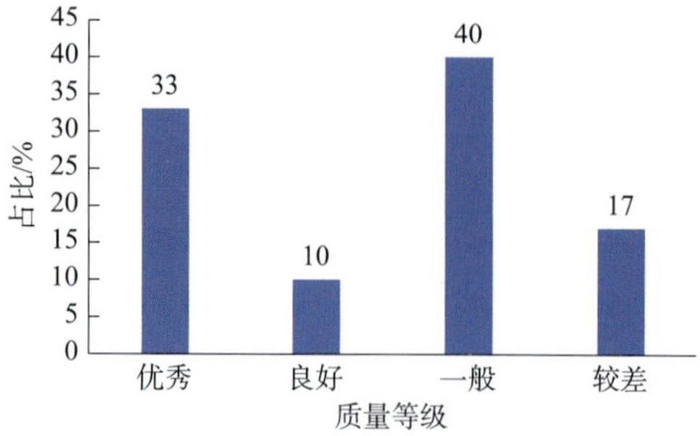

图9-18　抽取评估的水电项目环保验收调查报告质量等级情况

在项目主要环保措施落实情况调查方面：5份报告对生态流量泄放设施的设计、建设及运行情况未进行介绍，2份报告未开展项目水质保护措施实施情况的调查，4份报告对项目水质保护措施实施情况的调查不清楚，9份报告对水生生态保护措施的设计、建设进度以及运行情况等的调查存在不同程度的问题。

在项目建设的环境影响调查方面，分别有25份和24份报告对项目建设的水环境、水生生态影响调查存在不全面、不深入等问题。

5. 自主验收程序规范性评估

自主验收程序规范性达到“优秀”等级的项目7个，占比23%，达到“良好”等级的项目7个，占比23%，处于“一般”水平的项目14个，占比47%，处于“较差”水平的项目2个，占比7%。总体看，验收程序的规范性处于“一般”至“良好”水平，如图9-19所示。

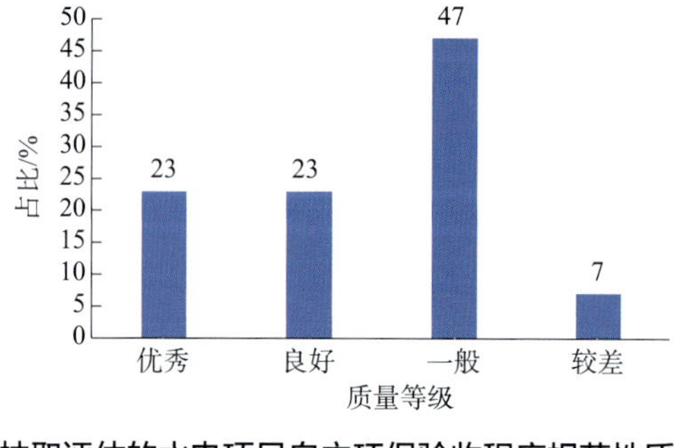

图9-19　抽取评估的水电项目自主环保验收程序规范性质量等级情况

抽取的水电项目验收程序规范性方面主要存在验收组成员代表性不强，没有完整按照成立验收组、开展现场检查、资料查阅的工作程序开展验收工作。

在项目环保验收信息公示和验收备案时间方面：4个项目信息公示时长不足20个工作日，7个项目未在公示结束后5个工作日内完成验收备案。

6.不应通过验收情形分析

总体看，抽取的30个2022年备案的自主环保验收水电项目中，多数项目验收工作基本满足有关法律法规和规范性文件要求，但对照《建设项目环境保护管理条例》《建设项目竣工环境保护验收暂行办法》（国环规环评〔2017〕4号）、《关于进一步完善建设项目环境保护“三同时”及竣工环境保护自主验收监管工作机制的意见》（环执法〔2021〕70号）等法律法规和规范性文件要求，有8个项目存在不满足验收条件而通过验收的问题，主要为未落实增殖放流、未开展鱼道专项设计、生态流量监控设施未联网等。

四、执法监管情况

根据环境综合执法业务平台数据，2022年全国各级生态环境执法部门对水电站共开展执法检查3119家（次），约占全国水电站总数的6.8%。

从区域来看，各地水电项目环境保护执法检查频次差异较大，其中数量排名前5的省（自治区）分别为福建省2685家（次）、四川省109家（次）、甘肃省79家（次）、云南省47家（次）、青海省35家（次），共占年度执法检查总数的94.7%，如图9-20所示。排名第1的福建省于2021年8月印发《关于印发福建省水电站清理整治行动方案的通知》（闽政办〔2021〕38号），要求对行政区域内已建水电站依法实施整治，2022年福建省依法查处水电站生态环境保护违法行为，重点查处了不依法履行环保手续、不依法安装下泄流量在线监控装置、不依法执行最小生态下泄流量规定等行为，运用法治手段切实解决水电站开发造成的生态环境问题。

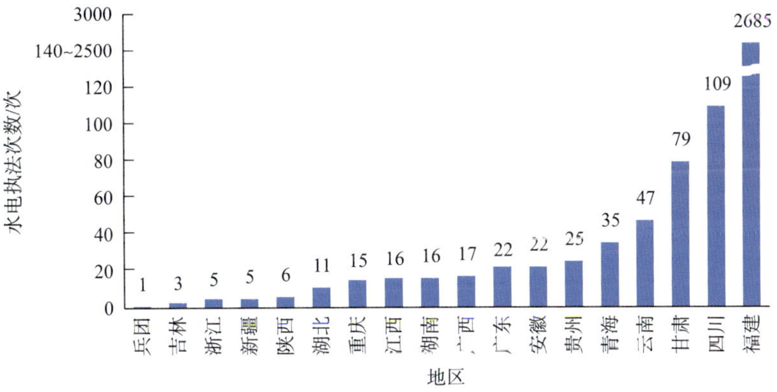

图9-20　2022年全国各有关省（自治区、直辖市）水电项目环境执法监管开展次数

从执法检查情况看，各地执法机构主要根据《中华人民共和国环境保护法》《建设项目环境保护管理条例》及本地区关于水电站生态流量监管的相关法律法规等，重点对环境影响评价制度、“三同时”及验收制度、水电站生态流量泄放开展了检查。从立案查处情况看，2022年立案查处水电项目环境违法行为共58件，罚款469.78 × 10^4元。主要违法行

为为生态流量泄放或监测不满足要求，共41件，占总数的70.6%；其次为违反《中华人民共和国环境影响评价法》第三十一条第一款“建设单位未依法报批建设项目环境影响报告书、报告表，或者未依照本法第二十四条的规定重新报批或者报请重新审核环境影响报告书、报告表，擅自开工建设”、《建设项目环境保护管理条例》规定的“三同时”制度及《突发环境事件应急管理办法》规定的“企业事业单位应当按照国务院环境保护主管部门的规定，在开展突发环境事件风险评估和应急资源调查的基础上制定突发环境事件应急预案，并按照分类分级管理的原则，报县级以上环境保护主管部门备案”，分别为4件共12件，占违法总数的20.6%；再次为违反《中华人民共和国环境噪声污染防治法》和《中华人民共和国水污染防治法》，分别为3和2件，分别占违法行为总数的5.1%和3.4%。

第三节　水电环境保护措施技术

通过多年引导、研究和实践，水电环保措施已由“有没有”走向“好不好”，目前生态流量下泄及生态调度、分层取水、鱼类栖息地保护、河流连通性恢复、鱼类增殖放流、重点陆生动植物保护等已成为水电项目必须科学论证的环保措施。总体看，我国水电环保技术措施与欧美、巴西等基本一致，但在措施设计的科学性和合理性以及适应性管理等方面仍存在一定差距；与国内水利、水运等涉水生态影响类行业相比，水电行业环保技术发展、措施落实和运行管理处于相对领先地位。

一、年度新投运项目环保措施情况

2022年，生态环境部审批的苏洼龙、旬阳2座大型水电站首次投入运行。2个水电项目均建设了过鱼设施，苏洼龙水电站过鱼设施采取鱼道+升鱼机上行过鱼和集运鱼系统下行过鱼方式（图9-21、图9-22），旬阳水电站过鱼设施类型为鱼道。苏洼龙水电站单独建设了鱼类增殖放流站，旬阳水电站与蜀河水电站共建了鱼类增殖放流站。此外，白河（夹河）水电站鱼道2021年土建工程基本完工，受洪水影响，鱼道下游启闭机房动力和通信电缆全部冲毁，于2022年6月完成水毁重建。巴拉（图9-23、图9-24）、双江口水电站分别于2022年8月、12月完成增殖放流站建设工作。贵州省清水江三板溪水电站开展隔水幕墙试验性应用，2022年完成安装调试，隔水幕墙由索塔、主缆、浮箱、水幕墙、卷扬提升系统和锚固系统等组成，隔水幕墙低温水治理技术为全球首创，填补了我国乃至世界已建高坝大库低温水治理的技术空白（图9-25）。

图9-21　苏洼龙水电站升鱼机

注：图片来源于建设单位。

图9-22　苏洼龙集鱼船集鱼现场图

注：图片来源于建设单位。

图9-23　巴拉水电站鱼类增殖放流站培育车间

注：图片来源于建设单位。

图9-24　巴拉水电站鱼类增殖放流站鮡科鱼类仿生池

注：图片来源于建设单位。

图9-25　贵州省清水江三板溪水电站隔水幕墙安装图和示意图

注：图片来源于设计单位。

二、部批项目已建成环保措施情况

对2000年至2022年底生态环境部审批的138个大中型水电项目环保措施情况进行了梳理，重点统计、分析了叠梁门、过鱼等与主体工程结合紧密的环保设施，以及鱼类增殖放流站等具有独立设施和场地的环保措施的建成情况。

在叠梁门分层取水设施方面，2008年建成的光照水电站叠梁门为我国首个叠梁门分层取水设施，后续又相继建成了溪洛渡、锦屏一级、滩坑、糯扎渡、黄登、乌东德、白鹤滩、两河口等水电站叠梁门分层取水设施。截至2022年年底，建成投入运行的叠梁门分层取水设施共9个。

在过鱼设施方面，所有过鱼设施均在2014年及之后建成，并于近两年迎来投运高峰，数量占已建成总数的49%。早期建设的过鱼设施以鱼道为主，2015年彭水集运鱼系统的建成开创了我国水电集运鱼过鱼设施的先河，近年来集运鱼系统建成数量增加明显，2021年在数量上首次超越鱼道，成为主要过鱼设施类型。截至2022年年底，已建成过鱼设施41个，其中鱼道14个，占比34%，集运鱼系统（升鱼机）27个，占比66%。

在鱼类增殖放流站方面，在2010年之后进入投产高峰期，占比达84%。目前全国主要水电基地已建成鱼类增殖放流站62座，包括金沙江乌东德、向家坝和观音岩、雅砻江锦屏官地、大渡河瀑布沟、乌江索风营和彭水、澜沧江黄登等大型综合性鱼类增殖放流站，基本形成了保护鱼类人工驯养繁育和增殖放流的设施支撑条件。目前，已初步形成年生产放流苗种2000余万尾的生产能力，最终将形成3000×10^4尾以上的年生产能力。历年各项设施累计建成情况分别如图9-26至图9-28所示。

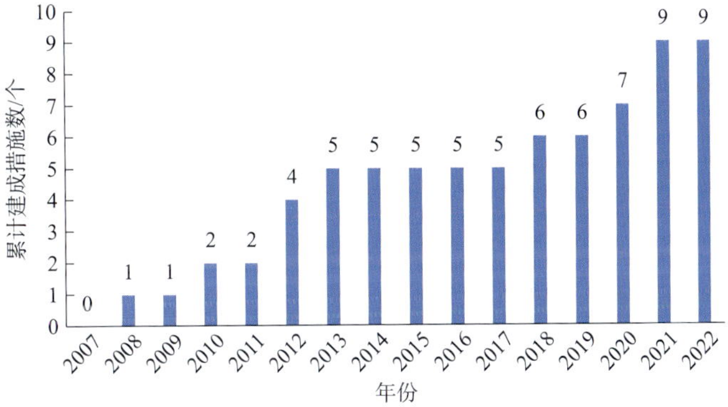

图9-26　生态环境部批复的水电工程叠梁门累计建成数

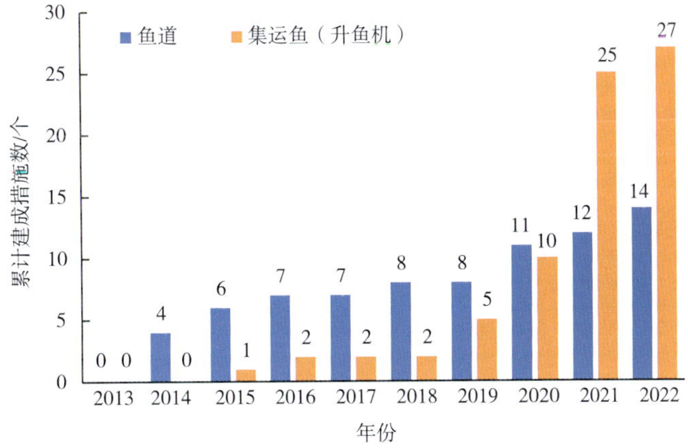

图9-27　生态环境部批复的水电工程过鱼设施累计建成数

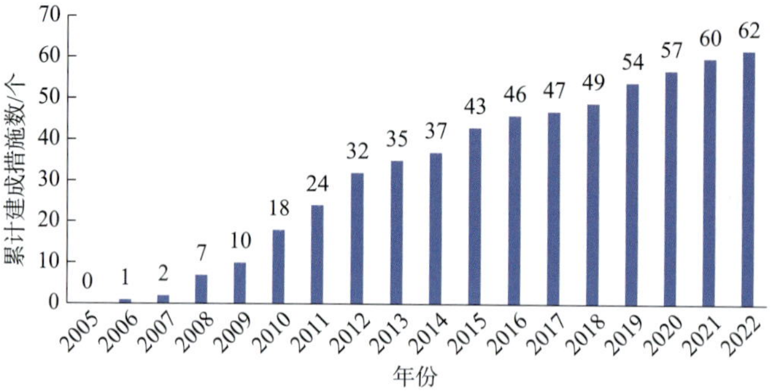

图9-28　生态环境部批复的水电工程鱼类增殖放流站累计建成数

三、典型环境保护措施技术评估

过鱼设施是水电工程建设中鱼类保护措施的重要内容。2000年以后，随着国家对生态保护问题日益重视，政府主管部门通过立法强调了修建过鱼设施的必要性和重要性。作为鱼类通过拦河闸坝抵达产卵或培育场所设置的结构物和机械设置，包括鱼道、鱼闸、升鱼机和集运鱼系统等形式，不同类型过鱼设施各有其特点和适应性。通常认为集运鱼（升鱼机）具有能适应水库水位较大变幅、造价低、占地少、便于在水电枢纽中布置的优点。2000年以来，经生态环境部审查的138个水电项目中，提出过鱼设施要求的有56个，其中采用集运鱼（升鱼机）25个。根据现有资料，本年度选取丰满、乌东德、白鹤滩、苗尾、里底、彭水、龙开口、马马崖一级、马堵山、苏洼龙、两河口、杨房沟、黄登、大华桥、乌弄龙等国家审批的已建成投运的15个水电项目的集运鱼（升鱼机）开展调研，重点关注集运鱼（升鱼机）系统设计建设情况、建成以来历年运行情况、效果监测情况，收集专项设计报告、年度运行总结报告等，调研存在的主要问题及拟采取的适宜性改进措施，对集运鱼（升鱼机）措施技术开展评估。

（一）集运鱼（升鱼机）基本情况

调研的15座水电站从流域分布看：长江流域7个，其中金沙江4个、雅砻江2个、乌江1个；澜沧江流域5个；北盘江、红河、松花江各1个。

从行政区划看：7座位于云南省，2座位于四川省，2座位于四川云南交界，1座位于四川西藏交界，2座位于贵州省，1座位于吉林省。

从建成时间看：集运鱼（升鱼机）系统建成时间介于2015年11月至2022年7月，主要集中在2021年建设完成。升鱼机基本跟工程同步建成，同步运行。集运鱼系统国内外可供借鉴案例较少，需要开展技术攻关，又由于近几年疫情的情况，项目进展基本延迟，如马堵山晚了约9年，彭水晚了3年至4年，普遍晚1年左右。

从组合型式看：乌东德、白鹤滩、苗尾、里底、彭水、龙开口、马马崖一级、马堵山等8座水电站采用集运鱼系统；黄登、大华桥、乌弄龙、苏洼龙、两河口、杨房沟等6座水电站上行过鱼设施采用升鱼机，下行过鱼设施采用集运鱼系统；丰满水电站过鱼设施采用升鱼机。如图9-29~图9-37所示。

图9-29 大华桥水电站卵苗采集器运行现场图

注：图片来源于建设单位。

图9-30 杨房沟水电站升鱼机现场图

注：图片来源于建设单位。

图9-31　乌江彭水水电站集鱼船现场图

注：图片来源于建设单位。

图9-32　乌弄龙水电站升鱼机现场图

注：图片来源于建设单位。

里底上行集运鱼系统集鱼平台和辅助工作船

里底下行集运鱼系统工作船和卵苗采集器

图9-33　里底集运船现场图

注：图片来源于建设单位。

图9-34　两河口升鱼机现场图

注：图片来源于建设单位。

图9-35　黄登升鱼机现场图

注：图片来源于建设单位。

图9-36　马堵山集运鱼现场图

注：图片来源于建设单位。

图9-37　乌东德水电站集鱼平台布置图

注：图片来源于建设单位。

（二）集运鱼（升鱼机）设计建设情况

从设施组成看：集运鱼系统主要由集鱼设施、运鱼设施和辅助设施等部分组成，主要包括集鱼船、运鱼船、运鱼车、码头和运输道路。升鱼机主要由集鱼设施、提升设施和放流设施等组成，集鱼设施主要包括拦导鱼设施、集鱼通道、集鱼槽和赶鱼栅；提升设施主要包括提升设施和转运设施；放流设施主要包括放流设施和设备。集运鱼、升鱼机功能均为收集目标鱼类，并对鱼类进行提升、暂养、转运，最终放流至合适河段。

从诱鱼方式看：主要采取发电尾水+辅助灯光、饵料方式诱鱼，如苏洼龙、乌东德、白鹤滩、乌弄龙等水电站上行系统采用该方式。

从集鱼方式看：各水电站上行集鱼方式不同，部分水电站采用集鱼通道+集鱼池/集鱼斗/集鱼箱方式集鱼，如黄登、大华桥、乌弄龙、苏洼龙、两河口、杨房沟、丰满；部分水电站采用移动式集鱼箱+固定式集鱼站，如乌东德、白鹤滩；部分水电站采用深水网箔+集鱼平台方式，如龙开口、里底、苗尾、马堵山等。各水电站下行集运鱼方式均采用了卵苗采集器+集鱼船。如表9-4所示。

从提升或转运型式看：大部分采用运鱼车方式运输过坝；少部分如黄登、大华桥、乌弄龙、苏洼龙、两河口、丰满上行过鱼设施采用垂直竖井式提升+AGV小车转运。如表9-4所示。

从放流方式看：大部分采取放流船放流，少部分在运鱼车或AGV小车到达放流地点后通过放鱼溜槽放流，如表9-4所示。

从技术创新看：针对深切峡谷、特高拱坝过鱼的世界级难题，白鹤滩水电站创新性提出了厂房尾水洞、尾水口集鱼方案，建设了由“下游河道固定式集鱼站+发电尾水洞出口固定式集鱼站+发电尾水洞内集鱼箱”组成的多点、多型式集鱼系统，单站集鱼设施数量位居全国第一，对电站日内调峰发电不同时段的集诱鱼具有较好的适应性。乌东德水电站通过固定集鱼站+尾水集鱼箱+仿生转运+库尾放流的集运鱼系统实现了多点位、全深度、大流量集诱鱼，降低了运行成本，保障了鱼类健康及过坝后的适应性。

表9-4　集运鱼（升鱼机）设计建设情况

水电站		集鱼方式	布置位置	提升或转运型式	放流方式	放流地点
苏洼龙	上行	发电尾水诱鱼+辅助灯光诱鱼+电拦鱼电网导鱼+池式鱼道+集鱼池集鱼	尾水出口下游80m处	垂直竖井式升鱼机+AGV小车	放流滑道+放鱼船	西曲汇口和库尾河段
	下行	集鱼船	库尾附近支流河口处	运鱼船+运鱼车	放流滑道+放鱼船	—
龙开口	上行	深水网箔+集鱼平台	—	吊车+运鱼车	—	—
	下行	卵苗采集器+集鱼船	—	运鱼车	—	—
乌东德	上行	发电尾水诱鱼+辅助灯光诱鱼+电栅拦鱼+左右岸移动式集鱼箱+右岸固定式集鱼站集鱼	尾水洞出口附近	垂直竖井式提升+运鱼车	放流船	—
白鹤滩	上行	发电尾水诱鱼+辅助灯光诱鱼+电栅拦鱼+左右岸固定式集鱼站集鱼	尾水洞出口附近	运鱼箱+运鱼车	放流船	—
两河口	上行	发电尾水+灯光辅助诱鱼+集鱼槽+赶鱼通道+升鱼斗集鱼	—	AGV小车	运鱼船+放鱼溜槽	—
	下行	卵苗采集器+集鱼船	—	AGV小车	放鱼溜槽	—
杨房沟	上行	发电尾水+灯光辅助诱鱼+赶鱼栅+集鱼通道+集鱼池	左岸尾水口下游620m	运鱼车	放鱼船	
	下行	卵苗采集器+集鱼船	—	运鱼车	运鱼车+放鱼滑道	—
彭水	上行	集鱼箱	—	—	—	—
乌弄龙	上行	右岸尾水+灯光饵料诱鱼+赶鱼+过鱼通道+集鱼箱集鱼	右岸尾水出口下游120m处	AGV小车	坝上工作船	—
	下行	卵苗采集器+集鱼船	—	—	运鱼车	—
里底	上行	深水网箔+集鱼平台+辅助工作船	—	运鱼车	运鱼车	—
	下行	卵苗采集器+集鱼船	—	运鱼车	运鱼车	—
黄登	上行	发电尾水诱鱼+辅助灯光诱鱼+集鱼廊道+赶鱼栅+集鱼斗	—	垂直竖井式+AGV小车	运鱼船	—
	下行	卵苗采集器+集鱼船	—	工作船+运鱼车	运鱼船	—
大华桥	上行	发电尾水+灯光辅助诱鱼+鱼道+集鱼池集鱼	尾水出口（左岸）	垂直竖井式+AGV小车	—	库尾或库中支流
	下行	卵苗采集器+运鱼船	—	运鱼车	运鱼车	—
苗尾	上行	深水网箔+集鱼斗	—	汽车起吊+运鱼车	运鱼车+滑槽	—
	下行	卵苗采集器+集鱼船	—	汽车起吊+运鱼车	运鱼车	—
马马崖一级	上行	深水网箔+集鱼船	—	运鱼车	—	—
马堵山	上行	深水网箔+集鱼平台	—	运鱼车	放鱼船	—
	下行	卵苗采集器+集运鱼船	—	运鱼车	放鱼船	—
丰满	上行	环绕尾水渠鱼道+集鱼池	—	运鱼车+垂直竖井式提升+AGV小车	运鱼船	—

（三）集运鱼（升鱼机）运行情况评估

截至2022年年底，除两河口外，其余14座水电站集运鱼（升鱼机）总体处于正常运行状态。从运行时间看：乌江彭水水电站、马马崖一级水电站在2016年开始试运行，其余电站运行阶段在2020~2022年，其中苏洼龙、杨房沟、苗尾运行时间最短，2022年处于试运行阶段。从年内运行时段看，乌东德、白鹤滩水电站集运鱼基本为全年开启运行，其他水电站集运鱼（升鱼机）运行时段一般在3—10月。如图9-38所示。

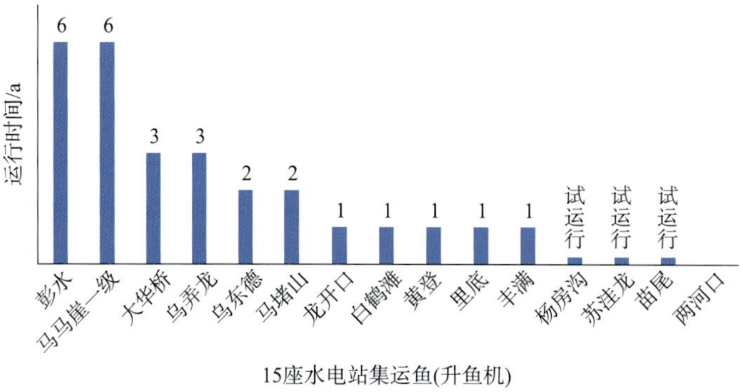

图9-38　水电工程已建成集运鱼（升鱼机）运行周期

15座水电站均结合自身管理要求配套制定了操作运行规程。从运维管理方式看，除丰满电站由企业自主运行外，其他水电站集运鱼（升鱼机）由第三方单位负责运行。各水电站均将集运鱼（升鱼机）运维纳入了电站日常运维，定期开展了检修维护和缺陷处理。

部分企业根据集运鱼（升鱼机）运行情况，对集运鱼（升鱼机）开展适应性优化改进工作。如白鹤滩电站为提升集运鱼效率，增加自动化水平，近期正在开展集运鱼系统改造工作。杨房沟电站由于集鱼鱼道进口宽度窄，集鱼效果差，正在开展研究优化进鱼口布置。苗尾水电站下行集运鱼系统对捕鱼装置和灯光诱鱼方案进行了优化，同时增加了饵料诱鱼方案，诱鱼效果和集鱼数量均有显著提高。

（四）集运鱼（升鱼机）过鱼效果评估

对已收集的15座水电站集运鱼（升鱼机）过鱼设施2022年度运行总结资料进行梳理统计，发现：两河口水电站上行过鱼设施部分设备毁损，已无法正常运行，下行过鱼设施卵苗采集器尚未完工，无法开展集鱼作业；丰满水电站过鱼设施2022年未正常运行；里底水电站上行集运鱼系统2022年基本未运行；马堵山水电站无下行集运鱼数据。其他集运鱼（升鱼机）过鱼设施均已开展人工过鱼效果监测评估工作。

在集鱼数量方面，各上行集运鱼（升鱼机）系统整体集鱼数量为2~33931尾/a，下行集运鱼系统整体集鱼数量为146~2565尾/a。从各上行集运鱼（升鱼机）系统集运鱼数量看：

乌东德、白鹤滩水电站在整个过鱼季节集运鱼数量为11796~33931尾/a；乌弄龙、彭水、马马崖一级集运鱼数量为1439~1672尾/a；杨房沟、黄登、大华侨集运鱼数量为554~571尾/a；龙开口、苏洼龙、马堵山集运鱼数量为135~272尾/a；苗尾集运鱼数量2尾。如图9-39所示。从各下行集运鱼（升鱼机）系统集运鱼数量看：苗尾集运鱼系统集鱼数量2565尾/a；龙开口、黄登、苏洼龙集运鱼数量为680~869尾/a；杨房沟、大华桥、乌弄龙、里底水电站集运鱼数量为146~556尾/a。如图9-40所示。

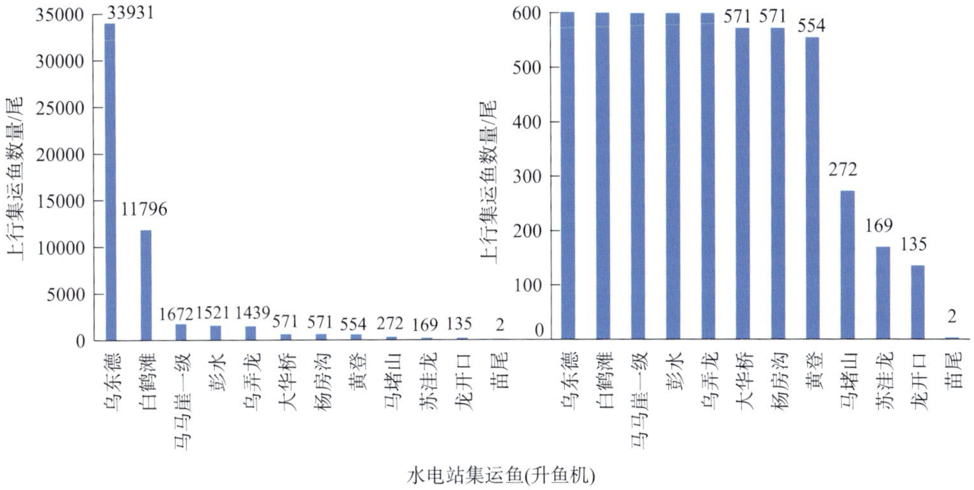

图9-39　水电工程已建成集运鱼（升鱼机）2022年上行集鱼数量

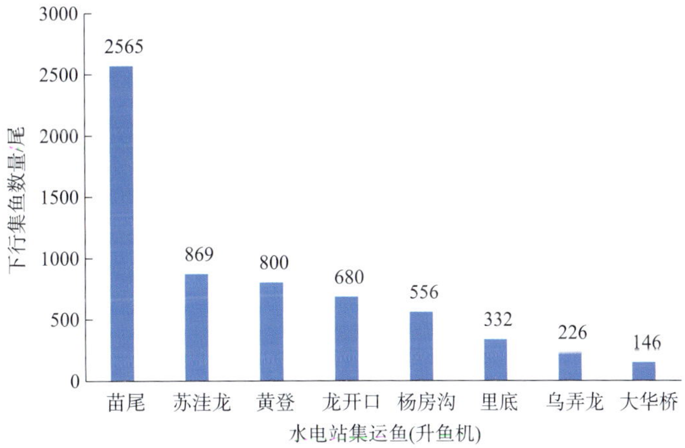

图9-40　水电工程已建成集运鱼（升鱼机）2022年下行集鱼数量

在集运鱼种类方面：白鹤滩水电站集运鱼种类39种、乌东德水电站集运鱼种类31种、黄登水电站集运鱼种类18种、大华桥水电站集运鱼种类15种、马马崖一级水电站集运鱼种类14种、彭水水电站集运鱼种类11种，马堵山水电站集运鱼种类8种、乌弄龙水电站集运鱼种类7种、杨房沟水电站集运鱼种类5种、苏洼龙水电站集运鱼种类4种、龙开口水电站集运鱼种类3种、苗尾水电站集运鱼种类2种，如图9-41所示。

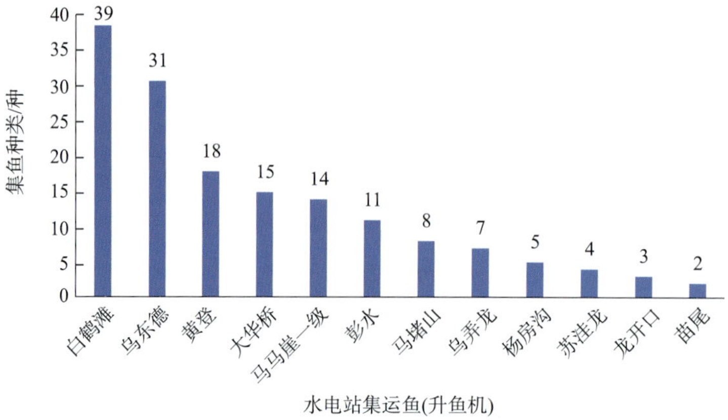

图9-41　2022年水电工程已建成集运鱼（升鱼机）集鱼种类

（五）存在的主要问题

1.升鱼机过鱼措施普遍发生变更

采取升鱼机方式过鱼的项目如苏洼龙、两河口、杨房沟、乌弄龙、大华桥等水电站，在实施过程中，普遍存在过坝方式变更问题，将环评批复要求的采取索道或轨道等自动化过坝方式，调整为采取AGV（Automated Guided Vehicle，自动导引车）小车或运鱼车运输过坝。AGV小车虽具有操作简单、投资较小的优势，但部分AGV小车也存在运行速度慢、爬坡能力弱、引导线易损坏等问题，影响运行效果。

2.硬件设备有待提升

部分运鱼设施和鱼类暂养设施没有安装鱼类维生系统，导致鱼类生存条件差，降低过坝鱼类的存活率；部分集运鱼船由于是非标设施，未严格按照设计施工，影响运行效果。

3.设计布局有待优化

杨房沟水电站上行过鱼设施布置在坝下约1000m处，该处河道宽度为140m，而进鱼口宽度仅为0.6m，导致进鱼口诱鱼难度大。

龙开口水电站坝下水流流速大，鱼类克流能力弱，无法洄游抵达集鱼通道，诱鱼措施效果不显著；集鱼平台集鱼箱下潜深度在1m左右，相较于坝下水深太浅，无法诱集到底栖鱼类；坝下水位受发电机组影响，变幅较大，影响集鱼平台的集鱼效果。

4.过鱼监测资料难以满足效果评估需求

目前建成运行的集运鱼（升鱼机）总体发挥了积极过鱼效果，但由于技术研究起步晚，建成投入运行的集运鱼（升鱼机）数量较少，且集运鱼（升鱼机）运行周期普遍偏短，虽然开展了一些监测和评估工作，但监测评估工作开展时间有限、系统性不足，部分集运鱼（升鱼机）仅有部分渔获物的统计资料，同时各集运鱼（升鱼机）所处流域或河段鱼类资源差异较大，加上目前尚未形成正式、统一的评估标准，现阶段尚难以明确效果优劣。从目前实施情况看，国内集运鱼（升鱼机）系统运行尚未达到设计效果，仍然处于前期探索阶段。

第四节　水电绿色发展评估

为科学评估水电站项目生态环境保护水平，2021年，根据我国水电开发全过程生态环境保护及管理要求和水电作为可再生能源的资源环境效益属性，从项目环保手续履行、环保措施条件、环保措施落实及运行、自主环境管理、减污降碳效益等5个方面，研究构建了水电绿色发展指标体系及评估方法，并对27个水电站项目绿色发展水平开展了试点评估及应用。2022年在试点应用情况、资料调研、专家咨询等基础上，对指标体系作了进一步的调整与完善，筛选了43个典型水电站项目开展水电绿色发展评估，从生态环境保护角度对水电站项目绿色发展水平进行排序。旨在引导企业积极通过后评价等途径，不断完善生态环境保护措施、提高保护水平，为开展行业“靶向”环境管理提供参考与支撑。

一、评估范围

为落实中央提出的“在保护生态基础上有序开发水电”的要求，原国家环境保护总局于2005年12月13日至14日组织召开了“水电水利建设项目水环境与水生生态保护技术政策研讨会”。会议就水电水利行业环境保护达成了共识，进一步明确了有关保护要求和措施技术规定，会后印发了《水电水利建设项目河道生态用水、低温水和过鱼设施环境影响评价指南（试行）》（环办函〔2006〕4号），具有标志性意义。

本次评估以环办函〔2006〕4号文的印发时间为节点，选取金沙江、雅砻江、大渡河、乌江、汉江、北盘江、西南诸河、黄河上游、红河、松花江等主要水电基地2006年之后批复环评且全部机组投产满1年的43个水电站项目为样本开展评估，评估基准年为2022年，如表9-5所示。

43个项目分布于云南、贵州、四川、西藏、青海、陕西、甘肃、湖北、重庆、吉林等10省（自治区、直辖市），总装机容量5236.75×10^4kW。从流域分布看，西南诸河10个、大渡河8个、金沙江7个、北盘江5个、黄河上游5个、雅砻江2个、乌江2个、汉江2个、红河1个、松花江1个。按项目规模划分，大型水电站33个，中型水电站10个。按开发方式划分，堤坝式开发项目40个，混合式开发项目2个，引水式开发项目1个。按企业性质划分，中央企业项目38个，地方国有企业项目5个。按审批情况划分，国家级环评审批项目38个，省级环评审批项目5个。按建设年代划分，开工于2010年及之前的项目22个，开工于2010年之后的项目21个。

表9-5 水电绿色发展评估项目清单

单位：10^4kW

项目名称	所在流域	所在省（自治区、直辖市）	企业性质	开发方式	装机容量	审批层级	环评批复时间	全部机组投产时间
梨园	金沙江	云南	中央企业	坝式开发	240	部级	2012年1月	2016年8月
阿海	金沙江	云南	中央企业	坝式开发	200	部级	2009年3月	2014年6月
龙开口	金沙江	云南	中央企业	坝式开发	180	部级	2010年7月	2014年1月
鲁地拉	金沙江	云南	中央企业	坝式开发	216	部级	2010年7月	2014年10月
观音岩	金沙江	四川/云南	中央企业	坝式开发	300	部级	2010年12月	2016年5月
金沙	金沙江	四川	地方国有企业	坝式开发	56	部级	2013年12月	2021年10月
乌东德	金沙江	四川/云南	中央企业	坝式开发	1020	部级	2015年3月	2021年6月
杨房沟	雅砻江	四川	中央企业	坝式开发	150	部级	2014年3月	2021年10月
官地	雅砻江	四川	中央企业	坝式开发	240	部级	2006年2月	2013年3月
猴子岩	大渡河	四川	中央企业	坝式开发	170	部级	2009年4月	2018年9月
长河坝	大渡河	四川	中央企业	坝式开发	260	部级	2007年5月	2017年6月
黄金坪	大渡河	四川	中央企业	坝式开发	83	部级	2009年2月	2016年8月
泸定	大渡河	四川	中央企业	坝式开发	92	部级	2007年1月	2012年6月
大岗山	大渡河	四川	中央企业	坝式开发	260	部级	2006年12月	2016年1月
枕头坝一级	大渡河	四川	中央企业	坝式开发	72	部级	2011年6月	2015年12月
沙坪二级	大渡河	四川	中央企业	坝式开发	32.8	部级	2011年6月	2018年9月
安谷	大渡河	四川	中央企业	混合式开发	77.2	部级	2011年1月	2015年8月
沙沱	乌江	贵州	中央企业	坝式开发	112	部级	2008年6月	2013年6月
银盘	乌江	重庆	中央企业	坝式开发	64.5	部级	2007年9月	2011年12月
白河	汉江	陕西	中央企业	坝式开发	18	部级	2013年9月	2020年10月
孤山	汉江	湖北	地方国有企业	坝式开发	18	省级	2016年1月	2021年1月
万家口子	北盘江	云南/贵州	中央企业	坝式开发	18	省级	2008年10月	2018年9月
毛家河	北盘江	贵州	中央企业	引水式开发	18	省级	2006年8月	2015年1月
善泥坡	北盘江	贵州	中央企业	混合式开发	18.55	部级	2006年2月	2015年5月
马马崖一级	北盘江	贵州	中央企业	坝式开发	55.8	部级	2011年11月	2015年6月
董箐	北盘江	贵州	中央企业	坝式开发	88	部级	2008年4月	2010年6月
乌弄龙	澜沧江	云南	中央企业	坝式开发	99	部级	2013年10月	2019年7月
里底	澜沧江	云南	中央企业	坝式开发	42	部级	2011年8月	2019年5月
黄登	澜沧江	云南	中央企业	坝式开发	190	部级	2013年2月	2019年1月
大华桥	澜沧江	云南	中央企业	坝式开发	92	部级	2013年12月	2019年1月
苗尾	澜沧江	云南	中央企业	坝式开发	140	部级	2012年2月	2018年6月
功果桥	澜沧江	云南	中央企业	坝式开发	90	部级	2008年11月	2012年6月
班多	黄河上游	青海	中央企业	坝式开发	36	省级	2016年12月	2011年5月
黄丰	黄河上游	青海	中央企业	坝式开发	22.5	部级	2006年4月	2014年9月
积石峡	黄河上游	青海	中央企业	坝式开发	102	部级	2007年1月	2010年12月
大河家	黄河上游	青海	地方国有企业	坝式开发	14.2	省级	2015年8月	2016年8月

续表

项目名称	所在流域	所在省（自治区、直辖市）	企业性质	开发方式	装机容量	审批层级	环评批复时间	全部机组投产时间
河口	黄河上游	甘肃	地方国有企业	坝式开发	7.4	部级	2008 年 6 月	2011 年 6 月
多布	尼洋河	西藏	中央企业	坝式开发	12	部级	2013 年 2 月	2016 年 1 月
马堵山	红河	云南	地方国有企业	坝式开发	28.8	部级	2007 年 9 月	2011 年 7 月
丰满	松花江	吉林	中央企业	坝式开发	148	部级	2011 年 10 月	2020 年 9 月
西藏某 J	雅鲁藏布江	西藏	中央企业	坝式开发	36	部级	2015 年 4 月	2020 年 12 月
西藏某 Z	雅鲁藏布江	西藏	中央企业	坝式开发	51	部级	2009 年 1 月	2015 年 10 月
西藏某 D	雅鲁藏布江	西藏	中央企业	坝式开发	66	部级	2015 年 3 月	2021 年 12 月

二、水电绿色发展指标体系

1.评估指标与数据来源

2022年度在试点应用情况、资料调研、专家咨询等基础上，对2021年研究构建的水电绿色发展指标体系作了进一步的优化调整，依据我国水电开发全过程生态环境保护及管理要求和水电作为生态类项目的属性，遵循“统一性、公平性、科学性、可操作性”原则，重点考虑水电项目生态保护工作开展情况（包括生态流量泄放及生态调度、分层取水、鱼类栖息地保护、过鱼设施、鱼类增殖放流、陆生动植物保护等重点生态保护措施的“三同时”执行情况、运行管理情况、措施技术水平），同时兼顾“事前、事中、事后”自主环境管理情况，最终形成包括生态保护措施、自主环境管理2项一级指标、12项二级指标、34项三级指标的水电绿色发展指标体系，优化调整过程中取消了减污降碳效益指标，弱化环保手续履行，将其作为自主环境管理的二级指标，强化生态保护措施，相应优化指标权重及赋分标准。水电绿色发展指标体系及指标权重如附录2所示。

评估数据主要来源于环境影响评价共享平台（环评报告、评估报告、环评批复）、全国建设项目竣工环境保护验收信息系统（环境保护验收调查报告、环境保护验收意见）、水电建设项目全过程环评管理调研（企业填报的年度运行管理数据）。

2.评估方法与分级标准

水电绿色发展指数（简称GHI）是指综合性反映水电开发全过程生态环境保护及管理水平的指数，采取权重加和法，最终指数得分为所有一级指标考核总分值之和，实行百分制，按照式（9-1）计算，参照有关指数的分级方法和思路，构建了A、B、C、D 4级分级标准，指数分级标准和各级指标分级标准如表9-6所示。

$$GHI_p = \sum_{i=1}^{2} F_i W_i^f \qquad (9-1)$$

$$F_i = \sum_{j=1}^{J} S_{i,j} W_{i,j}^{S} \tag{9-2}$$

$$S_{i,j} = \sum_{k=1}^{k} T_{i,j,k} W_{i,j,k}^{t} \tag{9-3}$$

式中，GHI_P为水电绿色发展指数；F_i为第i个一级指标得分，i是一级指标下标，从1-2，分别代表生态保护措施、自主环境管理；W_i^f为第i个一级指标权重；$S_{i,j}$为第i个一级指标中第j个二级指标得分，j是二级指标下标，从1到j；$W_{i,j}^S$为第i个一级指标中第j个二级指标权重；$T_{i,j,k}$为第i个一级指标中第j个二级指标中第k个三级指标得分，k是三级指标下标，从1到k；$W_{i,j,k}^t$为第i个一级指标中第j个二级指标中第k个三级指标权重。

表9-6　水电绿色发展指数及指标分级标准表

水电绿色发展指数 *GHI* 指标赋分值 *V*	等级		
GHI、*V*≥80	A等	*GHI*、*V*≥95	A+
		85≤*GHI*、*V*<95	A
		80≤*GHI*、*V*<85	A-
60≤*GHI*、*V*<80	B等	75≤*GHI*、*V*<80	B+
		65≤*GHI*、*V*<75	B
		60≤*GHI*、*V*<65	B-
40≤*GHI*、*V*<60	C等	55≤*GHI*、*V*<60	C+
		45≤*GHI*、*V*<55	C
		40≤*GHI*、*V*<45	C-
GHI、*V*<40	D等	30≤*GHI*、*V*<40	D+
		10≤*GHI*、*V*<30	D
		GHI、*V*<10	D-

三、评估结果

根据水电绿色发展指标体系及评估方法，基于环境影响评价共享平台、全国建设项目竣工环境保护验收信息系统、水电建设项目全过程环评管理调研相关数据，对43个水电站项目进行评估。

从总体评估结果看：43个项目中乌东德、金沙等2个水电站绿色发展水平处于A等级，黄登、乌弄龙、大华桥、杨房沟、里底、西藏某J等6个水电站绿色发展水平处于A-等级，银盘、多布、苗尾、丰满、西藏某D、马马崖一级、西藏某Z等7个水电站绿色发展水平处于B+等级，鲁地拉、枕头坝一级、观音岩、安谷、龙开口、沙坪二级、官地、白河、马堵山、沙沱、梨园、功果桥、阿海等13个水电站绿色发展水平处于B等级，善泥坡、董箐、孤山、泸定等4个水电站绿色发展水平处于B-等级，大岗山水电站绿色发展水平处于C+等级，班多、黄金坪、猴子岩、积石峡、河口、长河坝、大河家等7个水电站绿色发展水平处于C等级，黄丰水电站绿色发展水平处于C–等级，毛家河、万家口子等2个水电站绿色发展水平处于D+等级。分布情况如图9–42所示。

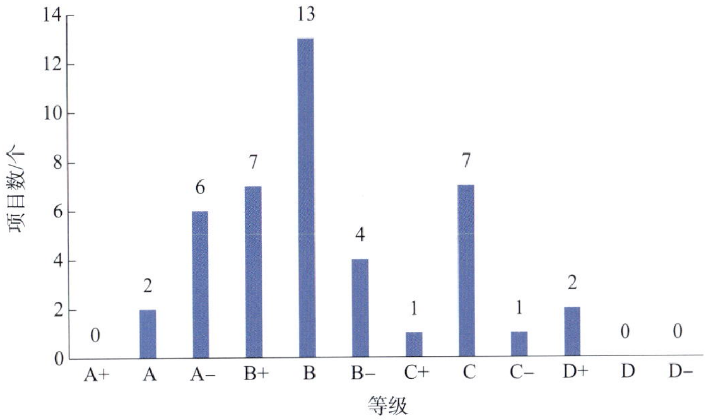

图9–42 评估样本水电绿色发展指数等级分布

43个项目水电绿色发展水平以B（含B+、B、B–）等级为主，最高分89.15分，最低分35.31分，平均得分67.37分。其中排名前15的项目总体为2010年之后的部批项目，名单如表9–7所示。

表9–7 水电绿色发展指数前15的项目名单

项目名称	所在流域	环评批复时间	全部机组投产时间	水电绿色发展等级
乌东德水电站	金沙江	2015年3月	2021年6月	A
金沙水电站	金沙江	2013年12月	2021年10月	A
黄登水电站	澜沧江	2013年2月	2019年1月	A–
乌弄龙水电站	澜沧江	2013年10月	2019年7月	A–
大华桥水电站	澜沧江	2013年12月	2019年1月	A–
杨房沟水电站	雅砻江	2014年3月	2021年10月	A–
里底水电站	澜沧江	2011年8月	2019年5月	A–
西藏某J水电站	雅鲁藏布江	2015年4月	2020年12月	A–
银盘水电站	乌江	2007年9月	2011年12月	B+
多布水电站	尼洋河	2013年2月	2016年1月	B+
苗尾水电站	澜沧江	2012年2月	2018年6月	B+
丰满水电站	松花江	2011年10月	2020年9月	B+
西藏某D水电站	雅鲁藏布江	2015年3月	2021年12月	B+
马马崖一级水电站	北盘江	2011年11月	2015年6月	B+
西藏某Z水电站	雅鲁藏布江	2009年1月	2015年10月	B+

从各分项得分来看：生态保护措施最高分94.61分，最低分20.10分，平均得分68.68分；自主环境管理最高分83.20分，最低分43.12分，平均得分68.97分。43个水电站分项

指标如下。

（一）生态保护措施

生态保护措施以A、B（含A+、A、A−、B+、B、B−）等级为主，主要考虑生态流量、鱼类增殖放流、鱼类栖息地保护、过鱼设施、陆生动植物保护、分层取水等重点生态保护措施的“三同时”执行情况、运行管理情况、措施技术水平。分布情况如图9-43所示。

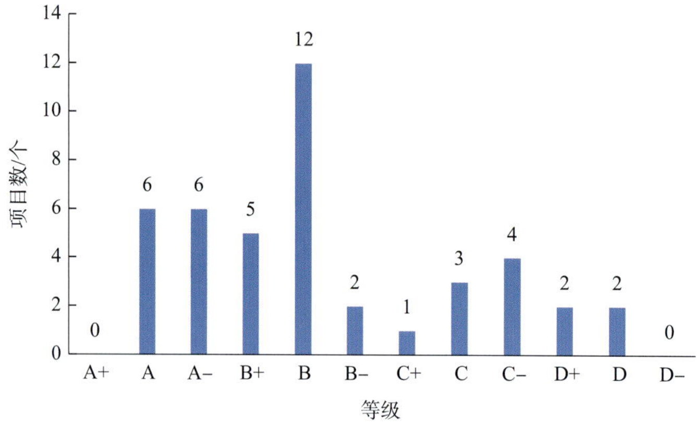

图9-43 评估样本生态保护措施等级分布

43个水电站中：除积石峡水电站外，42个提出了生态流量泄放；40个提出了鱼类增殖放流；除了班多、万家口子、毛家河水电站，33个提出了鱼类栖息地保护；28个提出了过鱼设施；26个提出了陆生动植物保护；乌东德、黄登、长河坝、万家口子、丰满等5个水库水温结构为分层型水电站，其中乌东德、白鹤滩水电站提出了叠梁门分层取水设施。如图9-44所示。

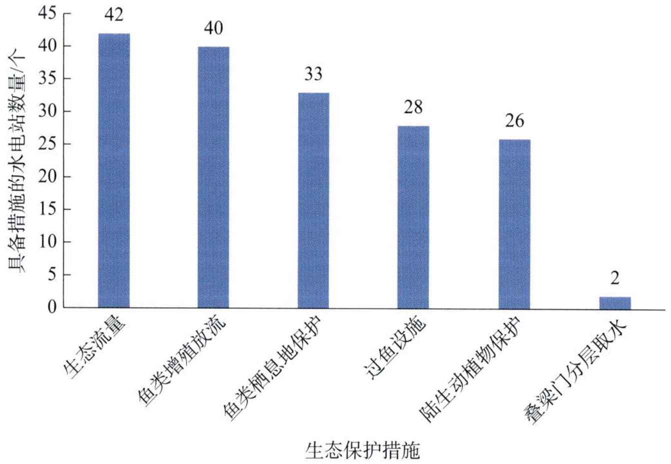

图9-44 评估样本生态保护措施具备情况

1.生态保护措施“三同时”执行情况

部分生态保护措施“三同时”存在的问题主要包括鱼类增殖放流站或过鱼设施未在蓄水前建成、生态流量泄放在线监测设施未同步建设、栖息地保护工作开展滞后等，具体落实比例如图9–45所示。

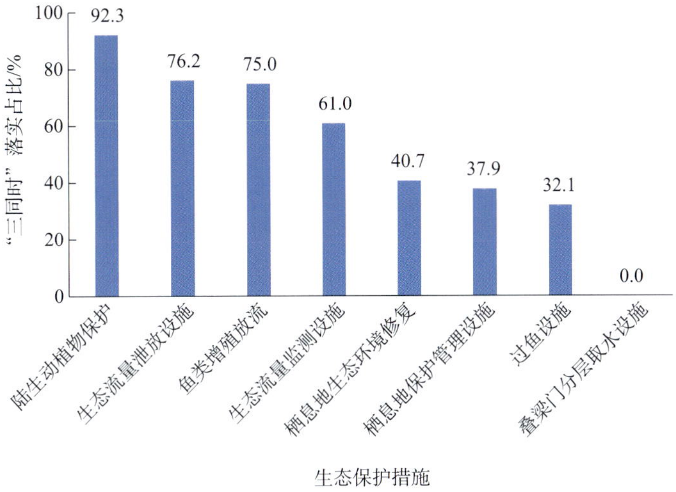

图9–45　评估样本生态保护措施“三同时”落实比例

在生态流量泄放方面：21个设置了生态流量泄放专用设施的水电站中，5个专用设施建设滞后，“三同时”落实比例76.2%；41个设置了生态流量在线监测设施的水电站中，16个在线监测设施建设滞后，“三同时”落实比例61.0%。

在栖息地保护工作方面：29个涉及栖息地保护管理设施的水电站中，18个栖息地保护管理设施建设滞后，“三同时”落实比例37.9%；27个涉及栖息地生态环境修复措施的水电站中，16个建设滞后，“三同时”落实比例40.7%。

在过鱼设施建设方面：28个提出过鱼设施的水电站中，19个未能在蓄水前建成过鱼设施，“三同时”落实比例32.1%。

在增殖放流站落实方面：40个建设增殖放流站的水电站中，10个未能在蓄水前建成增殖放流站，“三同时”落实比例75%。

在陆生动植物保护方面：26个提出陆生动植物保护的水电站中24个在蓄水前同步开展了陆生动植物保护，2个滞后，“三同时”落实比例92.3%。

在叠梁门分层取水设施建设方面：乌东德叠梁门建设相较蓄水时间滞后一年，黄登叠梁门建设略有滞后。

2.生态保护措施运行管理情况

部分项目生态保护措施运行管理存在的问题主要包括年度生态流量泄放达标率不足100%、未落实生态调度、分层取水设施未稳定运行、鱼类栖息地保护未开展实质性保护工作、过鱼设施年度未正常运行、增殖放流种类和数量与要求存在一定差距等。

在生态流量泄放方面：42个提出生态流量泄放的水电站中，年度生态流量泄放达标率达到100%的有40个，另有长河坝、黄金坪2个水电站年度生态流量泄放达标率分别为83%和85%；22个考虑了敏感时段生态调度的水电站中乌东德、马堵山、丰满、西藏某J等4个水电站开展了年度生态调度工作。

在栖息地保护方面：8个要求划定种质资源保护区的水电站中，4个建成了种质资源保护区，梨园、枕头坝一级、沙坪二级、安谷等4个水电站种质资源保护区建设工作处于停滞状态，其中，梨园库区格基河被认为开发现状及鱼类资源不具备建立省级水产种质资源保护区的综合条件；枕头坝一级、沙坪二级、安谷水电站所划种质资源保护区范围涉及地方采砂利益冲突，企业商请地方政府无果，影响种质资源保护区的推进；4个要求建立自然保护区的水电站中建成3个，2个要求建立管理站，20个要求实施局部生态环境营造，5个要求连通性恢复（拆坝）的水电站均相应落实了相关工作。

在过鱼设施建设方面：28个提出过鱼设施的水电站中，年度过鱼设施运行时段占设计运行时段达到100%的有15个，11个运行时段占设计运行时段介于50%（含）至90%（含），另有孤山、黄丰水电站过鱼设施尚未建成，白河水电站过鱼设施刚刚建成，年度未运行。

在增殖放流方面：40个提出鱼类增殖放流的水电站中19个放流鱼类种类与数量均满足要求，14个放流鱼类种类不满足要求，2个放流鱼类数量不满足要求，4个放流鱼类种类数量均不满足要求，另有孤山水电站增殖放流站尚在建设。

在陆生动植物保护方面：23个要求珍稀植物或古大树移栽的水电站中，17个移栽成活率在80%及以上；10个提出陆生动物保护的水电站中，陆生动物生态环境基本得到保护、种群数量基本维持，马堵山水电站巨蜥和鼋自然保护区未建立。

在叠梁门分层取水设施进行方面，乌东德叠梁门年度投入运行，黄登叠梁门年度处于调试状态。

3.生态保护措施技术水平

部分项目生态保护措施技术水平不高主要体现在生态流量泄放未考虑不同时段生态需水过程差异、未考虑生态调度、鱼类栖息地保护只划定了保护范围、过鱼措施仅采取网捕过坝方式、鱼类增殖放流站硬件设施条件一般等。

在生态流量方面：42个提出生态流量泄放的水电站中，4个最小下泄流量占坝址处多年平均流量不足10%，8个为10%（含）~15%，12个为15%（含）~<20%，15个为20%（含）~<30%，3个在30%（含）以上；7个考虑了生态需水过程保障；22个考虑了敏感时段生态调度。

在栖息地保护方面：33个提出鱼类栖息地保护的水电站中，8个要求划定种质资源保护区，4个要求建立自然保护区，2个要求建立管理站，20个要求实施局部生态环境营造，

5个要求连通性恢复（拆坝）。

在过鱼设施措施方面：28个提出过鱼设施的水电站中，采取两种及以上过鱼设施组合式过鱼，或采取上、下行过鱼措施的有10个，采取单种过鱼设施的13个，另有5个采取网捕过坝。

在增殖放流设施方面：40个提出鱼类增殖放流的水电站均采取自建或共建增殖放流站的方式，其中增殖放流站硬件设施条件较好的有27个，一般的有11个，较差的有2个。

在陆生动植物保护方面：24个提出陆生植物保护的水电站中，23个要求珍稀植物或古大树移栽，14个要求建立珍稀植物园；10个提出陆生动物保护的水电站中，1个要求建立自然保护区，6个要求建立管理站，5个要求建立动物救助站，3个要求特殊生态环境营造。

在叠梁门分层取水设施方面：乌东德、黄登水电站均在坝前、坝下设置了水温监测设施并接入中控室统一管理。其中，乌东德在叠梁门设计过程中，充分借鉴了已建叠梁门的有关经验教训，对门高、启闭系统、抓梁型式等进行了优化改进，增加了启闭机和悬吊臂数量，单层叠梁门设计启闭时间较其他项目平均缩短约60%，显著提高了措施运行效率和保证率。

（二）自主环境管理

自主环境管理以B等级为主，主要从环保手续履行、企业环境管理体系建设、年度管理工作开展情况、环境信息公开与报送、环保投入与贡献情况、被投诉与行政处罚情况等方面开展评估，如图9-46所示。

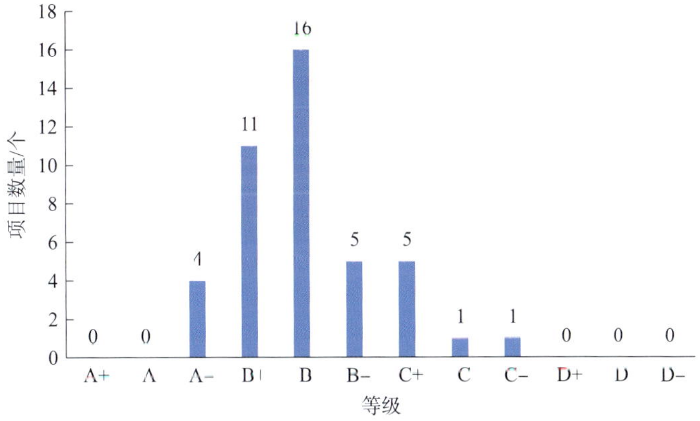

图9-46　评估样本自主环境管理等级分布

目前评估项目环保手续履行存在的问题主要是“未批先建”、环保验收工作滞后、未按要求开展后评价等。43个水电站中14个存在“未批先建”，10个蓄水环保验收滞后（其中2个未按要求开展），38个竣工环保验收滞后（其中7个尚未开展），仅有11个开展了环境影响后评价。

总体看，近年来随着水电开发生态环境保护及管理要求的提高，企业自主环境管理水平逐步得到提升，大部分企业设置了环境管理机构（9个设置了独立环境管理部门，34个设置了环境管理相关部门，但非独立部门），配备了专业环境管理人员，制定了环境管理制度等，环境管理信息化逐步完善，8个建立了独立的环境管理信息系统，19个在企业综合管理信息系统中有环境管理相关模块。

水电绿色发展评估在指标体系构建、权重与赋分标准、数据完整性和准确性方面尚有不足之处，但从评估结果分析来看，基本符合水电站所处行业水平，指标体系后续应持续开展相关研究和应用研讨，不断进行完善并提高水电绿色发展指数的科学性和适用性。

附录 1　水电项目自主环保验收质量评估打分表

序号	评估内容	满分
一	验收调查报告	60
（一）	工程概况及环境敏感目标	7
1	工程组成和工程变动情况调查是否清楚	3
2	工程建设过程介绍是否清楚，环保投资执行情况是否明确	3
3	环境敏感目标是否准确，有无遗漏重点环境敏感目标	1
（二）	生态环境保护措施落实情况	38
1	水环境保护措施	10
①	对生态流量泄放设施及在线监测设施的设计、建设进度以及运行情况的调查是否全面、清楚；有生态调度要求的，对相关方案编制和措施实施情况的调查是否清楚	5
②	对水质保护，低温水、气体过饱和减缓措施的设计、建设进度以及运行情况等调查是否全面、清楚	5
2	生态保护措施	18
①	对鱼类栖息地保护、过鱼设施、增殖放流、拦鱼等措施设计、建设进度以及运行情况等调查是否全面、清楚	12
②	对工程防护、水土流失防治、植被恢复、异地移栽、野生动物救护、构建动物廊道或类似生态环境、景观塑造等措施设计、建设进度以及运行维护或效果情况等调查是否全面、清楚	6
3	施工期环境保护措施	5
	对“三废”一噪防治措施等措施设计、建设进度以及运行情况等调查是否全面、清楚	5
4	环境监测与管理	5
①	对生态调查和环境监测情况的调查是否全面、清楚	3
②	对环境管理情况的调查是否全面、清楚	2
（三）	生态环境影响调查	10
1	水环境	4
	水文情势、水质、水温、气体过饱和实际影响调查是否全面、准确，阐述是否清晰	4
2	生态	4
①	浮游动植物、底栖动物、鱼类等实际影响调查是否全面、准确，阐述是否清晰	2
②	陆生动植物等实际影响调查是否全面、准确，阐述是否清晰	2
3	施工期	2
	大气、噪声等实际影响调查是否全面、准确，阐述是否清晰	2
（四）	附件、图表是否规范，篇幅文字是否简练	2
（五）	结论是否明确、客观、真实	3
二	自主验收程序及质量	40
（一）	验收时间是否满足要求，是否存在滞后问题	4
（二）	验收程序是否规范	10
（三）	验收内容是否完整	10
1	验收意见是否完整，结论是否明确	7
2	其他需要说明的事项是否全面，是否符合实际情况	3
（四）	信息公开是否合规	6
1	验收信息时间和时长是否满足要求，公示内容是否完整	3
2	验收备案时间是否满足要求，备案内容是否完整	3
（五）	是否存在不应通过的情形	10
1	环评要求的环境保护设施未建成、未与主体工程同时投入生产或使用	2
2	发生重大变动未重新报批环评文件	2
3	建设过程中造成的重大环境污染或生态破坏未完成整改	2
4	分期建设、分期投入生产或者使用依法应当分期验收的建设项目，其分期建设、分期投入生产或者使用的环境保护设施防治环境污染和生态破坏的能力不能满足其相应主体工程需要的	2
5	被处罚的违法行为未改正完成	2
总分		100

附录2　水电绿色发展指标体系及赋分标准

一级指标	权重	二级指标	权重	三级指标	权重	赋分标准
生态保护措施 F_1	0.7	生态流量 $S_{1,1}$	0.2	措施“三同时”执行情况 $T_{1,1,1}$	0.35	未执行0分；执行滞后60分；执行及时100分
				措施运行及管理情况 $T_{1,1,2}$	0.35	加分制：生态流量达标泄放，加60分（其余根据实际情况赋分）；生态流量在线监测设施维护较好，数据测验、记录、传输运行良好，加20分；开展了生态调度，加20分
				措施技术水平 $T_{1,1,3}$	0.3	加分制：最小下泄流量占坝址处多年平均流量比例<10%，按0~24分线性插值；最小下泄流量占坝址处多年平均流量比例10%~<15%，按24~28分线性插值；最小下泄流量占坝址处多年平均流量比例15%~<20%，按28~32分线性插值；最小下泄流量占坝址处多年平均流量比例20%~<30%，按32~40分线性插值；最小下泄流量占坝址处多年平均流量比例>30%，40分；考虑不同时段生态用水需求差异，加15分；考虑生态调度，加15分；设置了生态流量在线监测设施，加21分；生态流量在线监测设施接入中控室统一管理，加9分
		鱼类增殖放流 $S_{1,2}$	0.2	措施“三同时”执行情况 $T_{1,2,1}$	0.35	未执行0分；执行滞后60分；执行及时100分
				措施运行及管理情况 $T_{1,2,2}$	0.35	加分制：放流鱼类种类符合要求，加20分；放流鱼类数量符合要求，加20分；开展了放流鱼类标记，加10分；设施设备运行良好，加20分；中长期放流鱼类取得进展，加20分（根据实际进展情况，酌情赋分）；开展放流效果评估，加10分
				措施技术水平 $T_{1,2,3}$	0.3	采取购买鱼苗放流的，得40分；自建或共建增殖放流站的，得60分（根据硬件设施条件酌情加分：具备亲鱼、苗种培育设施、催产及孵化设施的，加10分；具备防疫隔离设施和繁育车间的，加10分；具备实验室、水温控制系统、水质监测设施的，加10分；配置有宣传展厅的，加10分）
		鱼类栖息地保护 $S_{1,3}$	0.2	措施“三同时”执行情况 $T_{1,3,1}$	0.35	未执行0分；执行滞后60分；执行及时100分
				保护落实及管理情况 $T_{1,3,2}$	0.35	仅编制鱼类栖息地保护规划及方案的，10分；落实了部分实质性栖息地保护工作的，50分；落实了全部实质性栖息地保护工作的，100分
				保护水平 $T_{1,3,3}$	0.3	加分制（加满100分为止）：划定保护范围，加20分；设立保护界牌和宣传牌，加10分；划定水产种质资源保护区，加20分；建立自然保护区，加50分；建立管理机制，加20分；建立管理站并配备设备及人员，加20分；实施局部生态环境营造，加20分；连通性恢复，加30分；拆坝，加50分；开展了栖息地保护效果评估及适应性改进，加20分
		过鱼设施 $S_{1,4}$	0.2	措施“三同时”执行情况 $T_{1,4,1}$	0.35	未执行0分；执行滞后60分；执行及时100分
				措施运行及管理情况 $T_{1,4,2}$	0.35	运行时段满足设计要求，加40分（其余根据运行时段占设计要求时段占比赋分）；监测设施运行良好，加20分；过鱼设施设备维护良好，加20分；开展过鱼效果评估，加20分
				措施技术水平 $T_{1,4,3}$	0.3	采取网捕过坝，得40分；采取单种过鱼设施，得80分；采取两种及以上过鱼设施组合过鱼，或采取上、下行过鱼设施的，得100分；有技术贡献的加20分

续表

一级指标	权重	二级指标	权重	三级指标	权重	赋分标准
生态保护措施 F_1	0.7	陆生动植物保护 $S_{1,5}$	0.1	措施“三同时”执行情况 $T_{1,5,1}$	0.35	未执行 0 分；执行滞后 60 分；执行及时 100 分
				保护落实及管理情况 $T_{1,5,2}$	0.35	按要求开展了陆生动植物保护的，100 分；其他根据实际情况酌情赋分
				保护水平 $T_{1,5,3}$	0.3	加分制（加满 100 分为止）：划定保护范围，加 10 分；设立保护界牌和宣传牌，10 分；建立自然保护区，加 30 分；建立管理机制加 10 分；建立管理站并配备设备及人员，加 20 分；珍稀植物和古大树移栽，加 20 分；建立珍稀植物园，加 20 分；动物救助站，加 20 分；特殊生态环境营造措施，加 30 分；建设迁徙通道，加 30 分
		分层取水 $S_{1,6}$	0.1	措施“三同时”执行情况 $T_{1,6,1}$	0.35	无相关未执行 0 分；执行滞后 60 分；执行及时 100 分（分层取水相关指标仅针对稳定分层型水库，无相关需求的视为满分）
				措施运行及管理情况 $T_{1,6,2}$	0.35	根据实际运行情况酌情赋分（未运行，0 分；调试运行，30 分；正常运行 60 分）；水温监测设施维护较好，数据测验、记录、传输运行良好，加 20 分；开展分层取水效果评估及适应性改进，加 20 分（分层取水相关指标仅针对稳定分层型水库，无相关需求的视为满分）
				措施技术水平 $T_{1,6,3}$	0.3	加分制：具备动水启闭能力，加 40 分；单层门页启闭时间 5h 以内，加 40 分；单层门页启闭时间 5h 以上，加 20 分；在库尾（中）、坝前、坝下设置水温监测设施，并接入中控室统一管理的，加 20 分；其他情况酌情赋分（分层取水相关指标仅针对稳定分层型水库，无相关需求的视为满分）
自主环境管理 F_2	0.3	环保手续履行 $S_{2,1}$	0.2			按要求开展了环评批复、重大变动环评手续履行、环保验收、后评价的，得 100 分；存在未批先建、未按要求履行重大变动环评手续、未按要求分阶段环保验收、久试不验、未按要求开展后评价的，每项扣 20 分
		环境管理体系建设 $S_{2,2}$	0.2	环境管理机构设置情况 $T_{2,2,1}$	0.2	无环境管理相关部门，0 分； 有环境管理相关部门，但非独立部门，60 分； 有独立环境管理部门，100 分
				专门环境管理人员配备情况 $T_{2,2,2}$	0.2	无专门环境管理人员，0 分； 1 名专门环境管理人员，60 分； 2 名专门环境管理人员，70 分； 3 名专门环境管理人员，80 分； 4 名专门环境管理人员，90 分； 5 名及以上专门环境管理人员，100 分
				环境管理制度建设 $T_{2,2,3}$	0.2	无环境管理制度，0 分； 仅建立了环境管理，60 分； 同时建立了环境管理和考核制度，100 分
				环境风险与应急管理 $T_{2,2,4}$	0.1	无环境风险及应急管理预案，0 分； 制定了环境风险及应急管理预案，但未备案，40 分； 制定了环境风险及应急管理预案，并完成备案，60 分； 制定了环境风险及应急管理预案，并完成备案，100 分
				环境管理信息化水平 $T_{2,2,5}$	0.1	未建立任何环境管理信息系统，0 分； 在企业综合管理信息系统中有环境管理相关模块，60 分； 建立了独立的环境管理信息系统，100 分
				环境管理标准化水平 $T_{2,2,6}$	0.2	通过 ISO14001 环境管理体系认证或 HSE 管理体系认证，100 分； 否则 0 分（表中没有相关信息）

续表

<table>
<tr><th>一级指标</th><th>权重</th><th>二级指标</th><th>权重</th><th>三级指标</th><th>权重</th><th>赋分标准</th></tr>
<tr><td rowspan="13">自主环境管理 F_2</td><td rowspan="13">0.3</td><td rowspan="3">年度管理工作开展情况 $S_{2,3}$</td><td rowspan="3">0.2</td><td>年度下达环境管理文件情况 $T_{2,3,1}$</td><td>0.4</td><td>年度未印发任何环境管理通知，0 分；
年度印发 1 份环境管理通知，40 分；
年度印发 2 份环境管理通知，60 分；
年度印发 3 份环境管理通知，80 分；
年度印发 4 份及以上环境管理通知，100 分</td></tr>
<tr><td>年度召开环境管理会议情况 $T_{2,3,2}$</td><td>0.4</td><td>年度未召开环境管理会议，0 分；
年度召开 1 次环境管理会议，40 分；
年度召开 2 次环境管理会议，60 分；
年度召开 3 次环境管理会议，70 分；
年度召开 4 次环境管理会议，80 分；
年度召开 5 次环境管理会议，90 分；
年度召开 6 次及以上环境管理会议，100 分</td></tr>
<tr><td>年度组织环境保护培训情况 $T_{2,3,3}$</td><td>0.2</td><td>年度未组织环境保护或管理培训，0 分；
年度组织 1 次环境保护或管理培训，40 分；
年度组织 2 次环境保护或管理培训，60 分；
年度组织 3 次环境保护或管理培训，80 分；
年度组织 4 次及以上环境保护或管理培训，100 分</td></tr>
<tr><td rowspan="2">环境信息公开与报送 $S_{2,4}$</td><td rowspan="2">0.1</td><td>环境信息公开情况 $T_{2,4,1}$</td><td>0.2</td><td>未开展任何环境信息公开，0 分；
结合集团公司发布环境保护年报，60 分；
单独编制发布环境保护年报，100 分</td></tr>
<tr><td>向主管部门报送环境保护工作报告情况 $T_{2,4,2}$</td><td>0.8</td><td>年度未向环境保护主管部门报送工作报告，0 分；
年度向环境保护主管部门报送 1 次工作报告，60 分；
年度向环境保护主管部门报送 2 次工作报告，70 分；
年度向环境保护主管部门报送 3 次工作报告，80 分；
年度向环境保护主管部门报送 4 次及以上工作报告，100 分</td></tr>
<tr><td rowspan="3">环保投入与贡献情况 $S_{2,5}$</td><td rowspan="3">0.2</td><td>项目建设期环保投入情况 $T_{2,5,1}$</td><td>0.3</td><td>环保投资执行率不足 50%，0 分；
环保投资执行率 100%，100 分；
其他根据情况线性插值赋分</td></tr>
<tr><td>年度环保投入情况 $T_{2,5,2}$</td><td>0.5</td><td>年度环保投入占运行费比例不足 1%，0 分；
年度环保投入占运行费比例 10% 及以上，100 分；
其他根据情况线性插值赋分</td></tr>
<tr><td>行业保护技术创新贡献 $T_{2,5,3}$</td><td>0.2</td><td>积极推动保护技术创新、为行业保护技术进步作出突出贡献的，100 分；
其他情况酌情赋分</td></tr>
<tr><td rowspan="2">被投诉与行政处罚情况 $S_{2,6}$</td><td rowspan="2">0.1</td><td>年度被环保投诉情况 $T_{2,6,1}$</td><td>0.2</td><td>年度被环保投诉 2 次及以上，0 分；
年度被环保投诉 1 次，50 分；
年度未被环保投诉，100 分</td></tr>
<tr><td>年度被环保处罚情况 $T_{2,6,2}$</td><td>0.8</td><td>年度被环保处罚 2 次及以上，0 分；
年度被环保处罚 1 次，50 分；
年度未被环保处罚，100 分</td></tr>
</table>

第十章
水运（港口）行业环境评估报告

第一节　行业发展现状评估

一、全国港口货物吞吐量

1. 全国港口货物吞吐量增速明显放缓

2022年全国港口完成货物吞吐量达156.85×10^8t，增速大幅减缓，同比仅增长0.9%。其中沿海、内河港口货物吞吐量分别为101.31×10^8t（同比增长1.6%）和55.54×10^8t（同比减少0.3%），内河港口增速再次出现下降。与“十一五”末相比，全年全国港口完成货物吞吐量大幅增长了76%，已连续多年位居世界第一。初步研判“十四五”期间我国港口货物吞吐量将在高基数上保持中低速增长，同时将进一步带来港口基础设施建设，包括新建一批大型专业化泊位，淘汰一些老旧或不符合环保要求的现有码头，并对部分现有码头实施升级改造。“十二五”以来全国港口货物吞吐量和增速变化情况，如图10-1所示。

图10-1　“十二五”以来全国港口吞吐量和增速变化情况

注：根据《2019年交通运输行业发展统计公报》，2019年起对港口统计范围进行了调整，数据与上年比按可比口径计算。

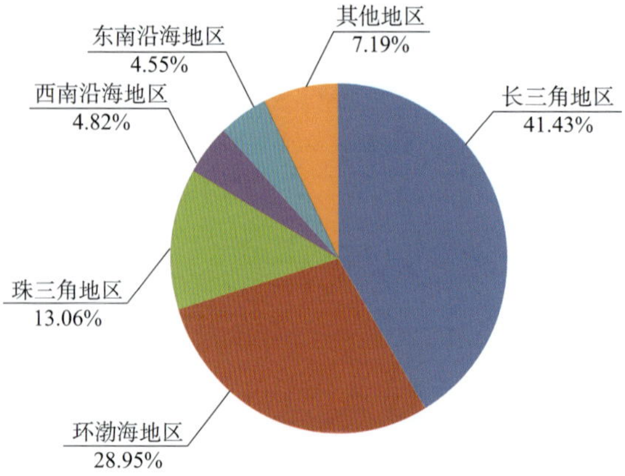

图10-2　全国“五大港口群”货物吞吐量占比情况

2.“五大港口群”货物吞吐量占比差异较大

2022年“五大港口群”货物吞吐量占全国港口吞吐量的92.8%，其中长三角地区、环渤海及珠三角地区港口群的货物吞吐量占比较大，分别占41.43%、28.95%和13.06%，而西南沿海地区港口群、东南沿海地区港口群货物吞吐量占比较小。全国“五大港口群”货物吞吐量占比情况，如图10-2所示。

3.大型港口货物吞吐量持续增加

2022年我国大型港口规模不断增加，吞吐量超过2×10^8t的港口达23个（沿海17个和内河6个）。货物吞吐量排名靠前的港口仍为宁波－舟山港、上海港、唐山港、青岛港、广州港、苏州港、日照港、天津港，均超过5×10^8t，其中宁波－舟山港货物吞吐量最高达12.61×10^8t。从增速看，除上海港外，排名前10的港口货物吞吐量均有不同增长，其中烟台港增速最高，达9.3%。2022年全国货物吞吐量超过2×10^8t的港口情况，如表10-1所示。

表10-1　2022年全国货物吞吐量超过2×10^8t的港口情况

排名	港口	吞吐量/（10^8t·a^{-1}）	增速/%	排名	港口	吞吐量/（10^8t·a^{-1}）	增速/%
1	宁波－舟山	12.61	3.0	13	大连	3.06	-3.0
2	上海	6.68	-4.3	14	黄骅	3.15	1.2
3	唐山	7.69	6.4	15	南通（内河）	2.85	-7.6
4	青岛	6.58	4.3	16	深圳	2.72	-2.1
5	广州	6.29	0.9	17	福州	3.02	10.3
6	苏州（内河）	5.73	1.2	18	连云港	3.01	11.9
7	日照	5.71	5.4	19	南京（内河）	2.72	1.1
8	天津	5.49	3.7	20	湛江	2.54	-0.7
9	烟台	4.63	9.3	21	镇江（内河）	2.25	-4.9
10	广西北部湾	3.71	3.7	22	营口	2.11	-8.2
11	泰州（内河）	3.64	3.3	23	厦门	2.19	-3.6
12	江阴（内河）	3.51	3.9	24	—	—	—

4.水运大省港口货物吞吐量占比明显

2022年港口货物吞吐量超过10×10^8t的水运大省共5个，分别为江苏省（32.44×10^8t）、广东省（20.48×10^8t）、山东省（19.74×10^8t）、浙江省（19.2×10^8t）、

河北省（12.77×10^8t），分别占比20.68%、13.06%、12.59%、12.24%和8.14%，累计占比66.7%；其他省份吞吐量占比相对较小。其中，江苏省涉及东部海域和长江下游水域，港口吞吐量大幅领先。各水运大省港口货物吞吐量占比情况，如图10-3所示。

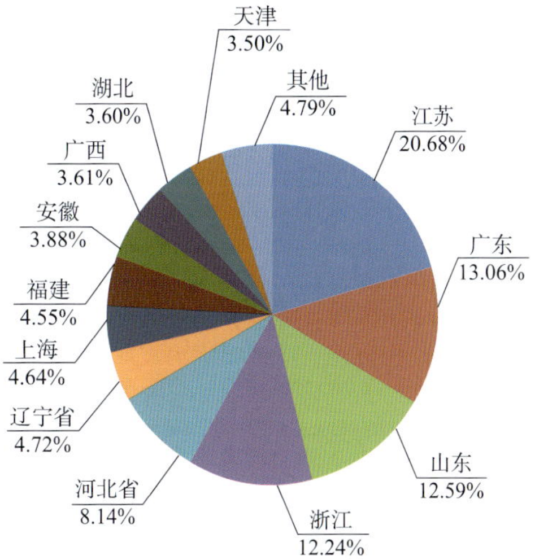

图10-3 各水运大省港口货物吞吐量占比情况

二、港口“四大货类”吞吐量

1.“四大货类”吞吐量继续保持增长

截至2021年底，全国港口“四大货类”煤炭及制品、金属矿石、石油和天然气及制品、集装箱的吞吐量分别为28.31×10^8t、23.99×10^8t、13.16×10^8t及2.83×10^8TEU，同比分别增长10.8%、2.5%、0.5%及7%；受疫情影响，煤炭及制品、集装箱货运量仍保持较高增长速度。与“十一五”末相比，煤炭及制品、金属矿石、石油和天然气及制品均大幅增长，分别增长72%、91%和90%。可以预知，“十四五”期间我国港口仍将扩大煤炭、矿石及原油的货物吞吐量，进而从源头上增加粉尘、挥发有机物产生量，并增加原油入海风险。

2.“四大货类”装卸港口布局较集中

从2021年港口煤炭吞吐量情况分析，吞吐量靠前的港口主要为唐山港（3.38×10^8t）、黄骅港（2.26×10^8t）、秦皇岛港（1.75×10^8t），其中唐山港的增速超过10%，均位于环渤海地区的河北省，占据煤炭下水量主导地位。从2021年港口铁矿石吞吐量情况分析，吞吐量超过1×10^8t的港口有宁波－舟山港（2.73×10^8t）、唐山港（2.01×10^8t）、日照港（1.98×10^8t）、青岛港（1.45×10^8t）、江阴港（1.17×10^8t）、苏州港（1.1×10^8t）等6个，累计占比50.5%，均位于环渤海、长三角地区港口群。从2021年港口原油吞吐量情况分析，吞吐量主要集中在环渤海地区、长三角地区、珠三角地区，吞吐量超过1×10^8t的港口有宁波－舟山港（1.27×10^8t，11个原油泊位）、青岛港（1.06×10^8t，4个原油泊位）。由于上述港口集中装卸煤炭、矿石和油品，加剧周边区域大气污染防治和溢油风险防范的压力。

三、港口码头和运输船舶发展

1.码头泊位和船舶数量总体大幅减少

2015年以来全国港口生产用码头泊位数量大幅减少，2021年底有生产用码头泊位20867个，同比减少1275个，较2015年减少10392个（大幅减少33.2%）。2022年有生产用码头泊位21323个（同比增加456个），为近年来首次增加。内河生产用码头泊位15882个

（占比 74.5%），较 2015 年减少 9478 个（大幅减少 37.4%）；沿海生产用码头泊位 5441 个（占比 25.5%），较 2015 年减少 458 个（减少7.8%）。可见，全国港口码头泊位数量持续减少，受非法码头关停和老旧码头整治影响，内河码头泊位减少数量明显多于沿海的。全国港口生产用码头泊位数量和增长率变化情况，如图 10–4 所示。

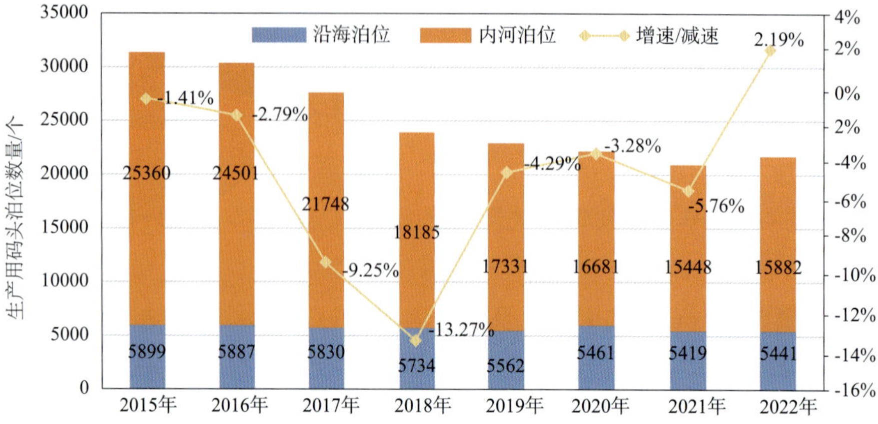

图 10–4　全国港口生产用码头泊位数量和增长率变化情况

随着船舶大型化发展，全国水上运输船舶（包括内河运输船舶、沿海运输船舶、远洋运输船舶）数量也在逐渐减少。2022 年全国水上运输船舶 12.19 × 10^4艘，较 2015 年减少 4.4 × 10^4艘，其中内河运输船舶减少 4.3 × 10^4艘。“十二五”以来全国水上运输船舶数量变化情况，如图 10–5 所示。

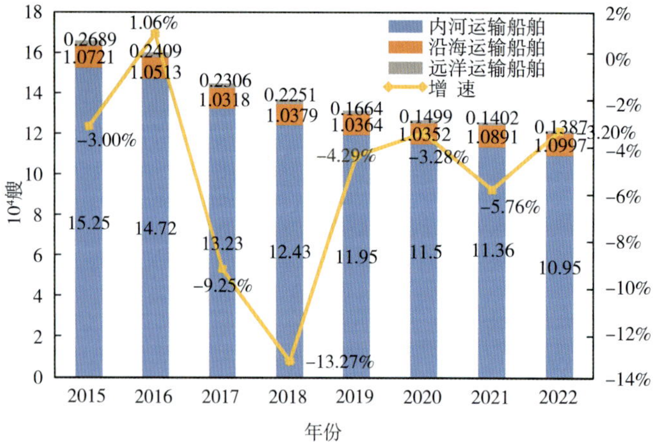

图 10–5　“十二五”以来全国水上运输船舶数量变化情况

2. 码头泊位大型化趋势明显

近年来码头泊位等级不断提高，万吨级及以上泊位数量持续增长，泊位规模化趋势明显。2022 年全国港口有万吨级及以上泊位 2751 个，同比增加 92 个，增加的多为大型码头；较“十一五”末增加 1090 个，占全国总泊位数的 12.9%。5 万吨级及以上泊位有 1408 个，占万吨级及以上泊位数的51.2%（同比增加0.9个百分点），大型码头泊位占比逐年提高。其中，沿海码头万吨级及以上泊位2300个，占沿海总泊位数的42.3%；内河码头万吨级及以上泊位451个，占内河总泊位数的2.8%。可见，沿海码头泊位等级明显高于内河，内河尤其是长江水系的小码头分布众多。2022年全国港口万吨级及以上泊位数量，如表10-2所示。

表10-2　2022年全国港口万吨级及以上泊位数量　　单位：个

泊位吨级	全国港口	同比增加	沿海港口	同比增加	内河港口	同比增加
合计	2751	92	2300	93	451	-1
1~3万吨级（不含3万）	891	16	707	20	185	-3
3~5万吨级（不含5万）	452	5	327	6	125	-1
5~10万吨级（不含10万）	930	56	798	50	132	6
10万吨级及以上	478	15	468	17	9	-3

3.专业化码头泊位占比上升

2022年底全国万吨级及以上的泊位中，集装箱、煤炭、铁矿石、原油及成品油等专业化泊位共1468个，占比53.4%，同比增加41个，较“十一五”末增加565个，新增专业化泊位主要为液体化工泊位、集装箱泊位、成品油泊位和金属矿石泊位，可见泊位专业化水平进一步提高。2022年全国万吨级及以上泊位构成，如表10-3所示。

表10-3　2022年全国万吨级及以上泊位构成　　单位：个

泊位用途	2022年	2021年	2020年	2019年	2022年同比增加
通用散货泊位	637	596	592	559	41
通用件杂货泊位	434	421	415	403	13
专业化泊位	**1468**	**1427**	**1371**	**1332**	**41**
其中：集装箱泊位	372	361	354	352	11
煤炭泊位	273	272	265	256	1
金属矿石泊位	88	85	85	84	3
原油泊位	93	93	87	85	0
成品油泊位	155	146	147	143	9
液体化工泊位	287	270	239	226	17
散装粮食泊位	39	38	39	39	1

第二节　行业环境管理评估

一、相关环保政策法规、标准规范

为落实习近平总书记倡导的绿色低碳发展理念，近年来国家和行业相关部门出台完善了诸多有关行业绿色发展、“双碳”目标、污染防治和生态保护、环保设计、环境管理等政策法规和标准规范，行业环境管理制度更趋完善，同时也对行业提出了更高的环保要求，是今后一段时期行业环保发展的目标和方向。

（一）落实绿色发展理念，提出行业绿色低碳发展总体要求

2019年发布的《交通强国建设纲要》，2021年发布的《国家综合立体交通网规划纲要》《关于深入打好污染防治攻坚战的意见》等，均明确提出“绿色发展节约集约、低碳环保”或“加快推动绿色低碳发展”等要求。其中，《交通强国建设纲要》在“七、绿色发展节约集约、低碳环保”中提出：“强化节能减排和污染防治，优化交通能源结构，推进新能源、清洁能源应用；严格执行污染物控制标准及船舶排放区要求；强化生态保护修复，严守生态保护红线；推进生态选线选址，强化生态环保设计。”

（二）践行“双碳”目标，将交通领域纳入碳达峰行动方案

2021年9月中共中央、国务院发布《关于完整准确全面贯彻新发展理念做好碳达峰碳中和工作的意见》，提出要制定能源、钢铁、有色金属、石化化工、建材、交通等行业和领域碳达峰实施方案。2021年10月国务院印发《2030年前碳达峰行动方案》，提出将“交通运输绿色低碳行动”列入重点任务的“碳达峰十大行动”之一。2021年11月印发《关于深入打好污染防治攻坚战的意见》，提出“以能源、工业、城乡建设、交通运输等领域和钢铁、有色金属、建材、石化化工等行业为重点，深入开展碳达峰行动”。

（三）加快推进绿色港口建设，强化污染防治和生态保护要求

2019年11月印发《关于建设世界一流港口的指导意见》，在加快绿色港口建设中提出“着力强化污染防治，推进港口和船舶污染防治攻坚；推动依法统筹规划建设港口船舶污染物接收、转运、处置设施，加强分类管理、有效处置和利用；强化散货作业防尘抑尘措施，推进原油、成品油装船码头油气回收；严格实施危险废物、船舶水污染物转移联合监管制度，构建清洁低碳的港口用能体系，完善船舶大气污染物排放控制区，提升船舶靠港岸电使用率，鼓励优先使用新能源和清洁能源，加快提升港口作业机械和车辆清洁化比例等”。

2021年10月交通运输部印发《绿色交通“十四五”发展规划》（以下简称《规划》），提出了绿色交通“十四五”发展具体目标，包括减污降碳、用能结构、运输结构等指标。规划明确提出“深入推进绿色港口和绿色航道建设，全面提升港口污染防治、节能低碳、生态保护、资源节约循环利用及绿色运输组织水平，持续推进绿色港口建设工作”。针对行业污染防治，提出要严格落实船舶大气污染物排放控制区各项要求，会同相关部门保障

船用低硫燃油供应；加快推进干散货码头堆场防风抑尘设施建设和设备配置，有序推进原油、成品油码头和船舶油气回收设施建设、改造及使用，提高化学品洗舱水处置能力等。

（四）针对行业环保重点关注领域，逐步完善标准规范

在粉尘治理方面，2015年发布《煤炭矿石码头粉尘控制设计规范》，包括对总平面布置，装卸设备、堆场、汽车转运等粉尘提出了控制要求。在油气回收设施建设和达标排放方面：2017年发布《码头油气回收设施建设技术规范》，规范码头油气回收设施建设标准；2020年发布《储油库大气污染物排放标准》（GB 20950—2020）和《油品运输大气污染物排放标准》（GB 20951—2020），提出“码头油气回收设施建设时限、油气排放标准及油船改造要求”；2022年10月住建部发布《油气回收处理设施技术标准》。在船舶废气防治方面，2018年发布《船舶大气污染物排放控制区实施方案》，对控制区内的船用燃油硫含量提出明确要求。在船舶水污染防治方面：2018年发布《船舶水污染物排放控制标准》《船舶水污染防治技术政策》，规定“船舶向环境水体排放含油污水、生活污水、含有毒液体物质的污水和船舶垃圾的排放控制要求”。

在生态保护方面：2021年发布《内河航道绿色建设技术指南》，适用于河流、湖泊、水库等新建、改建、扩建内河航道工程的绿色建设；发布《水运工程生态保护修复与景观设计指南》，适用于新建、改建和扩建的海港工程和以潮汐作用为主的河口，以及既有河流水文特性又受潮汐影响的河港工程的生态保护修复与景观设计。在外来生物入侵风险防控方面，2019年海事局印发《船舶压载水和沉积物管理监督管理办法（试行）》提出“鼓励港口经营人或从事港口服务的单位建设压载水接收处理设施，以应对船舶压载水管理系统故障或其他突发状况导致的无法满足公约要求的情况”。在溢油风险防范方面，2017年发布《水上溢油环境风险评估技术导则》《港口码头水上污染事故应急防备能力要求》，为船舶、港区储罐、码头、装卸站等设施发生的水上溢油事故风险评估及应急防备能力建设提供了依据。

（五）进一步加强了环评、排污许可管理及环保设计要求

2018年发布《港口建设项目环境影响评价文件审批原则》，提出“港口码头项目选址布局、规划符合性及污染防治、生态保护、风险防范等相关措施和要求”。2018年发布《水运工程环境保护设计规范》（简称《规范》）（JTS 149—2018），该《规范》对港口码头相关环保设施的设计提出了具体要求。2020年发布《绿色港口等级评价指南》，从环保、节能低碳、管理等多个方面，建立了绿色港口等级评价指标体系，重点突出了岸电应用、船舶污染物接收处置、油气回收等行业重要环保措施。2020年发布《排污许可证申请与核发技术规范 码头》（HJ 1107—2020），适用于专业化干散货码头（煤炭、矿石）、通用散货

码头排污单位排放大气污染物、水污染物的排污许可管理，提出“粉尘无组织排放量核算方法、污染防治可行技术及无组织管控要求”。2021年发布《水运工程建设项目环境影响评价指南》（JTS/T 105—2021），适用于水运工程建设项目新建、改建和扩建项目的环境影响评价。

（六）严格实施全过程环境监管

2021年生态环境部出台《关于进一步完善建设项目环境保护“三同时”及竣工环境保护自主验收监管工作机制的意见》（环执法〔2021〕70号），有效加强了建设项目全过程监管，理顺各级生态环境部门监管职责，落实建设单位生态环境保护主体责任。2022年生态环境部印发《“十四五”环境影响评价与排污许可工作实施方案》（环环评〔2022〕26号），提出“落实环评与排污许可监管行动计划，重点对产业园区、流域、港口等领域规划环评开展和落实情况进行抽查，对实施中产生重大不良环境影响的规划依法开展核查。推动重点区域港口落实岸电设施、强化污染物收集处理等要求”。

二、环评审批情况

1.总体情况

2019年环评审批权限再次下放后，生态环境部仅负责审批“煤炭、矿石、油气专用泊位：在沿海（含长江南京及以下）新建年吞吐能力1000×10^4t及以上项目”，其他港口码头项目全部下放至地方。根据各地最新发布的分级审批名录分析，主要水运大省中，江苏、浙江、广东、河北、山东、天津、福建、上海、重庆等已全部将码头建设项目下放至地级市及以下，辽宁、广西、江西、海南等省级层面还保留部分审批权限。

根据环评智慧监管平台统计数据，2020~2022年全国累计审批码头建设项目分别为684个、1755个、547个，2022年全国码头项目总投资约975.58×10^8元，其中环保投资25.84×10^8元。

按审批级别分，2020年国家级、省级、地市级、区县级审批码头项目分别为3个、10个、180个、491个，占比0.44%、1.46%、26.32%和71.78%；2021年国家级、省级、地市级、区县级审批码头项目分别为1个、9个、88个、1657个，占比0.06%、0.51%、5.01%和94.42%；2022年国家级、省级、地市级、区县级审批港口项目分别为4个、5个、89个、449个，占比0.73%、0.91%、16.27%和82.08%。2020~2022年港口建设项目分级审批项目数量，如图10-6所示。

按环评文件类别分，2020年审批报告书201个、报告表483个；2021年审批报告书292个、报告表1463个；2022年审批报告书166个、报告表381个。2020~2022年码头建设项目环评报告书、报告表数量，如图10-7所示。

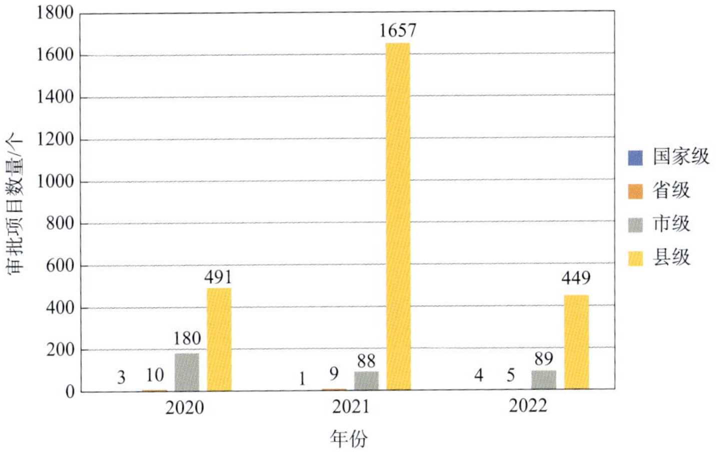

图10-6 2020~2022年港口建设项目分级审批项目数量

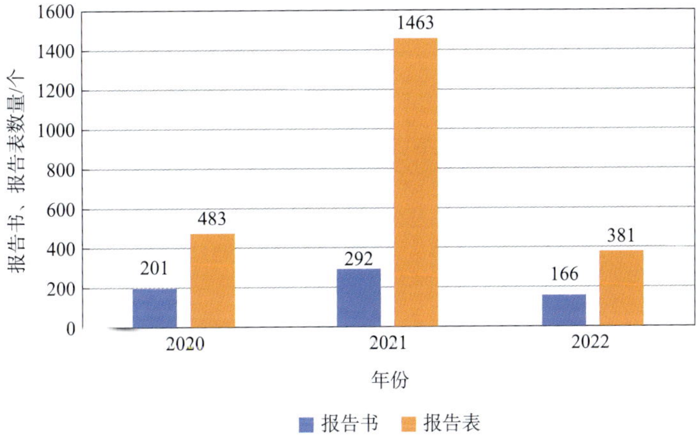

图10-7 2020~2022年码头建设项目环评报告书、报告表数量

按码头类型分：2020年审批项目中油气、液体化工码头49个，干散货（含煤炭、矿石）、件杂、多用途、通用码头485个，集装箱专用码头13个，滚装、客运、工作船、游艇码头111个，铁路轮渡码头3个，中心渔港码头20个；2021年审批项目中油气、液体化工码头144个，干散货（含煤炭、矿石）、件杂、多用途、通用码头1514个，集装箱专用码头12个，滚装、客运、工作船、游艇码头82个，铁路轮渡码头2个；2022年审批项目中油气、液体化工码头44个，干散货（含煤炭、矿石）、件杂、多用途、通用码头462个，集装箱专用码头6个，滚装、客运、工作船、游艇码头31个。2020~2022年不同码头类型环评审批数量，如图10-8所示。

按项目建设性质分，2020年审批项目中新建446个，改扩建178个，技术改造48个；2021年审批项目中新建1331个，改扩建347个，技术改造76个；2022年审批项目中新建394个，改扩建123个，技术改造26个。2020~2022年不同建设性质的港口环评项目数量，如图10-9所示。

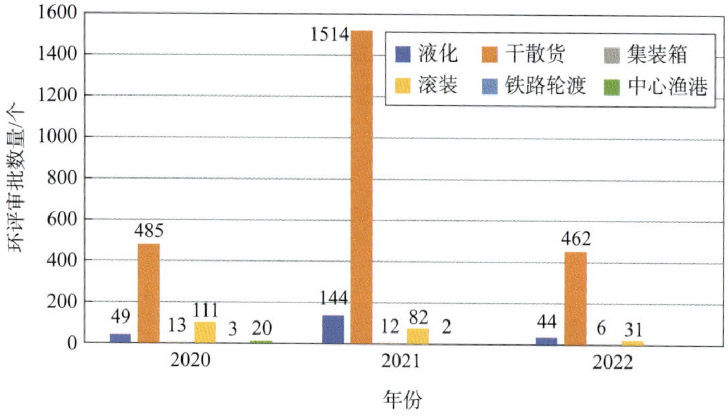

图10-8　2020~2022年不同码头类型环评审批数量

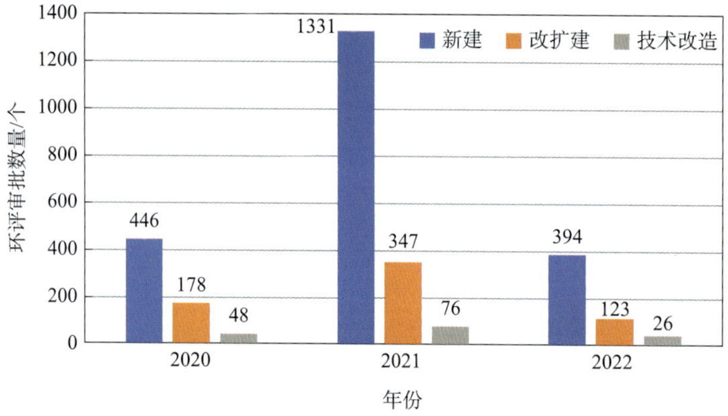

图10-9　2020~2022年不同建设性质的港口环评项目数量

从近3年的环评审批数据分析看：区县级审批数量远超国家级、省级和地市级之和，地市级及以下审批项目数量占比超过98%；报告表数量平均占比约为78%；干散货（含煤炭、矿石）、件杂、多用途、通用码头数量远超其他类型码头，平均占比约为82%；新建项目平均占比约为73%，改扩建和技术改造项目平均占比约为27%。

2.问题分析

由于码头建设项目“放管服”政策实施力度较大，目前码头建设项目主要由地市级和区县级审批。从批复的项目分析，发现存在如下问题：在工艺技术上，地方审批的码头项目大多为通用散货泊位，与大型专业化煤炭和矿石码头泊位相比，其装卸和转运工艺相对较落后，如设置有码头前沿堆场，场内运输采用装载车，导致粉尘产生的环节明显增多，与绿色港口建设目标存在较大差距；在污染防治措施上，部分项目的环评批复要求过于简单，提出的措施要求不具有全面性和针对性，如未按政策要求提出配套建设船舶岸电设施，部分项目对堆场防风抑尘网的长度、高度论证不足；在绿色低碳方面，目前环评文件关注较少，未能从集疏运方式、清洁能源和工艺设备使用等方面提出有关要求。

三、自主环保验收情况

1.总体情况

2022年全国建设项目竣工环境保护验收信息平台中码头建设项目完成自主环保验收共619个。从码头类型看：干散货（含煤炭、矿石）、件杂、多用途、通用码头项目504个，占比达81.4%；油气、液体化工码头58个，滚装、客运、工作船、游艇码头项目41个，集装箱专用码头10个，中心渔港码头6个。2022年不同类型港口码头建设项目完成自验收情况，如图10-10所示。

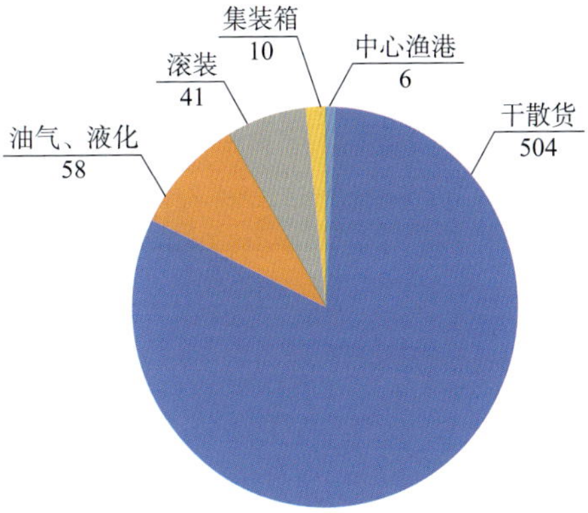

图10-10 2022年不同类型港口码头建设项目完成自验收情况

2.问题分析

通过查阅环保验收调查报告及验收意见，分析近年来已通过自主环保验收的项目情况，发现主要存在如下问题：一是环评批复要求的部分环保措施未有效落实，如未配套建设码头装船油气回收设施，未落实环评报告书提出的斑海豹保护措施；某扩能改造工程将煤炭运输由采用全封闭皮带输送变更为采取四周用篷布全封闭的自卸汽车输送，属重大变动。二是验收调查报告存在明显问题，如未开展水生态影响调查，项目验收调查报告中采用2013年的水质及沉积物监测数据，明显不符合时效性。三是部分项目验收意见内容不全，未说明运营期各项环保措施的落实情况，对于验收调查报告中提及的环保问题，验收意见存在有意回避嫌疑。

四、事中、事后监管情况

1.“三同时”制度落实检查

2020年11月至12月，生态环境部联合19省（自治区、直辖市）生态环境部门对“十三五”以来生态环境部审批的35个重点建设项目环境保护“三同时”制度落实和竣工环保自主验收工作开展了专项检查。其中5个项目为水运项目，检查发现的主要环保问题包括粉尘防治和水污染防治措施落实不到位，鱼类保护措施或栖息地保护要求、事故池或围油栏等溢油风险防范措施未落实等，通过专项检查督促建设项目严格落实环评批复要求的各项环保措施。专项检查中发现的与码头项目有关的环保问题，如表10-4所示。

2021年7月生态环境部组织开展了河北、安徽、福建等8省（区）的环评与排污许可落实情况调研，发现部分码头项目存在环保问题，例如安徽合肥港、芜湖港在码头建设与生态保护红线、饮用水源保护存在冲突时，不落实规划环评审查意见要求，通过调整敏感区让保护为发展让路；广西壮族自治区的柳州官塘作业区一期工程多用途泊位的批复货种为件杂货和集装箱，实际增加了散货砂石，构成重大变动，但既未配套建设相应的防尘和雨污水收集设施，也未重新报批环评文件等。

表10-4　2020年专项检查中发现的与码头项目有关的环保问题

序号	项目名称	专项检查期间项目信息			备注
		环评批复时间	实际建设进度	验收情况	
1	盛虹炼化（连云港）有限公司炼化一体化项目	2018/12	正在建设	尚未验收	码头工程设计文件中应急型围油栏配备总长度1471m，不满足环评批复中应急型围油栏总长度4000m的要求
2	宁波－舟山港穿山港区中宅矿石码头（二期）工程	2016/11	正在建设	尚未验收	1. 环评要求措施未落实到位。一是上宅堆场4号斗轮堆取料机未落实环评报告书中设置干雾除尘装置的要求，现场实际为喷淋除尘；二是新建生活污水处理站实际处理工艺只有接触氧化，未按照环评报告“二级生化＋过滤＋紫外线消毒”处理工艺建设；三是油污水处理站和生产污水处理站未按照环评报告书的要求建设污泥脱水设施；四是增殖放流措施未落实环评批复中跟踪监测和评估的要求 2. 部分生产废水未有效收集。3.5万吨级装船泊位皮带清洗废水无收集、泥水分离、上清液输送设施，泥水混合物采取露天堆存，经自然沉淀后的上清液，由人工清扫至码头污水集水池
3	中委广东石化 2000×10^4t/a重油加工工程	2019/6	正在建设	尚未验收	原油码头施工未落实环评批复中关于鱼类保护措施的要求
4	宁波－舟山港外钓30万吨级油品公共码头项目	2018/12	已建成	已完成（但未达验收条件）	环评要求措施未落实到位。环评批复要求配套建设的 $10\times10^4m^3$ 事故应急池未建成 未经验收擅自投产。2018年12月投入试运行，2020年2月3日通过自主验收（先行），但验收内容存在重大缺项、遗漏（$10\times10^4m^3$ 事故应急池未建成），不满足验收条件
5	长江干线武汉至安庆段6m水深航道整治工程	2018/9	正在建设	尚未验收	环评要求措施未落实到位。按照批复要求，建设单位长航局应与黄冈市人民政府制定戴家洲左支汊栖息地保护管理规划，保护戴家洲左支汊生态空间，实施生态修复。建设单位尚未与黄冈市人民政府制定栖息地保护管理规划

2. 环境影响后评价

目前行业开展环境影响后评价的案例总体较少。生态环境部批复的码头项目中有部分明确要求开展后评价，其中已投运的黄骅港散货港区矿石码头一期工程已通过环保验收近7年，一直未开展。从近两年地方审批的码头项目环评批复文件看，较少有项目提出后评价开展要求，2021年仅有极个别项目提出。2020年曹妃甸煤码头工程、曹妃甸矿石码头一期工程自行开展了后评价，但其上报的后评价报告内容与验收调查报告内容趋同，未能体现后评价特点和反馈切实需要解决的环保问题，达不到应有效果。

五、排污许可执行情况

1. 总体情况

根据全国排污许可证管理信息平台，截至2023年2月，全国共核发码头行业排污许可证858张，其中江苏核发数量最多为179张，广东、湖北、重庆及安徽次之，分别核发排污许可证118张、103张、70张和63张。根据已核发排污许可证情况分析：沿海码头排污单位共214家，主要分布在山东省、浙江省、福建省、广东省和河北省；内河码头排污单位共644家，主要分布在江苏省、广东省、湖北省、重庆市和安徽省。主要省（自治区、直辖市）码头行业排污许可证发证数量情况，如图10-11所示。

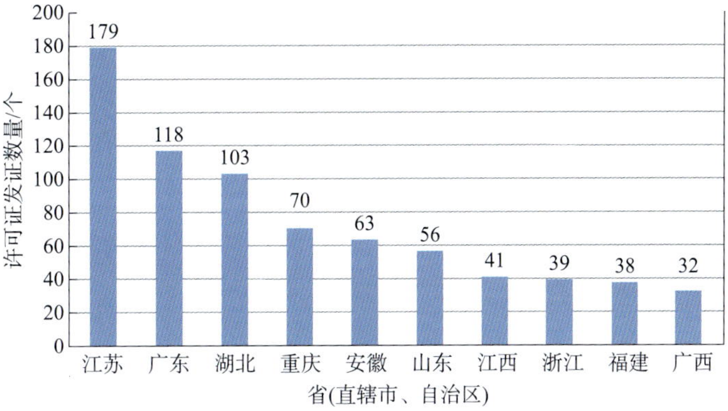

图10-11　主要省份码头行业排污许可证发证数量情况

2. 问题分析

本次利用全国建设项目竣工环境保护验收信息平台，对近年来部分通过自主验收的码头项目进行了初步筛查，先通过平台筛查出项目验收公示期间还没有取得排污许可证的项目，再通过全国排污许可证管理信息平台，对该项目申领排污许可情况及时间点进行对比分析，初步发现有小部分干散货码头项目符合发证要求，但投运至今一直未取得排污许可证；或者领取排污许可证的时间节点晚于环保验收公示时间，更晚于项目投运时间，不符合项目投运前申领时限要求。

第三节　行业环境影响及环保措施评估

一、干散货码头粉尘污染影响突出，密闭储存和先进装卸工艺逐步得到使用，目前工艺技术仍达不到预期效果

港口码头在装卸、储存和转运干散货过程中如不采取有效的工艺技术和抑尘措施，会产生和排放大量的粉尘，进而增加港区及周边城镇的大气颗粒物污染。目前港口码头粉尘污染防治主要采用较为成熟的风障抑尘、湿法喷淋、干雾抑尘等技术，而堆场密闭储存、码头前沿封闭及采取连续式卸船机等先进技术应用相对较少，且使用过程中仍存在一些问题，影响了行业粉尘综合治理的效果，本次对上述抑尘工艺技术的使用现状开展了调研评估。

1. 干散货堆场密闭储存设施

干散货堆场采用密闭储存可大幅减少粉尘排放量，虽然生态环境部一直大力推动建设密闭储存设施，但目前仅有6个部批干散货码头项目配套建成投运。其中，黄骅港三

期工程、四期工程共计投运48座密闭筒仓，设计储存能力144×10^4t。唐山港京唐港区36#~40#煤炭泊位工程由于消防原因未能建成钢结构条形仓，实际建成了首个应用于沿海港口堆场的气膜结构条形仓（尚未环保验收），其长度1130m、跨度130m、高度55m，气膜靠内外气压差支撑整个结构。

其他3个干散货码头项目建成投运的为钢结构条形仓，但均未按环评批复要求落实全封闭工艺。其中，浙能嘉兴独山煤炭中转码头工程投运的1座条形仓两端开口；镇江港高资港区华电句容煤炭储运码头的2座条形仓两端开口，且仓内顶部设有多道宽2m的通风口；唐山港曹妃甸港区煤码头续建工程的1座条形仓北端开口、南端封闭，其每个库之间设置10m宽对外通道。建设单位反馈条形仓未能实现全封闭的原因，主要为不符合地方消防管理要求。鉴于环保压力，上述项目对条形仓工艺进行了局部整改，其中镇江港条形仓在开口两侧距15m处，增设长250m、高18m的防风抑尘网；曹妃甸条形仓在北端开口外，及每个通道外侧均设置一道防风抑尘网。此外，部分港口企业为解决港区粉尘污染问题，正在积极实施“散改集”工艺改造，如日照港石臼港区西区散改集工艺提升工程建设了1座工艺大棚，实现密闭堆存作业。干散货码头堆场密闭储存设施建设及运行情况，如表10-5所示；目前已投运的干散货堆场密闭储存设施现状照片，如图10-12所示。

表10-5　干散货码头堆场密闭储存设施建设及运行情况

序号	项目名称	环评审批	主要工程内容	设计吞吐能力	验收情况	密闭储存设施建设情况	运行效果及存在问题
1	黄骅港三期工程	环审〔2008〕487号	新建4个5万吨级专业化煤炭装船泊位（水工结构按10万吨级设计）	设计年通过能力5000×10^4t	环验〔2016〕86号	筒仓。新建煤炭圆形筒仓48座（煤炭三期和四期各24座），单仓容量3×10^4t，内径40m、高度43.4m。每个筒仓顶部左右两侧分别设置1套干式除尘系统。煤炭一期、二期及四期工程建设有露天堆场，配套设置有防风抑尘网	全封闭储存，效果较好，但建设费用高，无法分货种堆存
2	黄骅港（煤炭港区）四期工程	环审〔2013〕312号	新建5个煤炭装船泊位，包括1个10万吨级、2个7万吨级和1个3.5万吨级、1个5万吨级泊位	设计吞吐量5000×10^4t/a	环验〔2017〕48号		
3	浙能嘉兴独山煤炭中转码头工程	环审〔2010〕22号	新建3个3.5万吨级外海卸煤泊位（水工结构按5万吨级设计）和18个500吨级内河装船和待装泊位	设计吞吐量3000×10^4t/a	2018年5月完成自主环保验收	钢结构条形仓。环评批复要求建设3座条形堆场，实际在堆场北侧设置1座条形料仓，高度约39m。露天堆场配套设有防风抑尘网	未落实全封闭要求，条形仓两侧呈开口
4	镇江港高资港区华电句容煤炭储运码头	环审〔2014〕70号	新建2个5万吨级煤炭卸船泊位（码头水工结构兼顾7万吨级）、1个1万吨级煤炭装船泊位（泊位长度按同时靠泊2艘3千吨级船舶设计）	设计吞吐量1580×10^4t/a	2020年3月完成企业自主环保自验	钢结构条形仓。实际建设有2座封闭煤棚，单座长350m、宽125m。露天堆场设有防风抑尘网	未落实全封闭要求，由于消防原因，条形仓两端开口，开口两侧距15m处，设有长250m高18m的防风抑尘网，顶部有多道宽2m的通风口

续表

序号	项目名称	环评审批	主要工程内容	设计吞吐能力	验收情况	密闭储存设施建设情况	运行效果及存在问题
5	唐山港曹妃甸港区煤码头续建工程	环审〔2009〕406号	新建1座15万吨级泊位、1座15万吨待泊泊位、1座10万吨级泊位、1座7万吨级泊位和1座5万吨级泊位以及相应的配套基础设施	设计吞吐能力为5000×10^4t/a	环验〔2016〕8号	钢结构条形仓。封闭大棚结构，钢网架结构，共分9库，跨度103m，每个库长109m，总长1059.68m，网架弧顶高度40m，理论堆存能力约40×10^4t。露天堆场设有防风抑尘网	未落实全封闭要求，每个库之间设置有10m宽通道，整改后通道外侧均设有防风抑尘网；大棚两侧有一侧开口（北侧），南侧封闭，北侧外有防风网
6	唐山港京唐港区36#~40#煤炭泊位工程	环审〔2011〕364号	新建2个15万吨级焦炭卸船泊位和3个10万吨级煤炭装船泊位	设计吞吐量4600×10^4t，包括卸船1600×10^4t、装船3000×10^4t	2015年10月试运行，尚未完成自主环保验收	膜结构条形仓。由于消防原因，未能建设常规条形仓结构，实际建成首个应用于沿海港口堆场的气膜结构条形仓，长1130m、跨度130m、高度55m，总面积约14.7×10^4m^3。露天堆场四周设有防风抑尘网	内部形成封闭结构，抑尘效果良好；膜结构建设成本和施工周期明显小于钢结构
7	日照港石臼港区西区散改集工艺及环保提升项目	日审服环审〔2021〕7号	建设工艺大棚1座，卸车防尘棚5座，完成焦炭的汽车卸车、堆料、集装箱装卸及取送箱作业，属焦炭运输散改集项目	设计焦炭装箱年作业能力11×10^4TEU，约220×10^4t。汽车、铁路进，海运出	已投运	大棚。罩棚长360m、宽75m，覆盖整个堆取料及装箱系统的南北区域	罩棚封闭、卸车坑落料转接点设置固定式射雾器、地下廊道底部设微雾抑尘系统

(a)黄骅港三期工程、四期工程圆形筒仓

(b)浙能嘉兴独山煤炭中转码头工程钢结构条形仓

(c)唐山港曹妃甸港区煤码头续建工程钢结构条形仓

图10-12 目前已投运的干散货堆场密闭储存设施现状照片

(d)镇江港高资港区华电句容煤炭储运码头钢结构条形仓

(e)唐山港京唐港区采用的气膜结构条形仓

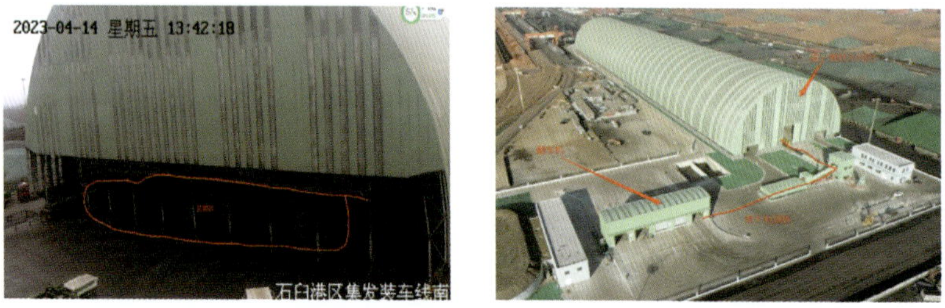

(f)日照港石臼港区西区散改集工艺及环保提升项目封闭大棚

图10-12　目前已投运的干散货堆场密闭储存设施现状照片（续）

对比同等储存能力的气膜结构条形仓与钢结构条形仓，膜结构总费用约为钢结构的39%，其建设成本和施工时间大幅缩减；膜结构运行费约 84×10^{4} 元/a，钢结构运行费较小。如旧堆场实施封闭升级改造，膜结构施工需煤场停止2个月作业，远低于钢结构的12个月，对生产影响较小。由于目前钢结构条形仓存在需设消防通道、堆取料机检修需移出条形仓等问题，无法形成封闭空间，其抑尘效果不如全封闭膜结构。

2.码头前沿封闭设施

专业化水平较高的干散货码头装卸船，一般通过建设码头前沿皮带机转运煤炭，但为保障卸船机行走要求，码头前沿段的皮带机无法实施防尘罩全封闭，港口企业一般采取皮带机两侧设置挡风板抑制粉尘污染，虽取得一定的抑尘效果，但不甚理想。为解决码头前沿皮带机的粉尘防治薄弱环节，生态环境部对宁波-舟山港穿山港区中宅矿石码头（二期）工程、唐山港曹妃甸港区矿石码头三期工程等两个部批码头项目，明确提出了码头前沿皮带机建设移动式封闭罩的要求。目前实施的码头前沿移动式皮带机封闭罩照片，如图10-13所示。

(a)宁波舟山港穿山港区中宅矿石码头(二期)工程

(b)曹妃甸港区矿石码头三期工程

图10-13 目前实施的码头前沿移动式皮带机封闭罩照片

上述两个码头项目已分别于2022年4月、2017年12月通过自主环保验收，本次评估对其码头前沿移动式皮带封闭罩建设运行情况进行了调研，如图10-13所示。其中，中宅矿石码头（二期）工程的皮带机覆盖带采用在皮带机两侧架设支架、在上部空间吊挂胶带的形式，由于需确保新旧皮带廊道的连贯性，覆盖带可供设计的空间较有限，使用一段时间之后胶带橡胶刚度降低，出现了下垂和变形，对装卸设备的行走造成较大影响。

曹妃甸港区矿石码头三期工程的防尘罩由支架和帆布罩组成，支架分布在皮带机两侧，当卸船机移动位置时需人工将帆布罩拆下，当卸船机确定作业位置后，工人将非移动区域帆布罩恢复。帆布罩拆装需耗费较大人力，同时存在安全隐患。可见，上述两个项目的码头前沿移动式皮带封闭罩设施，目前设计及运行均不理想，无法真正起到抑尘作用。

3.连续式卸船机

目前国内各大煤炭卸船码头多采用桥式抓斗卸船机，由于其间歇性的作业形式及开放型结构特点，会产生一定的撒料及扬尘，使得码头卸船成为整个物料输送系统中环保水平较为薄弱的环节。而连续卸船机可在码头实现半自动化卸船作业，具有高效率、低能耗、环保、操作方便的优势。目前国外同类型码头，更多地采用选用环保性能及综合效率均更高的连续式卸船机。桥式抓斗卸船机和链斗卸船机对比照片，如图10-14所示。

(a)链斗卸船机

(b)桥式抓斗卸船机

(c)中宅矿石码头(二期)工程链斗式卸船机

图10-14　桥式抓斗卸船机和链斗卸船机对比照片

连续式卸船机主要可分为链斗式连续卸船机、螺旋式连续卸船机及斗轮式连续卸船机。目前国内大型码头主要推广使用的为链斗式连续卸船机，其结构型式多为“L”形，主要包括链斗提升及回转机构、臂架俯仰及回转机构、大车走行机构等。资料表明，链斗式连续卸船机经过40多年的发展，技术水平已趋于成熟，可在码头实现半自动化卸船作业，目前在漳州后石电厂、湛江电厂、江门电厂、中冶宝钢原料码头及曹妃甸矿石码头中均有应用。近年来生态环境部大力推进连续式卸船机，在部批专业化干散货码头项目中明确要求设置链斗式卸船机。本次对部批项目舟山港穿山港区中宅矿石码头（二期）工程最近投运的1座链斗式卸船机建设及运行情况进行了调研评估。

截至2023年3月，中宅矿石码头（二期）链斗式卸船机已完成作业累计9×10^4t，其在运行过程中也存在一些问题：链斗式卸船机按照30万吨级及以上干散货船型设计，但目前靠泊的散货船以20万吨级及以下船型为主，取料头尺寸相对船舱过大，限制了链斗机作业效率；链斗机的俯仰角度和回转半径是按照半载低水位进行设计，目前大部分船舶均是满载靠泊，若涉及部分船舱清仓作业，取料头无法下俯至舱底作业；重载调试过程中，经常出现过流故障、电气故障、电机故障等，参数需要不断优化；此外，操作人员对于连续接卸设备还不够熟练。

从现状评估情况看：目前干散货码头堆场密闭储存设施投运案例不多，其中黄骅港筒仓效果良好；气膜结构条形仓目前运行良好，但能否长期稳定运行尚需进一步跟踪研究；其他投运的钢结构条形仓均存在局部开口未能实现完全封闭要求，影响了抑尘效果。链斗式连续卸船机目前技术研究和推广应用总体发展较快，但从调研情况看，也存在设计匹配、参数优化、操作熟练等问题。码头前沿移动封闭罩设施目前尚无运行成功案例，未能满足环评批复要求，需要进一步加强专项设计和运行维护。

二、液体化工码头关注 VOC_S 排放控制，加快推进码头油气回收设施建设，但运行管理上还存在较多问题

液体化工码头装载原油、汽油、石脑油等易挥发性货种时，会产生大量的挥发油气，如果直接外排将对港口区域大气环境质量造成影响，同时也造成石化资源浪费。全国万吨级及以上装船油码头泊位约290个，每年转运的油品、成品油等数量较大，产生的油气量不容忽视，若全部装船油品码头安装油气回收设施，每年可减排大量的挥发性有机物，具有良好的环境效益和经济效益。

2020年12月发布《储油库大气污染物排放标准》（GB 20950—2020），明确万吨级及以上油品泊位码头应开展油气管控，新建码头自2021年4月1日实施，现有码头自2024年1月1日实施。2022年底印发《关于推进原油成品油码头和油船挥发性有机物治理工作的通知》，要求推进标准实施。近年来，已有多个油码头建成或正在建设油气回收设施，资料表明全国已建成超过80套，预计未来一年内将会有众多码头油气回收设施投入运行，如图10-15所示。例如，福建、浙江共计有万吨级及以上装船油码头69个，已配套建设油气回收设施的有14个，仍有55个需在2024年4月前建成投运。

从调研情况看：虽然目前已有不少码头油气回收设施建成，但大多数项目建设油气回收设施仅是为了满足环评批复和环保验收要求，存在不符合建设技术规范、设计建设规模不匹配、设备质量参差不齐、存在安全隐患、未改造完的油船对接等问题，导致已建成的油气回收设施投入正常运行使用的比例不足半数，例如宁波-舟山港的一个油品码头项目其配套的油气回收装置在通过环保验收后一直停运。

此外，项目经济成本也是制约油气回收设施正常运行的主要原因：一方面，油气回收设施建设及运行成本高，万吨级至30万吨级泊位油码头建设油气回收设施投资为 $1000 \times 10^4 \sim 8000 \times 10^4$ 元；另一方面，由于我国油气回收再利用政策不足，非货主码头回收油品的处理或再利用途径存在较大问题，回收油品不能售卖和发电入网，难以回收成本，若作为危废交由资质单位处置，处理费约8000元/t，导致企业经济负担较重，减排经济效益并不明显。

可见，在当前国家环保政策和标准的强制推动下，未来一年将有大量已建或在建码头油气回收设施投运。在现阶段情况下，必将严重暴露出设备不正常运行、超标排放、企业负担大无积极性、存在安全隐患等诸多问题，因此急需提前加强技术攻关、完善管理政策和监管机制。

(a)青岛海业5000吨级油码头工程(处理原油)

(b)惠州港荃湾港区5万吨级石化码头(处理汽油、石脑油等)

(c)宁波-舟山港外钓30万吨级油品公共码头

图10-15　近年来码头油气回收设施建设照片

三、油品码头储罐泄漏风险大，配套应急事故池已成为主要防控手段，但事故池容积设计差异较大

油品码头后方储罐和配套管线一旦发生溢油泄漏事故，会产生大量的事故废水，如进入海域或河流将对水生态、水质造成严重污染影响。生态环境部一直重视码头项目后方储罐区的溢油事故防控，要求配套建设足够容积的应急事故池，以满足事故废液、消防水及雨污水的收集要求，确保不进入周边水域。据统计，近年来生态环境部共对8个原油码头项目提出了建设应急事故池的要求，依据项目储罐区单罐的最大容积，批复要求建设的事故池容积为7.5×10^4~$15\times10^4m^3$。近年来生态环境部批复原油码头项目要求建设的事故池落实情况，如表10-6所示；部批码头项目已建成投运的大型事故池照片，如图10-16所示。

表 10-6 近年来生态环境部批复原油码头项目要求建设的事故池落实情况

序号	项目名称	建设内容	批复对事故池要求	批复文号	事故池建设情况
1	青岛港董家口港区原油码头二期工程	新建原油泊位，依托库区	建成满足工程事故应急处置能力要求的 $10\times10^4m^3$ 以上的环境应急事故池	环审〔2018〕122 号	已按要求建成总容积 $10\times10^4m^3$ 的环境应急事故池，港区内摩科瑞罐区、摩科瑞罐区商储库、公共事故水池、中国石化罐区、原油储罐二期的各事故水池互联互通
2	万向石油储运（舟山）有限公司二期项目 30 万吨级油品码头工程	新建原油泊位，依托库区	建成满足项目事故应急处置能力要求的 $11\times10^4m^3$ 以上的环境应急事故池	环审〔2018〕124 号	尚处于建设中
3	宁波－舟山港外钓 30 万吨级油品公共码头项目	新建原油泊位，依托库区	项目投运前建成满足码头、输送管道、后方油库等风险事故处置能力要求的 $10\times10^4m^3$ 以上的环境应急事故池	环审〔2018〕132 号	已建成，事故池位于码头栈桥根部，建设 9.5×10^4 和 $0.5\times10^4m^3$ 应急事故池各 1 座，总容积 $10\times10^4m^3$
4	唐山港曹妃甸港区原油码头二期工程	新建原油泊位和库区	建设 1 座 $8\times10^4m^3$ 的应急事故池	环审〔2020〕45 号	尚未开工建设
5	烟台港西港区原油码头二期及配套管线、罐区工程	新建原油泊位和库区	建设 1 座 $15\times10^4m^3$ 的应急事故池	环审〔2021〕90 号	项目处于建设中，事故池尚未开始建设
6	日照港岚山港区 30 万吨级原油码头三期及配套罐区工程	新建原油泊位和库区	建成 1 座容积 $15\times10^4m^3$ 的事故应急池	环审〔2022〕97 号	项目处于建设中，事故池尚未开始建设
7	连云港港徐圩港区 30 万吨级原油码头工程	新建原油泊位，依托库区	工程依托的连云港原油商业储备基地应同步建成 1 座容积不低于 $10\times10^4m^3$ 的事故应急池	环审〔2022〕159 号	项目处于建设中，事故池尚未开始建设
8	茂名港博贺新港区 30 万吨级原油码头工程	新建原油泊位，依托库区	在工程依托的原油罐区与主体工程同步建成 1 座容积不小于 $7.5\times10^4m^3$ 的事故应急池	环审〔2022〕184 号	项目处于建设中，事故池尚未开始建设

(a)青岛港董家口港区原油码头二期工程 已建成总容积$10\times10^4m^3$的事故池(5座联通)

(b)宁波-舟山港外钓30万吨级油品公共码头项目$10\times10^4m^3$事故池

图 10-16 部批码头项目已建成投运的大型事故池照片

目前，青岛港董家口港区原油码头二期工程、宁波-舟山港外钓30万吨级油品公共码头等2个项目的应急事故池已建成投运，其他项目的应急事故池仍在建设中。其中，外钓码头项目的溢油防控体系由罐区防火堤、雨污水管网、初期雨水收集池、$10 \times 10^4 m^3$应急事故池等共同构建，作为世界上最大的溢油应急事故池，于2023年3月在CCTV9频道的《了不起的工程》中进行了宣传报道。

近年来，地方批复的液体化工码头项目基本提出了设置应急事故池的要求，但由于目前环保层面缺乏明确的应急事故池容积设计依据，存在一定争议和不统一，导致批复的应急事故池容积差别较大。例如，中化泉州石化有限公司青兰山预留地新建原油储罐项目（最大单罐$11 \times 10^4 m^3$），应急事故池容积为$2.5 \times 10^4 m^3$；中国石化集团资产经营管理有限公司天津石化分公司$160 \times 10^4 m^3$商业原油储备库项目（最大单罐$10 \times 10^4 m^3$），应急事故池容积$2.28 \times 10^4 m^3$；位于山东寿光羊口化工产业园内的$100 \times 10^4 m^3$原油储备库项目（最大单罐$10 \times 10^4 m^3$），应急事故池容积$0.8 \times 10^4 m^3$。因此，有效容积不足的应急事故池，其应对溢油风险防范的能力将明显不足，必然存在较大隐患。

四、推动行业废气污染物和温室气体减排，逐步实施各项低碳减排控制措施，但与发展目标还有较大差距

在国家绿色低碳发展的大政策背景下，实施“减污降碳”协同增效方案是行业发展的重点和趋势，通过大力发展铁水联运、推进绿色低碳措施，可从源头上有效减少废气污染物和碳排放量，这是行业落实可持续发展、推进绿色水运建设的关键。

1.推进集疏运体系优化升级

据交通运输部公开数据，2017年全国规模以上港口完成集装箱铁水联运量348×10^4TEU，占规模以上港口集装箱吞吐量的1.47%；2022年全国沿海港口集装箱铁水联运量共完成874.70×10^4TEU，占规模以上港口集装箱吞吐量的2.96%。可见，近5年来全国集装箱铁水联运量持续得到增长，每年增速为9.8%~29.6%。2021年山东港口集团集装箱铁水联运量继续保持全国沿海港口领先优势，完成256×10^4TEU。

集装箱铁水联运量占比虽由1.47%大幅提高至2.66%，但与欧美主要港口集装箱铁水联运量（一般占比20%）相比，我国集装箱铁水联运水平还明显偏低。此外，环渤海的曹妃甸港已基本实施完成公转铁，黄骅港、京唐港仍存在公路运输，急需加快运输结构调整。

2.实施行业绿色低碳减排

港口提高清洁能源的使用比例和优化工艺设备，可有效降低碳排放，促进港口尽早实现“双碳”目标。近年来，大型港口集团加快实施清洁能源改造，取得了明显进步。例如，宁波-舟山港加快淘汰老旧高排放的港口作业大型机械，对港口使用的集卡、拖轮等采用清洁能源和新能源，实施龙门吊油改电技术，主要生产泊位的船舶岸电设施覆盖率达

80%。山东港口集团推进设备设施的用能替代，近年来累计淘汰更新老旧桥吊、集卡等港作机械900台，新购港作机械、通勤车辆原则上全部采用新能源或清洁能源；壮大清洁能源的供给能力，大力发展分布式光伏，积极研究推动港区分散式风电开发；加快新能源、清洁能源基础设施建设，推进港区加氢站、智能集卡充换电站、加气站等建设。

但与行业绿色低碳发展，实现"净零"排放的目标差距仍较大。主要体现在以下几方面：①现阶段港口能源消费结构不够合理，化石能源占比达50%，而电力、氢能等清洁能源的使用比例较低；②非专业化码头仍占较高比例，其自动化程度不高，工艺设备存在较大的节能优化空间；③港口低碳技术尚不够成熟，港口耗油设备在实现电动化改造后，存在续航能力不足、充电时间过长等问题，氢能使用也存在安全风险隐患和供应链不完备的问题，需要通过标准规范的制定和技术的进步加以解决。

第四节　干散货码头项目绿色发展水平评价

一、评价指标体系构建

本次评价选择易产生粉尘污染的干散货码头项目作为绿色发展水平评估对象，针对干散货码头环境影响特点，建立绿色评价指标体系。干散货码头绿色指标体系共分2层，包含5项一级指标，19项二级指标。其中，一级指标包含污染防治、生态保护、低碳排放、环境管理、环境风险。

本次评估总分值为100分：一级指标包括污染防治（45分）、生态保护（20分）、低碳排放（15分）、环境管理（15分）、环境风险（5分）；二级指标侧重于粉尘污染防治共计24分，其他有水生生态保护措施落实情况（15分）、含尘污水收集处置情况（6分）等。具体绿色评价指标及赋分标准（表10-7）。

表10-7　干散货码头项目绿色发展水平评价指标体系

序号	一级指标	得分	二级指标	得分	赋分标准
1	污染防治	45	堆场粉尘污染防治	10	干散货全部或部分采用密闭储存，得8~10分；露天堆场建设符合要求的防风网，配备喷淋设施并正常运行，得5~7分；防风网长度或高度达不到环评批复要求，得2~4分；未建设防风网，未建设喷淋设施或喷淋设施不正常运行，得0分
2			泊位粉尘污染防治	6	全部采用连续式装卸船机械设备的，如连续装船机及链斗式、斗轮式或螺旋式等卸船机，码头前沿皮带机实施封闭或采用挡风板抑尘，得5~6分；部分或全部采用非连续式装卸船机械设备，产尘点采取喷淋等抑尘措施，码头前沿皮带机实施封闭或采用挡风板抑尘，得1~4分；全部采用非连续式装卸船机械设备，且产尘点未采取喷淋等抑尘措施，或码头前沿皮带机未采取封闭和围挡的，得0分

续表

序号	一级指标	得分	二级指标	得分	赋分标准
3	污染防治	45	输运环节粉尘污染防治	8	干散货装卸、取装及场内运输环节全部或基本采用流程式机械设备（翻车机、堆料机、取料机及皮带机等），且起尘节点抑尘设施配套完备的，得5~8 分；装卸、取装及场内运输环节部分采用非流程式机械设备（非基坑式卸车、非连续式装船等），且起尘节点抑尘设施配套不完备的，得 1~3 分；干散货装卸、取装及运输环节全部采用非流程式机械设备，起尘节点未配套抑尘设施的，得 0 分
4			含尘污水收集处置情况	6	按要求建设含尘污水收集、暂存及处理设施，污水经处理达标后全部或部分回用于堆场喷淋、场地冲洗等不外排，得 5~6 分；按要求建设含尘污水收集、暂存及处理设施，污水经处理达标后排放，但未能进行综合利用，得 3~4 分；含尘污水收集不全，处理设施不能正常稳定运行的，得 1~2 分；未按要求建设含尘污水收集、暂存及处理设施，得 0 分
5			船舶岸电设施建设利用情况	4	泊位配套建设船舶岸电设施，且岸电设施利用率较高，得 4 分；配套建设船舶岸电设施，但岸电设施利用低或未利用，得 1~3 分；未配套建设船舶岸电设施的，得 0 分
6			生活污水和含油污水达标排放情况	3	按要求建设生活污水、含油污水收集处理设施，污水经处理达标后全部回用或外排，得 3 分；未按要求建设污水收集处理设施，或经处理后不能达标的，得 0~1 分
7			船舶污水接收处置情况	3	具备船舶污水上岸接收处置能力，污水经处理后实现达标排放或回用的，得 3 分；不具备船舶生活污水、含油污水接收处置能力，或接收处理后不能达标的，得 0~1 分
8			固体废物污染防治情况	3	危险废物收集、暂存及转移处置等符合国家有关标准规范，一般固体废物得到妥善收集处置，得 3 分；固体废物收集处置存在不符合要求的，得 0~1 分
9			噪声污染防治	2	厂界、保护目标噪声达标，得 2 分；超标得 0 分
10	生态保护	20	水生生态保护措施落实情况	15	针对重要渔业资源、生态敏感区及水生保护动植物，工程规模、施工布置和施工时序优化、悬浮物控制、生态环境保护与修复、水生生态补偿、跟踪监测或观测、科学研究等环评及批复中提出的有关措施全部落实的，得15 分；上述 1 项未落实或效果不佳的，得 5 分；两项及以上未落实或效果不佳的，得 0 分
11			陆生生态保护措施落实情况	5	后方陆域工程按要求采取了水土保持、生态保护与修复等措施的，得 5 分；上述环保措施存在未落实或效果不佳情形的，得 0 分
12	低碳排放	15	工艺设备专业化水平	4	为干散货专业化码头的，得 3~4 分；为非专业化码头的，得 0~2 分
13			清洁能源使用情况	5	码头装卸运输机械、港作车辆等全部使用清洁能源的，得 4~5 分；部分使用清洁能源的，得 1~3 分；未使用清洁能源的，得 0 分
14			集疏运体系情况	6	干散货集疏运采用铁水联运、江海联运、水水中转等方式为主的，得 4~6 分；全部或以公路集疏运方式为主的，得 0~2 分
15	环境管理	15	环评相关手续履行情况	5	按要求开展了环评、环保验收、环境监理、后评价等，未发生环境违法事件，得 5 分；存在未批先建、久试不验、未开展环境监理、后评价等任何 1 项情形的，得 0 分
16			排污许可手续执行情况	3	按规定取得排污许可证的，得 3 分；存在项目环保验收前未取得排污许可证等情形的，得 0 分
17			粉尘无组织排放管理	3	能够根据实时环境数据，采用智能化系统管理喷淋除尘设施，配套有厂界粉尘自动监测装置的，得 3 分；部分实施的，得 1~2 分；上述均未实施的，得 0 分
18			项目选址布局情况	4	项目选址符合港口相关规划，不占用环境敏感区，大气、噪声评价范围内无居民点分布，得 4 分；大气、噪声评价范围内分布有受影响的居民点，得 1~3 分；不符合港口相关规划、占用环境敏感区的，得 0 分
19	环境风险	5	溢油风险防范与应急情况	5	按环评批复要求配备了必要的溢油应急物质，应急预案进行了备案，定期开展应急演练，施工期及运行期未发生环境风险事故的，得 4~5 分；未有效落实上述溢油风险防范与应急要求的，得 1~3 分；施工期及运行期已发生环境风险事故的，得 0 分

根据各项指标综合得分，初步将干散货码头项目绿色发展水平划分为三级，即国内先进水平（总分≥85）、较高水平（75≤总分＜85）、一般水平（60≤总分＜75）。

二、评价结果及分析

通过环评智慧监管平台、全国建设项目竣工环境保护验收信息平台等，筛选10个已完成环保验收正常运行的干散货码头项目作为本次评估对象。为突出评估项目绿色发展水平差异，选取对象包括专业化干散货码头（5个）、通用干散货码头（5个），生态环境部批复项目（4个）和地方批复项目（6个），均配套后方散货堆场，均涉及煤炭或铁矿石货种。各项目评估指标数据主要来源于竣工环保验收调查报告、现场调研及项目单位提供。评价结果汇总如表10-8所示，具体评价情况如附表所示。

表10-8　典型干散货码头项目的绿色发展水平评价结果　　单位：分

序号	项目名称	污染防治				生态保护	低碳减排	环境管理	环境风险	合计
		粉尘	污水	其他	合计					
1	黄骅港（煤炭港区）三期工程	24	11	9	44	20	11	14	4	93
2	绥中发电厂二期工程配套码头工程	21	9	9	39	20	13	13	4	89
3	唐山港曹妃甸港区矿石码头三期工程	18	11	8	37	20	13	14	4	88
4	宁波－舟山港穿山港区中宅矿石码头二期工程	18	10	9	37	20	12	12	4	85
5	福州港罗源湾港区可门作业区10#、11#煤炭码头工程	16	11	8	35	20	9	12	4	80
6	连云港旗台港区10万吨级通用散货泊位工程	13	11	5	29	20	11	13	4	77
7	钦州港大榄坪港区大榄坪南作业区12号泊位工程	9	10	9	28	20	5	9	4	66
8	连云港徐圩港区一期工程	4	11	5	20	20	5	14	4	63
9	盐城港滨海港区北区通用码头二期工程（第一阶段）	8	10	5	23	20	5	9	4	61
10	北海铁山港西港区5号、6号泊位工程	7	10	5	22	20	5	9	4	60

评价结果显示，选取的10个干散货码头项目绿色发展指数得分为60~90分，其中黄骅港（煤炭港区）三期工程得分最高。国内先进水平的有4个，较高水平的2个，一般水平的4个。其中，工艺技术比较先进的专业化干散货码头得分均在80分及以上，而工艺水平较差的通用散货码头得分基本在70分以下。

干散货码头项目绿色发展指数得分差异主要在“污染防治”和“低碳减排”两个方面，具体体现在粉尘污染防治工艺和措施、工艺先进性、船舶岸电设施配备及使用等指标。由于专业化干散货码头其工艺流程和设备先进、采取的粉尘污染防治措施较全面，所以得分普遍较高。由于生态保护指标、环境风险指标难以细分和定量化，从本次评估的结果看总体没有差异。

总体看，本次评估初步建立的行业绿色发展指标体系，能够在一定程度上反映出干散货码头项目绿色发展的水平和差异、存在问题和今后应重点关注加强的环节。下阶段需要根据不同类型码头环境影响特点和生态保护要求，进一步优化指标体系、赋分标准和相应权重，并研究获取指标数据的来源和准确性，提高绿色评价结果的适用性和科学性。

第十一章

陆上油气管线行业环境评估报告

第一节　行业发展现状

一、油气管线建设稳步推进，天然气管线占比较高

2022年陆上油气管线建设稳步推进，以天然气管线项目为主。全年新建油气管线4669km，较去年减少16%。其中新建天然气管道3867km，较去年增加23.7%；新建原油管道802km，较去年减少52.5%；无新建成品油管道。2019~2022年不同类型油气管道新建里程情况如图11-1所示。截至2022年年底，我国陆上在役油气管道总里程达15.5×10^4km。其中，天然气管道9.3×10^4km，占比60.0%；原油管道3.2×10^4km、成品油管道约3×10^4km，占比接近，分别为20.6%、19.4%，如图11-2所示。

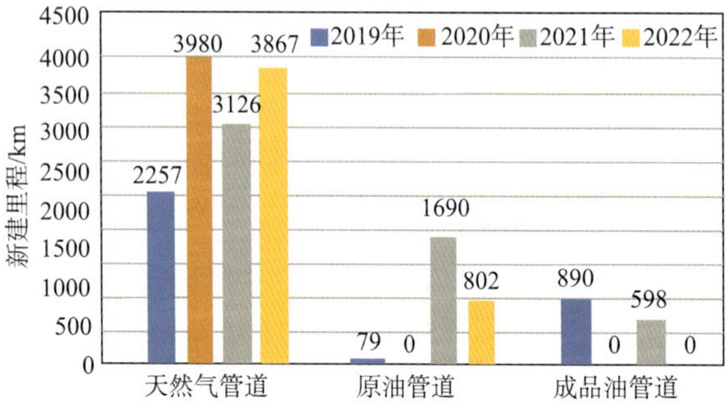

图11-1　2019~2022年不同类型油气管道新建里程情况

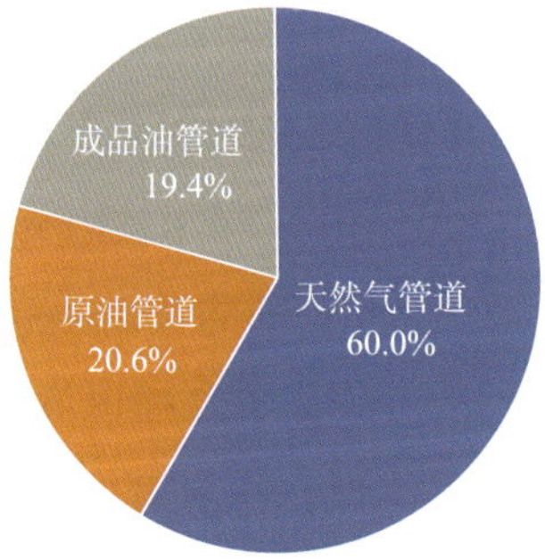

图11-2　2022年底天然气、原油、成品油管线占比情况

二、能源进口通道打通，油气主干管网建设基本成型

2010年以来，我国油气能源对外依存度不断攀升，到2022年原油、天然气对外依存

度分别达71.6%、40.2%。我国规划形成了东北、西北、西南、海上4大油气能源进口通道，基本形成“三陆一海”格局。

我国陆上油气管网干线布局整体围绕进口通道、能源产地、石化炼厂、消费市场建设，油气管道建设通过多方布局，管网结构基本成型。

天然气管道建设布局主要围绕进口通道、产气区、消费市场建设，构建了东北、西北、西南3大陆上进口通道及东南沿海进口通道，以及连接川渝、长庆、西北三大产气区与东部市场的天然气管道，形成了“西气东输、北气南下、海气登陆”的格局。

原油管道建设布局主要围绕进口通道以及打通国内原油的运输通道建设，基本实现了西北与西南相连，东北与华北相连，以及沿海地区向内地供应的管网，形成了“西北南下、东北南下、沿海内送”走向的格局。

成品油管道建设布局主要受原油产地、成品油消费集中地区及地方炼化企业发展影响，总体上形成了“西北南下、东北南下、沿海内送”走向的格局。

三、油气干线“全国一张网”完成整合，推动省级天然气管网融入

2019年12月，国家石油天然气管网集团有限公司（以下简称国家管网集团）组建成立，全面承接中国石油、中国石化和中国海油3大石油公司及其下属的油气干线管网资产，并统筹规划建设运营全国油气干线管网。2021年4月，油气主干管网资产整合全面完成，主要包括4MPa及以上的天然气管道，6.4MPa及以上的原油、成品油管道，实现了我国全部油气主干管网并网运行，有利于更好地在全国范围内进行油气资源调配，提高油气资源的配置效率，保障油气能源安全稳定供应。

由天然气输气管道干线气源的支线管道组成的区域输气管网由各省级层面管网公司主导或参与投资，主要为省内跨市的支线管道项目。2022年1月，国家发展改革委、国家能源局联合印发的《“十四五”现代能源体系规划》（发改能源〔2022〕210号）提出，深化油气管网建设运营机制改革，引导地方管网以市场化方式融入国家管网公司。截至2021年底，国家管网集团已与广东、海南、湖北、湖南、福建、甘肃、浙江等多省份签署合作协议并建立省级管网公司。在天然气“全国一张网”建设持续推进下，预计下一阶段将有更多省级管网融入国家管网。

四、油气管网总体规模偏小，布局结构有待完善

《2030年前碳达峰行动方案》提出，合理调控油气消费，有序引导天然气消费，优化利用结构，优先保障民生用气。在“双碳”目标背景下，我国陆上油气管线发展仍面临总体规模偏小、布局结构不合理等问题。

（一）相比欧美等发达地区，我国油气管网总体规模仍偏小

截至2021年底，美国、欧洲地区在役油气管道总长度分别约72.09×10^4km、28.67×10^4km，分别占全球油气管道总长度的35.5%、14.1%，远高于我国的油气管线总长度15.2×10^4km。从全球各国每平方公里的管道里程（即管网密度）看，美国、欧洲分别为0.052km/km^2、0.023km/km^2，我国为0.009km/km^2。

（二）原油、成品油管道布局有待完善，区域天然气管网建设有待加快

《“十四五”现代能源体系规划》（发改能源〔2022〕210号）提出，要完善原油和成品油长输管道建设，优化东部沿海地区炼厂原油供应，完善成品油管道布局，提高成品油管输比例。加快天然气长输管道及区域天然气管网建设，推进管网互联互通，完善LNG储运体系。粤港澳大湾区及周边地区完善LNG储运和天然气管网体系，东北地区完善中俄东线配套支线管网。到2025年，全国油气管网规模达到21×10^4km左右。

第二节　行业环境管理评估

一、环境管理政策

（一）优化油气管线选址、选线，尽量避让环境敏感区

2017年5月，国家发展改革委、国家能源局印发《中长期油气管网规划》（发改基础〔2017〕965号），提出坚持“保护优先、避让为主”的布局原则，加强对沿线环境敏感区保护。合理设计项目线路走向和选址，尽量利用既有油气运输通道，避开永久基本农田保护区，避绕水源地、自然保护区、风景名胜、地质公园等环境敏感区域、水土流失重点预防区和治理区，以及人口居住稠密区域。

2019年12月，《关于进一步加强石油天然气行业环境影响评价管理的通知》（环办环评函〔2019〕910号）提出，油气长输管道应当优先避让环境敏感区，并从穿越位置、穿越方式、施工场地设置、管线工艺设计、环境风险防范等方面进行深入论证。高度关注项目安全事故带来的环境风险，尽量远离沿线居民。

（二）涉及环境敏感区采取无害化穿（跨）越方式，强化生态修复

2018年，生态环境部印发了《关于生态环境领域进一步深化“放管服”改革，推动经济高质量发展的指导意见》（环规财〔2018〕86号），对审批中发现涉及生态保护红线和

相关法定保护区的输气管线等线性项目，指导督促项目优化调整选线、主动避让；确实无法避让的，要求建设单位采取无害化穿（跨）越方式，或依法依规向有关行政主管部门履行穿越法定保护区的行政许可手续、强化减缓和补偿措施。《中长期油气管网规划》提出，开展环境恢复和污染治理，做好地形、地貌、生态环境恢复和土地复垦工作；做好水土保持等生态保护，加强生态恢复工程。

（三）加强退役管道污染治理

《关于进一步加强石油天然气行业环境影响评价管理的通知》提出，工程设施退役，建设单位或生产经营单位应当按照相关要求，采取有效生态环境保护措施。同时，按照《中华人民共和国土壤污染防治法》《土壤环境质量 建设用地土壤污染风险管控标准（试行）》（GB 36600—2018）的要求，对永久停用、拆除或弃置的各类管道等工程设施落实封堵、土壤及地下水修复、生态修复等措施。

二、2022年环评审批情况

1.行业分级审批管理情况

陆上油气管线建设项目环评分级审批主要以跨行政区划进行管理，跨境、跨省（区、市）的陆上油气管线建设项目由生态环境部审批，跨越地市、区县的建设项目分别由省级、市级生态环境主管部门审批，部分省（市）上收涉及环境敏感区项目审批权限，如表11-1所示。省级审批权限中，宁夏回族自治区生态环境厅已全部下放陆上油气管线项目审批权限，对于跨设区市建设项目环评文件的审批权限委托给实际产生环境影响较大的设区的市级环评审批部门，其他涉及的环评审批部门配合审批；西藏自治区生态环境厅负责审批涉及环境敏感区的陆上油气管线项目。在省级审批权限基础上，天津市增加了“涉及自然保护区的建设项目”；河北省增加了“省直管县（市）项目”；河南省增加了“涉及省级及以上自然保护区的项目”；新疆维吾尔自治区和生产建设兵团增加了“涉及环境敏感区的项目”；广东省增加了“可能在重点区域、重点流域造成重大环境影响的建设项目”；海南省增加了“对环境可能造成重大影响的建设项目”；上海市增加了“建设地点位于本市生态保护红线范围内的建设项目”和“建设地点位于本市集中式饮用水水源二级保护区范围内的建设项目”。

表11-1　省级环评审批目录

序号	省级（直辖市、自治区）	省级审批权限	审批目录
1	北京	建设地点跨两个或两个以上区的建设项目	2022年本
2	天津	跨区的建设项目；涉及自然保护区的建设项目（除涉及自然保护区实验区与保护方向相一致的建设项目）	2022年本

续表

序号	省级（直辖市、自治区）	省级审批权限	审批目录
3	黑龙江	跨市（地）项目由省生态环境厅审批	2019 年本
4	吉林	跨市（州）输油（气）管线项目	2020 年本
5	辽宁	省内涉及跨市的项目	2021 年本
6	河北	跨设区市、省直管县（市）项目	2022 年本
7	河南	跨省辖市或涉及省级及以上自然保护区的项目	2019 年本
8	山东	跨市的管网项目	2017 年本
9	山西	跨设区市建设的项目	2019 年本
10	陕西	跨市级行政区域的项目	2021 年本
11	宁夏	跨设区市建设项目环评文件的审批权限委托给实际产生环境影响较大的设区的市级环评审批部门，其他涉及的环评审批部门配合审批	2022 年本
12	甘肃	除生态环境部审批的项目外，跨市（州）行政区域的项目	2020 年本
13	新疆	跨地（州、市）的原油、成品油、天然气管线（生态环境部审批的除外）；涉及环境敏感区的	2021 年本
14	新疆生产建设兵团	除生态环境部审批的跨境、跨省（区、市）干线管网项目外的跨地（州、市）的输油输气管网；涉及环境敏感区的	2019 年本
15	西藏	涉及环境敏感区的项目	2021 年本
16	青海	跨市（州）行政区的石油、天然气、页岩气、成品油管线及化学品输送管线项目	2019 年本
17	四川	编制环境影响报告书的跨市（州）输油（气）管线	2019 年本
18	重庆	跨区县（自治县，含两江新区、重庆高新区、万盛经开区）的建设项目	2021 年本
19	贵州	对涉及跨市（州）的输油、输气管网建设项目，编制环境影响报告书的，由省级生态环境部门审批。编制环境影响报告表的，由项目涉及市（州）的生态环境部门协商审批，原则上由项目主要所在地的市（州）生态环境部门负责主审	2021 年本
20	云南	跨州（市）管网项目	2022 年本
21	湖北	跨市（州）行政区域的建设项目	2019 年本
22	湖南	跨市州区域、跨流域的建设项目	2019 年本
23	广西	跨设区市行政区域的建设项目	2022 年本
24	江苏	跨设区市行政区域的项目	2016 年本
25	安徽	跨设区市行政区域的建设项目	2019 年本
26	江西	跨设区市行政区域的项目（原环保部审批项目除外）	2015 年本
27	上海	位于以下区域的建设项目 1. 建设地点位于本市生态保护红线范围内的建设项目 2. 建设地点位于本市集中式饮用水水源二级保护区范围内的建设项目 3. 建设地点跨区的建设项目	2021 年本
28	浙江	选址跨设区市行政区域的建设项目	2019 年本
29	福建	输油管网（不含油田集输管网）：跨境、跨省（自治区、直辖市）干线管网项目。 输气管网（不含油气田集输管网）：跨境、跨省（自治区、直辖市）干线管网项目	2015 年本
30	广东	跨地级以上市行政区域的建设项目；可能在重点区域、重点流域造成重大环境影响的建设项目	2019 年本
31	海南	选址、选线跨市县行政区域的建设项目；可能造成跨行政区域不良环境影响且有关市县对项目环境影响评价结论有异议的建设项目	2021 年本
32	内蒙古	跨盟市行政区域的建设项目	2021 年本

2.行业审批项目数量减少，主要集中在市级、区县级审批

根据环评智慧监管平台数据分析，2022年全国共审批油气管线建设项目155个，同比减少21.3%，项目投资共计600.636×10^8元，其中环保投资共计23.48×10^8元，占比3.9%。《建设项目环境影响评价分类管理名录》（2021年版）将油气田内部的集输管线建设项目调整至石油和天然气开采业后，2021年以来全国审批的陆上油气管线项目大幅减少。相较2021年，2022年审批的陆上油气管线项目减少33个。2017~2022年环评审批油气管线项目数量变化如图11-3所示。

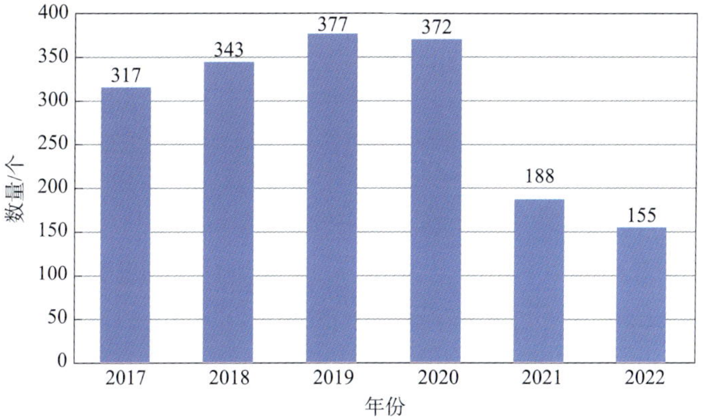

图11-3　2017~2022年环评审批油气管线项目数量变化

油气管线行业由国家级、省级审批的项目数量少，主要集中在市级、区县级。2022年由国家级、省级、市级、区县级生态环境主管部门审批陆上油气管线项目分别为3个、15个、60个、77个，占比分别为1.94%、9.68%、38.71%、49.68%，由市级、区县级审批的陆上油气管线项目占比88.39%。各级审批油气管线项目环评数量及占比如图11-4所示。

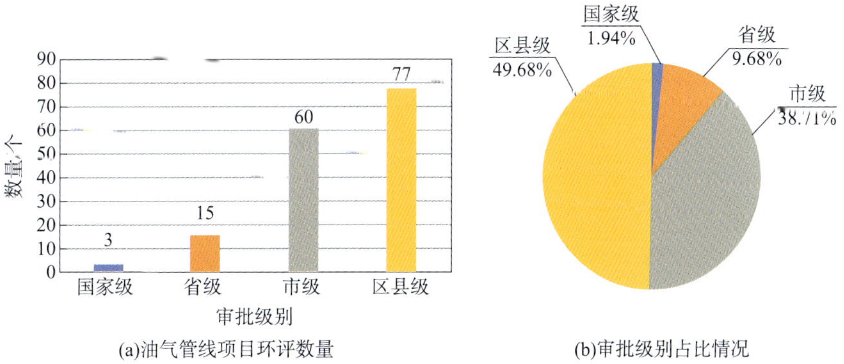

图11-4　各级审批油气管线项目环评数量及占比

报告书、报告表项目数量相当，区县级审批项目以报告表为主。2022年审批报告书80个，报告表75个，占比分别为51.6%、48.4%。其中，国家级、省级审批项目均为报告书；市级审批项目中报告书36个，报告表24个，占比分别为60%、40%；区县级审批项

目中报告书26个，报告表51个，占比分别为33.77%、66.23%。各级审批油气管线项目环评类别数量如图11-5所示。

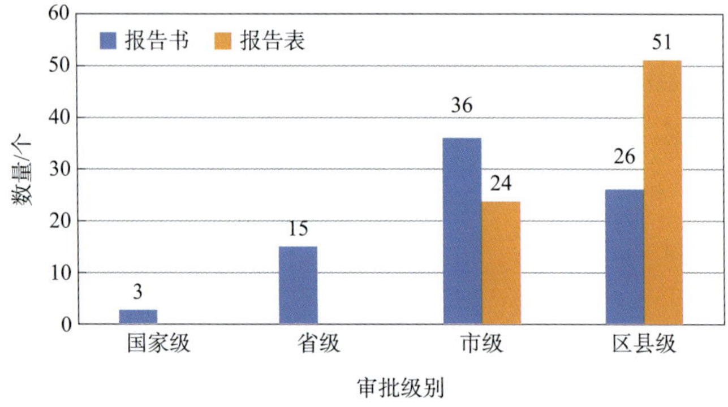

图11-5　各级审批油气管线项目环评类别数量

油气管线行业以新建项目为主，改扩建项目数量多。2022年审批新建项目90个，改扩建项目64个，技术改造项目1个，占比分别为58.1%、41.3%、0.6%。其中，国家级、省级审批均为新建项目；市级审批新建项目31个，改扩建项目29个，占比分别为51.67%、48.33%；区县级审批新建项目41个，改扩建项目35个，技术改造项目1个，占比分别为53.25%、45.45%、1.30%，如图11-6所示。

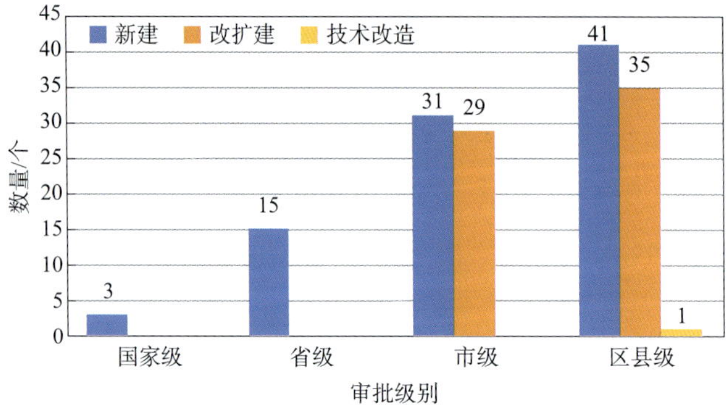

图11-6　各级审批油气管线项目建设性质统计

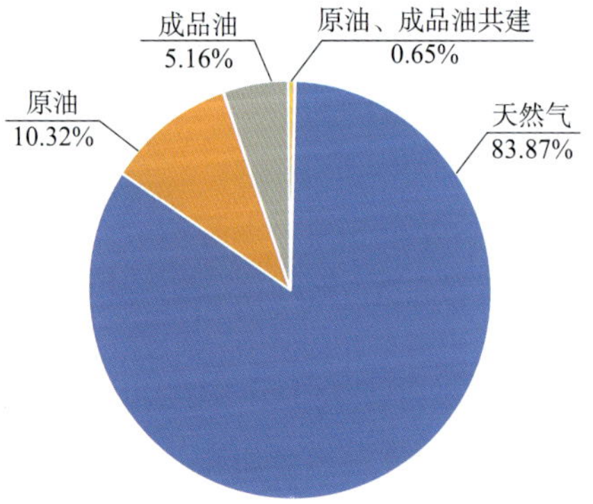

图11-7　天然气、原油、成品油管线项目数量占比

审批的油气管线项目以天然气管道为主，原油、成品油管道占比少。2022年审批陆上长输油气管线项目中，天然气（含煤层气）管道项目130个，原油管道项目16个，成品油管道项目8个，原油与成品油管道共建项目1个，占比分别为83.87%、10.32%、5.16%、0.65%，如图11-7所示。

审批的油气管线项目在推进清洁取暖改革的重点区域数量多。2022年审批陆上油气管线项目超过10个的地区包括河北、河南、陕西、广东、安徽等5省份，数量分别为29个、22个、19个、15个、13个，共占全国总数的63%，如图11-8所示。加强油气管网特别是天然气管线建设，是保障京津冀及周边地区实施散煤治理，推进清洁取暖的重要措施。2021年10月，生态环境部联合国家发展和改革委员会等17个部门及政府发布《2021—2022年秋冬季大气污染综合治理攻坚方案》（环大气〔2021〕104号），陆上油气管线建设项目审批数量相对较多的河北、河南、陕西均属于推进清洁取暖改革的重点区域。

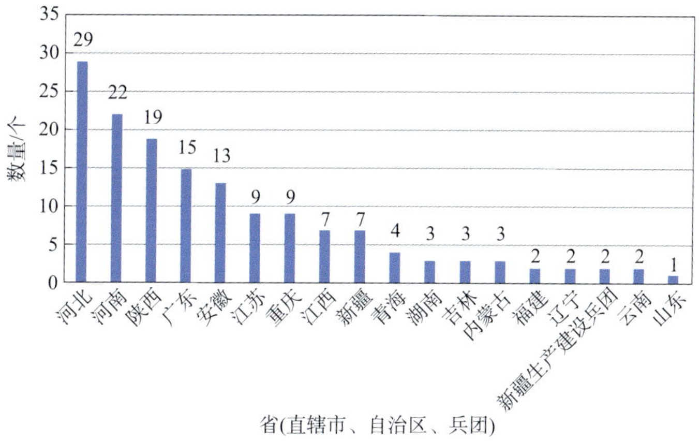

图11-8 各省（自治区、直辖市、兵团）审批油气管线项目数量

三、2022年事中、事后监管情况

（一）项目竣工环保验收

1.总体情况

根据全国建设项目竣工环境保护验收信息系统数据，2022年上传平台的陆上油气管线行业（不含油气田内部集输管线）竣工环保验收调查报告186个，工程实际投资共约474.69×10^8元，实际环保投资共约32.58×10^8元，平均占比6.86%。2022年完成竣工环保自主验收的186个陆上油气管线项目中，由部级审批环评的项目4个，省级24个，市级及以下审批环评的项目158个。

2.存在问题

本次评估跟踪了2010年以来国家级审批且完成验收的57个油气管线项目，跟踪了2022年完成验收的13个省级审批项目、27个市级审批项目、18个区县级审批项目。

根据跟踪项目环保验收调查报告，项目总体落实了环保“三同时”制度，环评所提环保措施落实情况总体较好，但各级审批的项目存在以下共性问题。

一是施工期管道施工作业带宽度超出环评及批复要求。部分原因为施工队伍未严格限制施工作业带宽度，部分由于地质原因及管道埋深增加导致施工作业带宽度增加。

二是施工作业时间未避开环评及批复要求的特殊保护期。如中俄原油管道漠河－大庆段工程未避开大马哈鱼洄游与产卵季节；蒙西煤制天然气外输管道项目在北大港湿地、黄骅滨海湿地路段施工未避开4~5月、9~11月鸟类迁徙时间。

三是河流穿、跨越由定向钻、隧道等无害化方式变更为开挖方式。如陕京三线输气管线工程永定河穿越由隧道穿越变更为开挖穿越；哈尔滨—沈阳输气管道工程10处河渠穿越由环评中的定向钻穿越变更为大开挖穿越；西气东输二线南宁—百色支线工程八尺江、良凤江穿越方式由定向钻调整为大开挖。此外还有粤北天然气主干管网韶关—广州干线项目（韶关—鳌头主干线）、海南省环岛管网文昌—琼海—三亚输气管道工程、新疆煤制气外输管道干线与西二线干线韶关连通工程。

四是站场生活污水未采用环评提出的一体化生活污水处理措施。生活污水未采用一体化污水处理设施处理后回用，仅设置化粪池收集后定期清运，如中卫—贵阳联络线工程、广西液化天然气（LNG）项目输气管道工程、中国石化新疆煤制气外输管道工程、中国石化青宁输气管道工程、中江—龙泉输气管道工程。

（二）环境影响后评价情况

2022年全国省级及以上批复环评的陆上油气管线项目中，仅生态环境部批复的3个项目要求开展后评价，均为陆上天然气长输管道。梳理2010年以来部级审批的80个陆上油气管线项目，批复中明确要求开展后评价的项目共24个，占比30%。具体清单如表11-2所示。

表11-2　历年来部批环评批复要求开展后评价的铁路项目清单

序号	项目名称	环评审批	验收情况	批复或验收意见对后评价要求
1	榆林—濮阳—济南输气管道变更工程	环审变办字〔2010〕14号	环验〔2016〕48号	工程正式投运5年后开展环境影响后评价
2	中俄原油管道漠河—大庆段工程调整项目	环审变办字〔2010〕32号	环验〔2014〕125号	工程正式投运5年后开展环境影响后评价
3	西气东输三线天然气管道西段（霍尔果斯—中卫）工程	环审〔2012〕197号	2017年自主验收	运行3~5年组织开展环境影响后评价
4	大连—沈阳天然气管道工程变更	环审〔2014〕30号	2015年自主验收	运行3~5年，应组织开展环境影响后评价
5	西气东输二线工程（东段）广深支干线工程	环审〔2011〕372号	环验〔2016〕100号	验收意见提出“工程正式投入运营五年后开展环境影响后评价”
6	西气东输二线工程平顶山—泰安支干线管道工程	环审〔2012〕45号	环验〔2016〕11号	验收意见提出“工程正式投入运营五年后开展环境影响后评价”
7	长庆油田—呼和浩特石化原油管道工程	环审〔2012〕118号	环验〔2016〕12号	验收意见提出“工程正式投入运营五年后开展环境影响后评价”
8	大庆—锦西原油管道工程（大庆—铁岭段）	环审〔2013〕244号	环验〔2015〕221号	适时开展环境影响后评价

续表

序号	项目名称	环评审批	验收情况	批复或验收意见对后评价要求
9	如东—海门—崇明岛输气管道工程	环审〔2013〕348号	2018年自主验收	适时开展环境影响后评价
10	西气东输三线闽粤支干线（广州—潮州段）工程	环审〔2018〕25号	2021年自主验收	验收后运行第五年，按规定开展环境影响后评价
11	唐山LNG外输管线项目（曹宝段）	环审〔2019〕23号	在建	竣工环境保护验收后运行3~5年，应按规定开展环境影响后评价
12	中俄东线天然气管道工程（长岭—永清）	环审〔2019〕69号	2021年自主验收	竣工环境保护验收后运行3~5年，应按规定开展环境影响后评价
13	朝阳建平至赤峰输气管道工程	环审〔2019〕146号	在建	竣工环境保护验收后运行3~5年，应按规定开展环境影响后评价
14	中国海油华北天然气管道有限公司华北天然气管道滨海至黄骅段及定兴至霸州段项目	环审〔2019〕162号	在建	竣工环境保护验收后适时开展环境影响后评价
15	神木—安平煤层气管道工程（山西—河北段）	环审〔2020〕28号	在建	适时开展环境影响后评价
16	唐山LNG外输管线项目（宝永段）项目	环审〔2020〕42号	在建	适时开展环境影响后评价
17	北京燃气天津南港LNG应急储备项目	环审〔2020〕68号	在建	适时开展环境影响后评价
18	中俄东线天然气管道工程（永清—上海）	环审〔2020〕95号	在建	适时开展环境影响后评价
19	天津液化天然气（LNG）外输管道复线工程（接收站—黄骅—沧州）	环审〔2020〕132号	在建	适时开展环境影响后评价
20	新疆煤制气外输管道工程（新粤浙管道）广西支干线段变更	环审〔2021〕55号	在建	适时开展环境影响后评价
21	西气东输三线中段（中卫—吉安）工程重大变动	环审〔2021〕104号	在建	适时组织开展环境影响后评价
22	吉县—延长输气管道项目（一期工程）	环审〔2022〕19号	在建	适时组织开展环境影响后评价
23	神木—安平煤层气管道工程（陕西—山西段）项目	环审〔2022〕31号	在建	适时组织开展环境影响后评价
24	西气东输四线天然气管道工程（吐鲁番—中卫）	环审〔2022〕96号	在建	适时开展环境影响后评价

油气管线行业是生态影响类项目，施工期生态影响相对较大，施工结束后采取的生态修复具有长期性，在投运3~5年后开展后评价工作，是评价油气管线项目采取的各项生态保护和恢复措施有效性的重要手段。截至2022年，上述项目中已建成投运5年及以上的油气管线项目共9个，均未按照环评批复要求开展后评价。

（三）退役油气管线管理情况

我国已经进入油气管线废弃高发期，以原油管道居多。我国在20世纪70~90年代分别经历了两个管道建设高峰期，建成了连接东北、华北的输油管网和连接长庆、塔里木等油气田及炼油企业的西部油气管网。根据初步统计，1992年以前中国石油共建成包括大庆至铁岭、抚顺至鞍山、铁岭至秦皇岛等油气管道约11500km，其中原油管道约8000km、成品油管道约1000km、天然气管道约2500km；中国石化建成原油管道约2300km。这些管道距今已有至少30年时间，管道腐蚀、老化现象严重，其中部分已报废、封存而不再使用，如鞍山—小松岚原油管道鞍山—大石桥、熊岳—瓦房店段从1987年1月封存至今。

管道废弃后存在潜在环境影响，如不妥善处理，可能会造成环境污染。如管道中残留的油品、管道内壁沉积物、管道涂层及其降解物等可能对土壤和水环境造成污染，就地弃置的管道可能形成地下水流通道从而造成污染物的长距离转移，管道腐蚀可能造成地面沉降等。2003年8月，美国康菲公司一条40年代废弃的原油管道发生泄漏，在密西西比河上形成30m宽的油膜。

目前废弃管道处置方式通常包括就地弃置、管道拆除或两种兼而有之。就地弃置是指对管道进行清管、断接、封堵等处理措施后弃置于原管沟中的方式；管道拆除是指将管道从管沟中移除的弃置方式。弃置方式的选择受后续土地利用规划、环境敏感性、地形地貌、弃置过程中环境影响等多种因素制约。

目前，我国退役管道环境管理主要存在以下问题。

1.老旧管道现状不清，环境风险隐患大

我国老旧管道修建主要集中在20世纪70年代、80年代，多未进行环境影响评价或环境影响评价工作深度及全面性不足，在运行过程中也未进行环境管理，沿线环境敏感性、环境风险隐患等现状不清。另外，除管道自身腐蚀导致环境影响外，随着城市化发展，周边环境变化较大，占压问题日益突出，给管道维护造成一定困难，环境风险隐患日益增加。

2.退役管道弃置环境管理标准、技术规范缺失

《中华人民共和国石油天然气管道保护法》提出管道报废需采取安全防护措施，《关于进一步加强石油天然气行业环境影响评价管理的通知》提出，对永久停用、拆除或弃置的各类管道等工程设施落实封堵、土壤及地下水修复、生态修复等措施，但尚未建立管道弃置的环境管理体系，在弃置方式选择、弃置过程环境管理和就地弃置的后续监管等方面也均无相关标准、技术规范。在老旧管道弃置的环境管理方面，企业和环保部门都面临无法可依、无章可循的处境。

3.管道弃置技术薄弱，基础研究不足

相比欧美国家，我国对管道弃置的环境影响研究尚处于起步阶段，技术储备薄弱，工程案例较少。2014年中国石油发布《报废油气管道管理与处置规程》（Q/SY GDO239—2014），环境管理方面的要求仅包括做好扫线、拆除过程中的环境保护工作，缺少针对土壤和地下水污染、水体穿越、水土流失、水流通道的形成等方面的具体环境管理要求。

第三节　行业主要环境影响与关键保护措施评估

一、生态影响突出，环保选线写入设计规范，应强化环境敏感区局部路由优选

油气管线行业是典型的生态影响型建设项目，施工期施工作业带清理、管沟开挖、施工道路建设等施工活动中施工机械、车辆、人员践踏等对土壤的扰动和植被的破坏，特别是管线涉及穿越自然保护区、风景名胜区、生态保护红线等环境敏感区路段，工程建设带来的生态影响较大。此外，管道中心线两侧各5m内不能种植深根植物，将改变土地利用类型和植被类型。

近年在生态保护红线划定、国家公园制度建立、生态文明建设初见成效的大背景下，环保选线理念得到重视，《输油管道工程设计规范》（GB 50253—2014）和《输气管道工程设计规范》（GB 50251—2015）中均提出了线路涉及环境敏感区段的选线要求。《输油管道工程设计规范》（GB 50253—2014）明确输油管道不应通过饮用水水源一级保护区、国家重点文物保护范围、自然保护区的核心区；《输气管道工程设计规范》（GB 50251—2015）提出线路宜避开环境敏感区，当路由受限需要通过环境敏感区时，应征得其主管部门同意并采取保护措施。

梳理2020~2022年生态环境部审批的陆上油气管线建设项目，基本贯彻了环保选线理念，路线选择尽量避让环境敏感区，确需穿越的进行了不可避论证，例如：神木—安平煤层气管道工程（山西—河北段）避让了蔚汾河省级自然保护区、云中山省级自然保护区；唐山LNG外输管线项目（宝永段）、天津LNG外输管道复线工程（接收站—黄骅—沧州）避让了天津古海岸与湿地国家级自然保护区、天津北大港湿地自然保护区及河北南大港湿地和鸟类省级自然保护区；中俄东线天然气管道工程（永清—上海）、西气东输四线天然气管道工程（吐鲁番—中卫）提出了穿越环境敏感区路由唯一性论证。

在环境敏感区不可避让论证的基础上，应从穿越位置、穿越方式、施工场地设置、管线工艺设计等方面开展穿越环境敏感区路段的局部路由优选论证，尽量选择生态影响小的方案。例如，西气东输一线、二线、三线、四线天然气管道涉及穿越甘肃安西极旱荒漠国家级自然保护区实验区，实验区内的大泉湿地是野生动物重要的饮水区域。西气东输一线、二线天然气管道涉及穿越大泉湿地，设计阶段中缺少大泉湿地局部路由的环境影响优选，虽然施工过程中采取了新建2处动物饮水点替代的措施，但在施工和运营中仍不可避免产生不利影响（图11-9）。在西气东输三线、四线天然气管道环评审批中，生态环境部

提出局部路由优化，开展生态影响优选，管线最终避让了大泉湿地。

图11-9　西气东输一线、二线穿越大泉湿地现状

二、敏感区应优先选择无害化穿、跨越方式

穿、跨越环境敏感区特别是涉及山体、敏感水体等，应优先选择无害化穿、跨越方式。从施工占地和运营期管道两侧5m范围内不得种植深根系植物的要求等方面考虑，以及对比开挖穿越与隧道穿越产生的实际环境影响，采用无害化穿、跨越方式生态影响显著低于开挖穿越（图11-10）。

(a)隧道穿越段植被恢复现状

(b)开挖段植被恢复现状

图11-10　隧道穿越与开挖方式植被恢复现状

本次评估调研了西气东输管道北大河、永坪川河，川气东送管道丹水河，西南某管道芒市河，中俄东线（黑河—长岭）双阳河自然保护区水系等河流开挖穿越，施工结束后存在遗留环境问题，主要包括特殊地貌景观难以恢复，未完全清理河道堆积物、管道河床防冲刷设施可能影响水生生态等，如图11-11所示。

(a)北大河穿越

(b)丹水河穿越

(c)芒市河穿越

(d)双阳河自然保护区水系

(e)永坪川河

图11-11　河流开挖穿越调研现状

例如，西气东输管道穿越北大河段位于嘉峪关戈壁大峡谷省级地质公园三级保护区，两侧自然岸坡顺直，形成独特的戈壁峡谷地貌景观。已建西气东输管道、双兰线、西二线及西三线均采用开挖穿越北大河，破坏了河流峡谷地貌景观。同时，河床铺设的混凝土护底形成陡坎，可能对鱼类洄游产生影响，川气东送丹水河、西南某管道芒市河开挖穿越处存在相似情况。

中俄东线管道工程在黑龙江齐齐哈尔市穿越双阳河自然保护区河流水系，穿越处河道明显阻塞，可能与施工结束后多余土石方堆砌于河道、未及时清除相关。西气东输管道工程永坪川河（陕西延安）开挖穿越处现状存在相似情况。

定向钻、顶管、盾构和钻爆隧道均从河床底部穿越，桥梁跨越从水域上部架空通过，属于无害化穿、跨越方式。无害化穿、跨越施工过程中不扰动水体，不会对水体水质和水生生物产生直接影响，环境更为友好，但工程周期长、经济成本高，对施工场地要求较高。

本次评估调研了西气东输管道新孟河穿越（定向钻），川气东送管道枝江金湖国家湿地公园（定向钻）、宜昌长江穿越（盾构隧道），中俄东线（黑河—长岭）嫩江穿越（盾构隧道），西南某管道悬索桥梁跨越LC江、YB江，基本不存在施工遗留问题，如图11-12所示。

(a)西气东输管道定向选穿越新孟河

(b)川气东送管道定向钻穿越枝江国家湿地公园

(c)川气东送管道长江盾构

(d)中俄东线嫩江盾构

(e)西南某管道桥梁跨越LC江

(f)西南某管道桥梁跨越YB江

图11-12　油气管道无害化穿、跨越现状调研

在工程技术可行前提下，在环境敏感区山体、河流段应优先选择顶管、定向钻、隧道等绿色施工方法。选取2022年国家级、省级、市级审批的油气管线建设项目环评文件，在涉及水域的环境敏感区路段，主要选择定向钻、顶管等无害化方式穿越，省级、市级部分项目以开挖方式穿越，如表11-3所示。采用开挖方式穿越，环评文件论证了线路唯一性，未开展无害化穿、跨越方式比选。

表11-3　油气管线建设项目涉水环境敏感区施工工艺

序号	名称	审批级别	涉水重要生态敏感区	方式
1	吉县—延长输气管道项目（一期工程）	国家级	陕西黄河省级重要湿地	定向钻＋开挖
2	神木—安平煤层气管道	国家级	陕西黄河省级重要湿地	定向钻
3	西气东输四线天然气管道工程（吐鲁番—中卫）	国家级	嘉峪关大峡谷省级地质公园，永昌县北海子湿地省级地质公园	顶管＋开挖
			新疆哈密河国家湿地公园	定向钻
			金昌市金川区地表水集中式饮用水水源保护区	顶管
4	周口—柘城天然气输气管道工程	省级	鹿邑涡河省级湿地公园、鹿邑白沟河省级湿地公园和柘城容湖国家湿地公园	定向钻
5	三门峡—新安—伊川天然气输气管道工程	省级	胡家洼水库饮用水水源地	开挖
			河南伊川县伊河国家湿地公园	定向钻
6	洛阳伊川—郑州薛店天然气输气管道工程	省级	颍河源头水保护区	开挖
7	沿海输气管线沧州段工程	市级	11处生态保护红线（水体）	定向钻＋开挖

三、敏感区施工作业带较一般地段缩减，不同建设项目作业带宽度有差异

根据油气管道设计规范，施工作业带宽度主要与地形条件、土壤性质、管道埋深及设计管径等相关，尽量减少施工作业带宽度是最有效的生态保护措施。根据油气管线行业建设项目环评文件，经济作物、林地段较一般地段缩减2m，环境敏感区地段较一般地段可缩减2m及以上。选取2022年各级审批的油气管线建设项目环评文件，国家级、省级审批的项目均明确了一般地段、经济作物和林地、环境敏感区等不同管段施工作业带要求，市级、区县级审批的项目未对不同管段施工作业带宽度提出要求，如表11-4所示。

表11-4　不同级别审批的油气管线建设项目施工作业带要求

序号	名称	审批级别	管径/mm	一般地段/m	经济作物、林地/m	环境敏感区/m
1	吉县—延长输气管道项目（一期工程）	国家级	711	16	12	10
2	神木—安平煤层气管道	国家级	813	20	18	16
3	西气东输四线天然气管道工程（吐鲁番—中卫）	国家级	1219	30	28	20~26

续表

序号	名称	审批级别	管径 /mm	一般地段 /m	经济作物、林地 /m	环境敏感区 /m
4	周口—柘城天然气输气管道工程	省级	711	18	16	定向钻穿越
5	三门峡—新安—伊川天然气输气管道工程	省级	711	18	16	16
6	洛阳伊川—郑州薛店天然气输气管道工程	省级	711	18	16	14
7	惠州 LNG 接收站外输管道工程	市级	914/711	20/18	未明确	未明确
8	西三线闽粤支干线与漳州 LNG 外输管道联通工程	市级	813	26/30	20	20
9	沿海输气管线沧州段工程	市级	1016	26	未明确	未明确
10	威县天然气管道项目	区县级	400/600	10	未明确	不涉及
11	衡水市阜城县气代煤阜景支线（阜城段）管道建设工程	区县级	350	12	未明确	不涉及
12	安阳市长江赛峰管网有限公司内黄县豆制品产业园区锅炉房天然气输配工程	区县级	400/500	14	未明确	不涉及

梳理近5年生态环境部批复的长输油气管道项目环境影响报告书，在工程可行，环保最优情况下，不同地段（包括平原、水网、荒地等一般地段，公益林、基本农田地段，丘陵山区、生态敏感区等特殊地段，以及沙地、滩涂地等）、不同管径的施工作业带宽度如表11-5所示。

表11-5　不同地段、不同管径施工作业带宽度

设计管径 /mm	一般地段 /m	公益林、农田 /m	特殊地段 /m	沙地 /m	滩涂 /m	备注
1422	35	35	32	35	50~75	—
1219	26	24	12~16	30	50~58	京津冀
	30	28	20~26	30	50~58	其他地区
1016	24	22	16	26	—	—
914	22	20	16	24	—	—
813	20	18	12~16	22	—	—
711/610	16	12	10	20	—	—

从表11-5可以看出，相同管径、不同地段的作业带宽度，公益林、农田地段较一般地段少2米，生态敏感区等特殊地段较一般地段少3~14m。环评审批中，在满足《油气长输管道工程施工及验收规范》（GB 50369—2014）设计要求基础上，优化管道施工作业带宽度。按照活动施工带减少2m，100km长的管道可减少占地面积约20hm^2。另据测算，每公顷林地可产生碳汇量约为15t/a。“十四五”期间，将新建管道超过5×10^4km，若按照作业宽度带减少2m、占用林地比例按照40%算，减少林地占用的面积产生的碳汇量可达6×10^4t/a。

四、因地制宜开展生态修复，提高林地恢复率

油气管线行业重视管道上方生态修复，各建设项目均开展了生态修复，但在实际恢复过程中，尚存在追求短期效果，植物配置模式单一的问题。例如，西气东输管线经过河南省太行山猕猴自然保护区时采取的植被恢复措施是种植黑麦草，由于黑麦草是外来物种，虽然效果快，但是难以持续生长，不能形成自行演替的群落结构，需要二次恢复。

油气管线项目生态修复需结合不同环境敏感区生态特征和外部气候条件，制定适宜的生态修复方案并定期评估，具备条件的可采取边施工边恢复措施。例如，西气东输管道甘肃安西极旱荒漠路段，结合当地环境特点，采取砾石覆盖、地面平整洒水压实、培育当地本土旱生植物梭梭重建植被群落等多种方法，取得较好的生态恢复效果，调查发现典型荒漠路段扰动区域和未扰动区域的植物类型基本一致，植被覆盖度略低，人工种植梭梭高度比原生梭梭高。在湿地路段，扰动区和未扰动区植被情况无明显差异，如图11-13所示。

(a)扰动区域　(b)未扰动区域

(c)扰动区域　(d)未扰动区域

图11-13　西气东输管道甘肃安西极旱荒漠路段植被恢复现状

西南某管道在滇西南山地路段，沿线花岗岩风化严重，山体边坡稳定性差，土层浅薄，土壤贫瘠，管沟开挖回填后植被难以恢复。工程运营后，建设单位针对该路段采取堆砌生态草袋开展植被恢复。与正在开展植被恢复路段相比，已完成植被恢复路段植被以草本、灌木丛为主，恢复效果较好，如图11-14所示。

根据《中华人民共和国石油天然气管道保护法》，在管道线路中心线两侧各5m地域范围内，禁止种植乔木、灌木、藤类、芦苇、竹子或者其他根系深达管道埋设部位可能损坏管道防腐层的深根植物。根据调研，目前在林地路段，管线两侧5m以外的施工作业带内

植被恢复仍以草本、灌草等植被类型为主，未恢复成林地（图11-10所示林地路段）。应进一步强化林地路段施工作业带内管道线路中心线两侧各5m以外区域的植被恢复措施，落实恢复种植乔木措施，增加植被生物量和碳汇量。

(a)植被已恢复路段　　(b)植被正在恢复路段

图11-14　西南某管道滇西南山地路段植被恢复现状

五、生态修复缓慢，修复效果滞后于环保验收

本次评估选取典型天然气管道林地管段，包括川气东送湖北宜昌段、西南某管道滇西南段、中俄东线（黑河—长岭）北部林地段，利用遥感解译对工程施工前、施工期、运行初期（验收阶段）、现状等多个时期管线两侧50m范围内林地面积及植被覆盖度变化进行分析，如图11-15所示。

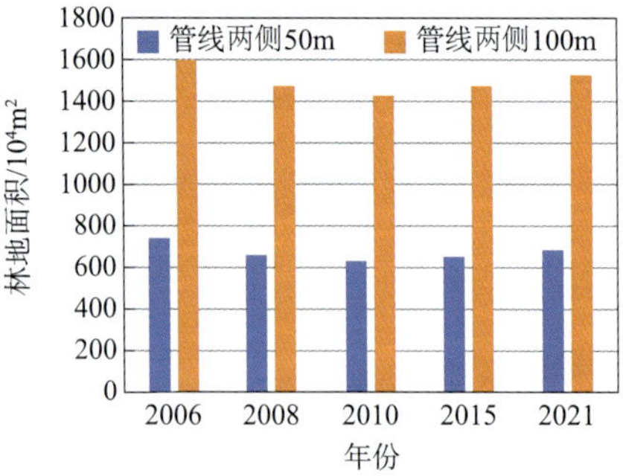

(a)川气东送湖北宜昌段林地面积

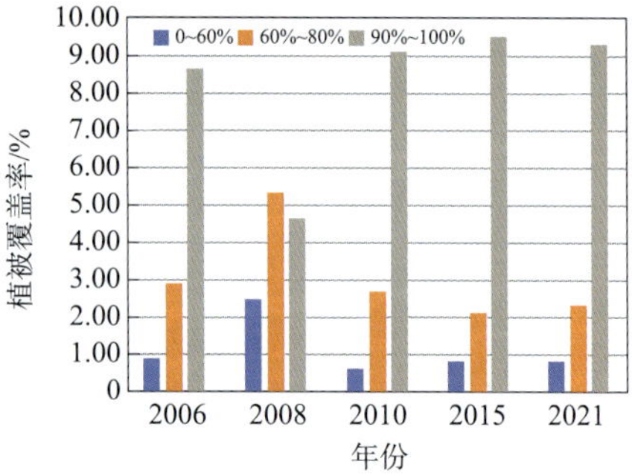

(b)川气东送湖北宜昌段植被覆盖率

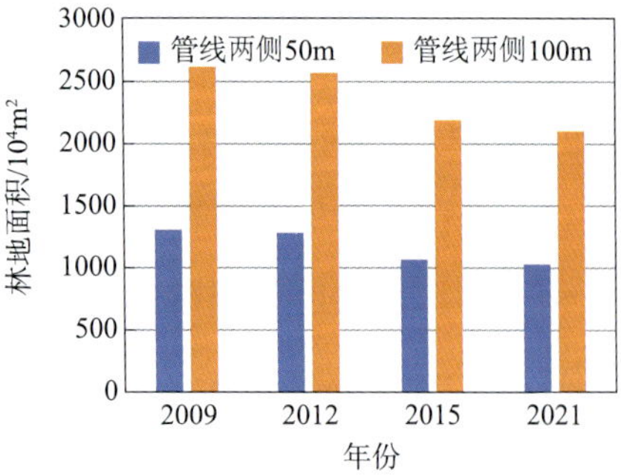

(c)西南某管道滇西南段林地面积

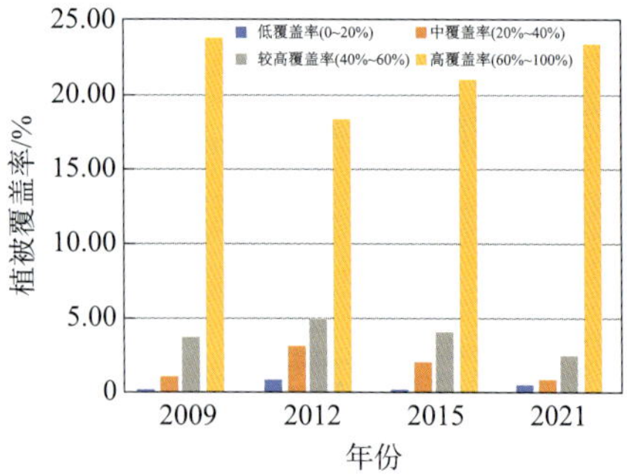

(d)西南某管道滇西南段植被覆盖率

图11-15　典型管道林地路段林地面积及植被覆盖率变化

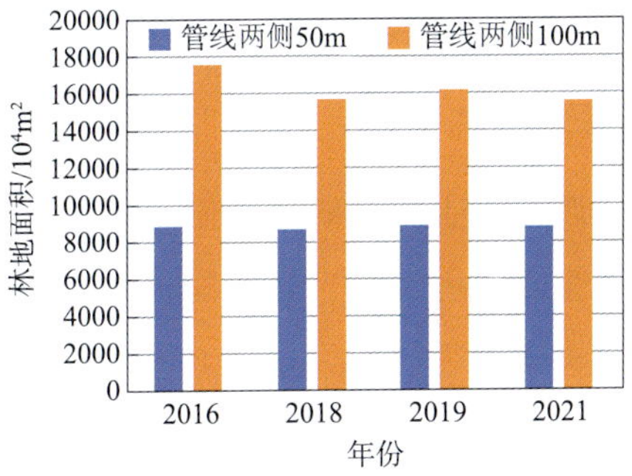

(e)中俄东线北段林地面积

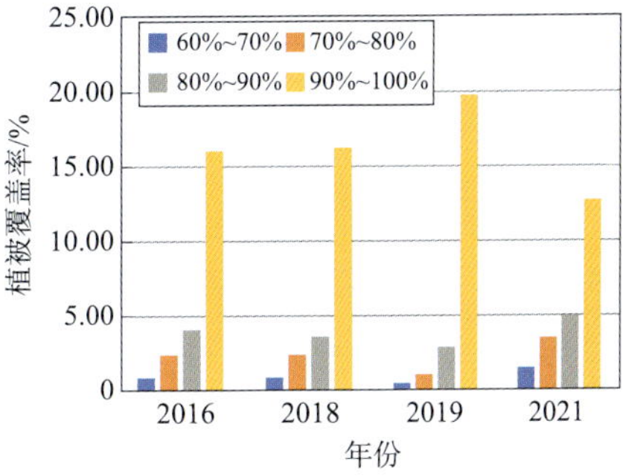

(f)中俄东线北段植被覆盖度

图11-15 典型管道林地路段林地面积及植被覆盖率变化（续）

对比施工前与运行初期变化（川气东送2006年与2010年，西南某管道2009年与2015年，中俄东线2016年与2021年），运行初期林地面积、植被覆盖率等指标总体低于施工前水平，生态修复效果有待进一步提高。随着时间的推移，至2021年，建成较早的川气东送管道、西南某管道，植被覆盖度基本恢复至施工前水平，但林地面积仍有差距。

六、站场生活污水处理措施主要采用一体化设备，运营期应加强维护保养

陆上油气管线运行期污废水主要来自站场人员生活污水，站场值班人员一般5~7人，生活污水产生量较少，目前各站场主要采用化粪池+一体化污水处理设备，处理后回用于站内绿化、道路洒水；部分油气管线项目，受气候条件与水量影响，站场设置一体化生活污水处理设备运行效果差，工程建设阶段部分站场将环评所提的一体化污水处理设备工艺取消，仅保留化粪池，并定期清运（图11-16）。

图11-16 站场生活污水一体化处理措施

本次调研收集西气东输管道红柳压气站、中卫联络站、龙潭分输站，川气东送管道潜江压气站，西气东输二线求大段大铲岛压气站等站场生活污水出水口水质监测数据。各站场生活污水基本能够达标，红柳压气站氨氮、潜江压气站化学需氧量和悬浮物超过《污水

综合排放标准》（GB 8978—1996）一级标准限值。

七、站场工业固体废物处置逐渐规范统一

天然气管道站场分离器检修和清管作业产生废渣，主要为氧化铁粉末、粉尘等，一般管道每年进行1~2次清管、检修，产生量主要与管道投运时间、清洗程度有关，新投运管道、投运前未清洗完全的废渣产生量大。对于该类固体废物，除海南生态环境主管部门要求作为危险废物处置，其他地区站场将其作为一般工业固体废物。过去各站场处置方式不尽相同，部分站场同生活垃圾一并委托市政环卫部门清运处理，部分站场选择合适地点填埋处置。近年来，随着工艺改进，运营工艺产生的废渣处置逐渐规范统一，均排入工艺一体化的密闭式排污罐（图11-17），定期由有资质的单位清运。

图11-17　天然气站场密闭式排污罐

天然气站场产生的危险废物主要包括分离器维护时产生一些废滤芯，各站定期更换的废蓄电池，以及压缩机站场或泵站产生废润滑油等。站场危险废物产生频率低、产生量较小，过去大部分站场受土地空间和工艺布局限制，未设置有符合标准的危废暂存间，产生的危险废物一般即产即运，委托有资质的单位处置、运输，并填报危废转运联单。

近年来，随着《中华人民共和国固体废物污染环境防治法》修订和《危险废物贮存污染控制标准》（GB 18597—2023）发布，陆上油气管线项目站场选址设计阶段基本设置了危废暂存间。

八、泵站、压气站场采取有效降噪措施，厂界噪声达标

油气管道站场类型较多，原油、成品油管道泵站、天然气管道包括压气站高噪声设备数量多，噪声源强大，声环境影响大。泵站主要噪声源包括输油泵（源强90~92dB）、转油泵（源强85~90dB）、注入泵（源强85~90dB）；压气站主要噪声源包括压缩机组（源强85dB）、空冷器（源强80dB）、空气压缩系统（源强85dB）等。

环评阶段提出的保护措施主要有：优化工艺布局，高噪声源强设备区尽量远离居民

区；对压缩机房、空压机房墙壁设置隔声、吸声材料，空冷器设置隔声矩阵或隔声屏障；压气站场或泵站围墙设置隔声屏障。

根据调研，运营期西气东输管道红柳压气站、中卫联络站，川气东送管道潜江压气站，厂界噪声昼间为49~52dB，夜间为41~43dB，厂界噪声昼间、夜间均满足《工业企业厂界环境噪声排放标准》（GB 12348—2008）2类区标准（昼间60dB、夜间50dB）。综上认为，站场采取隔声降噪措施效果较好，厂界噪声能够达标。

九、行业暂未关注压缩机氮氧化物排放

天然气管道压气站配套燃驱压缩机，燃料为天然气，燃烧后主要成分为二氧化碳，同时在燃烧过程中形成氮氧化物。根据西气东输管道红柳压气站燃驱压缩机废气排放口监测数据，氮氧化物排放速率超过《大气污染物综合排放标准》（GB 16297—1996）二级标准限值。目前，行业未对天然气管道压气站场燃驱压缩机氮氧化物排放给予关注，有关压缩机氮氧化物排放量尚无开展核算。

十、行业减污降碳技术研究与应用有待加强

根据管输工艺分析，直接碳排放环节主要有燃驱压缩机组二氧化碳排放、天然气放空等。压缩机组有燃气驱动和电驱动两种，我国天然气管道压气站场主要配备燃驱压缩机组，一台30兆瓦的燃驱压缩机天然气消耗量约8万立方米/天，排放大量高温废气，产生丰富的余热资源。据研究，高温余热废气余热量可达本身燃料消耗量的30% ~60%，可应用于发电、供暖。油气管线行业燃驱压缩机废气一般直接排放，基本未对余热资源进行有效利用，余热回收利用有待加强。

天然气放空包括紧急事故和抢修时的紧急放空，以及检维修和改扩建时的计划性放空，通常采用立管直接排入大气，较少采用火炬燃烧放空。据统计，西气东输干线管道运行5年，计划性放空天然气量约2450万立方米，这些放空气全部通过放空立管或火炬排放至大气，造成资源浪费和环境污染。近年来，欧美等发达地区开始利用移动式压缩机回收利用长输管道放空气，我国目前还没有针对站场放空气回收工艺的应用。

第四节　行业绿色指标评价体系

一、评价指标体系构建

综合考虑陆上长输油气管线环境影响特点，建立绿色评价指标体系。陆上长输油气管

线绿色评价指标体系共分3层，包含4项一级指标、12项二级指标、31项三级指标，一级指标包括生态保护与修复（40分）、污染治理（30分）、环境风险防范（20分）、环境管理（10分）等4大部分，二级指标主要区分环境敏感区与一般路段，以及运行期站场废水、废气、噪声、固体废物处置要求。具体绿色评价指标及赋分标准如表11-6所示。

表11-6　陆上长输油气管道绿色发展水平评价指标体系

一级指标	一级指标权重	二级指标	二级指标权重	三级指标	三级指标权重	赋分标准
生态保护与修复	40	生态敏感区	20	施工作业带	6	生态敏感区施工作业带宽度较一般路段缩减且落实的，得5~6分；局部路段施工作业带宽度超出缩减要求的，视情况得2~4分；未提出或未落实施工作业带宽度缩减，得1分
				生物多样性保护	4	管道路由避让了重要生态环境、鱼类“三场”，得4分；施工期未发生滥杀野生动物，部分路段穿越措施重要生态环境、鱼类“三场”，采取无害化方式穿、跨越的，视情况得2~3分；未提出生物多样性保护相关措施，得1分；出现施工人员滥杀野生动物的，得0分
				生态恢复措施	4	临时占地均采取生态恢复，植物配置以乡土植物为主，未造成外来植物入侵，生态恢复效果好，得4分；植物配置以乡土植物为主，生态恢复效果需加强，视情况得2~3分；临时占地生态恢复一般，得1分；存在外来植物入侵，得0分
				施工时间控制	3	完全落实环评及批复提出的施工时间限制要求，得3分；部分落实环评及批复提出的施工时间限制要求，视情况得1~2分
				废水弃渣清运	2	废水弃渣清运至生态敏感区外，得2分；废弃泥浆固化后就地填埋的，得1分；废水废渣进入河流的，得0分
				表土剥离	1	实施表土剥离、单独堆存、分层回填措施，得1分；未实施的，得0分
		水环境敏感区	14	无害化穿、跨越方式	5	敏感水体路段基本采取无害化穿、跨越措施，得3~5分；部分采取无害化穿、跨越措施，视情况得1~2分；均未采取无害化穿、跨越措施，得0分
				地下水环境保护	3	输油管道在敏感路段铺设防渗膜，带储罐站场建立地下水监测点的，得3分；在带储罐站场建立地下水监测点的，视情况得1~2分；未提出保护措施，得0分
				河流地貌恢复	3	河流穿越管段采取恢复良好，得3分；河流地貌恢复一般，视情况得1~2分；未恢复造成水土流失，得0分
				施工废水排放	3	施工废水拉运至敏感水体以外处理，得3分；回用于场地绿化、洒水降尘，得1~2分；施工废水排入水环境敏感区，得0分
		一般路段	6	施工作业带	2	完全落实施工作业带宽度要求，得2分；局部超过或未提出施工作业带宽度，得1分
				耕地保护措施	2	施工期避开农作物生长期，分层开挖、分层堆存、分层回填的耕作土保护要求，得2分；仅采取分层开挖、分层堆存、分层回填措施，得1分
				生态恢复情况	2	一般地段临时占地生态恢复效果良好，得2分；生态恢复效果一般，得1分

续表

一级指标	一级指标权重	二级指标	二级指标权重	三级指标	三级指标权重	赋分标准
污染治理	30	污废水治理措施	10	生活污水治理措施	5	各站场生活污水经处理后回用、纳入市政管网或依托污水处理厂，得 5 分；站场生活污水经预处理后外排或定期清掏的，视情况得 2~4 分；未明确去向的，得 1 分
				生产废水治理措施	5	站场生产废水由封闭式储罐收集定期清运，得 4~5 分；站场采用收集池收集废水定期清运，得 2~3 分；采用收集池收集废水蒸发处理的，得 1 分
		废气治理措施	8	设备类型及废气处理装置配置	5	站场采用电驱压缩机或燃驱压缩机，得 4~5 分；站场燃驱压缩机未配备低氮燃烧器，得 3 分
				锅炉设置情况	3	各站场未配置锅炉或配置电锅炉、燃气锅炉，得 2~3 分；配置燃煤锅炉，得 1 分
		噪声防治措施	6	站场选址	3	各压气站、泵站评价范围内无声环境保护目标，得 3 分；周边有声环境保护目标，视情况得 1~2 分
				高噪声源降噪措施	3	不存在声环境保护目标，压缩机组、泵站及配套设备等高噪声源设备均采取隔声、降噪措施的，得 2~3 分；周边存在声环境保护目标的部分压气站、泵站站场未采取隔声、降噪措施，视情况得 0~1 分
		工业固体废物处置措施	6	生活垃圾处置措施	2	站场生活垃圾经收集后交由市政环卫部门处理的，得 2 分；生活垃圾自行拉运填埋至指定地点的，得 1 分
				生产废物处置措施	2	各站场生产废物经收集后交统一清运处置的，得 2 分；生产废物自行收集、填埋至指定地点，得 1 分
				危废暂存间	2	各站场均设置危废暂存间，得 2 分；存在站场未设危废暂存间，得 1 分
环境风险防范	20	环境敏感区	15	线路设计优化	5	对集中居民区提出绕避或落实拆迁措施，得 4~5 分，敏感路段提出增设阀室，得 2~3 分；未提出或未落实优化措施，得 1 分
				设计系数强化	5	集中居民区管段提高设计系数，采用加强级 3 层 PE 防腐层，得 4~5 分；仅提高管道设计系数，得 2~3 分；未采取强化管道设计系数的，得 1 分
				应急物资配备	5	输油管道在环境敏感区路段配备环境风险应急物资、装备，得 4~5 分；局部路段配备应急物资、装备，得 2~3 分；未配备环境风险应急物资、装备的，得 1 分
		一般路段	5	监视与控制系统	2	全线设置监控与数据采集、远程控制系统的，得 2 分；未设置监控与数据采集系统的，得 1 分
				管线定期检查情况	2	定期开展管道巡检、系统稳定性检测、内腐蚀与壁厚检测，得 2 分；未提出的得 1 分
				应急预案培训与演练	1	制定环境风险应急预案，定期开展应急培训与演练的，得 2 分；未开展应急培训与演练的，得 1 分
环境管理	10	环保“三同时”	3	环保“三同时”执行	3	依法开展了环评（包括重大变动）、竣工环保验收、后评价等，未发生环境违法事件，得 3 分；存在未批先建、未按要求完成竣工环保验收、可能存在重大变动等其中任何 1 项情形的，视情况得 1~2 分
		环境监理监测	3	环境监理监测落实情况	3	施工期按要求开展了环境监理、环境监测，得 3 分；未落实环境监理、环境监测，得 1~2 分
		环境监测	4	达标情况	4	废水、废气、噪声等环境监测污染物达标排放，得 4 分；某要素存在超标情况，得 1~3 分

根据各项指标综合得分，初步将行业绿色发展水平分为三级，即先进水平（总分≥85）、较高水平（75≤总分<85）、一般水平（60≤总分<75）。

二、评价结果及分析

通过环评智慧监管平台、全国建设项目竣工环境保护验收信息平台等，筛选12个已完成环保验收正常运行的油气管线项目作为本次评估对象，项目情况如表11-7所示。为突出评估项目绿色发展水平差异，选取对象包括天然气管道项目、原油管道项目、成品油管道项目，审批级别涵盖生态环境部批复项目、省级批复项目、地市级批复项目及县级批复项目。各项目评估指标数据主要来源于竣工环保验收调查报告和调研。评价结果汇总如表11-8所示，具体评价情况如附表所示。

表11-7　参评绿色指标体系油气管线项目清单　　单位：km

序号	项目名称	管道性质	审批级别	线路总长度	环评批复	验收时间
1	中俄东线天然气管道工程（黑河—长岭段）	天然气	国家级	737	环审〔2016〕63号	2021
2	中俄东线天然气管道工程（长岭—永清）	天然气	国家级	1110	环审〔2019〕69号	2022
3	日照—濮阳—洛阳原油管道工程	原油	国家级	782	环审〔2016〕2号	2022
4	海南省环岛管网文昌—琼海—三亚输气管道工程	天然气	省级	287.97	琼环函〔2019〕126号文	2022
5	中国石化西北油田分公司顺北油田原油外输管道工程	原油	省级	189.8	新环函〔2018〕1748号	2022
6	萧山—义乌天然气管道工程	天然气	省级	118.95	浙环建〔2019〕5号	2022
7	浙江浙能天然气管网有限公司常山—开化天然气管道工程	天然气	地市级	33.522	衢环建〔2017〕21号	2022
8	桂阳—郴州—资兴输气管道工程	天然气	地市级	79	郴环函〔2017〕67号	2022
9	成彭管道天府机场支线项目	成品油	地市级	37.78	成环评审〔2020〕75号	2022
10	乐山第二气源工程	天然气	市级	17	乐市环审〔2021〕54号	2022
11	川气东送管道安徽段天然气利用项目——宿松支线二期工程	天然气	县级	65	松环建〔2020〕65号	2022
12	宁夏巨丰油气管道运输有限公司北柳长输管道项目	原油	县级	17	盐审服管发〔2016〕74号	2022

表11-8　典型油气管线项目的绿色发展水平评价结果　　单位：分

序号	项目名称	生态保护与修复	污染治理	环境风险管控	环境管理	合计
1	日照—濮阳—洛阳原油管道工程	38	28	18	10	94
2	中俄东线天然气管道工程（黑河—长岭段）	33	26	19	9	87
3	中国石化西北油田分公司顺北油田原油外输管道工程	32	24	20	10	86
4	中俄东线天然气管道工程（长岭—永清）	34	23	19	9	85
5	萧山—义乌天然气管道工程	32	27	14	10	83
6	海南省环岛管网文昌—琼海—三亚输气管道工程	31	23	16	10	80
7	宁夏巨丰油气管道运输有限公司北柳长输管道项目	30	23	20	7	80

续表

序号	项目名称	生态保护与修复	污染治理	环境风险管控	环境管理	合计
8	川气东送管道安徽段天然气利用项目——宿松支线二期工程	28	22	18	10	78
9	桂阳—郴州—资兴输气管道工程	30	20	15	9	74
10	乐山第二气源工程	35	20	8	10	73
11	成彭管道天府机场支线项目	29	21	11	10	71
12	浙江浙能天然气管网有限公司常山—开化天然气管道工程	28	22	6	8	64

评价结果显示，选取的12个陆上油气管线项目绿色发展指数为63~94分。绿色发展指数与输送介质无明显关系。从审批级别看，国家级批复项目均达到先进水平，省级批复项目达到先进水平和较高水平，市级批复项目处于一般水平，县级批复项目处于较高水平、一般水平。相较市级批复项目，县级批复的陆上油气管线项目线路长度短，沿线基本不设站场，涉及的生态敏感区少，站场污染源少，绿色发展指数更优。

陆上油气管线项目绿色发展水平的差异主要体现在“生态保护与修复”和“环境风险管控”两个方面，具体体现在生态敏感区内施工作业带控制、环境敏感区内线路设计优化、应急物资配备等指标。由于行业性质，陆上油气管线项目站场运行期污染源较少，污染治理指标差值较小；行业建立了HSE体系，较好落实了环境管理职责。

评价结果表明，地市级审批陆上油气管线项目在环境敏感区路段生态保护、环境风险防范方面应进一步予以关注，提高特殊路段环境保护措施要求。

总体看，本次评估初步建立的油气管线行业绿色发展评价指标体系在一定程度上能够反映油气管线绿色发展水平。后续研究工作中，可结合油气管线行业环保工作进展，在指标体系构建、权重与基准值分配、数据完整性和准确性方面不断完善，提高评价结果的适用性和科学性。

附表　陆上油气管线绿色发展水平评价表

表1　中俄东线天然气管道工程（黑河—长岭段）绿色发展水平评价表

一级指标	一级指标权重	二级指标	二级指标权重	三级指标	三级指标权重	赋分标准
生态保护与修复	33	生态敏感区	18	施工作业带	6	施工期严格限制施工作业带宽度，干线在自然保护区地段32m，一般路段35m，得6分
				生物多样性保护	4	管道路由避开了鱼类“三场”，选择枯水期施工，得4分
				生态恢复情况	2	采取播撒草籽、栽植花、草、种植灌木等措施恢复植被，多为一年生和多年生草本，仅制订了林地恢复计划，植被恢复有待进一步加强，得2分
				施工时间控制	3	生态敏感区段施工按要求避开了动物繁殖期，得3分
				废水弃渣清运	2	定向钻产生的泥浆固化后拉运至生态敏感区外的填埋场，得2分
				表土剥离	1	落实表土剥离、单独堆存、分层回填措施，得1分
		水环境敏感区	11	无害化穿、跨越方式	3	敏感水体基本采取无害化穿越，部分自然保护区内水域小型穿越采用开挖方式，得3分
				地下水环境保护	3	天然气管道工程不涉及，得3分
				河流地貌恢复	2	大部分河流穿越管段恢复良好，个别河道岸坡未完全恢复，河道见淤泥堵塞，得2分
				施工废水排放	3	施工废水未排入敏感水体，得3分
		一般路段	4	施工作业带	2	控制了施工作业带宽度，措施干线一般路段35m，得2分
				耕地保护措施	1	采取了分层开挖、分层堆存、分层回填，得1分
				生态恢复情况	1	验收意见提出，生态恢复效果有待加强，得1分
污染治理	26	污废水治理措施	9	生活污水治理措施	4	3座站场采用化粪池，定期清掏；其他站场采用一体化污水处理设备，回用，得4分
				生产废水治理措施	5	站场全部封闭式储罐收集定期清运，得5分
		废气治理措施	6	设备类型及废气处理装置配置	3	站场燃驱压缩机未配备低氮燃烧器，得3分
				锅炉设置情况	3	各站场配置燃气锅炉，得3分
		噪声防治措施	6	站场选址	3	各压气站评价范围内无声环境保护目标，得3分
				高噪声源降噪措施	3	压缩机组及配套设备等高噪声源设备均采取隔声、降噪措施的，得3分
		工业固体废物处置	5	生活垃圾处置措施	2	生活垃圾经收集后交由市政环卫部门处理，得2分
				生产废物处置措施	2	生产废物经收集后统一清运处置的，得2分
				危废暂存间	1	站场未设危废暂存间，得1分

续表

一级指标	一级指标权重	二级指标	二级指标权重	三级指标	三级指标权重	赋分标准
环境风险防范	19	环境敏感区	14	线路设计优化	4	对集中居民区和环境敏感区提出绕避措施，得 4 分
				设计系数强化	5	集中居民区管段提高设计系数，采用加强级 3 层 PE 防腐层，得 5 分
				应急物资配备	5	沿线站场配备环境风险应急物资、装备，得 5 分
		一般路段	5	监视与控制系统	2	全线设置监控与数据采集、远程控制系统，得 2 分
				管线定期检查情况	2	定期开展管道巡检、系统稳定性检测、内腐蚀与壁厚检测，得 2 分
				应急预案培训、演练	1	制定环境风险应急预案，定期开展应急培训与演练，得 2 分
环境管理	9	环保“三同时”	3	环保“三同时”执行	3	执行了环评“三同时”，未发生重大变动和环境违法事件，得 3 分
		环境监理监测	3	环境监理监测落实情况	3	施工期按要求开展了环境监理、环境监测，得 3 分
		环境监测	3	达标情况	3	部分站场厂界噪声超标，其他要素达标，得 3 分

表2　中俄东线天然气管道工程（长岭—永清段）绿色发展水平评价表

一级指标	一级指标权重	二级指标	二级指标权重	三级指标	三级指标权重	赋分标准
生态保护与修复	34	生态敏感区	16	施工作业带	6	施工期严格限制施工作业带宽度，干线在自然保护区地段 32m，一般路段 35m，得 6 分
				生物多样性保护	3	管道路由避让或无害化穿越鱼类“三场”，选择枯水期施工，得 3 分
				生态恢复情况	2	对临时占用林地、草地以自然恢复为主，自然恢复较差地段应加强人工种植恢复，得 2 分
				施工时间控制	2	王宝河市级自然保护区避开了野生中华产卵期 4~5 月，天津宝坻潮白河国家湿地公园段施工期未避开鸟类迁徙高峰期，得 3 分
				废水弃渣清运	2	定向钻产生的泥浆固化后拉运至生态敏感区外的填埋场，得 2 分
				表土剥离	1	落实表土剥离、单独堆存、分层回填措施，得 1 分
		水环境敏感区	13	无害化穿、跨越方式	4	敏感水体基本采取无害化穿越，开挖穿越凌河保护区、大凌河水源准保护区，得 4 分
				地下水环境保护	3	天然气管道工程不涉及，得 3 分
				河流地貌恢复	3	河流穿越管段恢复良好，得 3 分
				施工废水排放	3	施工废水未排入敏感水体，得 3 分
		一般路段	5	施工作业带	2	控制了施工作业带宽度，措施干线一般路段 35m，得 2 分
				耕地保护措施	2	采取了分层开挖、分层堆存、分层回填，得 1 分
				生态恢复情况	1	生态恢复效果有待加强，得 1 分

续表

一级指标	一级指标权重	二级指标	二级指标权重	三级指标	三级指标权重	赋分标准
污染治理	23	污废水治理措施	7	生活污水治理措施	5	站场采用一体化污水处理设备，全部回用，得 5 分
				生产废水治理措施	2	排入排污池后集中处理，得 2 分
		废气治理措施	6	设备类型及废气处理装置配置	3	站场燃驱压缩机未配备低氮燃烧器，得 3 分
				锅炉设置情况	3	各站场配置燃气锅炉，得 3 分
		噪声防治措施	6	站场选址	3	各压气站评价范围内无声环境保护目标，得 3 分
				高噪声源降噪措施	3	压缩机组及配套设备等高噪声源设备均采取隔声、降噪措施，得 3 分
		工业固体废物处置措施	4	生活垃圾处置措施	2	生活垃圾经收集后交由市政环卫部门处理，得 2 分
				生产废物处置措施	1	生产废物经收集后统一清运处置的，得 2 分
				危废暂存间	1	3 座站场设危废暂存间，其他站场未设，得 1 分
环境风险防范	19	环境敏感区	14	线路设计优化	4	对集中居民区和环境敏感区提出绕避措施，得 4 分
				设计系数强化	5	集中居民区管段提高设计系数，采用加强级 3 层 PE 防腐层，得 5 分
				应急物资配备	5	沿线站场配备环境风险应急物资、装备，得 5 分
		一般路段	5	监视与控制系统	2	全线设置监控与数据采集、远程控制系统，得 2 分
				管线定期检查情况	2	定期开展管道巡检、系统稳定性检测、内腐蚀与壁厚检测，得 2 分
				应急预案培训与演练	1	制定环境风险应急预案，定期开展应急培训与演练，得 2 分
环境管理	9	环保“三同时”	3	环保“三同时”执行	3	执行了环评“三同时”，未发生重大变动和环境违法事件，得 3 分
		环境监理监测	3	环境监理监测落实情况	3	施工期按要求开展了环境监理、环境监测，得 3 分
		环境监测	3	达标情况	3	部分站场厂界噪声超标，其他要素达标，得 3 分

表 3　日照—濮阳—洛阳原油管道工程绿色发展水平评价表

一级指标	一级指标权重	二级指标	二级指标权重	三级指标	三级指标权重	赋分标准
生态保护与修复	38	生态敏感区	19	施工作业带	6	施工期严格限制施工作业带宽度，干线在林地段控制在 16 米，得 6 分
				生物多样性保护	4	实施增殖放流，得 4 分
				生态恢复措施	3	植被恢复较好，得 3 分
				施工时间控制	3	沂河、黄河施工基本避开了 4~6 月鱼类繁殖高峰期，得 3 分
				废水弃渣清运	2	定向钻产生的泥浆固化后拉运至生态敏感区外的填埋场，得 2 分
				表土剥离	1	落实表土剥离、单独堆存、分层回填措施，得 1 分

续表

一级指标	一级指标权重	二级指标	二级指标权重	三级指标	三级指标权重	赋分标准
生态保护与修复	38	水环境敏感区	14	无害化穿、跨越方式	5	除1处环评后新增生态保护红线，敏感水体采用无害化穿越，得5分
				地下水环境保护	3	岩溶区管线段施工中敷设了HDPE防渗膜；储罐站场设置监测井，得3分
				河流地貌恢复	3	基本以定向钻穿越河流，河流地貌恢复较好，得3分
				施工废水排放	3	施工废水未排入敏感水体，得3分
		一般路段	5	施工作业带	2	控制了施工作业带宽度，得2分
				耕地保护措施	2	采取了分层开挖、分层堆存、分层回填，得1分
				生态恢复情况	1	部分路段生态恢复效果有待加强，得1分
污染治理	28	污废水治理措施	10	生活污水治理措施	5	站场采用一体化污水处理设备，回用，得5分
				生产废水治理措施	5	站场全部封闭式储罐收集定期清运，得5分
		废气治理措施	8	设备类型及废气处理装置配置	5	输油站不涉及，得5分
				锅炉设置情况	3	各站场未设置锅炉，得3分
		噪声防治措施	5	站场选址	3	泵站评价范围内无声环境保护目标，得3分
				高噪声源降噪措施	2	输油泵及配套设备均采取隔声降噪措施，得2分
		工业固体废物处置措施	5	生活垃圾处置措施	2	生活垃圾经收集后交由市政环卫部门处理，得2分
				生产废物处置措施	2	生产废物经收集后统一清运处置的，得2分
				危废暂存间	1	1个站场依托储油库危废暂存间，得1分
环境风险防范	18	环境敏感区	13	线路设计优化	3	对不满足距离的建（构）筑物进行拆除，得3分
				设计系数强化	5	集中居民区提高设计系数，采用加强级3层PE防腐层，得5分
				应急物资配备	5	沿线站场配备环境风险应急物资、装备，得5分
		一般路段	6	监视与控制系统	2	全线设置监控与数据采集、远程控制系统，得2分
				管线定期检查情况	2	定期开展管道巡检、稳定性检测、内腐蚀与壁厚检测，得2分
				应急预案培训演练	2	制定环境风险应急预案，定期开展应急培训与演练，得2分
环境管理	10	环保“三同时”	3	环保“三同时”执行	3	执行了环评“三同时”，未发生重大变动和环境违法事件，得3分
		环境监理监测	3	环境监理监测落实情况	3	施工期按要求开展了环境监理、环境监测，得3分
		环境监测	4	达标情况	4	各要素达标，得4分

表4　海南省环岛管网文昌—琼海—三亚输气管道工程绿色发展水平评价表

一级指标	一级指标权重	二级指标	二级指标权重	三级指标	三级指标权重	赋分标准
生态保护与修复	31	生态敏感区	13	施工作业带	2	未针对环境敏感区提出施工作业带缩减要求，得2分
				生物多样性保护	3	管道路由避让了鱼类“三场”，得3分
				生态恢复情况	3	生态恢复效果需加强，得3分
				施工时间控制	2	穿越河流、水渠时，已避开汛期，得2分
				废水弃渣清运	2	定向钻产生的泥浆固化后拉运至生态敏感区外的填埋场，得2分
				表土剥离	1	落实表土剥离、单独堆存、分层回填措施，得1分

续表

一级指标	一级指标权重	二级指标	二级指标权重	三级指标	三级指标权重	赋分标准
生态保护与修复	31	水环境敏感区	12	无害化穿、跨越方式	3	仅部分大中型河流穿越采取无害化穿越，得2分
				地下水环境保护	3	天然气管道工程不涉及，得3分
				河流地貌恢复	3	河流穿越管段恢复良好，得3分
				施工废水排放	3	施工废水未排入敏感水体，得3分
		一般路段	6	施工作业带	2	控制了施工作业带宽度，得2分
				耕地保护措施	2	已尽量避免在收获时节进行施工，采取了分层开挖、分层堆存、分层回填，得1分
				生态恢复情况	2	一般地段生态恢复效果较好，得2分
污染治理	23	污废水治理措施	7	生活污水治理措施	5	站场采用一体化污水处理设备，全部回用，得5分
				生产废水治理措施	2	排入排污池后集中处理，得2分
		废气治理措施	7	设备类型及废气处理装置配置	4	不涉及压缩机，得4分
				锅炉设置情况	3	各站场未配置锅炉，得3分
		噪声防治措施	4	站场选址	2	站场评价范围内存在声环境保护目标，数量较少，得2分
				高噪声源降噪措施	2	压缩机组及配套设备基本采取隔声、降噪措施，得2分
		工业固体废物处置措施	5	生活垃圾处置措施	2	生活垃圾经收集后交由市政环卫部门处理，得2分
				生产废物处置措施	1	自行收集、填埋至指定地点，得1分
				危废暂存间	2	站场设危废暂存间，得2分
环境风险防范	16	环境敏感区	11	线路设计优化	1	未对集中居民区和环境敏感区提出绕避措施，得1分
				设计系数强化	5	集中居民区管段提高设计系数，采用加强级3层PE防腐层，得5分
				应急物资配备	5	沿线站场配备环境风险应急物资、装备，得5分
		一般路段	5	监视与控制系统	2	全线设置监控与数据采集、远程控制系统，得2分
				管线定期检查情况	2	定期开展管道巡检、系统稳定性检测、内腐蚀与壁厚检测，得2分
				应急预案培训与演练	1	制定环境风险应急预案，得1分
环境管理	10	环保“三同时”	3	环保“三同时”执行	3	执行了环评“三同时”，未发生重大变动和环境违法事件，得3分
		环境监理监测	3	环境监理监测落实情况	3	施工期按要求开展了环境监理、环境监测，得3分
		环境监测	4	达标情况	4	要素达标，得4分

表5　萧山—义乌天然气管道工程绿色发展水平评价表

一级指标	一级指标权重	二级指标	二级指标权重	三级指标	三级指标权重	赋分标准
生态保护与修复	32	生态敏感区	14	施工作业带	4	山地施工作业带 16m 以内，得 4 分
				生物多样性保护	3	管道路由不涉及重要生态环境，栖息地等，得 3 分
				生态恢复情况	2	生态恢复有待加强，青山隧道口临时用地仅签订复垦协议，得 2 分
				施工时间控制	2	基本落实了环评要求，得 2 分
				废水弃渣清运	2	隧道弃渣拉运至生态敏感区外的填埋场，得 2 分
				表土剥离	1	落实表土剥离、单独堆存、分层回填措施，得 1 分
		水环境敏感区	13	无害化学、跨越方式	4	敏感水体基本采取无害化穿越，青山水库水源地局部以开挖穿越，得 4 分
				地下水环境保护	3	天然气管道工程不涉及，得 3 分
				河流地貌恢复	3	河流穿越管段恢复良好，得 3 分
				施工废水排放	3	施工废水未排入敏感水体，得 3 分
		一般路段	5	施工作业带	2	普通段施工作业带 18m，得 2 分
				耕地保护措施	2	采取了分层开挖、分层堆存、分层回填，得 1 分
				生态恢复情况	1	生态恢复效果有待加强，得 1 分
污染治理	27	污废水治理措施	10	生活污水治理措施	5	依托已建站场，不新增生活污水，得 5 分
				生产废水治理措施	5	无新增生产废水，得 2 分
		废气治理措施	7	设备类型及废气处理装置配置	4	不涉及压气站，得 4 分
				锅炉设置情况	3	各站场未配置锅炉，得 3 分
		噪声防治措施	5	站场选址	2	各压气站评价范围内无声环境保护目标，得 3 分
				高噪声源降噪措施	3	不涉及，得 3 分
		工业固体废物处置措施	5	生活垃圾处置措施	2	生活垃圾经收集后交由市政环卫部门处理，得 2 分
				生产废物处置措施	2	生产废物经收集后统一清运处置的，得 2 分
				危废暂存间	1	不设暂存间，得 1 分
环境风险防范	14	环境敏感区	9	线路设计优化	4	对集中居民区和环境敏感区提出绕避措施，得 4 分
				设计系数强化	1	未提出设计系数强化措施，得 1 分
				应急物资配备	4	沿线配备了必要的环境风险应急物资、装备，得 4 分
		一般路段	5	监视与控制系统	2	全线设置监控与数据采集、远程控制系统，得 2 分
				管线定期检查情况	2	定期开展管道巡检、稳定性检测、内腐蚀与壁厚检测，得 2 分
				应急预案培训演练	1	制定环境风险应急预案，定期开展应急培训与演练，得 2 分
环境管理	10	环保“三同时”	3	环保“三同时”执行	3	执行了环评“三同时”，未发生重大变动和环境违法事件，得 3 分
		环境监理监测	3	环境监理监测落实情况	3	施工期按要求开展了环境监理、环境监测，得 3 分
		环境监测	4	达标情况	4	部分站场厂界噪声超标，其他要素达标，得 3 分

表6 中国石化西北油田分公司顺北油田原油外输管道工程绿色发展水平评价表

一级指标	一级指标权重	二级指标	二级指标权重	三级指标	三级指标权重	赋分标准
生态保护与修复	32	生态敏感区	16	施工作业带	5	穿越胡杨林、怪柳灌木丛等植被茂密带和农田时施工作业带宽度未超过8m，得5分
				生物多样性保护	3	未发生滥杀野生动物情况，得3分
				生态恢复情况	3	植被恢复较好，得3分
				施工时间控制	2	基本落实了环评要求，得2分
				废水弃渣清运	2	弃渣未弃置于环境敏感区，得2分
				表土剥离	1	落实表土剥离、单独堆存、分层回填措施，得1分
		水环境敏感区	11	无害化穿、跨越方式	2	仅部分水体采用无害化穿越，得2分
				地下水环境保护	3	天然气管线不涉及，得3分
				河流地貌恢复	3	河流地貌恢复较好，得3分
				施工废水排放	3	施工废水未排入敏感水体，得3分
		一般路段	5	施工作业带	2	控制了施工作业带宽度，得2分
				耕地保护措施	2	采取了分层开挖、分层堆存、分层回填，得1分
				生态恢复情况	1	部分路段生态恢复效果有待加强，得1分
污染治理	24	污废水治理措施	8	生活污水治理措施	4	沿线站场数量少，站场采用一体化污水处理设备，回用，得4分
				生产废水治理措施	4	收集后定期清运，得4分
		废气治理措施	6	设备类型及废气处理装置配置	4	输油站不涉及，得5分
				锅炉设置情况	2	站场未设置锅炉，得2分
		噪声防治措施	5	站场选址	2	泵站评价范围内无声环境保护目标，得2分
				高噪声源降噪措施	3	输油泵及配套设备基本采取隔声降噪措施，得3分
		工业固体废物处置措施	5	生活垃圾处置措施	2	生活垃圾经收集后交由市政环卫部门处理，得2分
				生产废物处置措施	2	生产废物经收集后统一清运处置的，得2分
				危废暂存间	1	未设危废暂存间，得1分
环境风险防范	20	环境敏感区	15	线路设计优化	5	完全绕避了居民区，不涉及环境风险保护目标，得5分
				设计系数强化	5	不涉及环境风险保护目标，得5分
				应急物资配备	5	沿线站场配备环境风险应急物资、装备，得5分
		一般路段	5	监视与控制系统	2	全线设置监控与数据采集、远程控制系统，得2分
				管线定期检查情况	2	定期开展管道巡检、稳定性检测、内腐蚀与壁厚检测，得2分
				应急预案培训与演练	1	制定环境风险应急预案，得1分
环境管理	10	环保“三同时”	3	环保“三同时”执行	3	执行了环评“三同时”，未发生重大变动和环境违法事件，得3分
		环境监理监测	3	环境监理监测落实情况	3	施工期按要求开展了环境监理、环境监测，得3分
		环境监测	4	达标情况	4	各要素达标，得4分

表7　浙江浙能天然气管网有限公司常山—开化天然气管道工程绿色发展水平评价表

一级指标	一级指标权重	二级指标	二级指标权重	三级指标	三级指标权重	赋分标准
生态保护与修复	28	生态敏感区	11	施工作业带	1	未针对环境敏感区提出施工作业带缩减要求，得1分
				生物多样性保护	2	未提出生物多样性保护，得2分
				生态恢复措施	3	生态恢复效果需加强，得3分
				施工时间控制	2	基本落实了环评要求，得2分
				废水弃渣清运	1	环境敏感区内定向钻废弃泥浆就地填埋，得1分
				表土剥离	1	落实表土剥离、单独堆存、分层回填措施，得1分
		水环境敏感区	12	无害化穿、跨越方式	3	大中型河流穿越基本采取无害化穿越，得3分
				地下水环境保护	3	天然气管道工程不涉及，得3分
				河流地貌恢复	3	河流穿越管段恢复良好，得3分
				施工废水排放	3	施工废水未排入敏感水体，得3分
		一般路段	6	施工作业带	2	控制了施工作业带宽度，得2分
				耕地保护措施	2	分段施工、缩短工期、减少施工作业带、施工结束后回填表土、土地恢复平整等措施，得2分
				生态恢复情况	2	一般地段生态恢复效果较好，得2分
污染治理	22	污废水治理措施	6	生活污水治理措施	4	站场采用一体化污水处理设备，全部回用，得4分
				生产废水治理措施	2	排入排污池后集中处理，得2分
		废气治理措施	6	设备类型及废气处理装置配置	4	不涉及压缩机，得4分
				锅炉设置情况	2	各站场未配置锅炉，得2分
		噪声防治措施	6	站场选址	3	不涉及压气站，得3分
				高噪声源降噪措施	3	压缩机组及配套设备基本采取隔声、降噪措施，得3分
		工业固体废物处置措施	4	生活垃圾处置措施	2	生活垃圾经收集后交由市政环卫部门处理，得2分
				生产废物处置措施	1	自行收集、填埋至指定地点，得1分
				危废暂存间	1	不设危废暂存间，得2分
环境风险防范	6	环境敏感区	3	线路设计优化	1	未对集中居民区和环境敏感区提出绕避措施，得1分
				设计系数强化	1	未提出设计系数强化措施，得1分
				应急物资配备	1	未提出环境风险应急物资、装备，得1分
		一般路段	3	监视与控制系统	1	未明确提出监控与数据采集、远程控制系统，得1分
				管线定期检查情况	1	未明确提出开展管道巡检、系统稳定性检测、内腐蚀与壁厚检测，得2分
				应急预案培训与演练	1	制定环境风险应急预案，得1分
环境管理	8	环保“三同时”	3	环保“三同时”执行	3	执行了环评“三同时”，未发生重大变动和环境违法事件，得3分
		环境监理监测	1	环境监理监测落实情况	1	开展环境监理、环境监测，得3分
		环境监测	4	达标情况	4	要素达标，得4分

表8　桂阳—郴州—资兴输气管道工程绿色发展水平评价表

一级指标	一级指标权重	二级指标	二级指标权重	三级指标	三级指标权重	赋分标准
生态保护与修复	30	生态敏感区	12	施工作业带	1	未针对环境敏感区提出施工作业带缩减要求，得1分
				生物多样性保护	4	不涉及重要生态环境、栖息地等，得4分
				生态恢复情况	2	生态恢复效果需加强，得2分
				施工时间控制	3	基本落实了环评要求，得3分
				废水弃渣清运	1	泥浆沉淀后的上清液主要用于周边灌溉，得1分
				表土剥离	1	落实表土剥离、单独堆存、分层回填措施，得1分
		水环境敏感区	14	无害化穿、跨越方式	5	采取无害化穿越，得5分
				地下水环境保护	3	天然气管道工程不涉及，得3分
				河流地貌恢复	3	河流穿越管段恢复良好，得3分
				施工废水排放	3	施工废水未排入敏感水体，得3分
		一般路段	4	施工作业带	2	控制了施工作业带宽度，得2分
				耕地保护措施	1	采取了分层开挖、分层堆放、分层回填，得2分
				生态恢复情况	1	一般地段生态恢复效果有待加强，得1分
污染治理	20	污废水治理措施	6	生活污水治理措施	5	站场采用一体化污水处理设备，全部回用，得5分
				生产废水治理措施	1	排入蒸发池后蒸发，得1分
		废气治理措施	6	设备类型及废气处理装置配置	3	燃驱压缩机未配置低氮燃烧器，得3分
				锅炉设置情况	3	各站场未配置锅炉，得3分
		噪声防治措施	4	站场选址	1	压气站未完全避开声环境保护目标，得1分
				高噪声源降噪措施	3	压缩机组及配套设备基本采取隔声、降噪措施，得3分
		工业固体废物处置措施	4	生活垃圾处置措施	2	生活垃圾经收集后交由市政环卫部门处理，得2分
				生产废物处置措施	1	自行收集、填埋至指定地点，得1分
				危废暂存间	1	不设危废暂存间，得1分
环境风险防范	15	环境敏感区	10	线路设计优化	4	对集中居民区和环境敏感区提出绕避措施，得4分
				设计系数强化	2	未提出设计系数强化措施，得2分
				应急物资配备	4	配备了环境风险应急物资、装备，得4分
		一般路段	5	监视与控制系统	2	提出了监控与数据采集、远程控制系统，得2分
				管线定期检查情况	2	提出开展管道巡检、稳定性检测、内腐蚀与壁厚检测，得2分
				应急预案培训演练	1	制定环境风险应急预案，得1分
环境管理	9	环保“三同时”	3	环保“三同时”执行	3	执行了环评“三同时”，未发生重大变动和环境违法事件，得3分
		环境监理监测	3	环境监理监测落实情况	3	开展环境监理、环境监测，得3分
		环境监测	3	达标情况	3	郴州首站和郴州分输站的污水处理效果无法达标，其他要素达标，得3分

表9　成彭管道天府机场支线项目绿色发展水平评价表

一级指标	一级指标权重	二级指标	二级指标权重	三级指标	三级指标权重	赋分标准
生态保护与修复	29	生态敏感区	11	施工作业带	2	提出环境敏感区严格控制施工作业带宽度要求，未明确宽度，得2分
				生物多样性保护	2	未发生滥杀野生动物事件，未针对龙泉山森林公园提出生物多样性保护要求，得2分
				生态恢复情况	3	龙泉山森林公园采取了移栽措施，局部路段生态恢复效果需加强，得3分
				施工时间控制	2	对盐井河等主要河流大开挖河段施工时，避开雨季选择枯水期进行，得2分
				废水弃渣清运	1	环境敏感区内定向钻废弃泥浆就地填埋，得1分
				表土剥离	1	落实表土剥离、单独堆存、分层回填措施，得1分
		水环境敏感区	12	无害化穿、跨越方式	3	张家岩饮用水源保护区定向钻穿越，得3分
				地下水环境保护	3	穿越张家岩饮用水源保护区管段加套管，得3分
				河流地貌恢复	3	河流穿越管段恢复良好，得3分
				施工废水排放	3	施工废水未排入敏感水体，得3分
		一般路段	6	施工作业带	2	控制了施工作业带宽度，得2分
				耕地保护措施	2	采取了分层开挖、分层堆放、分层回填，得2分
				生态恢复情况	2	一般地段生态恢复效果较好，得2分
污染治理	21	污废水治理措施	6	生活污水治理措施	4	站场采用一体化污水处理设备，全部回用，得4分
				生产废水治理措施	2	清管含油污水由专业单位收集处置，得2分
		废气治理措施	6	设备类型及废气处理装置配置	4	储罐采取无组织挥发性有机物控制措施，得4分
				锅炉设置情况	2	各站场未配置锅炉，得2分
		噪声防治措施	4	站场选址	2	周边存在一些声环境保护目标，得2分
				高噪声源降噪措施	2	压缩机组及配套设备基本采取隔声、降噪措施，得3分
		工业固体废物处置措施	5	生活垃圾处置措施	2	生活垃圾经收集后交由市政环卫部门处理，得2分
				生产废物处置措施	2	由专业单位收集处置，得2分
				危废暂存间	1	依托油库危废暂存间，得1分
环境风险防范	11	环境敏感区	6	线路设计优化	1	未对集中居民区和环境敏感区提出绕避措施，得1分
				设计系数强化	3	提出设计系数强化措施，得3分
				应急物资配备	2	局部路段配备了环境风险应急物资、装备，得2分
		一般路段	5	监视与控制系统	2	提出了监控与数据采集、远程控制系统，得2分
				管线定期检查情况	2	提出开展管道巡检、稳定性检测、内腐蚀与壁厚检测，得2分
				应急预案培训演练	1	制定环境风险应急预案，得1分
环境管理	10	环保“三同时”	3	环保“三同时”执行	3	执行了环评“三同时”，未发生重大变动和环境违法事件，得3分
		环境监理监测	3	环境监理监测落实情况	3	开展环境监理、环境监测，得3分
		环境监测	4	达标情况	4	各要素达标，得4分

表10　乐山第二气源工程绿色发展水平评价表

一级指标	一级指标权重	二级指标	二级指标权重	三级指标	三级指标权重	赋分标准
生态保护与修复	35	生态敏感区	19	施工作业带	5	提出环境敏感区严格控制施工作业带宽度要求，得 5 分
				生物多样性保护	4	未发生滥杀野生动物事件，得 4 分
				生态恢复情况	4	龙泉山森林公园采取了移栽措施，局部路段生态恢复效果需加强，得 3 分
				施工时间控制	3	对盐井河等主要河流大开挖河段施工时，避开雨季选择枯水期进行，得 2 分
				废水弃渣清运	2	环境敏感区内定向钻废弃泥浆就地填埋，得 1 分
				表土剥离	1	落实表土剥离、单独堆存、分层回填措施，得 1 分
		水环境敏感区	12	无害化穿、跨越方式	3	张家岩饮用水源保护区定向钻穿越，得 3 分
				地下水环境保护	3	穿越张家岩饮用水源保护区管段加套管，得 3 分
				河流地貌恢复	3	河流穿越管段恢复良好，得 3 分
				施工废水排放	3	施工废水未排入敏感水体，得 3 分
		一般路段	4	施工作业带	2	落实了施工作业带宽度要求，得 2 分
				耕地保护措施	1	采取了分层开挖、分层堆放、分层回填，得 2 分
				生态恢复情况	1	一般地段生态恢复效果较好，得 2 分
污染治理	20	污废水治理措施	3	生活污水治理措施	2	站场采用一体化污水处理设备，全部回用，得 4 分
				生产废水治理措施	1	污水由专业单位转运处置，得 1 分
		废气治理措施	8	设备类型及废气处理装置配置	5	储罐采取无组织挥发性有机物控制措施，得 5 分
				锅炉设置情况	3	各站场未配置锅炉，得 3 分
		噪声防治措施	4	站场选址	1	周边存在声环境保护目标，得 1 分
				高噪声源降噪措施	3	调压站通过合理布局、设置消声器及经建筑物隔声、加强管理等措施，可做到达标排放，得 3 分
		工业固体废物处置措施	5	生活垃圾处置措施	2	生活垃圾经收集后交由市政环卫部门处理，得 2 分
				生产废物处置措施	2	由专业单位收集处置，得 2 分
				危废暂存间	1	依托油库危废暂存间，得 1 分
环境风险防范	8	环境敏感区	4	线路设计优化	1	未对集中居民区和环境敏感区提出绕避措施，得 1 分
				设计系数强化	1	未提出设计系数强化措施，得 1 分
				应急物资配备	2	局部路段配备了环境风险应急物资、装备，得 2 分
		一般路段	4	监视与控制系统	1	未明确提出监控与数据采集、远程控制系统，得 1 分
				管线定期检查情况	2	提出开展管道巡检、稳定性检测、内腐蚀与壁厚检测，得 2 分
				应急预案培训与演练	1	制定环境风险应急预案，得 1 分
环境管理	10	环保“三同时”	3	环保“三同时”执行	3	执行了环评“三同时”，未发生重大变动和环境违法事件，得 3 分
		环境监理监测	3	环境监理监测落实情况	3	开展环境监理、环境监测，得 3 分
		环境监测	4	达标情况	4	各要素达标，得 4 分

表11　川气东送管道安徽段天然气利用项目——宿松支线二期工程绿色发展水平评价表

一级指标	一级指标权重	二级指标	二级指标权重	三级指标	三级指标权重	赋分标准
生态保护与修复	28	生态敏感区	11	施工作业带	1	未提出环境敏感区严格控制施工作业带宽度要求，得1分
				生物多样性保护	1	未提出生物多样性保护要求，得1分
				生态恢复情况	3	自然林区主要是将原开挖前保存的表层土及树草梗复原，得3分
				施工时间控制	3	不涉及施工时间控制，得3分
				废水弃渣清运	2	弃渣清运至环境敏感区外，得2分
				表土剥离	1	落实表土剥离、单独堆存、分层回填措施，得1分
		水环境敏感区	12	无害化穿、跨越方式	3	安庆沿江湿地自然保护区黄湖—泊湖连接河道定向钻穿越，得3分
				地下水环境保护	3	天然气管道不涉及，得3分
				河流地貌恢复	3	河流穿越管段恢复良好，得3分
				施工废水排放	3	施工废水未排入敏感水体，得3分
		一般路段	5	施工作业带	1	仅提出控制施工作业带范围，未明确宽度，得1分
				耕地保护措施	2	尽量避开农田收获期，采取了分层开挖、分层堆放、分层回填，得2分
				生态恢复情况	2	一般地段生态恢复效果较好，得2分
污染治理	22	污废水治理措施	6	生活污水治理措施	5	站场采用一体化污水处理设备，全部回用，得5分
				生产废水治理措施	1	由收集池收集，得1分
		废气治理措施	8	设备类型及废气处理装置配置	5	不涉及压气站，得5分
				锅炉设置情况	3	各站场未配置锅炉，得3分
		噪声防治措施	3	站场选址	1	周边存在声环境保护目标，得1分
				高噪声源降噪措施	2	基本采取隔声、降噪措施，得2分
		工业固体废物处置措施	5	生活垃圾处置措施	2	生活垃圾经收集后交由市政环卫部门处理，得2分
				生产废物处置措施	2	由专业单位收集处置，得2分
				危废暂存间	1	不设危废暂存间，得1分
环境风险防范	18	环境敏感区	13	线路设计优化	4	对集中居民区和环境敏感区提出绕避措施，得4分
				设计系数强化	4	提出设计系数强化措施，增强防腐等级，得4分
				应急物资配备	5	明确配备了环境风险应急物资、装备，得5分
		一般路段	5	监视与控制系统	2	提出了监控与数据采集、远程控制系统，得2分
				管线定期检查情况	2	提出开展管道巡检、稳定性检测、内腐蚀与壁厚检测，得2分
				应急预案培训演练	1	制定环境风险应急预案，得1分
环境管理	10	环保“三同时”	3	环保“三同时”执行	3	执行了环评“三同时”，未发生重大变动和环境违法事件，得3分
		环境监理监测	3	环境监理监测落实情况	3	开展了环境监理、环境监测，得3分
		环境监测	4	达标情况	4	各要素达标，得4分

表12　宁夏巨丰油气管道运输有限公司北柳长输管道项目绿色发展水平评价表

一级指标	一级指标权重	二级指标	二级指标权重	三级指标	三级指标权重	赋分标准
生态保护与修复	30	生态敏感区	11	施工作业带	1	未针对环境敏感区严格控制施工作业带宽度要求，得 1 分
				生物多样性保护	2	穿越 1 处自然保护区，未涉及重要生态环境，得 2 分
				生态恢复情况	3	哈巴湖国家级自然保护区柠条区播种柠条，人工牧草地播种苜蓿、沙打旺、芨芨草等，生态恢复效果有待加强，得 3 分
				施工时间控制	2	夜间禁止施工，得 2 分
				废水弃渣清运	2	弃渣清运至环境敏感区外，得 2 分
				表土剥离	1	落实表土剥离、单独堆存、分层回填措施，得 1 分
		水环境敏感区	14	无害化穿、跨越方式	5	不涉及敏感水体，得 5 分
				地下水环境保护	3	天然气管道不涉及，得 3 分
				河流地貌恢复	3	不涉及敏感河流穿越，得 3 分
				施工废水排放	3	施工废水未排入敏感水体，得 3 分
		一般路段	5	施工作业带	2	提出控制施工作业带范围和宽度，得 2 分
				耕地保护措施	2	尽量避开农田收获期，采取了分层开挖、分层堆放、分层回填，得 2 分
				生态恢复情况	1	一般地段生态恢复效果有待加强，得 1 分
污染治理	23	废水治理措施	5	生活污水治理措施	4	站场采用一体化污水处理设备，全部回用，得 4 分
				生产废水治理措施	1	由收集池收集，得 1 分
		废气治理措施	8	设备类型及废气处理装置配置	5	不涉及压气站，得 5 分
				锅炉设置情况	3	各站场未配置锅炉，得 3 分
		噪声防治措施	6	站场选址	3	周边不存在声环境保护目标，得 3 分
				高噪声源降噪措施	3	不存在声环境保护目标，基本采取隔声、降噪措施，得 3 分
		工业固体废物处置措施	4	生活垃圾处置措施	2	生活垃圾经收集后交由市政环卫部门处理，得 2 分
				生产废物处置措施	1	生产废物填埋至指定地点处理，得 1 分
				危废暂存间	1	不设危废暂存间，得 1 分
环境风险防范	20	环境敏感区	15	线路设计优化	5	对集中居民区提出绕避措施，线路不涉及居民区，得 5 分
				设计系数强化	5	不涉及居民区，得 5 分
				应急物资配备	5	明确配备了环境风险应急物资、装备，得 5 分
		一般路段	5	监视与控制系统	2	提出了监控与数据采集、远程控制系统，得 2 分
				管线定期检查情况	2	提出开展管道巡检、稳定性检测、内腐蚀与壁厚检测，得 2 分
				应急预案培训演练	1	制定环境风险应急预案，得 1 分
环境管理	7	环保“三同时”	3	环保“三同时”执行	3	执行了环评“三同时”，未发生重大变动和环境违法事件，得 3 分
		环境监理监测	0	环境监理监测落实情况	0	未开展环境监理、环境监测，得 0 分
		环境监测	4	达标情况	4	各要素达标，得 4 分